貓頭鷹書房

有些書套著嚴肅的學術外衣，但內容平易近人，非常好讀；有些書討論近乎冷僻的主題，其實意蘊深遠，充滿閱讀的樂趣；還有些書大家時時掛在嘴邊，但我們卻從未看過……

如果沒有人推薦、提醒、出版，這些散發著智慧光芒的傑作，就會在我們的生命中錯失——因此我們有了**貓頭鷹書房**，作為這些書安身立命的家，也作為我們智性活動的主題樂園。

貓頭鷹書房——智者在此垂釣

內容簡介

我們的能量從哪裡來？為什麼會有兩種性別？我們為何會成長、死亡？這所有問題的解答，竟然都藏在微小的粒線體中！粒線體雖然小，卻是生物不可或缺的重要胞器。它曾是自由生活的細菌，卻在二十億年前被吞噬進更大的細胞中，從此和宿主細胞共同生活在一起，形塑了生命的紋理。粒線體能告訴我們，在這個星球上，分子如何迸發出生命，細菌又為何會長久稱霸地球；第一個複雜細胞如何誕生，溫血動物為什麼會崛起；而我們又為什麼會有性行為、有兩種性別。透過微小的粒線體，我們可以窺視生命完整的面貌，了解生命的本質。

作者簡介

連恩是演化生化學家，也是英國倫敦大學學院的榮譽教授（Honorary Reader）。他的研究主題為演化生化學及生物能量學，聚焦於生命的起源與複雜細胞的演化。除此之外，他也是倫敦大學學院粒線體研究學會的創始成員，並領導生命起源的研究計畫。連恩出版過三本叫好又叫座的科普書，至今已被翻譯為二十國語言。二〇一〇年，他以《生命的躍升》（*Life Ascending*）獲得科普書最高榮譽——英國皇家學會科學圖書大獎；本書則入圍上述大獎的決選名單，以及《泰晤士高等教育報》年度年輕科學作家的候選名單，同時也被《經濟學人》提名為年度好書。連恩博士現居倫敦，關於更多他的資訊，請造訪他的個人網站：www.nick-lane.net

譯者簡介

林彥綸，台大植物系倒數第二屆畢業生。現居美國水牛城攻讀生物學博士，將英文譯成中文時會覺得離家鄉比較近。

能量、性、死亡

粒線體與我們的生命

15周年新版

POWER, SEX, SUICIDE

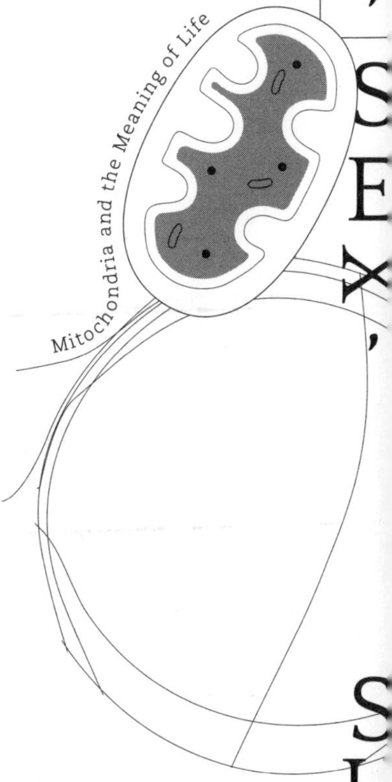

尼克・連恩 Nick Lane

林彥綸——譯

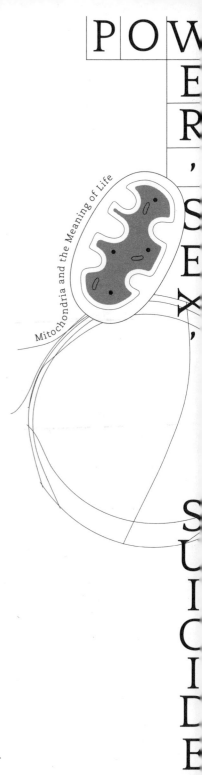

貓頭鷹書房 240X

能量、性、死亡：粒線體與我們的生命（15周年新版） YK1240X

作　　者　尼克・連恩
譯　　者　林彥綸
責任編輯　曾琬迪（初版）、王正緯（二版）
編輯協力　邵芷筠
專業校對　魏秋綢
版面構成　健呈電腦排版股份有限公司
封面設計　廖韡
行銷統籌　張瑞芳
行銷專員　何郁庭
總 編 輯　謝宜英
出 版 者　貓頭鷹出版

發 行 人　凃玉雲
發　　行　英屬蓋曼群島商家庭傳媒股份有限公司城邦分公司
　　　　　104 台北市中山區民生東路二段 141 號 11 樓
　　　　　劃撥帳號：19863813；戶名：書虫股份有限公司
城邦讀書花園：www.cite.com.tw　購書服務信箱：service@readingclub.com.tw
購書服務專線：02-2500-7718~9（周一至周五上午 09:30-12:00；下午 13:30-17:00）
24 小時傳真專線：02-2500-1990；25001991
香港發行所　城邦（香港）出版集團／電話：852-2508-6231／傳真：852-2578-9337
馬新發行所　城邦（馬新）出版集團／電話：603-9056-3833／傳真：603-9057-6622
印 製 廠　成陽印刷股份有限公司
初　　版　2013 年 5 月
二　　版　2020 年 11 月
定　　價　新台幣 570 元／港幣 190 元
I S B N　978-986-262-447-0

讀者意見信箱　owl@cph.com.tw
投稿信箱　owl.book@gmail.com
貓頭鷹臉書　facebook.com/owlpublishing

【大量採購，請洽專線】(02) 2500-1919

城邦讀書花園
www.cite.com.tw

國家圖書館出版品預行編目資料

能量、性、死亡：粒線體與我們的生命／尼克・連恩（Nick Lane）著；林彥綸譯. -- 二版. -- 臺北市：貓頭鷹出版：家庭傳媒城邦分公司發行, 2020.11
面；　公分. --（貓頭鷹書房；240X）
15 周年新版
譯自：Power, sex, suicide: mitochondria and the meaning of life
ISBN 978-986-262-447-0（平裝）

1. 粒線體

364.23　　109016771

各界好評

「能量、性、死亡」三個名詞擺在一起，看似非常不協調和矛盾，經作者有系統及邏輯的安排，讀者在仔細閱讀後，對天擇及雌雄差異的根源在生命演化過程必有更深的體認。另外應也會認真去思考「長生不老」及「兩性平權」對人類未來的演化，究竟是帖良藥或毒藥？

——呂光洋，台灣師範大學生命科學系名譽教授

你或許會納悶，怎麼教科書裡短短一個章節描述的東西（粒線體），竟可寫成一本書？不，這不是一本只為專家而寫的書，它能帶領有好奇心的讀者進到一個充滿挑戰論述的空間。

——呂俊毅，中央研究院分子生物研究所副研究員

粒線體在人類生老病死過程中扮演重要的角色。作者用其生動的筆觸來描繪他所認識的粒線體。這在生硬的教科書及科學論文之外，提供了輕鬆了解粒線體的角度。

——李新城，陽明大學藥理學研究所教授

這是一本揭開生命起源及終結過程，耐人尋味的好書。它雖屬於科普叢書，但也是深入探究生命奧祕的入門書。作者飽覽群書，生花妙筆地將粒線體在生命能量、性及細胞凋亡的角色，做了詳細而具啟發性的討論。我鄭重推薦給愛好生命科學的大眾及學子們。

——周昌弘，中央研究院院士、中國醫藥大學講座教授

好深奧的細胞胞器——粒線體，卻在尼克．連恩的細膩巧筆下，化成鄰家友人的寒暄。這趟超越時空的粒線體知性之旅，讓人無須踏破鐵鞋地經驗（驚豔）了生命科學的曼妙神奇，是不容錯過的邂逅。

——周美智，長庚大學生物醫學研究所粒線體研究室副教授

尼克．連恩教授的大作《能量、性、死亡》，不僅從生物、化學，甚至物理與數學的角度來了解粒線體；更從分子出發，再到細胞與個體，一直延伸到更廣的演化機制，有系統地、深入地、完全地介紹粒線體這個重要的胞器。且本書以推理小說方式描述，深入淺出說明複雜的科學發現，不但對我的研究與教學有所幫助，更適合對科學有興趣的讀者閱讀！

——林崇智，陽明大學生命科學系副教授

粒線體是細胞的發電廠，它不但決定細胞的存活，也是追蹤生命起源、祖先來自何方的神祕胞器。它是近代醫學研究老化，了解生命本質最重要的利器。

——曾啟瑞，台灣粒線體醫學暨研究學會理事長、台北醫學大學醫學院院長

生命科學常因太多片段的知識，而令人難懂，又因專有名詞太多而顯得冷僻。然而本書作者像說故事般，把粒線體的來龍去脈娓娓道來。讓人在不知不覺中一窺生命之奧祕，值得推薦。

——曾嶔元，國泰綜合醫院病理暨檢驗醫學部主任

這是一本不可多得的好書，作者從粒線體對整個生命體系的重要性及不同面向的影響，做了相當好的介紹與詮釋，以淺顯的文句帶領讀者深入這個極富哲理的粒線體世界。非常值得用力推薦的一本書！

——謝達斌，成功大學口腔醫學研究所特聘教授兼所長

以諸多有趣的研究故事串連，讓大眾了解粒線體除了能量發電廠之外的多重角色，也讓年輕研究者雖未親身經歷卻能深刻體會粒線體研究的低谷與高潮。

——謝榮鴻，台北醫學大學保健營養科學系教授

充滿令人吃驚的見識，同時也訴說了自然及生命的起源。

——《經濟學人》年度好書

連恩的最新力作和許多議題都密切相關，從天體生物學（探討宇宙間複雜生命的共通性），到根本的問題（生命的起源），乃至於千古大問（是否有可能在一兩個世紀內延長人類的壽命？）。這樣的一本書無法賦予生命意義，卻以一種前所未有的連貫性，解釋了生命的運作、理路和內在邏輯。

——《展望雜誌》

大膽！書中提出了至少兩個可以驗證的重大原創假設，這些部分有資格被視為第一手文獻。本書是為每一位對二十一世紀科學中最深刻的問題感到興趣的讀者而寫的，其中心思想的論述清晰有力，嚴肅而影響深遠。它提供了一個新的切入點，說明為何我們存在於此。請務必一讀。

——《自然》

現代生物學必須訴說的故事中，最有意思的一則。

——《衛報》

有趣又好讀。連恩完成了一項艱鉅的任務，他在這個複雜的領域中擷出精選的層面，並使之淺顯易懂；他應用了許多巧妙的比喻，引人入勝。

——《科學》

我不相信會有人讀過本書，卻沒有為生物建構機制的奇巧、複雜，以及驚險程度感到驚訝。在本書中，連恩欣喜地向我們揭示了這些祕密，相信閱讀本書的讀者也會感受到和他相同的心情。

——《大眾科學》

非常發人深省的一本書。作者對這個領域的知識令人印象深刻，他探討演化學、細胞生物學、族群生物學、遺傳學、生物能量學、冪次定律和生物複雜性，以上僅是列舉了它所涵蓋主題的一部分。這些數據更繼而導引出了合理的結論……絕對值得一讀。

——《臨床研究期刊》

穿越地球上所有生物之地理以及歷史的歡快旅程。我不禁嫉妒起作者的大膽、雄心、博學、透徹的推論，和寫作風格。

——《粒線體生理學協會評論誌》

連恩以透徹而有說服力的方式傳達了他的論點。在這個勉強將爭辯包裝成偽科學的年代，看到他對其他論點的尊重，聰明的讀者在閱讀時必會感到耳目一新。

——《查爾斯頓信使郵報》

本書嚴肅而學術，但讀來可親，不過分專業。連恩在論述時充滿熱情……當代科學界罕見的勇敢企圖：從各個不同領域蒐集夾纏不清的數據，將它們編織成可以統合解釋現有現象的圖像。

——《微生物雜誌》

你將會被引領前往一場超凡之旅，從時間深處直到現在，乃至於死神統治的場所。閱讀本書是一場腦力激盪，可能會為粒線體的研究注入活力。

——《EMBO報導》

透過一位勇於思考，且是用力思考的作者之筆，愉快地拜訪了數名當代生物學的先驅者。

——《紐約科學院新知雜誌》

令人印象深刻，好讀、刺激而且很有說服力。這是本讓人興奮的非凡作品。

——《TLS》

■深度導讀

粒線體在生命中的重要角色

魏耀揮

尼克．連恩是英國著名的演化生化學者及享有盛名的科普作家，他曾於二〇一〇年以《生命的躍升》獲得英國皇家學會科學圖書大獎，是最具影響力的一位當代科普作家。這本《能量、性、死亡：粒線體與我們的生命》是他在二〇〇五年的另一本饒富趣味、充滿科學探索與創新思維的鉅著。他博覽過去將近一個世紀以來與粒線體相關的研究論文，以嚴謹的態度加上犀利的文筆，寫了這一本非常有歷史觀和可讀性的科普專書。譯者的文筆非常平實、簡潔和洗鍊，對科學名詞的翻譯掌握自如，能夠忠於原作者的寫作風格，又真實傳達了書中的科學知識，以及作者對各個議題的洞見，非常難得，實在是一本值得一看再看的好書。

本書首先介紹粒線體的許多重要生物功能，並且思考粒線體賦予生命的意義。尼克．連恩從他最擅長的演化生物學觀點切入，探索粒線體在真核細胞生物及高等多細胞動物演化過程中的重要角色。他從古細菌的發現及其基因轉錄機制與真核細胞類似，來討論真核生物的演化；接著他闡述沒有粒線體的古原蟲在大約二十億年前，就因為沒有吞進會進行呼吸作用的古細菌，而和真核生物分開演化了。他也提出粒線體擁有它自己的基因體所代表的生物意義，並因為能夠進行呼吸作用提高生產能量的效率，而賦予高等生物結構複雜性。高等生物細胞中的粒線體並非單獨運作，而是以網絡結構有效地傳送能量貨幣ATP到需要能量的部位，這也讓多細胞生物得以逐漸演化出龐大而多元化的體型。

接著，尼克．連恩說明粒線體為何被稱為細胞的發電廠，闡述此一具有內膜與外膜的雙膜胞器如何在真核細胞中製造ATP：它運用內膜上的呼吸鏈傳遞來自NADH或$FADH_2$的電子和質子，在此一過程中產生質子動力（proton motive force），以驅動F_0F_1 ATPase合成ATP。他也利用此一主題深入淺出地介紹了彼得．米歇爾（Peter Mitchell）贏得一九七八年諾貝爾化學獎的化學滲透理論（chemiosmotic theory）。然而，粒線體在傳遞電子的過程中會產生電子滲漏（electron leak），不但降低製造ATP的效率，也引發活性氧分子（reactive oxygen species）和自由基的產生，為生物體內氧化壓力（oxidative stress）與氧化性傷害的主要來源，也會導致人類退化性疾病及老年相關的疾病。本書也提及哺乳動物的基礎代謝速率與體重的相關研究，其實這也跟動物壽命的長短有密切關係，其中的分子機制牽涉細胞中粒線體產生活性氧分子的速率。壽命較長的動物體內，粒線體產生的活性氧分子往往較壽命短的物種來得低，而活性氧分子與動物壽命長短之間的因果關係，已在飲食限制的研究中得到實證。然而，尼克．連恩對於哈曼（Denham Harman）在一九七二年提出的自由基老化理論非常不以為然，提出許多反駁的證據，也嚴厲批評食用抗氧化劑可以防止老化的說法。

本書也從演化的觀點探討粒線體基因為什麼仍然存在真核生物細胞中。粒線體是除了細胞核之外唯一擁有遺傳物質（粒線體DNA）的胞器，動物和人體內的不同細胞可以含有數百至數千個不等的粒線體，每一個粒線體通常有二至十個拷貝數的粒線體DNA，而且還可以進行DNA複製、基因轉錄及蛋白質合成，但是這些基因表現受到細胞核的控制——粒線體DNA複製、轉錄和轉譯等生化反應所需之各種酵素、蛋白質及調節因子，皆為細胞核中的基因所製造。因此，核DNA和粒線體

DNA上許多基因的協合表現，對於合成正常功能的粒線體非常重要。因此，正常的細胞功能必須仰賴粒線體和細胞核之間密切的對話。由於粒線體DNA是缺乏組蛋白（histone）保護的裸露DNA分子，而且又暴露在不斷產生氧自由基的環境下，非常容易遭受氧化性破壞，再加上粒線體修補DNA損傷的功能不夠完備。因此，人體和哺乳動物細胞的粒線體DNA突變速率，大約是核DNA的數十倍之多，此等粒線體DNA特性是其功能隨年齡增加而逐漸衰退的原因之一。而且，由於粒線體DNA序列變異速率高，粒線體DNA定序已被考古學家用於追溯人類起源和演化關係的研究。美國加州柏克萊大學威爾遜教授的研究團隊，就是利用粒線體DNA序列變異分析，於一九八七年在《自然》期刊發表一篇經典論文，指出現代人類的祖先是一名非洲婦女（粒線體夏娃）。此外，粒線體DNA定序也被廣泛應用於親緣鑑定和犯罪現場生物跡證的科學鑑定。

尼克．連恩認為粒線體相關研究一直不太能引起科學研究者的興趣，一方面是因為生物能量學牽涉的向量生化學和熱力學很艱深難懂，而且近三十年來分子生物學的研究都著重在細胞核內基因的活動及調控。長期從事粒線體DNA研究的華勒斯（Douglas Wallace），深信粒線體DNA不應該被分子遺傳學研究者忽略，他和少數幾位研究粒線體疾病的醫師科學家歷經多年努力，終於在一九八八年底首度證實，粒線體DNA突變與一些人類疾病（例如萊氏遺傳性視神經病變）的致病有極為密切的關係，這才引起醫界和學術界對粒線體疾病的分子機制和遺傳學研究的重視。很重要的另一轉折是在九〇年代中期，生物學家發現粒線體在細胞凋亡的過程扮演仲裁者和執行者的重要角色，這才了解粒線體不只掌管細胞的生存，也決定細胞的死亡。因此，《科學》期刊在一九九九年以封面故事邀請剛入選美國國家科學院院士的華勒斯寫一篇專文，介紹粒線體DNA突變和人類疾病與粒線體疾病動物模式的研究（*Science* 283:1482-1488）。

尼克．連恩更深一層探索細胞凋亡在演化上的意義，他從演化的觀點闡釋細胞凋亡對於生物個體間互相競爭和族群永續生存的重要性，凋亡在生物發育和維持個體之生理恆定有其積極的作用。研究人員透過顯微鏡觀察線蟲體內一千零九十個體細胞，發現在不同發育時期須分批進行細胞凋亡才能變為成蟲。動物或人體在發育過程中，若不能正常進行凋亡以清除不需要或遭破壞的細胞，會導致畸型、癌症、退化性疾病和免疫缺陷等疾病。有一些抗癌藥物甚至是誘發癌細胞的凋亡而達到治療的目的。此後就帶動了一波非常活躍的粒線體醫學研究，確定凋亡是由一些粒線體內的蛋白質（例如細胞色素c）或酵素催化，而進行之程式性自殺死亡，其中扮演劊子手的酵素，都在其結構之特定區位帶有半胱胺酸（cysteine）。本書還特別指出，從粒線體釋放出來帶動細胞凋亡的所有蛋白質（包括細胞色素c），都是來自遠古時代的有氧共生細菌，尼克．連恩認為大部分的凋亡蛋白是因為粒線體的祖先被併吞而帶進真核生物，這也說明了凋亡是演化過程中被保留下來的重要生物功能。

本書也從演化生物學者的角度，對粒線體ＤＮＡ的母系遺傳提出討論，作者看待這種獨特的單親遺傳的想法很發人深省，他認為卵細胞體積大，可以儲存最大量的粒線體，而且為了在細胞分裂過程讓細胞核與粒線體ＤＮＡ的配對穩定，保障具有正確核苷酸序列之粒線體ＤＮＡ能代代相傳，卵細胞會運用「粒線體瓶頸」這個特別的機制淨化，篩選出完整無瑕的粒線體，對於成功受孕及受精卵的正常發育有極為重要的貢獻。也正由於粒線體ＤＮＡ是母系遺傳，有一些神經肌肉疾病是粒線體ＤＮＡ突變所導致的疾病，最近過去二十餘年的研究，已發現超過一百種粒線體ＤＮＡ突變造成的人類疾病，譬如萊氏遺傳性視神經病變就是母系遺傳的疾病，而且大約七成的病人是男性。

另一個重要的議題是：如何保證只有雌性生物的粒線體被遺傳下來？科學研究已證實雄性動物的粒線體及其DNA，在精卵受精後會被徹底排除在受精卵之外，即使闖入卵子，雄性粒線體也會被泛素化修飾（ubiquitination），終究難逃被分解的命運；而不同種類之雌性動物還有其他遺棄粒線體及其DNA的方式。本書也提到，有一些不孕症女性是因為她們的卵子細胞有粒線體缺陷（或含有粒線體DNA突變）。若將年輕健康女性卵細胞中的正常粒線體轉移到不孕症女性的卵細胞（此技術稱為卵質轉移），就可以受精發育，這種兩女一男合作生育嬰兒的技術，似乎可以解決一部分不孕症夫妻的問題，但是在醫學倫理上仍有其爭議，在美國及許多先進國家是被法律所禁止的醫療行為。

作者最後闡述粒線體在電子傳遞鏈滲漏的電子或氧自由基，可以造成人體細胞的氧化損傷，會導致退化性疾病或其他疾病。他也對提倡多年的粒線體老化理論提出自己的看法。他雖然接受粒線體DNA隨著年齡增加而逐漸發生變異或突變，但似乎不同意將老化完全歸因於粒線體DNA遭受氧化損傷及其經年累月的累積。我個人認為粒線體和細胞核的雙向調控失常，以及兩個基因體的DNA變異和基因表現異常，都和老化過程的身體機能衰退有關。本書最後列了許多「延伸閱讀」的一般書目及代表性的研究論文，建議有興趣深入了解特定主題的讀者，可以找來深入研讀，不但可增加對於該討論主題的了解，也可獲得學習的快樂和獨到的心得。

魏耀揮　陽明大學生化暨分子生物研究所教授及馬偕醫學院校長，從事老化與粒線體疾病研究。二〇〇二年與日韓二十餘位教授、醫師創立亞洲粒線體研究醫學會，並於二〇〇五至二〇〇八年間擔任理事長。二〇〇六年與國內學者和醫師成立台灣粒線體研究醫學會，致力推動粒線體醫學及相關研究。

獻給安娜

以及艾納可

（他誕生於本書第六部，這麼說再恰當也不過了）

能量、性、死亡：粒線體與我們的生命

目次

致謝

寫書這件事，有時候就像一趟深入無垠之境的寂寞旅程，但這不是因為缺乏支持，至少對我來說不是。我很榮幸地得到了許多人的幫助，包括學界的專家，能和他們透過電子郵件交換意見是我意想不到的，以及我的親人朋友，他們替我順讀寫好的章節甚至整本書，或者在關鍵時刻幫助我維持神智清明。

有好些學者分別讀過本書的不同章節，提供了詳細的評論，並且提供了我修改方向的建議。其中的三位更是讀過了大部分的草稿，他們熱烈的回應支持我度過了那些特別難熬的時刻。這三人包括任職於杜塞朵夫，海恩里希海涅大學的植物學教授馬丁，他在演化學上的超凡眼光只有他豐沛的熱誠可以比擬。和他談話，在科學方面帶來的衝擊等同被一台卡車迎面撞上，我只希望我的書寫能公正地轉達出他的想法。還有科羅拉多州立大學微生物學系的名譽教授哈洛，他曾參與過米歇爾的氧化磷酸化論戰，也是最早幾位徹底掌握米歇爾的化學滲透假說的其中一人，他個人在實驗上和寫作上的成就在學界亦廣為人知。我想不到有誰比他更了解細胞內的空間結構，比他更明白時下氾濫的遺傳學方法有其極限。最後，我要感謝漢考克，他是西英格蘭大學分子生物學部門的榮譽教授，他在生物學上的知識極為廣博而且兼容並蓄，提出的建議每每使我驚喜。這些建議讓我一再反思我提出的想法是否合理可行，而在我如他所願（我自認為如此）進一步思考過後，我更加確信粒線體的確懷有生命的意義。

其他專家則讀過和他們專長領域有關的章節，我很開心能夠在此記下我對他們的感謝。本書主題橫跨各個不同的領域，憑我一己之力，實在無法肯定自己是否已確實領會所有的重要細節，若不是他們慷慨回覆了我的電子郵件，現在我一定仍為了各種疑慮而不得安寧。正因有他們的幫助，我相信本書中所浮現的問題反映的不是我個人的無知，而是整個領域的疑問，值得科學家好奇和研究。因此，我要感謝以下學者：倫敦大學瑪麗皇后學院的生化學教授艾倫，馬德里大學的動物生理學教授巴爾哈，加州爾灣大學的演化生理學教授班奈特，北伊利諾大學演化生物學的副教授布萊克史東博士，任職於劍橋的MRC鄧恩人類營養學部的布蘭特博士，梅鐸大學解剖學副教授柯明斯博士，牛津大學植物科學教授李沃，巴塞爾大學的生化教授夏茨，烏特勒支大學的生化教授提倫司，任職於倫敦帝國理工學院之科學傳播集團的特爾尼博士，任職於佛萊堡大學動物學研究所的維勒伊博士，還有愛丁堡大學MRC人類遺傳所的遺傳學教授萊特。

我很感謝原任職於牛津大學出版社的羅傑斯博士，這本書是他退休前最後的編輯任務之一。即使在退休之後，他仍然持續關心著本作的進行，這使我倍感榮幸，他還以他銳利的眼光審視了本書的初稿，提供了許多極有助益的重要建議，使本書大大增色。同時我要感謝牛津大學出版社的資深責任編輯曼儂，她從羅傑斯博士的手中接下了這本書，並以她一如傳說的熱誠投入本書，關心作品的細節，一如其整體樣貌。我也很感謝牛津的萊德利博士，他是《孟德爾的惡魔》一書的作者。他讀過整本書的手稿並提供了無價的意見。我再也想不出有什麼人有他這樣的本事，能以如此開放的胸襟，評鑑這些橫跨演化生物學不同層面的內容。這次的閱讀經驗能讓他感到興奮，令我十分自豪。

一些親友也讀過本書章節，他們提供了很好的參考依據，助我了解一般讀者的接受程度。特別要感謝瓊斯，他不矯飾的熱情和實用的建議不時鼓舞我的精神；還有卡特，他很夠朋友地向我坦言初期的一些草稿太過艱澀（而後來則好多了）；以及亞斯伯瑞，他很有想法而且談吐風趣，尤其當我們身在野外，天南地北聊天的時候；安布羅斯，總是願意傾聽並且給我忠告，特別是在幾杯黃湯下肚之後；安斯禮博士，樂於指導，充滿啟發性；福勒教授，最好的同事，不論在實驗室、酒吧甚至壁球場，都樂於與我討論；還有我的父親湯姆，當時他正在為他自己的新書緊鑼密鼓地工作著，但他讀過本書幾乎所有部分，從不吝於讚美，並溫和地指出我文體表現不適當的地方。謝謝我的母親珍和我的手足麥斯，給予我無條件的支持，妻子的西班牙家庭也同樣地支持著我，感謝他們所有人。

篇名頁的插圖來自修普蔻絲南博士，她是斯德哥爾摩的生醫研究人員，同時也是一位著名的水彩畫家，在科學藝術方面享有盛名。這系列作品是特別為這本書所繪製，靈感來自各章節的主題。我對她寄予無限感激，她的畫作讓顯微鏡下的世界生動了起來，為本書增添了獨特的情趣。

特別要感謝我的妻子安娜，她與我一起度過的這段寫書的日子，只有試煉二字可以形容。她始終是我思想上的好對手，各式想法在我倆間來回往復，對本書貢獻良多。她仔細讀過本書的每字每句，而且不只一次。她是本書文體、想法和意念的最終裁決者，我欠她如此之多，是文字無法表述的。

最後，是給艾納可的一段紀錄：相較於寫書，他比較喜歡啃書，然而他是個天上掉下來的寶貝，本身就能教給我們許多東西。

引言

粒線體
隱匿的世界統治者

粒線體是細胞內的小小胞器，我們對能量的需求，絕大部分都是靠它們產生的ＡＴＰ（腺苷三磷酸）來滿足。每個細胞內平均有三百至四百個粒線體，也就是說，人體內約有一萬兆個粒線體。基本上每個複雜細胞中都有粒線體。它們看起來像細菌，而它們的外觀也沒有騙人：粒線體的確曾經是自由生活的細菌，約在二十億年前它們適應了在更大的細胞體內生活。粒線體的內部仍留著一部分基因體片段，這些ＤＮＡ就像是彰顯它們曾一度獨立生活的徽章。它們和宿主細胞之間曲折的關係形塑了生命的整幅紋理，從能量、性、生育力，到自殺、老化、死亡。

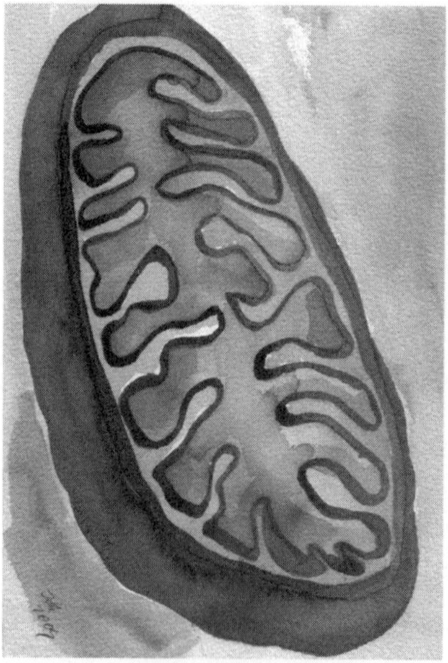

粒線體。細胞內的微小發電廠，以令人驚訝的方式控制著我們的生命。

粒線體是個半公開的祕密。許多人因為不同的原因聽過它的名字。在報紙和部分教科書裡，它們被簡略地稱做「生物的發電廠」，是活細胞內的小小發電機，生產了我們生存所需的幾乎所有能量。單一細胞內通常有數百個或數千個粒線體，它們在此利用氧氣將食物徹底燃燒。它們如此迷你，十億個粒線體可以輕輕鬆鬆地裝進一粒沙大小的空間裡。生物演化出粒線體，就像是安裝了渦輪引擎，轟隆隆地轉動起來，隨時蓄勢待發。所有動物的體內（包括最懶散的那些），都至少有一些粒線體。即使是固著不動的植物和藻類，也利用它們來擴充光合作用所擷取的太陽能。

還有一些人則是對「粒線體夏娃」這個字眼比較熟悉。據信她是當代人類的共同祖先中，和我們最接近的一個，如果沿著母系血緣向前回溯我們的基因遺傳，由孩子回推到母親，再到外祖母，向未知的過往一路追蹤下去，就會找到她。藉由這種方法找到的那位最初的母親，粒線體夏娃，被認為曾生活在十七萬年前的非洲，因此也被稱做「非洲夏娃」。我們可以像這樣追溯遺傳上的祖先，是因為粒線體還保有小小一組自己的基因，粒線體的基因只會透過卵細胞，而不會透過精子傳給下一代。這意味著粒線體基因扮演了類似於母系姓氏的角色，使我們可以藉此回推母系的祖先，就像一些家族會追蹤著名人物的嫡傳後裔，如征服者威廉、諾亞或先知穆罕默德。雖然近來有人質疑其中的部分原理，但整體而言這個理論還是算數。當然，這項技術不只能幫我們尋找祖先，也能幫助我們釐清誰**不是**我們的祖先。根據粒線體基因分析，尼安德塔人和現代的智人沒有血緣關係，他們走向了滅絕之路，消失在歐洲大陸的邊緣。

粒線體也因為它在犯罪鑑識方面的用途而登上頭條，它們可以用於身分重建，不管對象是活人還是死屍，許多知名案件的調查都曾用到這個方法。此一技術同樣要動用到粒線體的那一小撮基因。

俄羅斯末代沙皇尼古拉二世的身分便是靠著比對其親族的粒線體基因而確認的。第一次世界大戰結束時，在柏林有一名十七歲的少女被從河中救起，她聲稱她是沙皇失散的女兒安娜塔西亞，之後她被送進了精神病院。一九八四年，在她過世之後，粒線體的分析駁斥了她的說法，長達七十年的爭論才終於落幕。此外還有一些更近期的例子，世貿中心的災難中，有許多遇害者的遺體無法辨識，最後是靠著粒線體基因鑑定他們的身分。這個方法也被用來區分海珊和他的一名替身。粒線體基因之所以這麼好用，有一部分要歸因於它的數量眾多。每個粒線體中，同樣的基因會有五到十組拷貝，而每一細胞內通常有數百個粒線體，所以在單一細胞中，同一個粒線體基因就會有數千份拷貝。在此同時，核基因只會有兩組拷貝，它們位在細胞的控制中心——細胞核內。因為上述的原因，一點粒線體基因都抽不到是很罕見的。加上我們和母親及母系親屬擁有同樣的粒線體基因，因此一旦抽到了粒線體基因，通常就意味著可以確認或推翻預設的親緣關係。

此外還有粒線體老化理論，這個理論主張，老化以及伴隨老化而來的疾病，其成因是一種人稱自由基的活性分子，而它們會在細胞正常行呼吸作用時從粒線體滲漏出來。粒線體並不是完全「防火花」的裝置。當它們利用氧氣燃燒食物時，溢散的自由基火花會破壞鄰近的構造，包括粒線體本身的基因，和距離更遠的細胞核基因。細胞內的基因每天大約會被自由基攻擊一萬到十萬次，具體來說就是每秒都會有基因遭到摧殘。這些損傷多半都可以輕鬆地被修復，然而頻繁的攻擊還是會造成不可逆的突變，永久性地更動基因序列，而這樣的突變會在一生當中不斷累積。受損嚴重的細胞陸續死亡，像這樣持續的耗損就是老化和退化性疾病背後的原因。許多殘酷的遺傳疾病也和自由基攻擊粒線體基因所造成的突變有關。這些疾病的遺傳模式通常很古怪，而且在每一代患者間的嚴重性也不一致，不過一般而言都會隨著年紀增長愈見惡化。粒線體遺傳疾病常會侵襲代謝旺盛的組織如肌肉組織和腦組織，導致癲癇、運動障礙、眼盲、耳聾和肌肉退化。

還有些人對粒線體的印象則來自一種頗具爭議性的不孕症療法：從捐贈者的健康卵細胞取出粒線體，移入不孕症婦女的卵細胞內。此一技術被稱為卵質轉移。當它在新聞界初次登場，英國一家報社刊登時為這個故事配上了一個趣味的標題：「兩女一男合產一子」。這個標題活靈活現地表現了技術的特徵，而且不完全是錯的，因為細胞核內的基因都來自「真正的」母親，有一部分的粒線體基因則來自「捐贈者」母親，所以嬰兒確實從兩個母親身上分別得到**部分**的遺傳物質。雖然有超過三十名看來健康的嬰兒透過這項技術誕生，但出於倫理以及實務上的考量，英國和美國後來便禁止了這項技術。

粒線體甚至曾出現在星際大戰電影裡，做為虛構的科學根據，用來解釋赫赫有名，與你同在的原力，這還觸怒了一些狂熱的影迷。在最早的幾部電影裡，原力被當做一種精神上的，或甚至是宗教上的存在來理解，但在後續的電影裡則說那是「迷地原蟲」所製造的產物。何謂迷地原蟲？一位絕地武士好心地解釋它是「顯微鏡層級的生命體，存在於每個生物細胞內。我們與之共生，並藉這種關係從彼此身上得到助益。如果沒有迷地原蟲，生命便不會存在，我們也沒有機會認識原力。」粒線體（Mitochondrium）和迷地原蟲（Midichlorian）在名稱和本質上的相似性難以忽視，而且看來創作者是有意如此的。粒線體的祖先是細菌，它們也以共生生物的身分住在我們的細胞內（共生生物是與他種生物共享互利關係的生物）。粒線體也像迷地原蟲一樣具有許多神奇的特質，它們甚至可以形成彼此溝通的分支網路。在一九七〇年代，瑪格利斯提出了粒線體源自細菌的著名論點，一度也頗受爭議，但現今大部分生物學者都把它當做事實來接受了。

粒線體的這幾個面向，都是一般人可以透過報紙或是大眾文化了解的。還有另一些面向，雖然對大眾而言或許比較深奧，但近一二十年在科學家間相當著名。最重要的像是細胞凋亡，或稱計畫性細胞死亡，指的是細胞為了個體的整體利益而自殺，犧牲小我完成大我。大約從九〇年代中期開始，研究人員發現，細胞凋亡並非像早先認為的那樣由細胞核內的基因所控制，而是由粒線體掌握控制權。其中的意涵在醫學研究上相當重要，因為，細胞在該凋亡時不凋亡，正是癌症的主要原因。如今，有許多研究人員已經不再將矛頭指向核內基因，改為針對粒線體下手。但是，這個主題還有更深一層的意義。在癌症的狀況下，個別細胞會爭取自由，掙脫枷鎖，不再為整個生物體服務。在個體的早期演化時，要把這樣的枷鎖強加在細胞上是很困難的：試想，一個有能力自由生活的細胞，憑什麼要接受死刑判決來換取成為群體一員的權利？尤其是當它大可選擇脫離群體，再次獨自生活的時候？如果沒有計畫性細胞死亡，多細胞生物或許根本演化不出團結個別細胞的約束力。而計畫性細胞死亡又得仰賴粒線體，所以，如果沒有粒線體，多細胞生物可能也就不會存在。為免口說無憑，請讓我補充一點：所有多細胞的動物和植物**真的**都有粒線體，千真萬確。

現在，粒線體還在另一個圈子裡非常出名：真核細胞的起源。真核細胞是具有細胞核的複合型細胞，植物、動物、藻類和真菌都是由這類細胞所構成。**真核**（*eukaryotic*）指的是基因在細胞內的座位，其希臘文詞源意思是**真的細胞核**。但坦白說，這個命名是有缺陷的。事實上，真核細胞除了細胞核外還具備許多其他零碎雜物，比方說——粒線體。真核細胞最初是怎麼樣演化出來的？這是現今的當紅議題，一般的說法是，原始真核細胞逐步向現今的樣貌演化，然後有一天，它吞進一隻細菌，這細菌被囚禁了數代後變得完全依賴它而生，最終演化為粒線體。根據這個理論，我們的共同祖先會是種**沒有**粒線體的低等單細胞真核生物，是從原始真核細胞尚未捕捉到粒線體供其驅使之前的年代，所留下來的遺產。但如今，這十年來謹慎的遺傳分析結果顯示，所有的真核細胞似乎都**擁有**或**曾經有過**（但後來捨棄了）粒線體，這暗示了複雜細胞的起源和粒線體的起源是不可分割的：兩件事其實是同一件事。如果這是真的，那不只是多細胞生物的演化需要粒線體，就連構成多細胞生物的真核細胞，也需要粒線體在其起源中扮演重要角色。若上述為真，那就可以說，沒有粒線體，地球上就不會有細菌以外的生物了。

粒線體另一個比較祕而不宣的層面，和兩性間的差別有關，實際上，它是兩性世界的必要條件。眾所周知，性是個難解的課題：以性作為繁衍手段時，要有一對父母才能得到一個小孩，然而，複製或孤雌生殖只要母親就夠了；添加一個父親的形象不只冗贅，還會浪費空間和資源。更糟的是，性別一分為二意味著我們可以選擇的對象只有總人口數的一半，至少就以傳宗接代為前提的性來說是如此。就算不用傳宗接代，每個人都是同一個性別，或是有接近無限種性別也會比較好，「兩性」是最差的狀況。七〇年代後期有人給這個謎提出了答案，這個解釋現在已經廣為科學家所接受，雖然一般大眾還沒有那麼清楚。這個答案和粒線體有關。我們必須區分出兩種性別，是因為必須要有一種性別專門將粒線體透過卵細胞傳遞下去，同時要有另一性別特化出**不會**將粒線體送出的精子。我在本書第六部會提出其解釋。

這幾條研究的方向，一起將粒線體重新拱上了它自五〇年代後再未享受過的尊榮地位（彼時才剛發現它是細胞內能量的來源，供應細胞所需的幾乎所有精力）。頂尖期刊《科學》也出了點力，在一九九九年為粒線體貢獻出它的封面和大篇幅的內文，標題是《粒線體大翻身》。這段日子裡它之所以會被忽略，有兩個原因，其一是生物能學（研究粒線體產能的學門）被認為是一門困難而冷僻的學問。「別擔心，反正大家都不懂粒線體」，這句迴盪在講堂裡，令人安慰的細語可以生動地概括這個現象。第二個原因和分子遺傳學在二十世紀後半的強勢有關，《粒線體》一書的作者薛弗勒特別提到：「分子生物學家之所以忽略了粒線體，可能是因為粒線體基因被發現時，他們還沒有辦法察覺這有多深遠的涵義以及應用價值。必須要經過一段時間，累積了夠廣夠深的資料庫之後，才有辦法引導出值得投入的問題，主題包括人類學、生源論、疾病、演化等等。」

粒線體是個半公開的祕密，但畢竟還是個祕密。儘管它近來大大有名，實際上卻仍是一團謎。有許多重大的演化問題甚至都還沒有陳述，更遑論會有人在期刊中定期討論；幾個應運粒線體而成長的領域，往往只會很務實地被畫歸給它們的本科專家。比方說，粒線體產生能量所採用的機制，也就是泵送氫離子穿過膜（化學滲透），在所有生物，包括最原始的細菌體內都有發現。這樣的方法相當古怪。以某位評論者的話來說就是，「達爾文之後生物學界再沒出現過這麼違反直覺的想法，其程度直逼愛因斯坦、海森堡和薛丁格。」然而這個想法最終被證明是正確的，並且在一九七八年為米歇爾掙得一座諾貝爾獎。然而絕少有人問：**為什麼**如此奇特的產能方法會成為這麼多不同物種的骨幹？這個問題的答案向生命起源的幽暗之處拋出了一線光芒。這點我們之後將會看到。

還有一個有趣的問題很少被注意到：為什麼粒線體基因還持續存在？已知的文獻一路追蹤我們的祖先找到粒線體夏娃，利用粒線體基因拼湊物種間的關係，但卻不問粒線體基因為何存在。我們單純只是預設那是它的細菌祖先遺留下來的。或許吧，但問題是粒線體基因大可以**整段**轉移到核內。不同物種轉移到核內的基因並不相同，然而**所有**具粒線體的物種也都在其內部保留了完全相同的一組核心基因。這些基因有何特別之處？在接下來的章節裡我們將會披露最佳解答，也會解釋為何細菌永遠無法達到真核生物的複雜度。這說明了為什麼宇宙中其他地方的生命形式可能卡在細菌的窠臼裡，走不出去；為什麼我們或許並不孤單，但幾乎肯定會是寂寞的。

類似這樣的問題還很多，一些思考敏銳的人會在專門文獻中提及，但這對大部分的群眾並不會造成困擾。表面上看起來，這些問題似乎深奧到荒謬的程度，想必連最聰明的科學專家也不會想考慮這些問題。但若把這些問題全部合起來，它們的答案天衣無縫地解釋了演化的整個軌跡，從生命本身的起源，到複雜細胞和多細胞生命體的誕生，到大體型、性別以及溫血動物的演化，一直到老化衰退以及死亡。從解答裡浮現的這幅廣闊圖像，為我們帶來了嶄新的領悟——為什麼我們存在於此？是否我們是宇宙裡唯一的生物？我們為什麼會有個體性？為什麼我們要做愛？我們的根在哪裡？為什麼我們必須老化、必須死亡？——簡而言之，它們向我們訴說了生命的意義。口才出眾的歷史學家費南德薩姆斯托曾寫過：「故事有助於解釋故事本身；如果你知道事情如何發生，你會開始理解它們為何發生。」同樣的，在重建生命的故事時，「如何」和「為何」也密不可分。

我試圖將這本書的書寫對象設定為廣大的讀者群，或許你們沒有科學和生物學背景，但是如果要討論一些最新研究的影響和意義，我不免會使用一些專門術語，並且預設你們對細胞生物學有基本的了解。就算你們熟知這些詞彙，有些章節可能還是很有挑戰性，但我相信，為了科學的迷人之處，以及與那些觸及生命意義的未解問題奮力纏鬥，而後終於見到一線曙光時的興奮激動，費點力氣是值得的。在研究遠古（比方說百萬年前）發生的事件時，要得到明確的答案幾乎是不可能的。儘管如此，我們可以運用我們所知的一切（或是我們認為我們所知的一切）來縮小可能答案的範圍。線索就散布在生命的各個層面，有時出現在最不可思議的地方，正是因為要解讀這些提示，讀者必須對現代細胞生物學有所認識，也因此部分章節會顯得困難。這些線索讓我們能夠排除一些可能性，並專注於剩下的選項，這樣的做法師法自福爾摩斯。正如這位偵探所言：「當你排除不可能的選項後，剩下來的無論多麼難以置信，必定是事實真相。」雖然在演化的領域搬弄「不可能」這樣的字眼有點危險，但重建生命一路走來最可能採取的途徑，確實有種扮演偵探般的滿足感。希望我能把自己感受到的興奮透過書寫傳達給各位。

為了方便快速檢索，我在本書最後的名詞解釋表列出了大部分的專有名詞和它們簡短的定義，但在我們繼續下去之前，或許可以先在這裡讓沒有生物背景的讀者感受一下細胞生物學的氣氛。生物細胞自成一個微型宇宙，是可以獨立存在的最簡單生命形式，因而也是生物的基本單元。有些生物體像阿米巴原蟲或細菌，單單只有一個細胞，又稱單細胞生物。其他生物則由眾多細胞構成（以我們人類來說是數兆個），像這樣的生物就是多細胞生物。研究細胞的學門是**細胞學**（*cytology*），這個名詞的來源是希臘語的 *cyto*，意指細胞（原意是圓形的容器）。許多專有名詞都有用到 cyto- 的字根，如細胞色素（cytochrome，細胞內的有色蛋白質）、細胞質（cytoplasm，細胞內部除了細胞核之外的生命物質），還有一種用法是以 *cyte* 來指稱細胞，例如像是紅血球（erythrocyte）。

並非所有的細胞都是平等的，有些細胞的配備比其他細胞來得更多。配備最少的細胞是細菌，它們是最簡單的細胞。就算在電子顯微鏡下觀察，細菌提供的構造資訊也少得可憐。它們非常小，直徑幾乎不到一微米（一毫米的千分之一），外觀通常不是圓球狀就是短柱狀。它們以堅硬但具有通透性的細胞壁和外界隔絕，在其內側，幾乎緊貼著細胞壁的，是一層輕薄但相對不具通透性的細胞膜，厚度只有幾奈米（一毫米的百萬分之一）。這層膜，薄得讓你感覺不到它的存在，細菌利用它生成能量，因此我們在本書中將一再提到它們。

細菌細胞的內部（事實上是所有細胞的內部）是細胞質，它具有膠狀的質地，各種生物性分子溶解或懸浮於其中。用一百萬倍的放大倍率，也就是我們可以達到的最大倍率來觀察，可以依稀看見其中一些分子，這使得細胞質看起來有些粗糙，就像是從空中俯看一片被鼴鼠侵擾的田地。首先看到的是長而如線圈般盤捲的DNA，它們是編織基因的原料，其扭曲的軌跡就像惡劣鼴鼠開挖的工程。半個世紀前華生和克里克披露了它們著名的雙股螺旋結構。除此之外還有一些皺紋，那是大型蛋白質，它們即使被放大到這個倍率依舊只是勉強可見，但它們其實是由數百萬個原子構成的，這些原子排列精確，其實際結構可以藉由X光繞射解開。然後就到此為止了。即便生化的分析已經說明了細菌這種最簡單的細胞實際上非常複雜，其不可見的構造還藏有許多故事，但我們雙眼能見的就只有這麼多了。

我們自身則是由另外一種細胞所組成的，是我們的細胞農場中配備最充足的一群。首先，它們大多了，其體積通常是細菌的數百或數千倍。看得見的內部構造也更多。一疊疊盤繞的膜狀物，皺褶處處；各式各樣，或大或小的囊泡，像封緊的夾鏈袋般將細胞質隔絕開來；細絲構成的緻密分支網路——細胞骨架，提供細胞構造上的支持和彈性；還有**胞器**——細胞內獨立的器官，專司特定任務，正如同腎臟專司過濾那般。但最重要的是細胞核，那顆支配著小小的細胞宇宙的憂鬱星球。細胞核這顆星體簡直就像月球一樣布滿坑洞（應該說是小孔）。具備這種細胞核的真核細胞，是這世上最重要的細胞。如果它們不存在，我們所知的世界也不會存在。所有植物和動物，所有藻類和真菌，基本上我們肉眼可見的所有一切，都由真核細胞構成，而它們每一個都懷抱著自己的細胞核。

細胞核內含有構成基因的DNA分子，此處的DNA和細菌的DNA在細部的分子結構上是完全一樣的，但它們大尺度的外觀構造卻大相逕庭。細菌的DNA會形成長而扭曲的一圈。曲折的鼴鼠洞最終會頭尾相連，成為一個封閉的環形染色體。真核細胞多半會擁有一定數量的相異染色體，以人類來說，這個數字是二十三，這些染色體多半是線性的而非環狀的——線性的意思並不是說這些染色體被一條條拉長排成一直線，而是表示每條染色體都有兩個端點。在一般狀況下，我們即使用顯微鏡也無法看見這些構造，但在細胞分裂時期，染色體的構造會改變，壓縮為管狀而可被辨識。大多數的真核細胞具有成對的染色體，因而被稱為二倍體，所以人類細胞內其實有四十六條染色體。在細胞分裂時成對的染色體兩兩相配，僅以腰部相連，在顯微鏡下呈星形。這些染色體不是只由DNA構成，還有專門的蛋白質包覆著它，其中最重要的一種名為組蛋白。這一點和細菌相當不同，細菌的DNA都沒有組蛋白包覆，是裸露的。組蛋白不僅保護真核細胞的染色體不受化學性傷害，也對基因的存取通路進行把關。

當克里克發現了DNA的結構，他隨即明白了基因遺傳是如何運作的，當天晚上就在酒吧裡宣布他了解了生命的祕密。在製造蛋白質或是DNA時，都需要DNA本身做為模板。互相纏繞的雙股螺旋彼此是對方的模板，所以當細胞分裂，兩股DNA被拉開時，個別的任一股都具備足夠的訊息，可以重建出完整的雙股DNA，最終產生兩份相同的複本。編寫於DNA上的訊息寫明了蛋白質的分子結構。克里克說，這是生物學的「中心法則」：基因編寫蛋白質的密碼。長長的DNA磁帶是一段貌似永無止盡的序列，只由四種分子「字母」寫成，正如同所有英文單字甚至書籍都僅由二十六個字母排列而成。DNA的字母序列指定了其蛋白質產物的結構。**基因體**是單一生物體所擁有的全部基因總和，可以包含高達十億個字母。基本上一個基因只編寫一個蛋白質的密碼，而這會用上數千個字母。蛋白質是由一系列名為**胺基酸**的單位所串起的長鏈，而胺基酸排列的精確順序決定蛋白質的功能特性。基因的字母序列決定其蛋白質產物的胺基酸序列。如果字母的序列出現改變，也就是「突變」了，有可能會造成蛋白質結構的改變。但這並非絕對，因為遺傳密碼有重複和簡併的現象，有時不同的字母排列會指向同一個胺基酸。

蛋白質是生命最瑰麗耀眼的一環。它們的形式和功能幾乎是數不清的，生命的富饒多元，可以說全都來自於蛋白質的豐富多變。蛋白質締造了生命的所有實質成就，從代謝到運動、飛行到視覺、免疫到訊息傳導。它們依其功能大致被歸入幾個不同的分類。其中最重要的一群大概是酶，它們是生物性的催化劑，可以讓生化反應的速度加快好幾個數量級，而且它們區別原料的能力令人驚嘆。有些酶甚至能夠辨別同位素（同一種原子的不同形式）。其他重要的蛋白質分類還包括荷爾蒙和荷爾蒙接受器、免疫蛋白（如抗體）、DNA結合蛋白（如組蛋白），還有結構蛋白（如纖維和細胞骨架）。

錄有密碼的DNA沉睡著。大量的訊息深鎖在細胞核的寶庫裡，就像珍貴的百科全書會被安全地收存在圖書館中，而不是放在工廠供人隨時翻查。而在日常使用上，細胞仰賴的是由RNA構成的一次性複印本。RNA這種分子和DNA的構成原料相似，但它們被紡成單股的絲線，而非互相纏繞的雙股螺旋。幾種不同的RNA被用來執行不同的任務。首先是傳訊RNA，它的長度和基因大致相同。傳訊RNA像DNA一樣，由一串字母組成，而且它們的序列也正是DNA上的基因序列的複寫本。基因的序列會以略微不同的筆跡**轉錄**至傳訊RNA上，雖然字體有所改變，但完整的內容都有保留下來。這種RNA是飛翔的信使，從細胞核內的DNA出發，穿過核上有如月球表面般的孔洞，移動到細胞質，停泊在某一座製造蛋白質的工廠。細胞質內有數千個這樣的工廠，它們是**核糖體**，以分子構造而言它們極其龐大，以肉眼看來則是微乎其微。它們有些點綴在細胞的內膜系統上，使得後者在電子顯微鏡下顯得有點粗糙，另外一些則散見於細胞質內。核糖體的組成分包含蛋白質和另外幾種RNA，任務是將來自傳訊RNA的編碼訊息**轉譯**成蛋白質的語言，也就是胺基酸的序列。轉錄和轉譯的整個過程都受到許多專門的蛋白質調控，其中最重要的是**轉錄因子**，負責調節基因的表現。當某個基因被表現了，這個基因就從沉睡的密碼化身為積極的蛋白質，準備在細胞或是其他地方執行它的任務。

基礎細胞生物學補強完畢，現在我們回到粒線體。它們是細胞內的胞器之一，胞器這種微小的器官專司特定的任務，以粒線體來說的話就是製造能量。我之前提過粒線體曾一度是細菌，而且外觀上仍然有點像細菌（**圖1**）。一般而言它們被描述成香腸狀或是蟲形，但其實它們也可能採取相當扭曲的形狀，例如螺旋形。它們的尺寸多半和細菌差不多大，長度約是一毫米的千分之幾（一至四微米），直徑則約為半微米。構成我們身體的細胞一般具有大量的粒線體，實際數量依個別細胞的代謝需求而有不同。像肝臟、腎臟、肌肉及腦細胞這類代謝旺盛的細胞會有數百甚或數千個粒線體，約占細胞質的百分之四十。卵細胞（或卵母細胞）更不尋常，她本身攜帶有約十萬個粒線體，全都會傳給下一代。相反的，血球細胞和表皮細胞的粒線體則非常少，甚至可能沒有；精子的粒線體通常不到一百個。據說一個成人的體內合計有一萬兆個粒線體，約占我們體重的百分之十。

粒線體以雙層膜將自己和細胞其他的部分區隔開來。其外膜為一連續且平滑的表面，內膜則不客氣地深深凹陷，形成褶疊或是小管狀的構造，稱為**皺褶**。粒線體並非固著不動，相反的，它們經常活躍地在細胞內移動，哪裡需要它，就往哪裡去。它們像細菌一樣自行分裂增殖，甚至會相互融合形成龐大的分支網絡。粒線體最初是在光學顯微鏡下被發現的，它們在顯微鏡下呈顆粒、短棒或是細絲狀，不過它們的起源在一開始就頗有爭論。德國學者阿爾特曼是最早發現粒線體重要性的數人之一，他在一八八六年提出了一個論點，指出這些小顆粒正是構成生命的基本粒子，並據此將它們命名為**原生粒**。阿爾特曼認為「原生粒」是細胞內唯一的活物，它們在此形成小小的社群互助而居，細胞只是提供保護的外牆，就像鐵器時代的人生活在他們建築的防禦建設之中。細胞的其他構造，如細胞膜和細胞核，是由「原生粒」因應自己的需求而建造出來的，而水狀的細胞質則是這個迷你要塞裡的液體糧倉。

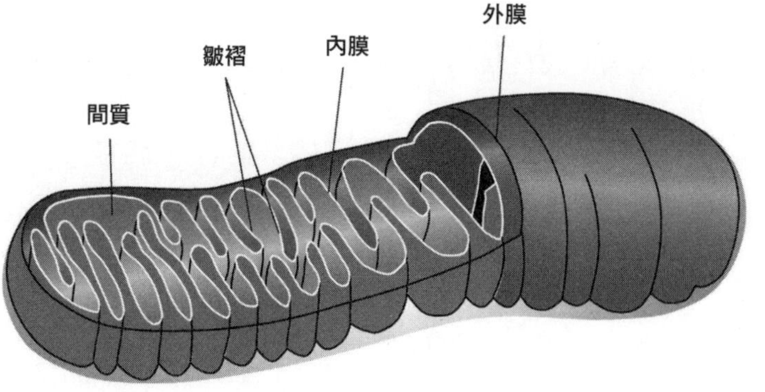

圖 1　粒線體的示意圖，圖中標示出粒線體的外膜和內膜。內膜盤繞成許多褶疊的構造，稱為皺褶，是細胞內進行呼吸作用的地方。

阿爾特曼的想法從來沒有被大眾接納，他還成了別人嘲笑的對象。其他人認為，所謂原生粒，不過是顯微樣本的複雜製程中所產生的雜質，被阿爾特曼天馬行空的想像力渲染而成的假象。還有一些其他狀況更加劇了他人對阿爾特曼的質疑。當時的細胞學家們正著迷於細胞分裂時染色體之間的壯盛舞蹈，為了觀察這現象，他們必須使用染劑將透明的細胞構造染色，而最適合觀察染色體的染劑是酸性的。但不幸的是，這樣的染劑往往會破壞粒線體；細胞學家對於細胞核的執著，輕易地抹殺掉了粒線體存在的證據。另外一些染色的結果則互相矛盾，它們只能暫時替粒線體上色，而粒線體自己又會使染劑的顏色消失不見。存在或是不存在？粒線體鬼魅般的身姿使人無法對其做出定論。終於在一八九七年，本達證明了粒線體確實存在於細胞之中，賦予這個飄忽的身影一個血肉之軀。本達為它下了這樣的定義：「分布於細胞質中的顆粒、短棒，或細絲，出現在幾乎所有的細胞中……酸性物質或油脂溶劑會使之破壞。」而他所使用的名稱，**粒線體**（*mitochondria*），語源自希臘文的 *mitos*，意指細線，和 *chondrin*，即小顆粒。雖然這是唯一通過了時間的考驗存留至今的名稱，但在當時，「粒線體」只是這個構造眾多稱呼中的其中一個。粒線體擁有過堂堂三十個以上，令人混淆不清的名字（包括 chondriosome、chromidium、chondriokonts、eclectosome、histomere、microsome、plastosome、polioplasma 和 vibrioden）。

粒線體的存在終於被學界承認了，但說到它的作用，當時的人仍然是毫無頭緒。幾乎沒有人和阿爾特曼一樣，將構成生命的基本性質歸功於它；大部分人在尋找的是更清晰確實的定位。有些人認為粒線體是蛋白質和脂質合成的中心，也有人認為基因位在粒線體上。實際上，最後是染劑顏色的神奇消失破解了這個謎團：染劑的顏色消失是因為被粒線體**氧化**了，此一過程類似於細胞行呼吸作用時食物的氧化。一九一二年，金伯利呼應此一發現提出假設，認為粒線體可能是細胞呼吸作用的中樞。一九四九年甘迺迪和雷寧傑證實了這個說法，他們的實驗結果顯示呼吸作用相關的酶確實位在粒線體內。

雖然阿爾特曼提出的原生粒假說在那時備受惡評，但除了他之外有不少學者也曾認為粒線體是某種和細菌有關係的獨立生命體，以**共生生物**的身分生存在細胞內。共生生物是共生關係中的一份子，共生關係，就是兩種共同生存的生物都因對方的存在而獲益。埃及行鳥和尼羅河鱷就是一個經典的例子，埃及行鳥會啄食尼羅河鱷齒縫間的食物渣滓，這對尼羅河鱷來說是牙齒保健，對埃及行鳥而言則是一頓免費的午餐。類似的互利關係也會出現在細胞上，如細菌有時會寄宿在較大型的細胞內成為**內共生菌**。在二十世紀初時，幾乎所有的胞器都被認為有可能是內共生菌（它們或許因應互利共生的關係而有所更改），被懷疑過的包括細胞核、粒線體、葉綠體（負責植物的光合作用）還有中心粒（組織細胞骨架的胞器）。以上這些理論的立論根據只有胞器的外形和行為模式，像是移動和自主分裂行為，所以理論的發展一直遲滯不前。更大的問題是，這些學者彼此之間惡鬥連連，為了爭搶排名而嚴重分化，幾乎無法獲得任何共識。正如科學史研究者塞普在他的著作《合作演化》中所說：「於是展開了一個諷刺的故事：由一群極度利己主義的人來指出演化裡互助合作所帶來的創造性。」

爭論愈演愈烈，在一九一八年，法國科學家波提耶發表了他辭藻華麗的傑作《共生體》之後，更是到達最高峰。他大膽地聲稱：「所有的生物體——所有的動物，從阿米巴原蟲到人類，以及所有植物，從隱花植物到雙子葉植物——都是由兩種不同個體互相結盟，**嵌套**而成的。任何一個活細胞的原生質體，都包含一種特定的組成分子，組織學家稱之為粒線體。這種胞器，以我的觀點來說，無非是一種共生細菌，我將它稱為共生體。」

波提耶的著作在法國引起軒然大波，毀譽參半，在英語世界卻沒有多少人注意。然而，這是第一個不以粒線體和細菌外觀上的相似度做為立論基礎，而是試圖分離粒線體進行培養的研究。波提耶聲稱他完成了這個實驗，培養出了「原始粒線體」——就他的解釋，是尚未完全改變以適應共生狀態的粒線體。他的發現曾被巴斯德研究所的微生物研究小組公開質疑，因為他們無法重複這項實驗，而且遺憾的是，波提耶鞏固了自己在索邦大學的地位後就放棄了這個研究領域。他的研究就這樣默默地被遺忘了。

又過了幾年，在一九二五年時，美國人瓦林也獨立提出了自己的意見，肯定粒線體的細菌本質，並宣稱這親密的共生關係正是驅動新物種誕生的力量。他的主張同樣走向分離培養粒線體，而且他也同樣認為自己的實驗成功了。然而又一次，大家因為實驗無法再現而興致消退。但這次共生的想法並沒有遭受到同樣的惡毒言語而被抹殺，美國的細胞學家威爾遜在他著名的發言裡歸納了當時群眾普遍的態度：「毫無疑問，對許多人來說，要在生物學協會上表彰這樣的奇想是很荒誕的；儘管如此，未來的某一天，這些說法也有可能會需要被嚴肅看待。」

威爾遜口中的某一天發生在半個世紀後，那是一九六七年的六月，嬉皮的愛之夏，正適合我們訴說不同物種親密共生的故事，瑪格利斯向《理論生物學期刊》提交了她著名的論文，讓上個世代那「娛樂性的白日夢」披上科學的衣裳，起死回生。在當時這個立論已經變得比過去有力許多：粒線體內被證實有DNA和RNA存在，一些證明和核基因無關的「細胞質遺傳」性狀案例，也被列入了記載。瑪格利斯當時剛嫁給宇宙學家薩根，而她採用了宏觀的切入角度檢視生命的演化，不僅考慮生物學的部分，還顧及大氣層演變的地質證據，還有細菌和早期真核生物的化石。她在這項任務中提供了微生物解剖學和化學方面的完善洞察力，以及評估共生發生可能性時所需的實際環境要素。即便如此，她的論文還是被駁回了。她那影響深遠的文章曾被十五家不同的期刊摒於門外，直到《理論生物學期刊》眼光遠大的編輯丹涅利終於採納了她的文章。在當刊發行之後，出版社史無前例地在一年內收到了八百次再刷要求，就為了這篇文章。她的著書《真核生物的起源》雖然和學院出版社簽訂了合約，卻還是被退稿了，最後是在一九七〇年由耶魯大學出版社公開發行，成為本世紀最具影響力的科學書籍之一。瑪格利斯以極具說服力的方式編整諸多證據，使她一度被視為異端邪說的觀點變成了普遍接受的事實，至少，在葉綠體和粒線體的部分是如此。

然而時光流轉，刺骨的反對言論持續存在著，雖然只有少數人理解，但它們意義重大。如果沒有這些質疑，最終的共識就不會如此牢靠。每個人都同意粒線體和細菌間確實有可以對照的相似之處，但不是每個人都對這其中的涵義有一致的看法。粒線體基因的確具有細菌的特質：它們坐落在單一環形的染色體，而不像核基因位於數條線性的染色體上，而且它們沒有被組蛋白包裹，是「裸露」的。再加上，細菌和粒線體之間，由ＤＮＡ進行轉錄和轉譯，製造蛋白質的過程也雷同。它們組裝蛋白質的產線也相似，而且在許多細節上也都不同於真核細胞。粒線體甚至擁有自己的蛋白質合成工廠，也就是核糖體，而且外觀就跟細菌的一樣。許多種抗生素藉由阻斷細菌的蛋白質合成發揮功效，而它們也會抑制粒線體的蛋白質合成，卻對真核生物的細胞核基因沒有影響。

相加之下，這些相似之處聽起來讓人似乎可以不做他想了，可是實際上還是有其他可能的解釋，也正是這樣的可能性支撐起漫長的爭論。實質上，粒線體會具有細菌的特性，也可以解釋為粒線體內的演化速度較細胞核來得慢。如果事實如此，那粒線體之所以會比較像細菌，可能只是因為它們演化速度沒有那麼快，還來不及追上細胞核的腳步。它們保留著較多古老的性狀，是因為就算有某些性狀不怎麼令人滿意，但粒線體基因不會在兩性結合時發生重組，性狀就可以在這個位置被永續保存。我們無法駁斥這個論點，除非我們知道確實的演化速度，而要知道演化速率得要定出粒線體基因的序列並且進行比較才行。一直等到一九八一年，桑格的劍橋團隊對人類粒線體基因進行定序後，世人才知道粒線體基因的演化速度其實比細胞核基因來得**更快**。它們具有原始特質的唯一可能性，就是因為它們和古老的生物有直接的關聯；最終，這個關聯被證明是指向特定的一類細菌，即α-變形菌。

即便是真知遠見的瑪格利斯還是有出錯的地方，對我們剩下的這些學者而言算是喜事一樁。瑪格利斯也和其他共生說的前輩同聲一氣，她宣稱只要找到合適的生長因子，分離培養出粒線體是遲早的事。然而今天我們已知道這是不可能的。粒線體基因體的詳細定序結果說明了原因：粒線體的基因只編寫了寥寥數個蛋白質訊息（精確地說是十三個），以及製造這些蛋白質所需的遺傳裝置而已。絕大多數的粒線體蛋白質（約有一千五百個）是由擁有約三萬個基因的細胞核所表現的。因此粒線體雖然看起來是獨立的，但也只是看來如此，並非事實。它們必須仰賴兩組基因體（細胞核和粒線體）一事，可以在一些特別的蛋白質身上獲得進一步證實，這些蛋白質由數個次單元結合而成，其中有一些次單元由粒線體基因表現，另一些則來自核基因。正因為它對兩組基因體的依賴性，粒線體只可能在宿主細胞內培養，它們確實該被畫歸為「胞器」，而不是共生生物。儘管如此，「胞器」一詞實在不足以傳達它們非凡的歷史，無法讓人洞察它們在演化上深遠的影響。

還有一點至今仍有許多生物學家和瑪格利斯持不同意見，是關於共生現象背後的演化力量。在瑪格利斯看來，真核細胞是多次共生性吞併後的產物，作為元件的細胞在不同層次上歸入更大的整體。她的理論被稱為「序列性內共生理論」，意指真核細胞透過一系列細胞間的吞併而誕生，形成了細胞住在細胞體內的共同體。除了葉綠體及粒線體之外，瑪格利斯也援引了細胞骨架及組織細胞骨架的中心粒，認為它們源自另一種細菌——螺旋體。實際上，根據瑪格利斯的看法，整個有機世界就是相親相愛的細菌們合作完成的精巧作品，也就是微縮生態系。這個想法可以追溯到達爾文本人，他曾在他著名的篇章裡寫道：「每個生物都是一個微縮生態系——由多如天上繁星，小得難以置信，自行增殖的生命體所構成的小宇宙。」

微縮生態系的概念美麗而富有啟發性，但也讓一些難解之題浮上檯面。合作和競爭並不是二選一的選擇題。由不同細胞合作產生的新細胞和新物種，只是讓競爭向上提高了一個層級，現在競爭發生在更複雜的生物之間，而不在於它們合作的次單元體——更何況有不少次單元體其實為自己保留了大部分的利益，包括粒線體在內。不過，這個包容一切的共生觀最大的問題還是粒線體本身，它正搖著手指，告誡我們不要高估微觀世界的合作力量。所有真核生物似乎都擁有，或擁有過粒線體（只是之後捨棄了），換句話說，擁有粒線體是成為真核狀態的**先決條件**。

究竟為什麼會這樣呢？如果細菌間的合作是如此司空見慣的事情，我們應該會看到五花八門的「真核」細胞，每一種都攜帶著一套不同的共生細菌。確實，我們看到了很多這樣的例子——真核細胞的合作範圍是很大的，特別是那些居住在人跡罕至之處，如泥巴裡或海床上，比較低等的微生物族群。然而，我們很驚訝地發現，這些廣布各處的真核生物都有共同的祖先，而且**全部**都擁有或有過粒線體。而真核細胞與體內的其他微生物都沒有這樣的合作關係。也就是說，真核生物體內的合作關係，是在粒線體存在之後才出現的。如果最初的合併沒有發生，其他任何合併也都不會發生。我們有幾乎十足的把握可以這樣說，因為細菌彼此合作和競爭了將近四十億年，然而真核細胞只誕生過一次。獲得粒線體，是生命史上極為關鍵的一刻。

我們一直不斷發現新的生物棲地和新的親緣關係，它們正是驗證各種想法的絕佳場所，以下是一個實例。千禧年之際的一項驚人發現，是大量微小的**真核超微藻類**，這些小型浮游生物生活在極端的環境，如南極海的底層，或是酸性、富含鐵質的河流，如西班牙南部的紅酒河（因為它的暗紅色澤而聞名，古腓尼基人還稱它為「火之河」）。一般而言，這類環境會被認為是刻苦耐勞的「嗜極端性」細菌的地盤，不會預期在這樣的地方找到纖弱的真核生物。真核超微藻類和細菌尺寸相當，又偏好類似的環境，這讓人產生了很大的興趣，認為它們可能是細菌和真核生物之間的過渡產物。但儘管它們個頭小，對極端環境又有不尋常的偏愛，卻完全符合已知的真核生物分類：遺傳分析的結果顯示它們絲毫不會影響原有的分類系統。這真是跌破大家的眼鏡，這座為真核生物議題增添大量新變數的冒泡噴泉，實質上只在一些我們認識多年的類群下，增添了幾個**亞群**而已。

在這些未知的環境中，我們期待能找到幾組獨一無二的合作關係，但我們沒有。我們反而找到了更多原有的組合。舉青綠藻（*Ostreococcus tauri*）為例，它是目前已知最小的真核生物，直徑小於一毫米的千分之一，也就是一微米，它甚至比大多數的細菌都還小，卻完美具備了真核生物的特性。它擁有一個內含十四條線性染色體的細胞核，一個葉綠體，以及最引人注目的，幾個微小的粒線體。它並不孤獨，因為那座意外的噴泉裡還有許多生活於極端環境的真核變種，包含二十到三十個真核生物亞群，儘管尺寸小，它們似乎全都擁有或擁有過粒線體。

以上這些代表了什麼呢？代表粒線體不僅僅是隨便一個尋常的合作對象：它們掌握向複雜生命體演化的關鍵。本書所要敘說的正是粒線體為我們帶來了什麼。我省略了許多教科書內會出現的專業面向和附帶的細節，如紫質的合成，甚至於呼吸作用的克式循環（它原則上可以在細胞內任何其他地方進行，但實際上卻只會在一個合宜的場所出現，就是粒線體）。取而代之的是，我們可以透過本書看到為什麼粒線體對生命，對我們的生活，造成了如此巨大的改變。我們將會看見，為什麼粒線體是這個世界的地下統治者，是能量、性和死亡的主宰。

第一部

有前途的怪物

真核細胞的起源

地球上真正的多細胞生命體，全都是由具有細胞核的細胞，也就是真核細胞所構成的。這類複雜細胞的演化歷程還深埋在謎團裡，而且，這可能是生物歷史上發生過的事件中，最讓人始料未及的一件。決定性的一刻並不是細胞核的形成，而是兩個細胞的結合：其中一個細胞將另一個吞入自己體內，形成具粒線體的嵌合細胞。然而細胞彼此吞噬是常有的事，這只發生過一次的真核細胞併吞事件，究竟有什麼特別？

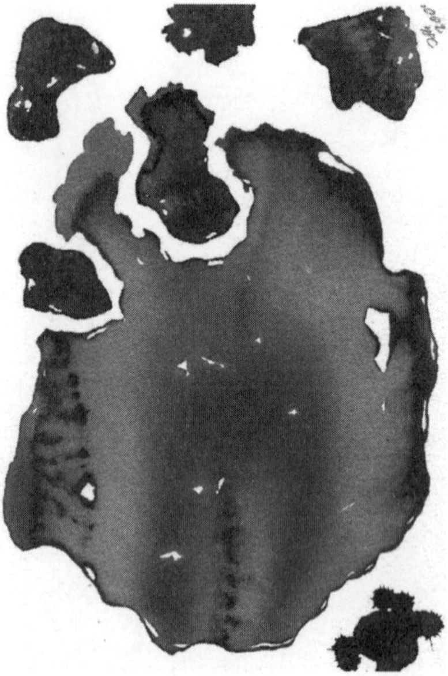

第一個真核細胞。二十億年前，一個細胞吞噬了另一個細胞，形成了一個不尋常的嵌合體。

在浩瀚宇宙中，我們是寂寞的嗎？自從哥白尼指出地球和其他行星繞著太陽公轉以來，科學家已經改變了我們對宇宙的看法，帶我們從根深柢固的人類中心主義，走到謙遜而無足輕重的邊陲地帶。以統計學的角度來看，宇宙他處有生命存在的可能性似乎是壓倒性地高，但根據同樣的道理，它必定在非常遙遠的地方，遠到對我們而言根本沒有意義。和它相遇的機率幾乎等於零。

近數十年來，潮流轉向了。轉變的發生，正是在科學界有愈來愈多的大人物開始有餘力研究生命起源的時候。生命的起源曾是個禁忌，被認為是種既不敬神又不科學的臆想，而被摒除在話題之外，可是現在，我們將它視做某個可以解決的科學難題，並正由時間軸的兩端緩緩地向它逼近。從時間的起點起步，是向前走：宇宙學家和地質學家試圖推測生命誕生時，早期地球的可能環境，從灼熱到幾近蒸發的小行星撞擊，火山活動地獄之火般的力量，到無機分子的化學作用，和物質的自我組織性質。從現在起步，是往回推：分子生物學家比對微生物基因序列上的細節，試圖建構一個無所不包的演化樹，直達其根源。儘管地球上的生命如何誕生，何時誕生，一直備受爭議，但這件事本身已不再像我們先前所想像的那般難以置信，過程可能還遠比我們所認為的更為迅速。根據「分子時鐘」的估算結果，回推所找到的生命起源時間點，與四十億年前炮擊月球及地球的後期重轟炸極為接近。如果當時生命真的是在我們這個飽受撞擊的滾沸大釜中誕生，那它為什麼不會誕生在宇宙中其他的地方？

今天的細菌十分不簡單，能在極端不友善的環境中活躍生長，或至少能存活，這讓我們比較容易相信生命能從原始地球的烈火與硫磺之間誕生。七〇年代後期，有人在高溫高壓的海底硫磺泉口（又被稱做海底黑煙囪）發現了一些活力十足的菌落，這項發現震撼了所有人。曾經我們自滿地相信，地球上所有的生命終究都是透過細菌、藻類和植物的光合作用，依賴著太陽的能量，但上述發現一舉顛覆了這個想法。在那之後，一系列讓人震驚的發現革新了我們對生命運作方式的認知。無數自給自足的，或稱自營性的細菌生活在「深熱生物圈」，埋在深達數英里下地殼的岩層裡。在那裡，它們直接取用礦物質本身來維持生命，它們成長的速度如此緩慢，以至於單一世代可能要花上一百萬年才會進行繁殖，但無庸置疑它們是活著的——不是死亡，不是休眠。算起來，它們和生活在日照所及之處的所有細菌的總生質量相近。另外還有一些細菌，可以忍受有如外太空般足以癱瘓遺傳的輻射劑量，在核電廠或是殺過菌的肉品罐頭裡旺盛生長。更有一些活躍在南極大陸的乾涸河谷裡，或在西伯利亞的永凍層裡被凍結了數百萬年，或是忍受著足以融化膠靴的強酸強鹼。細菌是如此的頑強，很難想像它們若被散布到火星上，會無法生存下來，也很難想像它們不會搭上彗星的便車穿越宇宙。而要是它們能在那裡存活，憑什麼不能在那裡進化？熱中於火星以及宇宙生命跡象探索的美國太空總署，一如往常地將細菌的諸般壯舉操作成大眾宣傳，扶植了一門新的學科——天體生物學。

生命在惡劣環境下的成功，促使一些天體生物學家將生命體視為是宇宙物理法則之下的必然產物。我們所在的宇宙中，所有的規則似乎都有利於生命的演化：自然常數只要有一點點不同，恆星就不會形成，或是很早就燃燒殆盡，培育我們的溫暖陽光或許永遠不會產生。或許，這個世界是個多重宇宙，每個宇宙服膺於不同的常數，而我們所在的這個宇宙必然就像皇家天文台長芮斯所說的，是個**對生命友善**的宇宙。又或許，可能是因為粒子物理的某種古怪特性，或是某個驚險的巧合，或者是慈愛的造物主親手調整出對生命友善的法則——總之，我們很幸運地生活在唯一的，而又對生命友善的宇宙。不論原因為何，我們的宇宙顯然點亮了生命。甚至有些思想家認為，最終連人類的演化，特別是人類意識的演化，也是宇宙法則（即基本物理常數的確切數值）的必然結果。這其實就是牛頓和萊布尼茲所說的機械宇宙的現代版，伏爾泰曾在其諷刺作品中戲仿：「在這個所有可能存在的世界中，最美好的世界；萬物都是為了達到最好的結果而存在的。」有些側重生物學的物理學家和宇宙學家在這個觀點裡看見了神靈的莊嚴，把我們的宇宙看做智慧心靈的助產士。這種對自然界深層運作方式的觀點，被歌頌為窺看上帝旨意的一扇窗。

大部分生物學家的態度比較謹慎，或說沒那麼虔誠。演化生物學裡的警世寓言，比其他任何科學都要更多，而生命的軌跡迷走曲折，會出現古怪而意想不到的成功，又會把一整個生物門陸續破壞殆盡，歷史的偶然對它造成的影響，似乎更甚於物理法則。古爾德在他知名的著作《奇妙的生命》中曾經懷疑：如果把生命的膠卷從頭開始重複播放，歷史會無情地重複，一遍一遍地讓人類爬上演化的顛峰嗎？或者每一次我們都會面對一個嶄新、陌生的異世界？如果答案是後者，那「我們」根本不會演化出來，當然也就無緣見得。這個觀點被認為沒有對趨同演化的力量付出應有的尊重，古爾德因而受到了批評。所謂趨同演化，是指祖先不同的物種演變出相似生理行為和外觀的一種趨勢，所以會飛行的物種都發育出外觀相像的翅膀；有視覺的物種都發育出外觀相似的眼睛。批評浪潮中最激烈而有力的發言出現在康威墨里斯的《生命的解答》一書中。諷刺的是，康威墨里斯是古爾德書中的英雄，但他卻對這本書的整體結論持反對意見。他說，重播生命的膠卷，生命將會一次又一次流向同樣的渠道。會產生這樣的結果，是因為解決同樣一個困境的方案永遠就是那幾種，而天擇的存在意味著生命永遠會找到同樣的答案，不管那是怎樣的答案。以上的一切歸結起來就是一場偶然性和必然性之間的角力。相較於殊途同歸的必然性，演化受意外支配的程度有多大？對古爾德來說一切都是偶然；對康威墨里斯而言，該問的問題應該是，擁有智慧的雙足動物，是否仍會有一根拇指和四隻對合的手指？

在討論地球或宇宙他處的智能演化時，康威墨里斯對趨同演化的觀點相當重要。如果我們無法在宇宙中的其他地方找到任何形式的智慧生命演化的跡象，那會是很令人失望的。為什麼？因為不同的生命體為了解決共通的問題，最終應該都會走向智能之路才是。智力是珍貴的演化資產，它為生物體拓展了一些新的，只有夠聰明的個體才能利用的生態區位。在這層意義上，不只是我們，許多動物普遍都擁有一定程度的智慧以及自我意識（後者是我個人的意見），包括海豚、熊和大猩猩都是。人類演化得很快，使我們得以占據最「高」的生態區位，一些偶然因素無疑地助長了這個過程；但如果這個位置是空著的，那麼數百萬年後，誰能肯定那些闖進車子、翻找垃圾桶覓食的熊不會補上這個空缺？誰敢說那些雄偉又聰明的大烏賊不會登上寶座？或許造成智人崛起（而非其他已滅絕的人屬物種）的不只是偶然和機運，但趨同演化的力量永遠都利於生物走上這個生態區位。雖然我們驕傲於我們擁有獨一無二的發達智力，但同時，智力本身的演化之路並沒有什麼部分是特別有障礙的。高等智慧可能再一次於此處誕生，同樣的道理，也可能在宇宙的他處誕生。生命會繼續匯流，走最好的解決之道。

一些「好方法」的演化可以說明趨同演化的力量，像是飛行和視覺。生命一再走上同樣的解決之道，雖然重複不代表必然，但這確實會改變我們對其概率的認知。儘管牽涉到相當困難的工程挑戰，但飛行能力獨立演化了至少四次，分別出現在昆蟲、翼龍（如翼手龍）、鳥類以及蝙蝠的身上。雖然牠們的祖先各不相同，卻都發展出外形頗為相像的翅膀，作為飛行用的翼板，我們製作飛機時也採用了相同的設計。類似的狀況也發生在眼睛的演化上，眼睛獨立演化了四十次之多，每一次演化都不出有限的那幾套設計規格，像是哺乳類和烏賊的「相機式眼睛」是我們非常熟悉的；另外還有昆蟲以及三葉蟲等絕種的族群的複眼。而且我們又一次發明了原理相似的產品，也就是照相機。海豚和蝙蝠各自演化出聲納導航系統，而在還不知道蝙蝠和海豚怎麼使用聲波前，我們就研發出了我們自己的聲納系統。這些系統全都複雜精巧，漂亮地滿足原有的需求，不過既然同樣的設計曾在好幾個不同狀況下獨立演化出來，就意味著它們的演化障礙其實不會很大。

如果是這樣，那就是趨同的力量大過於機運，或說必然性勝過偶然性。道金斯在他的著書《先祖的傳說》中如此總結：「我被康威墨里斯的信念所吸引了，我們不應該繼續把趨同演化當做演化上罕見的點綴，每每發現便驚嘆不已。或許我們應該轉而將它視為常態，和此原則不相符合的例外事件才該驚訝。」所以當生命的膠卷重播時，我們可能無法親眼目睹，但應該會有另一種擁有智能的雙足動物，仰望飛行的物種，思索著眾神的旨意。

如果生命起源於地球早期的烈火與硫磺之間並非不可能（更多討論請見本書第二部），而地球上生命的重要發明大部分都會反覆地演化出現，那麼我們可以合理相信，宇宙某處將會演化出文明的智能物種。但還有一個揮之不去的疑問。地球上，這些華麗的機巧全都在近六億年之內演化出來，這還不到生命出現在地球上時間總長的六分之一；在這之前約三十億年的時間內，除了細菌和一些藻類之類的原始真核生物之外，什麼也沒有。演化過程中是不是還有一些關卡需要突破？是不是還要有一些偶然，生命才能真正向前走？

在那個由簡單的單細胞生物所統治的世界裡，最明顯的關卡是如何演化出多細胞的大型生物，也就是由許多細胞合力構成的單一個體。但如果我們同樣以重複出現的次數做為衡量的準繩，就會發現多細胞的演化似乎也不會特別困難。多細胞生物可能獨立演化了好幾次。動物和植物的大尺寸顯然是分別演化出來的，真菌類可能也是。而同樣的，多細胞聚落可能也在藻類當中獨立演化了好幾次：紅藻、褐藻和綠藻是古老的家族，它們約在十億年前，單細胞物種還在獨領風騷的年代，就已經分道揚鑣了。它們的構造和基因來源都不讓人認為多細胞特徵只在藻類之間出現過一次。當然，它們多半非常簡單，比較適合當做大型的聚落，而不是真正的多細胞生物。

多細胞聚落在最基本的層面上，只不過是一群分裂了卻沒能順利分開的細胞。真正的多細胞生物和多細胞聚落間的差異，在於遺傳基因相同的細胞之間的分工（分化）程度。以我們本身為例，腦細胞和腎臟細胞的基因雖然完全相同，卻特化成不同的樣子來應付不同的任務，為此必須將特定的基因開啟或關閉。更單純一點的例子，像是某些細胞聚落，甚至是細菌的菌落，常常也都有某種程度的細胞分化現象。多細胞聚落和多細胞生物之間的界線如此模糊，混淆我們對菌落的詮釋，有些專家便主張應該將菌落解釋為多細胞生物，雖然它們在一般人眼裡不比一灘黏液強到哪裡去。不過這裡的重點是，多細胞生物的演化似乎並不曾對生命的演變過程構成嚴重的阻礙。如果生命陷在某種窠臼裡無法前進，也不會是因為細胞無法通力合作。

在第一部，我會討論生命歷史上真正的那項不可能的任務，就是這個事件使得生命在啟程揮灑之前，等待了如此漫長的一段歲月。如果重播生命的膠卷，我認為它很可能每次都會陷入同樣的窠臼：我們將會面對一個除了細菌之外別無長物的星球。造成這一切改變的事件是**真核細胞**的演化，也就是第一個擁有核的複雜細胞。「真核細胞」這樣深奧的字眼，聽起來像是微不足道的少數例外，但事實是，地球上所有真正的多細胞生物，包括我們在內，完全都是由真核細胞構成的，所有的植物、動物、真菌和藻類，都是真核生物。多數專家都同意，真核細胞的演化只發生過一次。因此，所有已知的真核生物當然都是親戚，我們在遺傳上都有共通的祖先。如果我們再次拿出那把機率的量尺，真核細胞的出現看來遠比多細胞生物的演化，或是飛行能力、視覺甚至智能的演化，都還來得不容易。這個事件看起來是真正的偶然，就像小行星撞擊一樣難以預料。

你可能會這麼想：這一切到底跟粒線體有啥關係？答案來自那個令人吃驚的發現——所有真核生物都擁有，或是擁有過粒線體。一直到不久以前，粒線體還被認為只是真核生物演化過程中順手帶上的，雖然是好東西，但不是必需品；當時認為，真正重要的發展是細胞核的演化，真核生物一詞也是依此命名的。但現在，認知已經改變了。最近的研究指出，獲得粒線體這件事，意義遠遠不只是替一個已具備細胞核的複雜細胞裝上高效的發電機——獲得粒線體，真核細胞才有可能演化。如果粒線體的併吞事件沒有發生，我們今天就不會站在這裡，也不會有任何其他形式的智慧生命體，或任何真正的多細胞生物。所以，關於偶然性的疑問最終歸結成一個務實的問題：粒線體是怎麼演化出來的？

第一章　演化大斷層

細菌和真核細胞間的落差在生物學的範疇內是無可比擬的。就算我們勉強接受菌落是真正的多細胞生物，它們的組織也從未超過最初階的程度。這不可能是因為它們缺乏時間和機會——細菌統治了這個世界長達二十億年，所有你想得到的地方它們都占領過，連你想不到的地方都占領了不少，現在它們的生質量依舊超過所有多細胞生物加起來的總合。不過因為某些原因，細菌始終沒有演化成大家能輕易辨識的那種多細胞生物。而根據主流看法，真核細胞的出現相形之下遠比細菌來得晚，卻在短短數億年之內引發了我們身邊所見的生命湧泉，而這不過是細菌可以運用的時間的一小部分而已。

諾貝爾獎得主杜維一直對生命的歷史和起源感到興趣，在他睿智的終極論述《演化中的生命》一書中，他暗示真核細胞的發端與其說是機緣湊巧，不如說是一個關鍵瓶頸——換句話說，真核細胞的誕生幾乎是不可避免的命運，是當時環境狀況相對上的突然轉變（比如大氣和海洋中氧濃度的上升）所造成的。當時的所有原始真核生物裡，碰巧有一種對新環境適應得比較好，並且快速擴充族群，突破了瓶頸，在變動的環境裡占得優勢，它們繁盛興旺的同時，較不適應新環境的競爭物種死絕了。這樣的結果導致了某種錯誤的印象，讓我們以為這一切是隨機的。這樣的可能性是否存在，取決於事件發生的正確順序，以及牽涉其中的篩選壓力，除非能肯定這兩項因素的實際狀況，否則我們都不能排除這種可能。當然，我們討論的是二十億年前的篩選壓力，可能永遠不會有肯定的一天；但正如我在引言部分說過的，就算如此，我們還是可以藉由現代分子生物學的幫助，排除一些可能性，然後專注於剩下的，最有希望的那些選項。

雖然我非常尊重杜維，但我覺得他的瓶頸論不是很有說服力。這個觀念說的是一派獨大，和生命幾乎無所不包的絕對多元性互相牴觸。世界的轉變並不是一口氣全面進行，許多不同的生態區位都留存了下來。或許最重要的一點是，缺氧的環境（無氧或低氧）也大規模地留存了下來，直到今日仍是如此。在這樣的環境生存所需的生化技能，和含氧的新環境是相當不同的。就算已有某些真核生物存在於當時，應該也不會妨礙各式各樣的「真核生物」在不同的環境裡演化才對（例如海底死氣沉沉的爛泥裡）。可是這樣的事情卻沒有發生。事實上，很驚人地，生活在這種地方的單細胞真核生物，全都和呼吸氧氣、生活在清新空氣裡的生物體有所淵源。我不認為第一個真核細胞有那麼勇猛，可以殲滅各種環境條件下的所有競爭者，尤其是那些生存條件不適合其本性的環境。而以細菌為例，真核生物確實也沒有將這個競爭對手殲滅，而是為自己開啟了新的生態區位，與細菌並肩而行。在生命的其他故事裡，也找不到類似的例子，任何規模下都沒有。真核生物變成呼吸氧氣的能手一事，並沒有造成細菌的絕跡。儘管它們一直毫不留情地競爭著相同的資源，許多細菌還是堅忍不拔地從好幾十億年前堅持到了現在，這才是普遍的狀況。

讓我們研究一下甲烷菌的例子。這類細菌（專業點應該要叫古細菌）以利用氫氣和二氧化碳合成甲烷的方式維生。這部分我們將會略花些篇幅，因為甲烷菌在接下來的故事裡很重要。甲烷菌會遭遇一個問題：儘管二氧化碳很充足，氫氣卻不是，氫氣總是會很快地和氧氣作用而形成水，在含氧的環境裡總是倏忽即逝。甲烷菌因而只能生存在有管道取得氫氣的環境裡，這樣的地方通常就是完全無氧的環境，或是火山活動頻繁，氫氣的補充速度比消耗還快的地方。可是甲烷菌不是唯一使用氫氣的細菌，它們從環境中取得氫氣的效率也沒有特別高。另外有一種叫**硫酸鹽還原菌**的細菌，靠著還原硫酸鹽，使之轉變為硫化氫這種帶有臭蛋味的氣體（實際上是臭蛋會散發硫化氫）而得到能量。它們也要使用氫氣才能實行這個作用，而在競爭這種稀有資源的場合，它們通常比甲烷菌要來得強。即便如此，甲烷菌也在適合它的生態區位存活了三十億年，它們居住在那些其他條件不利於硫酸鹽還原菌的地方——通常是缺乏硫酸鹽。比方說，活水湖裡的硫酸鹽極其貧乏，因此硫酸鹽還原菌無法在此安身；而甲烷菌就可以在湖底的淤泥或是不流動的沼地區域立命。它們散發出的甲烷氣體被稱為沼氣，不時會燃亮神祕的藍色火燄，在沼澤上方出沒，這個現象也就是所謂的鬼火，許多鬼怪或幽浮的目擊聲明其實都該算到它頭上。不過甲烷菌的甲烷產量可是一點也不含糊，任何人只要支持以天然氣取代日漸短缺的石油，就該向甲烷菌說聲謝謝，它們基本上可以負責我們所需的全部供應量。甲烷菌也出現在牛的，甚至於人的腸道裡，因為後腸也是個極度缺氧的地方。甲烷菌在素食者體內格外地繁盛，因為植物的硫化物含量普遍較低。肉類富含硫，因此在肉食者體內，硫酸鹽還原菌通常會取代甲烷菌。改變你的飲食習慣，在某些尷尬時刻你會發現有所不同。

關於甲烷菌我想強調的是，遇到瓶頸時它們是競賽中的輸家，儘管如此它們還是能找到適當的生態區位存活下來。在較大的規模上，輸家徹底消失，或是後起之秀連搖搖擺擺的立足之地都找不到的案例，也同樣十分罕有。鳥類演化出飛行能力，並沒有妨礙到其後演化的蝙蝠，牠們還成為哺乳類中數量最豐的物種。植物的演化沒有使藻類消失，維管束植物的出現也不曾消滅苔蘚。就算是大滅絕也鮮少會消滅一整個生物綱。恐龍雖然絕跡了，但爬蟲類還在我們身邊，儘管哺乳類和鳥類一直執拗地與牠們競爭著。在我看來，在演化史上，能和杜維所設定的狀況比擬的瓶頸只有生命的起源本身：生命可能只發源過一次，也可能是發源過許多次，但只有一種型體最終存活了下來——以後者而言，這就是一個瓶頸。或許吧，但這不是個好例子，因為我們無從證實。我們只知道，現存的所有生命都具有共同的祖先，發源自同樣的始祖。連帶的這也排除了某一類言論，認為侵略者一波波地輪番移居到我們的星球。地球上所有生物之間在生化上的密切關聯，和這個觀點是不相容的。

如果真核生物的誕生不是個瓶頸事件，那麼它恐怕是一整套極為不易發生的系列事件所造成的，因為這整套事件只發生過一次。身為一個真核生物，我的發言可能有失公允，但我不相信細菌可以登上這座順暢的斜坡而獲得知覺能力，或是升格成任何黏液之外的東西，不管是在這裡，或在宇宙他處。不，複雜生命體的奧祕在於真核細胞的嵌合本質，一個有前途的怪物，從二十億年前一次不可能的併吞中誕生，而且至今還固定在我們最深層的構造裡，支配著我們的生命。

一九四〇年，高施密特首度提出了有前途的嵌合怪物這樣的概念，同年，艾弗里證明了基因是由DNA構成的。高施密特被某些作者當成笑話，而被另一些人擁戴為反達爾文陣營的英雄。這兩種評語都不適用於他，因為他的理論既非無稽之談，也不違反進化論。高施密特主張，**突變**（基因的微小變化）的逐步累積雖然重要，但只能用來解釋種內的變異。突變逐步累積的力量不夠大，它所能造成的演化革新不足以解釋新種的誕生。高施密特相信，物種之間巨大的遺傳差異並非一連串微小的突變所能造成的，而是需要更深刻的「巨型突變」，就像是怪物的大腳一跨，越過「基因空隙」——意思是兩段基因序列間的隔閡，也就是從一段序列成為另一段序列所需的變化總合。他意識到，隨機的巨型突變會使基因序列突然大幅變化，極有可能會使突變種的生理機能無法運作，因而他將那百萬分之一次的成功命名為「有前途的怪物」。對高施密特來說，一個有前途的怪物不是由一連串小小突變累積而來，而是遺傳因子大幅遽變的幸運成果，就像典型瘋狂科學家在實驗室耗盡一生，歷經使人發狂的失敗後，創造出來的那種東西。現在我們學過了現代遺傳學，知道巨型突變並不是種化的原因，至少在多細胞生物不是（雖然對細菌來說可能是，就像瑪格利斯所主張的那樣）。不過，在我看來，兩個基因體的融合，產生了第一個真核細胞，這應該比較適合被看做是一項巨型突變，是它創造出了有前途的怪物，而不是小型基因變化的累積。

所以，第一個真核生物是個什麼樣的怪物？它的起源又有什麼不可思議之處？想要知道這些答案，我們必須先思考真核細胞的特質，以及它們和細菌在許多方面的驚人差異。我們在引言的部分已經接觸過這些主題；現在，我們應該專注於差異的規模，看看斷層裂隙那大大張開的嘴巴。

細菌和真核生物的差異

與細菌相比，大部分的真核生物都很巨大。細菌的長度很少會超過一毫米的千分之幾（幾微米）。相形之下，雖然有一些名為**真核超微藻類**的真核生物和細菌一般大，但大部分真核生物的直徑都比細菌大上十到一百倍，換算成體積就是細菌的一萬到十萬倍。

大小不是唯一的問題。真核細胞的核心特徵，也是它命名的由來，就是它的「真」細胞核。這細胞核一般是球形，高密度的DNA（即遺傳物質）被蛋白質包裹著封裝在雙層膜之中。此處就有三個地方和細菌大大不同。首先，細菌根本沒有細胞核，或該說它們只有沒被膜封起來的原始版本細胞核。因此細菌也被稱為「原核生物」（prokaryote），希臘文的意思是「在核出現之前」。這個命名堪稱先見之明，雖然有些研究人員認為，有核和沒核的細胞出現的時間一樣早，但大部分專家同意原核生物的名字取得很好：它們的演化確實發生在有細胞核的細胞，也就是真核細胞之前。

細菌和真核生物間的第二個不同之處在於基因體的大小，也就是基因的總量。普遍上，即使是和酵母菌這樣簡單的單細胞真核生物相比，細菌的DNA也遠少於它們。它們之間的差距可以用基因的數目（通常是數百到數千個），也可以用DNA含量來表示。後者被稱為C值，用以計算DNA的「字母」數量。C值不只有把基因算在內，還包括一段段所謂的**非編碼DNA**，指的是不表現蛋白質的DNA，所以它們不能被稱做基因。（目前基因的定義已不局限於蛋白質的表現與否，有些序列的表現產物是具功能性的RNA，這些序列亦屬基因。）基因數目和C值的差異都很有啟發性。像酵母菌這樣的單細胞真核生物，基因的數目是大部分細菌的好幾倍，人類則差不多是細菌的二十倍。C值，或說DNA含量的差異，則更為顯著，因為真核細胞的非編碼DNA比細菌多上許多。真核生物的總DNA含量超乎尋常地橫跨了五個數量級。**無恆變形蟲**這種大型變形蟲的基因體，比微小的真核細胞**兔腦炎微孢子菌**大上二十萬倍。這巨大的範圍無關乎複雜度，和基因的總數也無關。事實上無恆變形蟲的DNA含量是人類的兩百倍，可是它的基因數目遠少於人類，而且它們很明顯地不像人類那麼複雜。這古怪的矛盾被稱為C值悖論。這些非編碼DNA是否有演化上的意義？看法莫衷一是。其中一些部分確實是有意義的，但絕大部分仍舊令人費解，我們也很難理解變形蟲為什麼會需要這麼多非編碼DNA（在第四部我們會回來討論這個問題）。儘管如此，真核生物的DNA通常比原核生物多出好幾個量級，這是事實，需要一個解釋。擁有這麼多的DNA不是沒有代價的。複製這許多額外的DNA，還要確認它們的正確複製，這些工作耗費的能量會影響細胞分裂的速度和狀況，帶來的影響我們稍後會再繼續探究。

第三個差別在於DNA的包裝和構造。正如前言部分所說過的，大部分細菌具備的是單一環狀的染色體。它們的染色體若非局部固定在細胞壁上，就是在細胞內任意漂動，隨時可以快速地進行複製。細菌也有一些基因「零錢」，是自成小圈的DNA，名為質體，它的複製獨立於細菌染色體，而且可以由一個細菌傳遞給另外一個。細菌日常交換質體的行為就像我們用零錢購物一樣稀鬆平常，這說明了為什麼抗藥性的基因在細菌群體裡散播得這麼快——就像一枚銅板一天可能會經手二十個不同的人。現在再回到細菌的基因中央銀行，幾乎沒有細菌把主要染色體用蛋白質包裹起來，反之，它們的基因是「裸露」的，易於取用，是現金帳戶而非儲蓄帳戶。在細菌中，目的相同的基因往往被排在一起，形成一個作用單位，被稱為**操縱組**。反觀真核生物，目的相似的基因也不會排列在一起。真核細胞具備許多彼此分離的線性染色體，它們通常是二倍體，相匹配的染色體兩兩成對，就像人類的二十三對染色體。真核生物基因在染色體上的排列基本上是隨機的，更麻煩的是，基因還會被長段的非編碼DNA分割成片段。製造蛋白質時必須先讀過大量的DNA，才能將真正的基因拼接合併起來，形成可以表現蛋白質的通順轉錄本。

真核生物基因不僅排列隨機，支離破碎，而且還很難以觸及。染色體被緊緊包裹在一種名為組蛋白的蛋白質上，這會阻擋基因的使用通路。當細胞分裂，基因要複製時，或是為了製造蛋白質而要複寫轉錄本時，組蛋白的組態就必須改變，開放DNA的存取，而這又受到一種名為轉錄因子的蛋白質調控。

總結來說，真核生物基因體的構造是件複雜的事務，光是補充說明就能填滿一座又一座的圖書館。第五部我們會討論這個複雜裝置的另一個層面（細菌所沒有的性）。然而現在最重要的結論是：這樣的複雜性有其能量成本。相較於細菌幾乎永遠在精簡自己提升效率，大部分的真核生物既拐彎抹角又雜亂無章。

骨架和小房間

真核細胞在細胞核之外的部分，也和細菌相當不同。真核細胞一直被描述為「有內容」的細胞（圖2）。它大部分的內容物由膜所構成。膜是由名為脂質的油脂分子所形成的夾心結構，薄到讓你感覺不到它的存在。膜形成小囊泡、管子、盆狀物和餅狀物，包裹出一間一間以脂質屏障隔絕水狀細胞質的封閉小房間。不同的膜系專門負責各式不同的任務，例如製造構成細胞的材料，或是分解食物產生能量，或者用於運送、儲存或是降解。有趣的是，雖然尺寸形狀千奇百怪，但大部分的真核細胞小房間，都是由最簡單的囊泡變化而來的：有些被拉長壓扁，有些被塑成管狀，有些就是單純的泡泡。最不尋常的是核膜，它看起來像是兩層連續的、包住細胞核的膜，實際上卻是一系列大而扁的囊泡相接而成的，而且驚人的是，它還和細胞內其他的膜隔間相連。因此核膜在構造上和細胞的表層膜不相同，這些表層的膜都是連續不中斷的單層（或雙層）構造。

細胞內還有一些微小的器官，例如粒線體，還有植物和藻類細胞內的葉綠體。葉綠體值得特別一提。它們負責行光合作用，將太陽能轉化為攜帶化學能的生物性分子貨幣。葉綠體也跟粒線體一

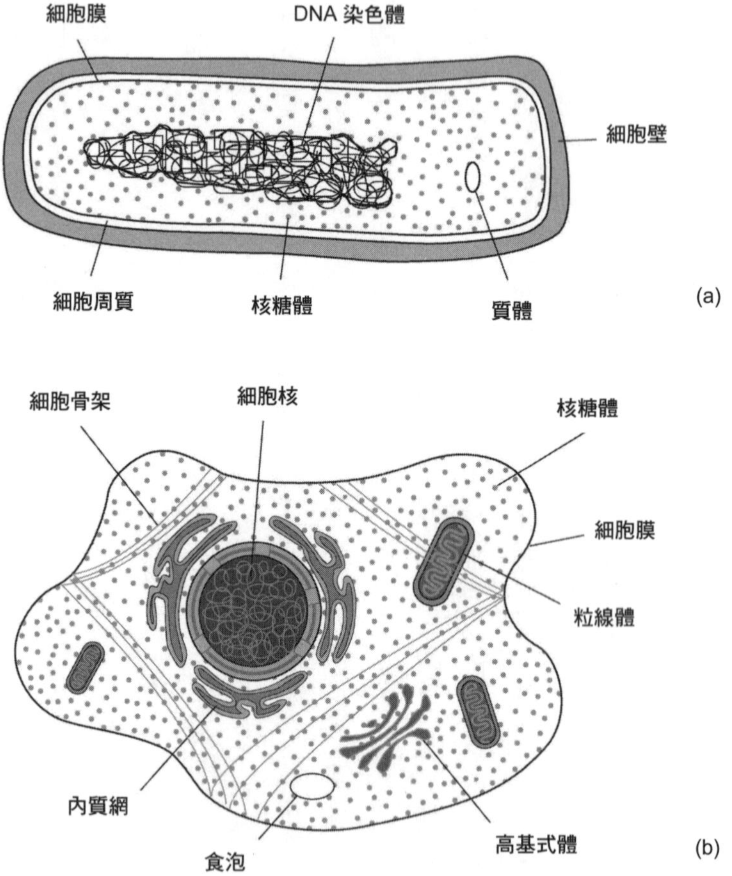

圖 2　細菌細胞 (a) 和真核細胞 (b) 的比較示意圖。這兩張圖未依實際比例繪製；細菌大小約等同於 (b) 圖中的粒線體。為了清晰起見，真核細胞內只零星描繪了一些膜所形成的構造，實際上兩者內部的構造差異比圖示更明顯。即使是在電子顯微鏡下，也很難觀察細菌。

樣，源自於某類細菌——**藍綠菌**，它們也是唯一能夠行真正的光合作用（會產生氧氣）的一群細菌。值得注意的是，葉綠體和粒線體都曾是自由生活的細菌，還保有一些半獨立的特徵，包括一小群自己的基因。它們都和替宿主細胞生成能量的活動有關。這兩個胞器都和真核細胞其他的膜系統胞器明顯不同，而這樣的不同使它們鶴立雞群。和細胞核一樣，粒線體和葉綠體都有兩層膜，不同於細胞核的是，它們的雙層膜形成不中斷的、真正的屏障。粒線體和葉綠體的雙層膜特徵，連同它們自己的DNA、自己的核糖體、自己的蛋白質組裝以及半自主的分裂，一同指證了它們的細菌起源。

如果我們說真核細胞有內容，那細菌就是什麼都看不見。它們沒有真核細胞那樣繽紛的內膜系統，只有表面的一層細胞膜，它偶爾會向內折疊，賦予細胞一些紋理。即便如此，真核細胞繁盛的膜系和細菌稀疏的膜，兩者的基本成分是相同的。都是由磷酸甘油構成的親水性「頭部」，接上幾條脂溶性的長脂鏈所構成的。正如清潔劑會自然地形成微滴，脂質的化學結構會自然地促使它們癒合形成膜：親水的頭向兩面突出，將脂鏈夾在中間。這種細菌和真核生物間的一致性，有助於說服生化學者兩者有相同的遺傳來源。

在我們進一步討論這些異同之處的意義之前，先讓我們完成真核細胞的參觀之行。我還想提兩個它們和細菌間的相異之處。首先，除了膜系構造和胞器之外，真核細胞還具有蛋白質纖維所構成的緻密內部支架，名為細胞骨架。第二，真核細胞不像細菌具有細胞壁，或至少可以說它們沒有細菌型的細胞壁。（植物細胞和部分藻類以及真菌是有細胞壁的，但它們的細胞壁和細菌很不一樣，而且演化出現的時間較遲。）

內部的細胞骨架和外部的細胞壁是截然不同的概念，然而卻有著同樣的功能，它們都能提供結構性的支持，就像昆蟲體外的幾丁質和我們體內的骨骼都用來支持個體的結構。細菌細胞壁的構造和成分不一，但普遍都提供了堅硬的框架維持細胞形狀，使之在環境突然改變時不至於脹破或是塌陷。除此之外，細菌細胞壁的固體表面讓染色體（還有染色體上的基因）可以定置於此，各種推進構造，像是鞭狀的細絲（或稱鞭毛）也可以固定於其上。相比之下，真核細胞通常只有柔軟的外膜，靠內部的細胞骨架使之穩固。細胞骨架並不是一種固定不變的構造，它隨時都在進行重整，這項耗能的過程使得細胞骨架擁有細胞壁所沒有的機動性。這意味著真核細胞（或至少是真核細胞中的原生動物）不會像細菌細胞那麼堅固，但它們可以改變自己的形狀（通常相當激烈），因而得到數不清的好處。經典的例子像是變形蟲，它們四處爬行，行**吞噬作用**將食物吞入體內。吞噬作用發生時，細胞會暫時凸出一部分，這叫做偽足，意思是假的腳。細胞以偽足包圍獵物後再次融合，將獵物包裹起來，形成細胞內的食泡。偽足的穩定靠的是細胞骨架不斷地變化。它們之所以可以輕易地再次融合，是因為細胞膜是流體，就像肥皂泡一樣，可以輕易地萌發小泡，然後再次融合。單細胞真核生物改變形狀以及靠吞噬作用進食的能力，使它們成了真正的掠食者，和細菌產生了區別。

孤獨之路——從細菌到真核生物

真核細胞和細菌大體上是以相同的材料打造出來的（核酸、蛋白質、脂質和醣類）。它們使用的遺傳密碼完全相同，膜脂質也極為相似。很明顯的，它們擁有共同的祖先。然而另一方面，真核生物和細菌的構造幾乎沒有一處相同。真核細胞體積平均是細菌的一萬到十萬倍，具有細胞核、膜系以及胞器。它們攜帶的遺傳物質通常比細菌多上數百數千數萬倍，基因排列沒有規則，還被分割得零零碎碎。它們的染色體不是環狀，而是線性的，並且被包裹在組蛋白之中。它們大部分藉性行為繁殖，或至少偶爾會這麼做。它們靠動態的細胞骨架從內部提供支撐不見得會有細胞壁，這使它們能夠到處覓食，還能吞下整隻的細菌。

粒線體只是一大串差異中的一項，看起來好像只是隨意添上的一筆。然而它不是，接下來我們將會明白這一點。可是，還有一個問題沒有解決：為何真核生物的演化之路如此壯盛，而細菌在將近四十億年的時間裡卻幾乎毫無改變？

真核細胞的起源是生物學最受矚目的話題之一，道金斯將之稱為「偉大的歷史交會」。這個議題擺盪在科學和臆想間，絕妙的平衡，恰足以在理當冷靜公正的科學家之間掀起狂暴的激情。實際上，有時會讓人覺得好像每出現一個新證據，就會產生一項新的假說解釋真核細胞的演化起源。這些假說傳統上可分為兩類，一類試圖將真核細胞解釋為許多不同細菌合併的結果；另一類則是試著在特定的分類裡追溯真核細胞特徵的可能起源，而不求助於那麼多次的併吞。正如我們在引言部分所看到的，瑪格利斯主張粒線體和葉綠體的起源都是自由生活的細菌。她也主張真核細胞一些其他的特徵——包括細胞骨架，還有組織細胞骨架的中心粒——也來自細菌的併吞，但這次她沒有成功將領域中的學者拉到她這一邊。問題在於，細胞結構上的相似性雖然有可能來自於演化上的直接關聯性——內共生生物還沒有退化得面目全非，還可以分辨它們的來源；但也有可能是趨同演化造成了結構上的相似性，類似的篩選壓力無可避免地創造了類似的結構，畢竟正如先前所說，解決特定問題的招數就只有那幾種而已。

像細胞骨架這樣的細胞物件，不像葉綠體和粒線體擁有自己的基因體，很難確立它的出處。既然無法直接追溯家譜，就很難證明這個胞器是共生生物還是真核細胞的創作。多數的生物學家都傾向最單純的觀點，也就是真核生物大部分的特徵，包括細胞核和胞器，除了葉綠體和粒線體，都純屬真核細胞的創作。

要從真核細胞起源的矛盾迷宮找到出路，我們只需要考慮兩個互相競爭的理論，在我看來，這兩者屬實的可能性最高。它們分別是「主流」觀點以及「氫假說」。主流觀點替換掉了瑪格利斯原始概念的許多細節，而這個新版本大半要歸功於牛津的生物學家卡瓦略史密斯。沒有學者像卡瓦略史密斯一樣，對細胞的分子結構和它們的演化關係了解得那麼詳細，在細胞演化方面，他曾提出無數重要且引發爭論的理論。氫假說則是完全不同的理論，提出這個有力說法的是美籍生化學家馬丁，他任職於杜塞朵夫的海恩里希海涅大學。馬丁有遺傳學家的背景，他往往從生化的角度（而非構造性的觀點）來切入真核生物的起源。他的看法違反直覺，引起了熱烈的，在某些領域甚至是尖刻的反響，然而這些想法在生態方面的邏輯性乾淨俐落，不容忽視，可以為他撐腰。這兩個人時常在研討會槓上彼此，他們的意見讓這些會議彷彿籠罩在近似維多利亞時代通俗劇的氣氛下，使人不禁聯想到柯南道爾筆下的查林傑教授。倫敦皇家學會在二〇〇二年有場關於真核細胞起源的精采研討會，整場會議裡，卡瓦略史密斯和馬丁不斷爭論著彼此的看法，令我印象深刻的是，會後數小時，他們還在當地的酒吧裡持續著他們的辯論。

第二章 追尋祖先

真核細胞是如何從細菌演化而來的？主流觀點認為，先是發生了一系列微小的步驟，讓細菌逐漸變化，成為原始真核細胞，擁有現代真核生物所擁有的一切特徵，但沒有粒線體。然而，那些步驟是什麼？它們一開始又是怎麼會踏上這條道路，最終跨越了分隔細菌和真核生物的大斷層？

卡瓦略史密斯主張，推動真核生物演化的關鍵步驟，是細胞壁消失這件大災難。根據《牛津英文辭典》，「大災難」一詞指的是「極度不幸的命運」或是「顛覆原有秩序的事件」。對於失去細胞壁的細菌而言，這兩個說法都很對。沒有細胞壁的細菌大多都極為脆弱，除非生活在安逸的實驗室環境，否則都活不久。不過這不代表此類不幸事件很少發生。野生環境中，細菌的細胞壁很容易會消失，原因可能是內部的突變，或是外來的破壞。比方有些抗生素的作用方式就是阻止細胞壁的合成（像青黴素就是）。忙於化學戰爭的細菌極有可能會製造出這類抗生素。這並不難想像——很多新的抗生素都是由參戰的細菌或真菌體內分離出來的。所以，第一步，細菌細胞壁的不幸消失，應該不成問題。那麼第二步呢？細菌要怎麼生存並且顛覆原有的秩序呢？

我們在上一章說過，擺脫笨重的細胞壁可能大有好處，尤其是可以改變形狀並進行吞噬作用吞入食物。根據卡瓦略史密斯的看法，吞噬作用是用來區分真核細胞和細菌最好的定義特徵。細菌只要能解決結構性支持和移動的問題，自然就可以顛覆原有的秩序。然而，很長的一段時間裡我們都認為，要細菌在沒有細胞壁的情況下存活，就像從禮帽裡抓出兔子一樣，是魔術。一般相信，細菌不具有從內部支撐它們的細胞骨架，如果這是事實，那麼要是真核細胞沒能在一個世代內演化出細胞骨架，就得面對滅亡的命運。但這個想法其實是沒有根據的。二〇〇一年，牛津的瓊絲以及劍橋的馮丹安娣（偕同她們的同僚），分別各自在《細胞與自然》發表了一篇文章，這兩篇重要著作指出，有一些細菌確實除了細胞壁之外，也同時擁有細胞骨架——它們既繫皮帶又穿吊帶，就像亨利方達在《狂沙十萬里》中的角色一樣（「不要信任連自己的褲子都信不過的男人」）。但細菌不像亨利方達飾演的那個痛恨風險的牛仔，它們是真的需要雙管齊下才能維持形狀。

多數細菌是球形的，被稱為球菌，另外一些桿狀的稱為桿菌，還有一些是絲狀的或是螺旋狀的。甚至還有人發現了一些怪胎，是三角形或是方形的。這些不同的形狀會帶來什麼好處是個相當有趣的問題，不過細菌預設的形狀似乎還是球形，其他的形狀都需要內部支撐。非球形的細菌內部具有蛋白質細絲，這些細絲的顯微構造，和酵母菌、人類與植物等真核細胞的都非常相像。在以上這幾個案例中，細胞骨架的細絲都是由近似肌動蛋白的蛋白質構成的（肌動蛋白以參與肌肉收縮聞名）。在非球形的細菌內，這些細絲會在細胞膜底下形成螺旋狀構造，似乎可以提供結構上的支持。如果表現細絲的基因出現缺失，正常狀況下應該呈桿狀的桿菌便會發育成球形的球菌，這就是個非常清楚的例子。有人在三十五億年前的岩層裡發現了類似於桿菌的印痕，因此可以想見細胞骨架或許在最初的細胞誕生不久後就出現了。現在問題就反過來了。如果細胞骨架一直以來都存在，那為什麼失去細胞壁後還能存活的細菌這麼少？在第三部我們會回頭來討論這個問題。但現在，我們先來看看失去細胞壁可能造成的後果。

「發現」古細菌——遺失的環節？

只有兩類細胞曾在缺乏細胞壁的情況下興旺起來，一類是真核生物本身，另一類則是**古細菌**，一種不尋常的原核生物（原核生物指的是沒有特化細胞核的生物，像細菌就是）。古細菌是在一九七七年，由伊利諾大學的瓦士和佛克斯所發現，命名來源是希臘文的「古老」。大部分的古細菌具有細胞壁，只是化學成分和細菌細胞壁略有不同，有些古細菌則完全沒有細胞壁，例如喜愛高熱強酸環境的**熱原體屬**成員。有趣的是，青黴素之類的抗生素並不會影響古細菌的細胞壁合成，這點更坐實了細胞壁可能曾是細菌從事化學戰爭時攻擊的目標。就像細菌一樣，古細菌很小，直徑一般是一毫米的千分之幾（數微米），而且同樣沒有細胞核。它們跟細菌一樣，只有一個環狀的染色體。而且古細菌也像細菌一樣有各種形狀和樣式，因此應該也具備某種細胞骨架。它們之所以這麼晚才被發現，有個原因是它們多半都是嗜極端菌，也就是說它們的族群在最極端最艱難的環境生長旺盛，從熱原體屬熱愛的滾沸酸水，到腐敗的沼澤（製造沼氣的甲烷菌便居住在其中），甚至是深埋在地底的油田。居住在油田的古細菌引起了眾人商業上的興趣，或者應該說是厭惡才對，因為它們會「酸化」油井——它們會提高原油內的硫含量，而油井的套管和金屬運送管會被這種成分侵蝕。綠色和平組織都想不到這麼狡猾的抗議破壞方式。

「發現」古細菌只是個相對的用語，有一些古細菌我們早已認識了好幾十年（像是會酸化油井的那種古細菌以及生成沼氣的甲烷菌），但因為它們的尺寸和細菌相近而且同樣沒有細胞核，往往使它們被誤認。換句話說，在它們被重新分類之前，其真實身分還不算被「發現」；即使是現在，還是有一些研究人員喜歡將它們和細菌歸為一類，認為原核生物創意十足，而它們只不過是諸般種類中的一群。但瓦士等人在遺傳學方面刻苦研究的結果，說服了大部分公正的觀察者：古細菌和細菌確實相當不同，它們的差異絕不只是細胞壁的成分不一樣而已。我們現在知道，古細菌的基因中，約有百分之三十是這個分類特有的。這些獨特的基因所編寫的資訊，是關於各式能量代謝方式（如生成甲烷），以及一些在其他細菌身上不會看見的細胞構造（如特殊的膜脂質）。這些重大的差異足以讓大部分科學家將古細菌獨立出來，成為生物界中的一個「域」。這表示我們現在將所有生物畫分為三大「域」：細菌、古細菌和真核生物（真核生物包括了植物、動物和真菌，正如我們先前所說的那般）。其中，細菌和古細菌都屬原核生物（沒有細胞核），而真核生物則擁有細胞核。

儘管古細菌偏好極端環境，並且擁有一些專屬於它們的性質，然而同時，它們還拼貼了一些分別和細菌及真核生物相同的特徵。我會使用「拼貼」這個詞是有原因的。上文所說的特徵，很多都是自成體系的模組，由一群功能目的相同的基因為一個單位，共同表現所需的基因（如蛋白質合成所需的基因可以歸為一個單位，能量代謝的又是另一個單位）。這一個個的模組，就像一塊塊的馬賽克瓷磚，拼貼在一起形成個體的完整圖像。以古細菌為例，有一些瓷磚和真核生物相似，其他的則比較像細菌。它簡直就像被丟進盛有各種特徵的盤子裡滾了一圈，沾上什麼是什麼。因此，雖然古細菌是原核生物，而且在顯微鏡下還很容易被誤認為細菌，然而卻有一些古細菌會用組蛋白包裹它們的染色體，就像真核生物一樣。

古細菌和真核生物還有更多的相似之處。擁有組蛋白意味著古細菌的DNA就像真核細胞一樣，也不是那麼容易親近，需要複雜的轉錄因子協助進行DNA的複製或轉錄（也就是解讀遺傳密碼以便製作蛋白質）。古細菌轉錄基因的機制細節和真核細胞相當類似，只是較為單純。這兩類生物製作蛋白質的方式也有一些相像之處。在引言部分我們曾提過，所有細胞都利用一種微小的分子工廠來組裝它們的蛋白質，這種分子工廠名為核糖體。三域生物的核糖體大致上頗相似，這暗示它們擁有同樣的祖先，但在許多細節上還是相當不同。有趣的是，細菌及古細菌核糖體之間的差別，還比古細菌和真核生物間的差別來得更大。像白喉毒素這類的毒性物質，會阻止古細菌和真核生物的核糖體組裝蛋白質，但對細菌沒有影響。而氯黴素、鏈黴素和克耐黴素這類的抗生素能阻止細菌的蛋白質合成，在古細菌或真核生物身上則沒有效果。它們之間的這種情形，是因為蛋白質合成的啟動方法不同，核糖體工廠本身的細部構造也不同。真核生物和古細菌的核糖體十分相像，細菌的核糖體和其中任一方相比，都沒有它們彼此之間來得相似。

以上這一切，意味著古細菌很有可能就是我們一直在尋找的，細菌和真核生物間的遺失環節。或許古細菌和真核生物擁有一個相對晚近的共同祖先，並且應被視為「姊妹群」。這似乎鞏固了卡瓦略史密斯提出的細胞壁消失一說，推動真核生物演化的大災難，或許就發生在古細菌和真核細胞的共同祖先身上。最早的真核生物看起來可能會和近代的古細菌有幾分相像。耐人尋味的是，儘管如此，卻從未有古細菌學會真核生物的那一套：改變自己的形狀，以吞噬作用進食維生。相反的，它們沒有真核生物那種能變形的細胞骨架，而是發展出相當結實的膜系統，而且還是和細菌細胞一樣僵硬沒有彈性。由此可見，要成為「真核生物」不是只要把細胞壁拿掉就夠了，還有其他需要克服的問題；不過，這會不會只是生活型態的問題？原始真核生物會不會其實就是缺少細胞壁的古細菌，只是它們將原有的細胞骨架修改成更有機動性的支架，使自己能改變形狀，行吞噬作用將食物整團整團地攝入？

這會不會也解釋了它們是如何得到粒線體的——根本就是吞了下去？如果這是真的，會不會還有一些活化石潛伏在隱蔽的角落，從粒線體還沒出現的年代遺留至今：是殘存下來的原始真核生物，和古細菌有更多相同的特徵？

沒有粒線體的真核生物——古原蟲

根據卡瓦略史密斯一九八三年提出的理論，現今有些單純的單細胞真核生物確實仍然和最早的真核生物很類似。不具粒線體的原始真核生物超過一千種。雖然這當中有許多物種單純是因為不需要粒線體，所以在得到之後又丟棄了它們（演化總是會迅速拋棄不必要的性狀），但卡瓦略史密斯主張，其中可能至少有一些物種是「原始無粒線體」的——換句話說，它們是真核併吞事件前遺留下來的老骨董，從未擁有過什麼粒線體。這類細胞，多半是利用像酵母菌一樣的發酵作用來產能。它們之中雖然有一些可以忍受氧氣的存在，但絕大多數是在氧含量極低，甚至是沒有氧氣的狀況下長得最好，今日它們也是活躍於低氧的環境之下。卡瓦略史密斯將這假想的分類命名為「古原蟲」，以彰顯出它們的古老根源，它們類似動物覓食的營生方式，以及它們與古細菌之間的相似性。「古原蟲」（archezoa）之名不幸地和「古細菌」（archeae）一詞相似而易於混淆。對於這點我只能說抱歉。古細菌是原核生物（沒有細胞核），是生物界三域之一，而古原蟲則是不曾擁有粒線體的真核生物（有細胞核）。

好的假說應該可以實際驗證，卡瓦略史密斯所提出的假說正是絕佳範例，我們可以藉遺傳定序的技術，精確讀出基因密碼上的字母序列，來完成實證的作業。藉由比較不同真核生物間的基因序列，我們得以判斷不同物種之間的關係有多近，或是相反地，判斷古原蟲和「現代」真核生物的關係有多遠。這個方法的原理很單純：基因的序列裡包含數千個「字母」，而隨著時間過去，這些字母序列會因突變的累積而慢慢發生改變，突變使得基因序列失去某些字母、得到某些字母，還有可能使某些字母被其他字母所取代。因此，如果兩個不同物種擁有同一個基因，那麼兩者的同一基因上精確的字母序列應該會有少許不同。這樣的改變在數十萬年的時間裡緩慢累積。雖然還得考慮一些其他因素，但在某種程度上，序列上的變異數量可以大概告訴我們，這兩個版本的基因走向分歧之後，經過了多少時間。這些資訊可以用來建立一個說明演化關係的分支樹狀圖——亦即總體生命演化樹。

如果能證實古原蟲真的是最早的真核生物之一，那卡瓦略史密斯就找到了他在尋找的遺失環節——從未擁有過粒線體，但是已經擁有細胞核和動態細胞骨架，可以改變形狀並行吞噬作用攝食的原始真核細胞。在卡瓦略史密斯的假說發表的數年之內，出現了最早的一批答案，看起來似乎完全符合他的預測。有四群外觀原始的真核生物，不只缺少粒線體，也缺少大部分的胞器，遺傳分析的結果證實它們列名於最古老的真核生物的行列當中。

瓦士團隊在一九八七年進行了最早的定序。最早被定序的一批基因屬於一種微小的寄生生物，它和細菌一般大，生活在其他細胞體內——實際上是**只能**生活在其他細胞體內。它是一種微孢子菌，名字是減蛾多形微孢子菌。微孢子菌這個分類因擁有具感染性的孢子而得名，這些孢子全都會向外伸出盤旋的細管，孢子會透過這根管子將它的內容物擠入宿主細胞內，並且在此繁衍，重新展開它們的生活史，最終產生更多的感染性孢子。微孢子菌中最為人知的代表可能是孢子菌屬的成員，它們會在蜜蜂和家蠶身上造成疫情，因而惡名昭彰。孢子菌在細胞內進食時就像一隻迷你的變形蟲，四處移動，並靠吞噬作用將食物攝入體內。它擁有細胞核、細胞骨架，以及與細菌類似的小核糖體，然而不具粒線體或任何其他的胞器。微孢子菌這類生物會侵襲各種不同的細胞，受害者遍及真核生命樹的許多分支，包括脊椎動物、昆蟲、線蟲，甚至是單細胞纖毛蟲（這類細胞具有髮絲狀的「纖毛」用來移動和進食，因而得名）。然而因為所有的微孢子菌都是只能生活在其他真核生物體內的寄生生物，所以它們無法真正代表最早的真核生物（最早，意味著不會有其他細胞供其寄生），不過其宿主範圍之廣，說明它們確實頗有歷史，直逼真核生命樹的根基。遺傳分析的結果似乎可以證實這個假設，然而我們不久後將會看見，其中還有些蹊蹺。

在接下來的數年之間，遺傳分析又肯定了另外三群原始真核生物的古老地位，分別是古變形蟲下門、鞭毛蟲門，和副基體門。這三群生物都以寄生型的物種最為知名，不過其中也有自由生活的生命形式。因此它們在「最早的真核生物」這個位置上，坐得可能會比微孢子菌更穩。身為寄生生物，這三群生物引起了諸多苦難、疾病和死亡；我們的追尋祖先之路，竟挑出了這般令人厭惡，危害性命的細胞，實在是很諷刺。古變形蟲下門的最佳代表是痢疾性阿米巴原蟲，它們會引起阿米巴痢疾，症狀從腹瀉、腸道出血到腹膜炎不等。這種寄生生物會鑽過腸壁進入血液，再透過血液感染其他器官，包括肝、肺及腦。長期下來，它們會在這些器官上形成大量的囊腫，尤其是肝臟，每年造成高達十萬起死亡案例。另外兩群生物沒有這麼致命，但同樣惹人討厭。鞭毛蟲門中最廣為人知的是藍氏賈第鞭毛蟲，它也是一種腸道寄生蟲。藍氏賈第鞭毛蟲不會侵入腸壁或進入血液，但感染過程還是令人極度不愉快，任何不小心從汙染的溪流取水喝過的旅行者，都可以告訴你他們付出的代價有多麼慘痛，水瀉症狀和帶有臭蛋味的排氣可以持續數周到數個月。接下來輪到第三群生物，副基體門，其中最著名的是陰道滴蟲，它是造成性病的病原體中，最普遍，然而最不具威脅性的一種（雖然它所引起的發炎可能會提高其他疾病的感染危險，愛滋病便是一例）。陰道滴蟲主要是透過陰道性交傳播，但也會造成男性尿道的感染。它會造成女性的陰道發炎，並排出惡臭的黃綠色分泌物。我們雖然可以選擇自己的朋友，但無法選擇自己的親人，從這些惡黨祖先身上可以獲得充分證明。

真核生物的演進

儘管這些古原蟲令人不快，它們還是和原始真核生物，也就是從尚未得到粒線體的年代留存至今的倖存者的條件吻合。遺傳分析證明它們的確在較早的演化階段，差不多二十億年前的時候，就和現代真核生物分開演化了，同時，它們簡潔的形態允許它們過著簡單原始的腐食生活，行吞噬作用將食物整塊吞入。推測在二十億年前，一個晴朗的早晨，這種單純細胞的某個表兄吞進了一隻細菌，並且因為某些原因沒能消化掉它。這隻細菌活了下來，並在古原蟲體內複製繁衍。不管這種親密關係最初各為雙方帶來了什麼樣的好處，總之它最終大獲成功，這種嵌合細胞演變出現今所有具粒線體的真核細胞——我們熟悉的所有植物、動物和真菌。

根據上述的還原現場，這個併吞事件最初帶來的利益可能和氧有關。併吞的發生之所以和空氣及海洋中氧濃度升高的時間點重疊，或許不只是巧合而已。約在二十億年前，大氣中的氧含量確實有過一波急遽上升，這樣的變化可能是伴隨著全球冰河化，也就是「雪球地球」而發生的。這個時間點和真核併吞的發生時間十分吻合。現代真核生物在行呼吸作用時，會利用氧氣燃燒糖類和脂肪，因此，粒線體會在氧氣濃度升高的當時站穩腳跟，也不令人意外。以產能方式來說，有氧呼吸比起其他不需氧氣的呼吸作用（無氧呼吸）要來得更有效率。就以上看來，併吞事件最初的益處不太可能是產能方面的優勢。住在另一個細胞內的細菌沒有理由把自己的能量交給宿主。現代的細菌會把所有的能量都留給自己，它們最不可能做的事情就是仁慈地輸出能量給鄰近的細胞。所以合併雖然對粒線體的祖先明顯有利，可以讓它們輕易取得宿主的各種養分，但對宿主細胞而言卻沒有明顯的幫助。

這段最初的關係或許其實是寄生性的。瑪格利斯率先提出了此一可能性。一九九八年，瑞典烏普薩拉大學的安德笙實驗室在《自然》期刊上發表了他們重要的研究成果，他們的研究顯示，普氏立克次體這種引起斑疹傷寒的寄生性細菌，擁有和人類粒線體十分相近的基因，這項研究結果為此一可能性提供了更多證據，說明原始的細菌可能就像立克次體一樣，是寄生性的。即使最初入侵的細菌是隻寄生菌，只要這名不速之客不會為宿主帶來致命的傷害，這段不平衡的「合作關係」還是有可能延續。現今也有許多感染性病症的毒性會隨時間減弱，因為讓宿主存活對寄生生物也好——它們就不必一次又一次地在宿主死亡時尋找新的棲身之所。有一些疾病（如梅毒）在歷經了數個世紀後，致死率已大大減弱，也有跡象顯示類似的弱化情形也已經出現在愛滋感染上。有趣的是，這種世代之間的弱化現象也發生在大變形蟲之類的變形蟲身上。在這些案例裡，感染性細菌起初多半會殺死變形蟲宿主，然而最後卻成為它們生存的必需條件。變形蟲受感染後，其細胞核會變得不容於原本的變形蟲，最終還會置牠們於死地，這有效地推動了新物種的誕生。

在真核生物的案例裡，宿主很會「吃」，其掠食的生活方式能為寄居體內的房客提供源源不絕的食物。雖說天下沒有白吃的午餐，但這寄生菌可能只需要燃燒宿主的代謝廢物，不會使宿主變得太虛弱，這和白吃的午餐也相去不遠了。隨著時間的推移，宿主慢慢學會從這位房客的產能總量中分一杯羹，它們會在膜上開一些通道，或是接上「水龍頭」。於是這段關係的地位便顛倒過來了，外來的房客原本是賴著宿主的食客，現在卻成了奴隸，它們所生產的能量外漏，被宿主拿來供自己使用。

這個劇本只是諸多可能性的其中一種，關鍵點或許在於時機。即使能量並不是建立起這段關係的基礎，氧濃度的升高或許仍能用來解釋最初的利益關係。對於厭氧（也就是厭惡氧氣）的生物體而言，氧氣是有毒性的——正如它會鏽蝕鐵釘，它也會「侵蝕」未設防的細胞。如果房客是隻利用氧氣產能的好氧菌，而宿主是行發酵作用產能的厭氧細胞，這隻好氧細菌可能會保護宿主免受氧氣的毒害——就像一部安裝在細胞體內的「催化轉換器」，從周遭的環境大啖氧氣，並將之轉換為無害的水。安德笙將這個想法稱為「氧毒」假說。

讓我們重申一下這項論述的幾個要點。有一隻細菌在失去了細胞壁後存活了下來，因為它的內部有細胞骨架（先前是用來維持細胞形狀的）。這個時候，這隻細菌就和現代的古細菌很相似了。這隻沒有細胞壁的古細菌，稍微修改了它的細胞骨架，學會了行吞噬作用進食。在細胞愈變愈大的同時，它以膜包覆自己的基因，發展出細胞核的構造。現在，它成了一隻古原蟲，或許是像賈第鞭毛蟲之類的細胞。一隻這樣的飢餓古原蟲，碰巧吞入了一隻較小的好氧性細菌，但卻沒有把它消化掉，姑且假設這是因為那隻細菌就像現代的立克次體一樣，是種寄生菌，知道如何規避宿主的防禦機制。賓主雙方和睦相處，締結了良好的寄生關係，而當大氣的氧濃度升高，這份關係開始對宿主和寄生菌雙方產生效益：寄生菌仍能得到白吃的午餐，但現在宿主得到更好的交易條件，它由內部受到保護，它所配備的催化轉換器使它不受氧毒的傷害。終於，一個忘恩負義的驚人舉動逆轉了這段關係，宿主在房客的細胞膜接上了「水龍頭」，從房客身上竊取它生產的能量。現代真核生物就此誕生，一去不回頭。

這一長串的推理是個絕佳的例子，說明我們如何在科學的領域裡拼湊出一個完整合理的故事，幾乎每一個細目都以證據加以鞏固。我覺得這整個過程有種勢在必行的味道；在這裡可能發生，在宇宙中任何其他地方也有可能發生——沒有一個步驟的發生是特別不可能的。這個故事就跟杜維的猜想一樣，只有一個瓶頸——真核生物的演化在環境氧濃度不高時不太可能會發生，但只要氧濃度一升高，就會變得幾乎勢不可擋。雖然大家都同意這個故事基本上純屬推測，但很多人相信它很接近事實的真相，並且習於運用其中大部分的已知事實。因此，接下來在九〇年代末期發生的大顛覆，對這個領域而言是完全沒有心理準備的。在科學領域有時就是會發生這樣的事情，這個聽來合理的「好」故事，在五年之內幾乎崩塌殆盡，不留一磚一瓦。時至今日幾乎所有的細目都被推翻了。但或許這一切早有警告。如果真核生物的演化只發生過一次，那麼一個聽來勢在必行的故事，或許恰恰是走錯了方向。

翻天覆地

第一個被駁斥的部分，是古原蟲的「原始無粒線體」狀態。請回想一下，這個用詞代表古原蟲從未擁有任何粒線體。但隨著愈來愈多的古原蟲基因被定序，那些被我們預設為真核細胞祖先的物種，如痢疾性阿米巴原蟲（阿米巴痢疾的病原體），看來根本不是這個分類中最古老的物種。這類生物中似乎還有其他類型的細胞比它們來得更為古老，但卻擁有粒線體。不幸的是，分子定年技術測定出的年代只是近似值，而且有可能會出錯，因此測得的結果很有爭議。但如果推算的年代正確，這個結果就代表痢疾性阿米巴原蟲的祖先曾擁有過粒線體：它捨棄了自己的粒線體，而不是從未擁有過。如果古原蟲的定義是從未擁有過粒線體的原始真核生物，那麼痢疾性阿米巴原蟲就不能算是古原蟲。

一九九五年，美國國家衛生研究院的克拉克，以及加拿大達爾豪西大學的羅傑，回過頭重新細看痢疾性阿米巴原蟲，想看看是否有任何跡象顯示它們曾經擁有過粒線體。他們確實找到了。有兩個基因藏在細胞核基因體內，從它們的DNA序列看來，幾乎可以肯定它們源自粒線體併吞事件。這些基因推測是由早期粒線體身上轉移至宿主細胞核內的，之後，細胞曾擁有過粒線體的實體證據便消失了。值得一提的是，基因由粒線體轉移至宿主身上是很常見的事情，其中的原因我們在第三部會再討論。現今的粒線體只保留了一小部分的基因，其餘的不是整個遺失了，就是被轉移至核內。由這類核基因所表現出來的蛋白質，多半會被送回粒線體內作用。有一點很有趣的是，痢疾性阿米巴原蟲其實有一些橢圓形的胞器，可能是破損的粒線體遺跡；它們的尺寸和形狀都像是粒線體，一些從這種胞器內分離出來的蛋白質也在其他生物的粒線體內被發現過。

問題毫不意外地延燒到其他曾被認定是「原始不具粒線體」的分類群上。它們是否也曾經擁有過粒線體呢？類似的研究一一展開，而迄今檢驗過所有的「古原蟲」都被證明曾經擁有過粒線體，之後卻丟棄了它。比方說賈第鞭毛蟲，它們不只擁有過粒線體，而且體內也同樣留有遺跡，這些名為粒線體殘跡的微小胞器依舊執行著某部分的粒線體功能（例如有氧呼吸，這應該夠有名了）。最令人意外的可能是微孢子菌的研究。原本我們以為這個分類很古老，結果它們不僅**擁有過**粒線體，現在還發現它們根本也**不**古老——和它們親源關係最接近的是高等真菌類，在真核生物中是相對較近代才出現的一群。微孢子菌乍看之下頗為古老，只是因為它們寄生在其他細胞內，才會導致這樣的假象。它們的感染對象之所以遍布各大分類，只不過是證明它們很成功而已。

雖然這個世界上也有可能存在著真正的古原蟲，只是還沒被發現而已，但目前大家的共識是，這整個分類只是個幻象——每一個被檢驗過的真核生物要不是有粒線體，就是曾經有過粒線體。如果我們相信這些證據，那原始的古原蟲根本就不存在。而假如以上屬實，那併吞粒線體的事件必定是發生在真核血脈的最開端，或許還與之密不可分：併吞**就是**導致真核生物出現的那個獨一無二的事件。

如果真核生物的原型不是古原蟲，也就是說，不是個以吞噬作用攝食維生的簡單細胞，那麼它看起來**到底**會是什麼樣子？答案可能藏在現存真核生物的完整DNA序列裡。稍早我們曾看見，藉由比對基因序列可以指認出來自粒線體的基因；或許我們也可以利用類似的方法，從粒線體基因體找出繼承自原始宿主細胞的那些基因。這個概念很簡單。既然我們已經知道粒線體和某群特定的細菌有關（也就是α-變形菌），那就可以把那些看似源自於此的基因先排除，然後好好檢視一下剩下的那些基因是從哪來的。我們可以推測，剩餘的這些基因有一部分是真核生物特有的，是在併吞事件發生後這二十億年間演化出來的，還有一些則可能是從別處轉移過來的。即便如此，至少會有一些基因該是屬於原始宿主的。最初的併吞之後所誕生的所有後代，身上應該都繼承了這樣的基因，然後變異會逐漸累積；然而，它們和原始的宿主應該還是有**一些**相似之處。

加州州立大學洛杉磯分校的里薇拉採用的便是這個方法，其研究成果發表於一九九八年，更詳細的成果於二〇〇四年刊載在《自然》期刊上。里薇拉團隊從三域生物中分別找出代表，將它們的基因體完整定序並進行比對，他們發現，真核生物有兩類不同的基因，分別稱為**資訊型**基因和**操作型**基因。**資訊型**基因負責表現細胞遺傳所需的所有基本裝置，使細胞可以複製及轉錄DNA、可以自行複製、可以製造蛋白質。**操作型**基因則表現細胞日常代謝所需的蛋白質，換句話說，這類蛋白質負責產能以及製造基本的生物組件，如脂質和胺基酸。有趣的是，幾乎所有的操作型基因都來自α-變形菌，推測應是透過獲得粒線體而取得的，唯一令人驚訝的是，這樣的基因比預期中還要多上許多，原始粒線體在基因方面的貢獻度，似乎比我們所想的還要更大。不過最大的驚喜是**資訊型**基因一面倒地擁戴同樣的主人。這些基因一如預期，歸屬古細菌，但卻是完全出乎意料的一類古細菌：**甲烷菌**。這群趨避氧氣，製造甲烷沼氣的沼澤愛好者，和它們擁有驚人的基因相似性。

這並不是引導我們將矛頭指向甲烷菌的唯一線索。俄亥俄州立大學的瑞甫與他的同事指出，真核細胞組蛋白（包裹DNA的蛋白質）和甲烷菌的組蛋白在構造方面關係密切。這樣相似性的確不是巧合。不僅是組蛋白本身的結構有關係，它們的DNA和蛋白質組裝在一起所形成的三維結構也是像得驚人。要在兩種理當無關的生物（比如甲烷菌和真核生物）身上找到完全相同的構造，機率就跟在兩架分別由兩家互相競爭公司所製造的飛機上，找到相同的噴射引擎一樣。我們當然有可能會找到一模一樣的引擎，但如果有人告訴我們，雙方都對敵手的版本或原型毫不知情，各自獨立「研發」出一模一樣的引擎，那我們也會懷疑：我們會認為這具引擎是從別的公司買來或偷來的。同樣的道理，甲烷菌和真核細胞組裝DNA和組蛋白的方式如此相似，最好的解釋就是，它們都從同一個祖先身上繼承了整套設備，兩者是從同樣的原型演變而來的。

現在這一切都有關聯了。有兩項證據說明了同一件事。如果這些證據可信，那我們似乎是由甲烷菌身上繼承了資訊型基因和組蛋白。轉眼間，我們最值得敬畏的祖先不再是先前推測的惡劣寄生生物，而是更為奇異的個體，今天它們生活在不會流動的沼澤以及動物的腸道之中。真核併吞事件的原始宿主，是甲烷菌。

現在我們立足於此，就來瞧瞧第一個真核細胞究竟是怎麼樣一個有前途的嵌合怪物：它是由甲烷菌（藉由製造甲烷產能）和某個α-變形菌綱的成員（可能是像立克次體這樣的寄生菌）合併而得的產物。這裡就產生了一個驚人的矛盾。絕少有生物比甲烷菌更厭惡氧氣，它們只能生活在空氣凝滯，無氧的深坑裡。相對的絕少有生物比立克次體更依賴氧氣，它們是生活在其他細胞體內的微小寄生菌，因此可以盡可能精簡自己，進而得到了獨特的生態區位，它們拋棄了所有冗贅的基因，只留下繁殖用的基因以及有氧呼吸所必需的基因，其他全都沒了。所以，這個矛盾是：如果真核細胞是在厭氧的甲烷菌和好氧細菌的共生關係中誕生的，那麼對甲烷菌而言，體內住著α-變形菌會有什麼好處？同樣的問題，α-變形菌住進別人體內又有什麼好處？尤有更甚的是，如果宿主細胞無法進行吞噬作用（而甲烷菌確實不會改變形狀吃進其他的細胞），那α-變形菌到底是怎麼鑽進去的？

安德笙的氧毒假說在這裡可能仍然適用，也就是大口吸氧的細菌能保護宿主不受氧氣的毒害，讓甲烷菌得以拓展新的生活圈。然而這個腳本有個很大的問題，這樣的關係，套用在發酵有機物遺骸營生的原始古原蟲身上，或許說得通。如果它們能夠移動到新的環境尋找這類遺骸，就會興旺起來。這種四處覓食的細胞，就像在非洲潛行的狐狼，在廣袤的大地上搜尋新鮮的屍骸（只不過是單細胞版的）。然而這樣四處遊蕩的生存方式會害死甲烷菌。甲烷菌就像河馬黏著水池一樣，緊緊黏在低氧的環境裡。甲烷菌可以**忍受**氧氣存在，但在有氧的狀況下它們完全無法生成能量，因為它們需要氫氣做為燃料，而在有氧的環境裡幾乎不會有氫氣。所以，要是甲烷菌離開了它的水池，就得挨餓到回來的那天為止：腐爛的有機殘骸對甲烷菌來說什麼都不是——不要離開才是比較好的選擇。因此，甲烷菌和寄生菌的利害關係嚴重對立，對甲烷菌來說，開闢新生活圈得不到一點好處，而大啖氧氣的寄生菌，則是完全無法在甲烷菌偏好的無氧環境裡生產能量。

此番矛盾中的對立其實還更嚴重。這段關係，正如我們所看到的，並不是建立在交換能量（ATP）的基礎上——細菌沒有ATP輸出蛋白，而且從來不會友愛地「餵養」彼此。雖然這段關係還是可以寄生的形式繼續下去，讓細菌從內部消耗甲烷菌的有機產物，然而又會有另一個問題浮上檯面，因為仰賴氧氣的細菌在甲烷菌的體內無法產生哪怕是一丁點的能量，除非它能說服甲烷菌離開無氧的環境，離開它那舒適的水池。你可能會想像α-變形菌可以驅策甲烷菌前往氧氣充沛的地方，就像把小牛趕到屠宰場一樣，但對細菌來說這是無稽之談。簡而言之，離開水池甲烷菌就得挨餓；住在水池，那依賴氧氣的細菌就得挨餓，而在氧氣不多的中間地帶，對雙方來說都一樣糟。這樣的關係看來對雙方都是折磨，難道真核細胞穩固的共生關係竟是這樣開始的嗎？這不只是看起來不可能，而是徹頭徹尾的不合理。幸好，還有另一種可能性，不久之前它似乎還是天方夜譚，但現在看來則有說服力多了。

第三章　氫假說

尋找真核細胞祖先之路已走進了死胡同。什麼遺失的環節，有細胞核而無粒線體的原始中間型物種——這類想法雖然還沒有被殘酷的推翻，但可能性似乎愈來愈低。每個頗被看好的案例，最後都被證明**不是**那個遺失的環節，而是在較晚的年代，適應成為這種較簡單的生活型態。這些乍看很原始的類群，它們的祖先全部**都曾**擁有過粒線體，是後代在適應新的生態區位時（通常是成為寄生生物）捨棄了它。**身為**真核生物而沒有粒線體，似乎是可行的，原生動物類中就有一千個這樣的物種，但身為真核生物而未曾**有過**粒線體，則似乎不可能。如果成為真核細胞唯一的途徑是擁有粒線體，那麼，真核細胞或許是粒線體和宿主雙方祖先之共生關係所創造的產物。

如果真核細胞是從兩種細胞的併吞事件中誕生的，問題就變得更迫切了——是哪兩種細胞？根據教科書的說法，宿主細胞是種不具粒線體的原始真核細胞，但如果缺乏粒線體的原始真核細胞根本就不存在，那這顯然就是錯的。其實瑪格利斯曾在她的內共生理論中提出兩種細菌的組合，在「遺失的環節」退位後，她的假說看來已準備好要重返寶座。即便如此，瑪格利斯也和其他人一樣，也把宿主想像成一種必須靠發酵作用產生能量的生物，就像酵母菌一樣，而粒線體帶來的優勢就是處理氧氣的能力，提供宿主更有效率的產能途徑。如果能將現代真核生物的基因拿來跟各種細菌和古細菌做比對，就有機會一窺宿主的廬山真面目，而當時現代定序技術正在起步，這一切開始慢慢成真。可是，就像我們剛才看到的，雖然得到了清楚的答案，但伴隨而來的是另一顆震撼彈：和真核細胞的基因最接近的似乎是**甲烷菌**，那種生活在沼澤和腸道內，會生產甲烷的低等古細菌。

甲烷菌！這是個令人費解的答案。在第一章我們曾留意過甲烷菌靠著混合氫氣和二氧化碳的反應營生，而揮發的甲烷氣體是反應產生的廢物。氫氣只會在沒有氧氣的條件下存在，甲烷菌因此被局限在無氧的環境裡——任何邊陲地帶都可以，只要沒有氧氣。狀況其實還更糟糕。甲烷菌可以忍受環境裡有一些氧氣，就像我們可以在水底短暫地憋氣。問題在於，這種情況下甲烷菌一點能量都生產不出來，它們必須一直「閉氣」，直到返回它們鍾愛的無氧環境，因為它們生產能量的步驟**只能**在絕對無氧的環境裡運作。所以，如果甲烷菌真的是宿主細胞，就會出現一個攸關共生行為本質的嚴肅問題：一隻甲烷菌到底為什麼要和某種倚靠氧氣生存的細菌建立關係？現存的粒線體顯然是仰賴氧氣的，如果過去也是，那雙方都無法在對方的地盤上過活，這是嚴重的自相矛盾，常理而言，這段關係似乎無法得到和解。

而在一九九八年，我們在第一章見過的那位馬丁在這個故事中露臉了，他與他的長期合作對象，任職於洛克斐勒大學的穆勒，在《自然》期刊提出了一個激進的假說，他們稱之為「氫假說」。正如其名所示，這個假說的內容是關於氫，和氧毫無關係。馬丁和穆勒表示，關鍵在於一些類似粒線體的怪異胞器，名為**氫化酶體**，氫氣是它們產生的廢物。這種胞器多半在原始的單細胞真核生物身上被發現，包括一些寄生生物，例如陰道滴蟲這種名聲不佳的「古原蟲」。氫化酶體就像粒線體一樣，負責生產能量，但是它們採用的方法很古怪，會將氫氣釋放到周圍的環境裡。

有很長一段時間，氫化酶體的演化來源都籠罩在迷霧之中，但氫化酶體和粒線體構造上的相似

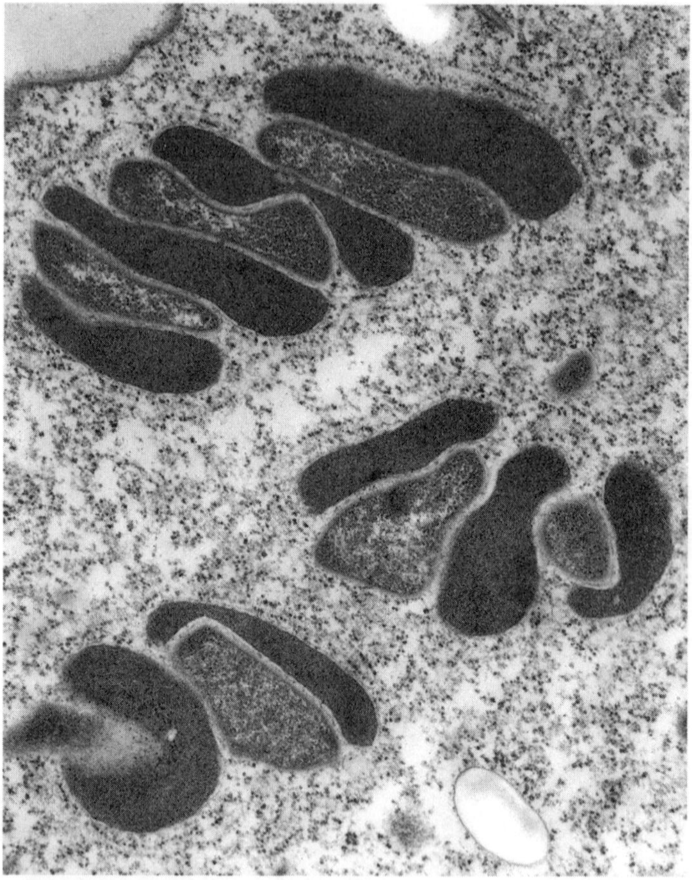

圖3　圖片中的是甲烷菌（淺灰色）和氫化酶體（深灰色）。兩者一同生活的細胞質屬於一個較大的真核細胞，精確地說是斜口蟲，一種海洋纖毛蟲。根據氫假說，甲烷菌（需要氫氣）和製造氫氣的細菌（粒線體和氫化酶體的共祖）兩者之間緊密的代謝關係，可能最終造就了真核細胞：甲烷菌變得更大，並且吞下了製造氫氣的細菌。

性，使得穆勒以及其他學者（特別是倫敦自然歷史博物館的安布里及同僚）認為兩者之間確實有關聯，即擁有共同的祖先。因為大多數的氫化酶體都失去了整組基因體，所以這個論點很難被證明，不過它現在已是某種程度的既定事實了。*換言之，不論當初那個跳進真核共生關係的細菌是誰，粒線體**和**氫化酶體兩者都是它的後代。此處馬丁做了一個假設，這也是今天我們兩難的癥結所在：他認為，粒線體**和**氫化酶體的原始細菌祖先同時具備了兩者的代謝功能。如果假設無誤，那麼它必定是一個多才多藝的細菌，既能行有氧呼吸，也會生成氫氣。稍後我們將再回來討論這個問題。現在，且讓我們專注於馬丁和穆勒的「氫假說」，他們在假說裡主張，為第一個真核細胞帶來演化優勢的，是這位共同祖先的氫氣代謝能力，而非氧氣代謝能力。

有一項事實衝擊了馬丁和穆勒：有些含有氫化酶體的真核細胞會扮演宿主的角色，微小的甲烷菌進入了這些細胞，並且快樂地居住在它們體內。這些甲烷菌將自己安插在氫化酶體之間，簡直像在進食一樣（**圖3**）。馬丁和穆勒意識到這的確就是它們的寫照——兩個不同的實體，一起生活在某種代謝層面的婚姻關係裡。甲烷菌的獨到之處在於，它們只需要二氧化碳和氫氣，就能生成它們需要的有

---

*一九九八年，荷蘭奈梅亨大學的賀克斯坦和他的同事發現了一個還保有本身基因體的氫化酶體，雖然那是個很小的基因體。本次基因體的分離工作值得被頌獎表揚：這個氫化酶體所屬的寄生生物無法以人工培養，因此研究人員必須在它們的舒適小窩，也就是蟑螂的腸道裡進行「顯微操作」。賀克斯坦團隊完成這項不可能的任務後，將完整的基因序列發表在二〇〇五年的《自然》期刊上，並確定了氫化酶體和粒線體擁有同樣的 α- 變形菌祖先。

機化合物，還有所需的能量。藉著將氫原子（H）連接到二氧化碳（CO_2）上，它們合成出製造葡萄糖（$C_6H_{12}O_6$）等醣類所需的基本建材，而有了這些，它們就能建造出清單所列的所有東西，包括核酸、蛋白質和脂質。它們也利用氫氣和二氧化碳產能，過程中會釋放出甲烷。

雖然甲烷菌在代謝能力方面本領獨到，但它們還是遇到了沉重的障礙，箇中原因我們在第一章已經提過了。難處在於，雖然二氧化碳含量豐沛，但只要環境中有氧，就很難取得氫氣，因為氫氣會和氧作用形成水。所以從甲烷菌的觀點來看，任何能提供哪怕是一點點氫氣的事物，都是上天恩賜。氫化酶體更是雙重福音，因為它們同時會釋放氫氣和二氧化碳，恰好正是甲烷菌生產能量時所渴求的兩樣物質。更重要的是氫化酶體不需要氧氣，沒有氧氣對它們來說反而更好，所以它們會在氧含量極低的環境下活動，而這正是甲烷菌所需要的。無怪乎甲烷菌會像貪婪的豬仔一樣吸著氫化酶體不放！馬丁與穆勒以其洞悉的眼光意識到，這親密的代謝結盟關係，可能正是原始真核併吞事件的基礎。

馬丁主張，氫化酶體和粒線體分別落在某個鮮為人知的光譜之兩端。你如果熟悉教科書上的粒線體，可能會感到很驚訝，其實很多簡單的單細胞真核生物擁有會在無氧條件下運作的粒線體。這些「無氧」粒線體不靠氧氣來燃燒食物，而會利用其他簡單的化合物，如硝酸鹽和亞硝酸鹽。在其他方面，它們大都和我們的粒線體很像，而且兩者毫無疑問是有關的。所以，光譜的一端是我們身上這種需要氧氣的有氧粒線體，從這裡延伸出去，經過偏好利用其他分子（如亞硝酸鹽）的「無氧」粒線體，到作用方式相當不同，但仍然有關的氫化酶體。這條光譜的存在，使得大家將注意力集中到發源出這整條光譜的共同祖先，它的身分為何？馬丁想問，這位共同祖先看起來應該是什麼樣子的呢？

這個問題對真核生物，因而也對地球上，或是宇宙中任何地方的複雜生命體起源，有深刻的重要性。這位共同祖先的樣貌可能是以下兩種之一。它可能是個複雜的細菌，有一籮筐不同的代謝法寶，當它的後代各自在適應獨特的生態區位時，這些技法就被分配給不同後代。如果是這樣，那這些兒孫輩不該說是「進化」，而是「退化」了，因為它們在特化後變得更單純，更精簡。第二種可能性是，這名共同祖先是種行有氧呼吸的單純細菌，或許如前一章所述，是立克次體某個自由生活的祖先。如果故事這樣進行，那它的後代必定是隨著演化變得更加多樣化——是「進化」，不是「退化」。這兩種可能性會衍生出不同的預測。如果是第一種情況，那隻細菌祖先在代謝方面很繁複的話，那麼它便可以將特化過的基因直接留給後代（比方說那些生成氫氣所需的基因）。任一個要靠生成氫氣的能力適應環境的真核生物，都可能從這個共同祖先處繼承了基因，不管之後它們變得多麼不同。在各類不同的真核生物身上都曾發現氫化酶體。如果它們都是從同樣的祖先身上繼承了生成氫氣的基因，那無論宿主的變異有多大，它們所持有的這些基因彼此關係應該會很密切。相反的，如果這些分歧的分類群一開始繼承的是單純的，行有氧呼吸的粒線體，那麼所有不同形式的無氧代謝，應該會是它們在適應低氧的環境的時候，各自被迫發明出來的。以氫化酶體為例，就是每個生成氫氣的基因都一定是分別獨立演化出來的（或是隨機地經由基因的平行轉移得來的），因此它們的演化史也會像其宿主細胞一樣多元。

這兩種可能性提供了直白的選項。如果這名祖先的代謝機制很精細複雜，那麼世界上所有生成氫氣的基因應該都有關聯，或至少**可能**有關聯。反過來說，要是它的代謝機制很簡單，那麼所有這些基因之間應該都沒有關聯。哪一個才是對的呢？正確答案迄今尚未有定論，不過，雖還有一些例外，但大部分的證據似乎都支持第一項主張。本世紀初發表的數篇研究證實，無氧粒線體和氫化酶體至少有部分基因來自單一起源，就像氫假說所預測的一般。舉例來說，所有的氫化酶體在生成氫氣時所使用的酶，即丙酮酸—鐵氧還原蛋白—氧化還原酶（或稱PFOR），幾乎肯定都是遺傳自一個共同祖先。另外，位在粒線體或氫化酶體上，用來向外輸送ATP的膜幫浦，似乎也全都有類似的血統；還有一種酶是用來合成呼吸作用所需的鐵硫蛋白所需的，這種酶看起來也是由相同的祖先演變而成現存的各種版本。這些研究意味著，這條光譜的共同祖先確實有複雜的代謝能力，能視情況選擇以氧氣或其他分子進行呼吸，或生成氫氣。嚴格說來，現代的某些α-變形菌確實是（若非如此，上述的想法聽起來可能會流於空想）十八般武藝俱全，例如紅桿菌，或許，它們會比立克次體更像粒線體共祖。

如果是這樣，那為何立克次體的基因體會和現代粒線體如此相像？馬丁和穆勒主張立克次體和粒線體之所以會相似，有兩個原因。第一，立克次體是α-變形菌綱的一員，因此它們行**有氧**呼吸所需的基因的確該和**有氧**粒線體的基因有關，其他自由生活，依賴氧氣的α-變形菌應該也是如此。換句話說，粒線體的基因之所以和立克次體相像，不一定是因為這些基因**源自**立克次體，也有可能是立克次體和粒線體都從同一個祖先（可能和立克次體相當不同）身上繼承了有氧呼吸的基因。如果以上屬實，那又會引申出另一個問題：，這兩者演變至今都已和祖先極為不同了，那為什麼彼此最後竟變得如此相像？這個問題將我們引導至馬丁與穆勒的第二個假設：它們之所以會變得相像，是因為趨同演化；第一部開始的部分我們討論過這個概念。立克次體和粒線體擁有相似的環境以及生活方式：它們都生活在其他細胞內，行有氧呼吸生成能量。它們的基因面對相似的篩選壓力，很有可能留下同樣的基因光譜，或是在DNA序列的細節上促成同樣的變化。如果趨同的力量真的是造成這相似性的原因，那立克次體的基因應該只會和哺乳類細胞內**仰賴氧氣**的粒線體相仿，而前幾頁提起的**無氧**粒線體則不會與之相像。如果這位共同祖先真的和立克次體非常不同——如果它真的是像紅桿菌那般多才多藝，有一籮筐的代謝伎倆——我們就不會預期在立克次體和無氧粒線體身上看到共通之處；而大體上，我們確實沒有看到。

癮君子出頭天

目前的證據顯示，真核併吞事件的兩位主角，是甲烷菌和一隻如紅桿菌般多才多藝的α-變形菌。氫假說主張，這宗交易的軸心在於甲烷菌嗜氫成癮，而α-變形菌能提供它貨源，因此化解了這兩名主角間互相衝突的生態需求。但在許多人眼中看來，這個解決方案引發的問題就跟它解決的一樣多。這個**只能**在無氧環境（或低氧環境）運作的合併方案如何會造就百花競放，爭奇鬥艷的各式真核生物？尤其是全體成員幾乎都完全**依賴**氧氣的多細胞真核生物？為什麼合併會發生在大氣及海洋的氧濃度升高的年代，我們該相信這只是巧合嗎？如果第一隻真核生物生活在全然無氧的環境裡，它怎麼沒有因為演化的裁縮而喪失有氧呼吸的基因，就像生活在無氧環境的現代真核生物那樣？而如果宿主細胞不是可以改變形狀，吞進整隻細菌的原始真核細胞，α-變形菌又何以得其門而入？

氫假說加上一些比較近期的證據，可以解釋上述每一個困難的問題，特別的是，它甚至不需動用任何演化新發明（即新性狀的演化）的概念就能完成這項任務。我必須坦承自己最初曾帶著敵意挑戰這些想法，在那之後，我才相信這類事情幾乎可說是必然發生過。馬丁和穆勒所提出的這一連串事件具有勢不可擋的演化邏輯性，但嚴格說來，它取決於環境——取決於一系列偶然狀況的篩選壓力，而我們現在已經知道地球上確實發生過這樣的事件。問題是，如果生命的膠卷再一次從頭反覆播放，就像古爾德所主張的那樣，這一連串的事件會重複發生嗎？我很懷疑，因為在我看來，馬丁和穆勒所提出的這串事件不太可能輕易重演（或可能根本不會重演）。如果是在其他星球上我就更懷疑了，因為其他行星上又會是另一系列不同於地球的偶然事件。這就是為什麼我懷疑真核細胞的演化基本上是一件意外，而且在地球上就只發生了那麼一次。且讓我們來研究一下那些可能發生過的事情。為了清楚起見，我會把它看做「實際發生」的故事來敘述，並且省略掉那些混淆主旨的「或許可能」（同時請參考圖4）。

很久很久以前，一隻甲烷菌和一隻α-變形菌是鄰居，住在氧氣稀薄的海洋裡。α-變形菌是隻掠食型細菌，它用許多種方式謀生，但通常是靠發酵食物（其他細菌的屍體）來產生能量，並排放出氫氣和二氧化碳。甲烷菌快樂地靠這些廢棄物維生，因為它可以用這些廢棄物建造它所需要的所有東西。這樣的安排舒適又方便，於是兩名夥伴愈住愈近，而甲烷菌慢慢地改變了它的形狀（它有細胞骨架，可以選擇細胞形狀），抱住了它的恩人。你可以在圖3看到形狀的改變。

隨時間流逝，這樣的擁抱變得令人窒息，可憐的α-變形菌只剩下很少的表面空間可以攝取食物。如果找不到折衷的辦法，它就要餓死了，但是這時它已和甲烷菌緊緊相繫，不能就這樣離開。它有一個選擇，就是住進甲烷菌的體內。這樣甲烷菌便可以用自己的表面空間吸收所有需要的食物，它們倆就能繼續過著安適的生活。於是，α-變形菌住了進去。

在我們繼續說故事之前，讓我們先注意一下，確實有一些細菌住進其他細菌體內的例子；而吞噬作用不是必須的。最為著名的例子是蛭弧菌，一種恐怖的掠食性細菌，移動迅速，大約每秒移動一百

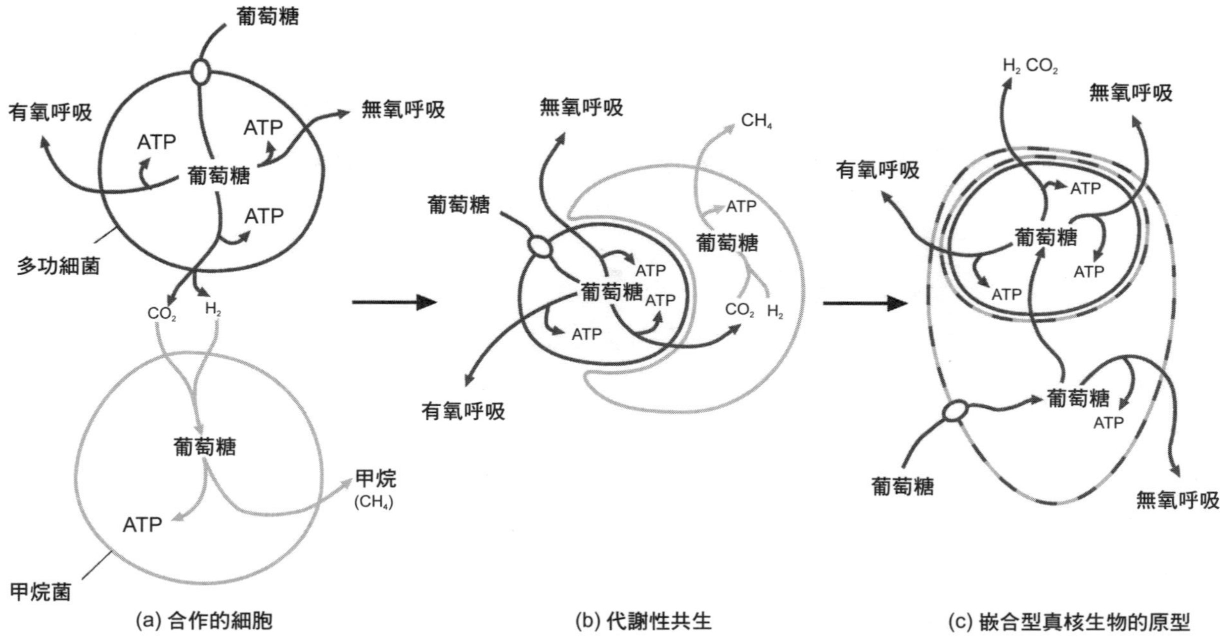

圖 4　氫假說。這張簡化的示意圖繪出多功細菌和甲烷菌之間的關係。(a) 多功細菌除了可行發酵作用產生氫氣，也可以進行不同種類的有氧和無氧呼吸；在無氧的條件下甲烷菌會利用此細菌排放出的氫及二氧化碳。(b) 共生關係變得更加親密，現在甲烷菌完全仰賴多功細菌所產生的氫氣，而多功細菌正逐漸被吞沒。(c) 現在多功細菌已被完全吞沒。它的基因被轉移到宿主身上，使宿主可以像它一樣攝入並發酵有機物，將自身從只能進行甲烷合成的宿命中解放出來。虛線表示細胞的嵌合性質。

個細菌的距離，直到它撞上一個宿主細胞為止。在碰撞即將發生時它會快速旋轉並鑽進細胞壁中。一旦進入了細胞，它便會分解宿主的細胞成分並進行增殖，其生活史約可在一到三小時內完成。有多少非掠食型的細菌可以進入其他細菌或古細菌體內，這個問題還沒有答案，但氫假說的基本假設（進入另一個細胞不一定要靠吞噬作用）並非不合理。實際上，二〇〇一年的一個發現使這個假設看來更加合理：許多居家植物上可以看到粉介殼蟲，一種小小白白，棉球般的昆蟲。β-變形菌綱的成員會以內共生菌（生活在細胞內的合作型細菌）的身分住在牠們體內的一部分細胞裡。神奇的是，這些內共生菌體內還有更小的γ-變形菌住在裡面。一隻細菌住在另一隻細菌裡面，這隻細菌又住在昆蟲細胞裡面，顯示細菌的確可以和平地生活在彼此體內。這個發現帶有那首古老童謠的風味：「大跳蚤有小跳蚤，在牠背上咬；小跳蚤還有小小跳蚤，如此下去，沒完沒了。」

繼續來說我們的故事。α-變形菌現在住在甲烷菌體內；目前為止一切順利。然而又產生了一個新的問題。甲烷菌對於攝食一事不怎麼上手——一般狀況下它是利用氫氣和二氧化碳自己生產食物，所以它終究無法餵飽它的恩人。幸運的是α-變形菌伸出了援手。它擁有吸收食物所需的所有基因，所以它可以將這些基因交給甲烷菌，然後就萬事大吉了。現在甲烷菌可以從外界攝取食物，這使α-變形菌得以繼續供應它氫氣和二氧化碳。不過問題沒有這麼容易解決。現在甲烷菌替α-變形菌出面攝取食物，並將之轉換成葡萄糖。麻煩的是，甲烷菌通常會利用葡萄糖來建造複雜的有機分子，α-變形菌卻會分解葡萄糖以產生能量。眼下是一場葡萄糖爭奪戰：甲烷菌沒有將葡萄糖交給住在體內那隻飢渴的細菌，讓它轉而餵飽自己，而只是不經意地將糧食挪用到建設計畫上。這情況若持續下去，雙方都會餓死。要解決這個問題，α-變形菌可以選擇交出更多的基因，使甲烷菌能夠發酵一部分的葡萄糖，然後α-變形菌就可以利用其分解產物。所以它便交出了那些基因。

你可能會覺得奇怪，無法思考的細菌怎麼知道交出哪些基因可以讓交易成立？這類問題會干擾所有關於天擇的討論，不過這是有解答的：它們以族群為單位思考問題。在這個例子中，我們考慮的是一整個族群的細胞，有些興旺，有些死亡，有些只是維持原本的樣子。設想有一群甲烷菌，它們全都和許多小小的α-變形菌親密無間地生活在一起。其中有些關係比較「疏遠」，也就是α-變形菌沒有被甲烷菌實質地包進體內；它們相處得不錯，不過產出的氫氣很多都逸散在環境裡，或是落到了其他甲烷菌的手上。這般「散漫」的關係可能會敗給較緊密的關係，在後者，α-變形菌被包住，而氫氣流失量比較少。當然，每個甲烷菌可能擁有若干α-變形菌，其中有幾個或許會被包得比較緊。所以，這個集合體整體而言或許運作得很開心，但其中幾個α-變形菌可能會因太過緊密的擁抱而喘不過氣。如果它們窒息而亡會發生什麼事？假使有其他人補上它們的位置，這整個共生聯盟應該絲毫不會受影響，不過死去的α-變形菌基因四散於環境中，有些會透過一般水平基因轉移的方式（水平基因轉移是指基因透過遺傳以外的方式傳遞，而非垂直的繼承自祖先），被甲烷菌接收，而其中又有一些會被併入甲烷菌的染色體。請假設這段過程同時發生在一群個體數量高達數百萬，或許是數十億的共生甲烷菌中。依據平均數定律，這之中至少會有一些個體剛好轉移了全部該有的基因（這些基因多半會聚在一起形成一個作用單位，又稱操縱組）。若是如此，那麼甲烷菌就能從周圍攝取有機化合物了。發酵作用的基因也是靠完全一樣的步驟轉移到甲烷菌身上的；兩套基因一起轉移其實也不無可能。族群動態決定了這一切：如果有誰拿到的福袋恰巧比其他弟兄更為圓滿，這成功的結合就會因天擇的力量壯大起來。

但這個故事有個意想不到的結局。靠著水平基因轉移得到了兩套基因後，現在甲烷菌無所不能了。它可以從周圍攝取食物，並將之發酵獲取能量。就像醜小鴨變天鵝，突然間它不需要再當甲烷菌了。它可以自由行動，不需要再抗拒有氧的環境，從前這可是會截斷它唯一的能量來源——甲烷生成的呢！更甚者，當它在有氧環境遊蕩的時候，被收編在體內的 α-變形菌可利用氧氣，以更有效率的方式產能，它們也因此受惠。宿主（已經不該再叫它甲烷菌了）所需的只是一個水龍頭，一個ATP幫浦，它可以把它裝在 α-變形菌這位房客的細胞膜上，洩出內部的ATP；只要有這個水龍頭，世界就是它的大舞台。這個ATP幫浦的確是一項真核發明，如果我們相信各類真核生物的基因序列，那這些幫浦很早就在真核結盟的歷史中演化出來了。

所以，關於生命、宇宙、萬物，或是真核細胞起源的大哉問，答案就只是基因轉移而已。氫假說解釋了兩個在化學層面彼此依賴的細胞，如何通過一系列瑣碎而實際的步驟，變成一個擁有粒線體胞器的嵌合細胞。這個細胞有能力運輸糖之類的有機分子穿過外膜進入體內，並在細胞質進行發酵，方式就像酵母菌一樣。發酵產物可以進一步被送到粒線體，由粒線體利用氧氣將之氧化，氧化的步驟所使用的也可能是其他分子，如亞硝酸鹽。這個嵌合細胞目前為止還沒有細胞核。可能失去了細胞壁也可能還沒有。有細胞骨架，但可能還沒適應獲得變形蟲那樣改變形狀的能力，只能提供固定性的結構支持。簡而言之，我們得到了一個沒有核的「原型」真核生物。第三部我們會回來討論這個原型物種，看看它如何繼續走下去，變成完全成熟的真核生物。本章的最後，讓我們來研究偶然性怎麼在氫假說中大顯身手。

偶然與必然

氫假說中的每一個步驟都仰賴天擇的參與，天擇的力量有可能，也有可能不會強到足以促成某個特定的適應性變化，而每個步驟又完全取決於上個步驟的發生與否——因此若要問，重播生命的膠卷時，這一系列精確的步驟能否重現？答案會籠罩在強烈的不確定性之中。對支持這個理論的人來說，最大的問題在於最後幾個步驟，也就是從一種只能在缺氧環境運作的化學依賴關係，轉變成遍地開花的真核生物，以耗氧細胞的身分，在有氧的環境中繁盛發展。這件事的前提是有氧呼吸所需的基因都還保持完整無缺，儘管在嵌合初期它們長期被棄而不用。如果理論是正確的，那這點它們顯然是做到了；但要是這段轉變稍微再多花一些時間，這些有氧呼吸所需的基因很可能就會因為突變而消失，那麼依靠氧氣維生的多細胞真核生物就永遠不會誕生在這世上；我們也不會出現，任何細菌以外的東西都不會。

這些基因並沒有消失，聽起來真是個誇張的僥倖，或許光是這點就可以說明為什麼真核生物只演化過一次。不過或許也有某些環境因素輕輕推了我們的祖先一把，讓它走上正確的方向。羅切斯特大學的安珀與哈佛大學的諾爾在二〇〇二年的《科學》期刊中指出，海洋化學性質的改變，或許能解釋真核生物為什麼會在氧氣濃度上升之際演化出來（它們原本的生活型態明明極度厭氧）。當大氣中氧濃度增加時，海洋中的硫酸鹽濃度也升高了（因為硫酸根 SO_4^{2-} 的合成需要氧）。這於是造成另一種細菌的大量崛起，即硫酸鹽還原菌，我們在第一章曾和它們短暫碰面。當時我們注意到，在今天的生態系中，硫酸鹽還原菌在競爭氫氣時幾乎總是能擊敗甲烷菌，所以幾乎不會看到這兩個物種在海洋中生活在一起。

當我們想到氧氣濃度升高，就會聯想到更多的新鮮空氣，不過氧濃度升高造成的影響其實是相當違反直覺的。正如我在自己的前一本書《氧：建構世界的分子》中所說過，事情其實是這樣的：臭氣薰天的含硫蒸氣以元素硫或是硫化氫的形式從火山口冉冉升起。當這些硫成分和氧作用，便被氧化生成硫酸鹽。我們今天遇到的酸雨也是同樣的問題——從工廠排放到大氣中的含硫化合物被氧所氧化，形成硫酸 H_2SO_4。「SO_4^{2-}」是硫酸根，硫酸鹽還原菌在氧化氫氣時需要的就是它，以化學層面來看，氧化氫氣和還原硫酸根講的是完全相同的一件事，這種細菌也因此得名。而困難之處就在於此。當氧濃度升高，硫被氧化形成硫酸鹽，硫酸鹽便會在海洋中累積——氧氣愈多，硫酸鹽也愈多。這正是硫酸鹽還原菌所需要的材料，它們將之轉化成為硫化氫。硫化氫雖然是氣體，但它其實比水來得重，因此會沉入海底。接下來會發生什麼事，取決於硫酸鹽、氧，以及其他成分濃度之間的動態平衡。如果硫化氫在深海中生成的速度比氧來得快（因為陽光無法穿透到深海中，此處光合作用會比較不活躍），結果就會出現「分層」的海洋。最佳範例就是今日的黑海。普遍而言，在分層的海洋中，深層部分停滯不流動，散發著硫化氫的臭味（或以術語來說是「死水」），而陽光照射的表層海水則充滿氧氣。地質證據顯示，二十億年前全世界的海洋確實都有這樣的狀況，而海水停滯的情形看起來持續了至少十億年，或許還要更久。

以下是我的觀點。當氧含量升高時，硫酸鹽還原菌的族群也變大了。如果甲烷菌和今天一樣，無法與這種貪婪的細菌競爭，它們就會面臨氫氣短缺的壓力。這給了甲烷菌一個好理由，讓它與生成氫氣的細菌（比方說紅桿菌）攜手踏入這段親密的夥伴關係。目前為止都沒有問題。然而是什麼因素催促原型真核生物，使它們在失去有氧呼吸的基因之前上浮到含氧的表面水層？原因可能又是硫酸鹽還原細菌。這次它們競爭的可能是養分，如亞硝酸鹽、磷酸鹽，和一些金屬，而這些養分在陽光所及的表面水層含量較豐。如果原型真核生物不需要繼續困在它的水潭裡，那它們就可以透過向上提升而獲得益處。這樣一來，早在有氧呼吸的基因消失之前，競爭壓力就會迫使第一批真核細胞上浮到含氧的海水表面，那些基因在這裡非常有用。多麼諷刺的轉折！與水火不容的另一種細菌競爭而不敵對方，伴隨而來的竟是真核生物壯盛的提升，大自然的榮光閃耀在弱者的逃亡旅途上。聖經說：「溫柔的人有福了，因為他們必承受地土」；這一點也沒錯：溫柔的人確實承受了「地」球之「土」。

事實真是如此嗎？現在肯定還言之過早。我想起義大利文裡一句親切的諷刺短詩，粗略地翻譯過來應該是「這可能不是真的，但至少編得很好」。以我的觀點看來，氫假說是個很棒的假說，它運用已知證據的方式比其他任何理論都要更好；而且這個理論正確結合了可能性和不可能性，來解釋為什麼真核細胞只誕生過一次。

此外，還有另一個考量讓我相信氫假說或一些類似的想法基本上是正確的。這個考量是關於粒線體所帶來的一項更為深層的優勢，它解釋了為何**所有**已知的真核細胞不是擁有，就是擁有過粒線體（只是後來又遺失了）。正如我們先前所提過的，真核的生活方式很揮霍能量。改變形狀或吞入食物需要很大的能量。唯一沒有粒線體卻能這麼做的真核生物，是環境富足奢侈的寄生生物，它們幾乎什麼都不用做，「除了」改變形狀。接下來的幾章之中，我們會見識到，真核生物生活型態的所有的層面（藉著動態的細胞骨架改變形狀、變大、建造細胞核、囤積大量DNA、性，和多細胞個體）幾乎都要靠粒線體，也因此不可能，至少不太可能發生在細菌身上。

箇中原因和膜上的能量生成機制有關。細菌和粒線體生成能量的方法本質上是一樣的，只是粒線體被內化於細胞之中，而細菌用的是自己的細胞膜。此等內化不只解釋了真核細胞的成功，甚至向生命本身的起源處拋出一線光明。在第二部，我們將思考細菌及粒線體合成能量的機制，這項機制又如何告訴我們最初的生命發源於地球上的可能方式；還有它為什麼會賦予真核生物，而且只賦予真核生物接管地球的機會。

第二部

左右生命的力量

質子動力與生命起源

粒線體生成能量的方式是生物學中最奇妙的機制之一。它的發現可與達爾文或愛因斯坦的偉業比擬。粒線體泵送質子穿過膜，在數奈米的距離之間，產生相當於一次閃電的電壓。這些質子動力被生命的基本微粒（一種位在膜上，形狀像蘑菇的蛋白質）導引用來生成能量，並以ATP的形式輸出。這項基本機制對生物的重要性就像DNA一樣，它還指引我們洞悉地球上的生命起源。

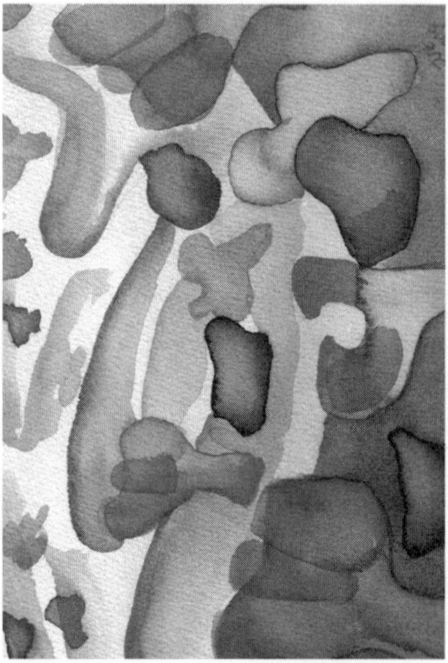

生命的基本微粒——位於粒線體膜上生成能量的蛋白質。

能量與生命攜手共進。如果停止呼吸，你就無法生成生存所必需的能量，並會在幾分鐘之內死亡。好，請你繼續呼吸。現在你吸入的氧氣正被運送到全身幾乎每一個細胞（約有一兆五千億個），在那裡，氧氣透過呼吸作用，被用來燃燒葡萄糖。你的身體是具機器，它耗費的能量超乎你的想像。甚至當你舒適地坐在那裡時，身體每單位質量每秒轉換能量的速度也高達太陽的一萬倍。

聽來很難以置信吧！如果要以溫和一點的方式表達，就讓我們來研究一下數字問題。太陽的亮度約是 4×10^{26} 瓦特，而其總質量是 2×10^{30} 公斤。在太陽的預估年限（約一百億年）之中，每克的太陽成分會製造約六千萬千瓦的能量。然而這些能量不會一口氣爆發出來，而是緩慢而穩定的產生，提供速率均勻而長久的能量輸出。在任一時刻，巨大的太陽中只有一小部分的質量參與核融合，而且這些反應只發生在緻密的核心部分。這就是為什麼太陽可以燃燒得如此之久。如果你將太陽的亮度除以它的質量，每克的太陽質量可分到約萬分之二毫瓦，也就是每秒每克千萬分之二焦耳（〇．二微焦耳／克／秒）的能量。現在，假設你的體重是七十公斤，如果你跟我一樣，那你每天會吃進大約一萬兩千六百千焦耳（約等於三千卡）的食物。這些能量的轉換（變成熱或是功，或是脂肪）平均分給體重，是每秒每克二毫焦耳（二毫焦耳／克／秒），或約是每克二毫瓦——這個數字是太陽的一萬倍。有些耗能的細菌，如固氮菌屬的成員，生產力高達每秒每克十焦耳，是太陽的五千萬倍。

就細胞的顯微層次來說，所有的生物都是生氣勃勃的，就算是外觀看來固著不動的植物、真菌和細菌也是如此。細胞像機器一般嗡嗡運轉，導引能量用來處理特定的任務，不管任務內容是移動、複製、建構細胞材料，還是泵送分子進出細胞。細胞就像機器一樣，充滿活動的零件，而零件要靠能量才能活動。無法自行產生能量的細胞很難和無生物作出區別，至少在哲學上很難。病毒「看起來」

像活物，只是因為可以從它們的組織方式看得出經過設計的痕跡，但它們的地位曖昧地介於生物和非生物之間。它們擁有複製自己所需的一切資訊，但是直到感染某個細胞之前它們都必須保持無生命狀態，因為它們得利用受感染細胞的能量和細胞裝置才能自我複製。這意味著病毒不會是地球上第一個有生命的東西，它們也不可能把生命從外太空帶到這個星球上的：它們完全仰賴其他的生物，沒有其他生物它們不可能存在。它們的單純不是因為原始，而是一種精煉的，刪減過的複雜。

儘管生物能對生命的重要性顯而易見，它獲得的關注卻遠低於它應得的。在分子生物學家眼裡，訊息就是生命的一切。訊息被編寫在基因上，成為建構蛋白質、細胞和個體的說明書。基因的材料，DNA的雙股螺旋，是這個訊息時代的象徵符號，發現這個結構的華生與克里克，則是家喻戶曉的人物。基因之所以會得到如此的地位，綜合了個人面、實際面和象徵面的因素。克里克和華生傑出又耀眼，如魔術師般泰然自若地揭開了DNA結構的面紗，華生記述這段發現的知名著作《雙螺旋》定義了一個時代，改變了一般大眾對科學的理解；他也從此成為一名熱情而直言不諱的基因研究鼓吹者。在實際面，定序基因密碼使我們得以將自己和其他物種做比較，得以窺看自己的過往，以及生命的故事。人類基因體計畫的成立是為了揭開人類疾病中還未發現的祕密，基因療法則為受遺傳性疾病所苦的人們帶來一線光明。然而最重要的是，基因是個有力的象徵。我們可能會爭論天性還是教養孰輕孰重，並抵抗基因的力量；我們可能會擔心一些現象，像是基因改造作物，複製生物的弊病，或是訂製的嬰兒；但不管這些事情是對是錯，我們會憂慮是因為我們發自內心深深知道，基因很重要。

或許是因為分子生物學對於現代生物學太過重要了，輪到生命的能量時我們就只有口頭上承認它重要，就像我們也承認工業革命是現代這個訊息時代不可或缺的前導。電力對於電腦運作的重要性這麼明顯，這個觀點太平凡了，幾乎不值一提。電腦很重要是因為它的資料處理能力，而不是因為它是電子產品。我們可能只有在電池沒電時會珍惜電源的重要性。同樣的，能量必須供應細胞所需，相當重要，但細胞內的訊息系統控制它，應用它，它分明只是陪襯。沒有能量的生命就是死亡，但不受訊息控制的能量，破壞性可能等同一座火山、一次地震，或是一場爆炸。但真的是這樣嗎？來自太陽，賦予生命的大量光線說明未受控制的能量未必是災難。

相對於我們對遺傳學的憂慮，我懷疑有多少人費心想過生物能學的不良影響。它所使用的術語簡直就是過去蘇聯的那套蒙蔽主義用語，跟巫師長袍一樣，覆滿神祕的符號。即使學生有志研習生物化學，看到「化學滲透學」和「質子驅動力」這類的術語也會卻步。雖然這些觀念造成的影響比起遺傳學可能不遑多讓，但大家對此幾乎一無所知。米歇爾，生物能學的英雄，一九七八年諾貝爾化學獎得主，遠遠稱不上家喻戶曉，儘管他應該要像華生和克里克一般知名。米歇爾和華生與克里克不同，是位古怪而孤獨的天才，他將自己的實驗室設在康沃爾鄉間，一座由他自己設計，自己修復的老房子裡。曾有一段時間，他部分的研究資金來自他靠一群奶牛所賺得的收入，他的鮮奶油甚至還因品質優良得過獎。他的文筆比不上華生的《雙螺旋》——除了依常規進行的枯燥學術論文（米歇爾寫的甚至可能比一般論文更晦澀），他還寫了兩本「小灰書」闡述他的理論，由他私人出版，並在一些感興趣的專業人士之間流傳。他的想法無法像雙螺旋那樣，包裝成引人注目的象徵符號，喚醒大眾對科學的重視。但是多虧米歇爾闡釋並證明生物學最偉大的真知灼見，才顛覆了長久以來的想法，掀起一場真正的（並且奇異的）革命。正如傑出的分子生物學家歐爾格所言：「繼達爾文之後，生物學界再也沒有出現過這麼違反直覺的想法，其程度直逼愛因斯坦、海森堡和薛丁格……他的同代人很可能會問：

『你說真的嗎，米歇爾博士？』」

本書的第二部，大致上是米歇爾關於生命生成能量方式的所見所得，以及這些想法所隱含的，有關生命起源的提示。在接下來幾章中，這些想法會幫助我們看見粒線體為我們做了什麼：為何它們是高等生命形式演化的基本要件。我們將會看見，正是這種能量生成的機制左右著生命：它限制著那些開放給生命的機會，並在細菌和真核細胞身上造成了完全不同的結果。我們會看見，正是能量合成的機制讓細菌永遠只會是細菌，排除了它們演化成複雜多細胞生物的可能性；同時它卻給予真核生物無限的可能性，允許它們變得更大更精細，推動它們爬上通達複雜性的斜坡，成就我們身邊的這些奇蹟。但這個機制同樣也束縛著真核生物，儘管方式完全不同。我們將會看到，同樣的這個產能形式也造成了限制，而這些限制解釋了性甚至是兩種性別的起源。除此之外我們還會看到，我們晚年的衰退，老化與死亡，也寫在二十億年前我們與粒線體簽訂的合約上。

若要了解這一切，我們首先必須領會米歇爾的生物能量見解的重要性。只看梗概的話，他的想法再簡單也不過了，但如果想感受這些想法的真正力量，需要更深入理解細節。為了要做到這點，我們將採取歷史的角度切入，走進人人都是諾貝爾獎得主的生物化學黃金年代。而當我們循路前進，就能感受到那些難題，以及與之搏鬥的卓越人才。我們將會沿著這條熠熠生輝的發現之路，看見細胞怎麼能產生這麼多的能量，連太陽都為之失色。

第四章　呼吸作用的意義

形而上學者和詩人一直以來都很熱心於描寫生命之火。十六世紀的煉金術士帕拉賽爾蘇斯甚至明確地說：「人就像火焰一樣，失去了空氣便會熄滅。」隱喻是用來說明真相的，我想這位煉金術士可能會瞧不太起現代化學之父拉瓦錫，因為拉瓦錫主張生命之火不只是隱喻，而是一把真正的火焰。拉瓦錫說，燃燒和呼吸是同一件事。他想表達的完全就是字面上的意思，無怪乎詩人老是抗議科學大煞風景。在一七九〇年一篇送交法國皇家學院的論文裡，拉瓦錫這麼寫著：

> 呼吸作用是碳與氫的緩慢燃燒過程，發生的事情就各方面來說都與一盞油燈或一支點起的蠟燭很相像，而就這個層面而言，正在呼吸的動物就是活潑的易燃物，燃燒著，並且逐漸消減……動物是靠血液這種物質運送燃料。如果動物沒有靠著餵養自己補回牠們在呼吸作用中失去的部分，很快就會燈枯油盡，動物會凋亡，就像燈用盡了燃料就會熄滅。

碳與氫都是從食物中的有機燃料（例如葡萄糖）裡提取出來的，因此在這一點上，拉瓦錫是對的，呼吸作用消耗的燃料確實要靠食物來重新填滿。悲傷的是，他沒能繼續深入下去。四年後的法國大革命，拉瓦錫的聰明腦袋斷送在斷頭台上。賈菲在其著作《坩鍋》一書中，對這樁罪刑派了一條

「後世審判」，他說：「法國大革命中最嚴重的罪行不是處決了國王，而是謀害了拉瓦錫，如果你不曾體悟這個事實，就無法公正衡量普世的價值（此處為雙關，因為拉瓦錫的功績之一便是制定度量衡）；因為拉瓦錫是出身自法國，排名前三或前四的偉人。」在一八九〇年，革命發生的一世紀後，一座拉瓦錫的公共雕像揭幕了。不久後有謠傳說這座雕像的臉雕塑的不是拉瓦錫，而是拉瓦錫死前那時的科學院祕書長孔多塞。務實的法國人認為「反正戴假髮的男人看起來都很像」，決定保留這座雕像，直到二次大戰時才被融掉。

雖然拉瓦錫革新了我們對呼吸作用科學本質的理解，但即使是他也搞混了作用發生的地點——他相信呼吸作用是當血流經過肺部時，於血液裡發生的。事實上，經過大半個十九世紀，呼吸作用進行的地點還一直沒有定論，直到一八七〇年，德國生理學家普夫路格才終於使生物學家相信，呼吸作用發生在身體的個別細胞內，而且是所有活細胞的共通特質。但那時還沒有人明確知道呼吸作用是在細胞中哪一個部分進行；一般相信是在細胞核。一九一二年，金伯利主張呼吸作用實際上是在粒線體進行，但這個想法直到一九四九年，甘迺迪與雷寧傑證明了呼吸作用的酶位於粒線體，才被普遍接受。

呼吸作用燃燒葡萄糖的過程是一種電化學反應，精確地說是**氧化反應**。根據今天的定義，物質失去電子，即是被**氧化**。氧氣（O_2）是一種強氧化劑，因為它在化學性上對電子極為「渴求」，往往會從別的物質身上提取電子，對象包括葡萄糖和鐵。相反的，物質若是得到電子，就是被**還原**。氧氣得到取自葡萄糖或是鐵身上的電子，因此可以說它是被還原成水（H_2O）。請注意在形成水時，氧分子中的個別原子另外多帶了兩個質子（H^+）以平衡電荷。於是整體看來，葡萄糖的氧化等於是兩個電子與兩個質子從葡萄糖轉移到氧氣身上——合起來便是兩個完整的氫原子。

氧化以及還原的反應總是相伴出現，因為單獨存在的電子並不穩定，所以一定要從另一個化合物提取它們。任何會將電子由一個化合物轉移到另一個化合物身上的反應，都叫做**氧化還原反應**，因為兩個搭檔中的一個會被氧化，同時另一個則會被還原。生物所有的產能反應本質上都是氧化還原反應。氧氣不是必需的。許多化學反應都是氧化還原反應，因為有發生電子的轉移，但它們並不是全都會牽涉到氧。甚至連電池裡的電流都可以被視做氧化還原反應，因為電子會由源頭（漸漸被氧化）流至接收者（被還原）。

當拉瓦錫說呼吸作用是一種燃燒，或是氧化作用，在**化學**上他是正確的。然而，他犯的錯誤不只是誤判了呼吸作用進行的位置，還搞錯了它的功能：他相信呼吸作用是用來產生熱（熱在他想像中是種不間斷的流體）。但顯然我們並不是蠟燭。當我們燃燒燃料，我們並非單純地將能量以熱的形式釋放，我們用它來跑，用它來思考，用它來製造肌肉，煮晚餐，做愛——用它來製作蠟燭當然也沒問題。這些任務全部都可以被定義為「功」，因為它們都需要輸入能量才會進行——它們不是自發性的。一直等到人們對能量本身有更深的理解之後，才明白是呼吸作用體現了這一切。到了十九世紀，能量這個概念才伴隨著熱力學出現。一八四三年，英國科學家焦耳與卡爾文勛爵提出了熱力學的一大發現，即熱和機械功可以互相轉換——這也是蒸氣機的原理。這項發現導致了一個涵蓋範圍更廣的體認，也就是之後的熱力學第一定律：能量可以在不同形式之間轉換，但不會被創造或是消滅。一八四七年，德國的醫生兼物理學家馮亥姆霍茲將這個概念應用在生物學上，他讓大家看到，透過呼吸作用從食物的分子釋放出的能量，有一部分會被用來產生肌肉的力量。將熱力學應用在肌肉收縮，這種機械性的觀點在當時可說是慧眼獨具，那還是個「生機論」當道的年代，一般人相信，我們之所以能活動，是因為某種化學無法仿造的特別力量，或是神靈所致。

這些新的，對能量的理解，最終幫助我們發現，分子的化學鍵上藏著潛在的「勢能」，會在反應進行時被釋放。有部分的能量可以被生物體捕捉下來，或說以另一種形式**保存**，並引導它們做功，例如用來收縮肌肉。因此我們不能說生物「生成能量」，儘管這樣的用詞很方便，我也已經犯了好幾次規。當我說生物生成能量，我的意思是，將潛藏在葡萄糖等燃料的化學鍵裡的勢能，轉換成生物能的「貨幣」，好讓生物體可以利用這些力量做各式各樣的功；換句話說，我的意思是「生成更多用來做功的貨幣」。現在，我們的故事就要轉向這些能量貨幣。

細胞裡的色彩

到了十九世紀末，科學家已經知道呼吸作用發生在細胞內，並且是生命每一個層面的能量來源。但大家都還在猜測它的實際作用方式——氧化葡萄糖所釋放出來的能量，要怎麼和生物的能量需求接軌？

葡萄糖顯然不會在有氧環境自己燃燒起來。科學家說，在熱力學方面氧的活性很高，但在**動力學**的層面則很穩定：它的反應速率不快。因為氧必須先被「活化」才能進行反應。活化靠的若非能量的輸入（作用就像一支火柴），就是催化劑——這種物質可以降低反應發生的活化能。對於維多利亞時期的科學家來說，每一種參與呼吸作用的催化劑似乎都可能含有鐵，因為鐵對氧有很好的親和力（鐵鏽就是這麼形成的），而且它們對氧的結合又是可逆的。我們早就知道有種含鐵且能與氧進行可逆性結合的分子，就是血紅素，它是使紅血球帶上顏色的色素；而血的顏色提供了第一個線索，幫助我們釐清呼吸作用在活細胞內的實際作用方式。

血紅素之類的色素之所以有顏色，是因為它們會吸收特定顏色的光線（某種波段的光，就像彩虹那樣），並將其他的顏色反射出來。一個化合物吸收光線的模式圖譜就是它的吸收光譜。當血紅素與氧結合時，它們會吸收藍色、綠色和黃色波段的光譜，反射出紅色的光，這便是為什麼我們會覺得動脈血是鮮紅色的。在靜脈的部分，氧氣自血紅素上脫離，吸收光譜就會改變。缺氧血紅素的吸光範圍橫跨光譜的綠色區段，反射出紅色和藍色的光。靜脈血因此會呈紫色。

有鑑於呼吸作用的發生位置在細胞內，研究人員開始在動物的組織裡尋找類似血紅素的色素。第一宗成功案例出自一名愛爾蘭的執業醫生，他的名字是邁克曼，他在空閒時間進行研究，地點是他馬廄上方堆放乾草用的閣樓。他習慣透過牆上的一個小洞監看走向屋子的病人，如果他不想被打擾，就會搖鈴通知他的管家。一八八四年，邁克曼在組織中發現一種色素，其吸收光譜就像血紅素一樣會改變。他主張這種色素就是大家拚命尋找的「呼吸色素」，但不幸的邁克曼無法解釋它複雜的吸收光譜，甚至無法證明光譜確實屬於這個色素。他的發現就這樣被默默地遺忘了。直到一九二五年，劍橋的一名波蘭生物學家基林，重新發現了這個色素。根據各方的說法，基林是位卓越的科學家，一名鼓舞人心的演講者，也是一位和藹的人，他還強調自己的排名應遜於邁克曼之後。然而，基林的成就其實遠遠超過邁克曼的觀察，他指出這個吸收光譜不單單屬於一種色素，而是三種。這幫助他解釋了那複雜的吸收光譜，邁克曼就是卡在這裡。基林將這些色素命名為**細胞色素**（意思是細胞中的色素），並根據吸收光譜的波段位置，給它們編上a、b、c的編號。這些編號一直沿用至今。

奇怪的是，基林的細胞色素沒有一個會直接和氧反應。這其中顯然漏掉了什麼。德國科學家沃柏格釐清了中間這個漏掉的環節，他因此贏得一九三一年的諾貝爾獎。我之所以說釐清而不說找到，是因為沃柏格的觀察方法並不直接，並且頗為巧妙。他有不得不如此的理由，因為呼吸色素不像血紅素，它們在細胞中的含量非常之少，無法用當時現成的粗糙技術分離出來，直接進行研究。取而代之，沃柏格用到了一個古怪的化學性質，來弄清楚他口中的「呼吸酶」的吸收光譜：一氧化碳與鐵化合物在黑暗狀態下會結合，而受到光照時它們就會解離。*結果他發現，這個光譜屬於一種類似血紅素和葉綠素（植物的綠色色素，在光合作用中吸收太陽光）的化合物，名為氯高鐵血紅素。

有趣的是，呼吸酶大量吸收光譜上藍色部分的光線，反射出綠、黃、紅色的光線。它呈褐色，不像血紅素的紅，或是葉綠素的綠。然而沃柏格發現，簡單的化學變化就能讓它變紅或是變綠，擁有近似血紅素或葉綠素的光譜。這使他產生了一些懷疑，他在他的諾貝爾演說中說：「血液色素和葉中的色素都是源自這個呼吸酶……因為，這種酶的出現很明顯是早於血紅素和葉綠素的。」他的發言暗示，呼吸作用的演化早於光合作用，這是一個具有預言意味的結論，為什麼這麼說呢？讓我們繼續看下去。

呼吸鏈

儘管有了以上的這些重大進展，沃柏格依舊無法掌握呼吸作用發生的實際狀形。在他獲頒諾貝爾獎時，他似乎傾向相信呼吸作用是種單一步驟的過程（一次釋放綁在葡萄糖上的所有能量），而且他沒辦法將細胞色素放進這張大拼圖裡。在此同時，基林的腦中正孕育著一種**呼吸鏈**的概念。他想像氫原子，或至少是它的組成分（也就是質子和電子）被從葡萄糖上卸下，然後透過一連串的細胞色素，就像救火員傳遞著水桶，一個傳一個，直到它們終於碰上氧氣，反應形成水為止。這樣系列式的小步驟有什麼好處？如果你看過一九三〇年興登堡號災難的照片，見識到這座史上最大飛船的末日，應該就能體會氫和氧反應所釋放的能量可以大到什麼程度。基林說，若將這個反應拆成幾個中間步驟，就可以在每個步驟釋放出少量的，易於控制的能量。這些能量可以稍後再用於肌肉收縮之類的工作（當時還不清楚是透過什麼方式）。

基林和沃柏格在二〇至三〇年代維持著密集的通信，在許多細節上都意見相左。諷刺的是，沃柏格在三〇年代發現了呼吸鏈中其他非蛋白質的化合物，反而提高了基林呼吸鏈概念的真實性。他發現的那些化合物，我們今天稱之為輔酶。沃柏格因為這些新發現，在一九四四年獲頒他的第二座諾貝爾獎，但因為他的猶太人身分，希特勒不准他受獎（儘管希特勒確有受到沃柏格的國際名聲左右，而

---

*在黑暗條件下將細胞暴露在一氧化碳中，會阻止細胞的呼吸作用，而照光會使一氧化碳脫離，讓呼吸作用再次開始進行。沃柏格推論，呼吸作用的速率取決於照光後一氧化碳（CO）解離的速度。如果照射的光是呼吸酶易於吸收的波長，一氧化碳就會很快解離，他就會測到較快的呼吸作用速率。如果呼吸酶不能吸收某種波長的光，一氧化碳就不會解離，呼吸作用也會維持在中斷的狀態。沃柏格以三十一種不同波長的光（來自火焰或蒸汽燈）進行照射測試，測量每種光線下呼吸作用的速率，終於拼湊出呼吸酶的吸收光譜。

沒有將他監禁，或是使他陷於更壞的處境）。可惜的是，基林本人對呼吸鏈構造及功能影響深遠的洞察力，從未獲得諾貝爾獎的肯定，這實在是諾貝爾委員會的疏失。

拼上了所有這些訊息後，完整的圖像便在我們眼前展開了。故事是這樣的：葡萄糖被降解成較小的片段，然後被送進一系列彼此相連的化學反應旋轉木馬——克式循環。*這一串反應將它們的碳原子和氧原子剝下來，剩下二氧化碳最後被當作廢物排出。被剝下的氫原子與沃柏格的輔酶結合，進入呼吸鏈。在那裡，氫原子會被拆成電子和質子，兩者之後將會走上不同的道路。質子的部分我們稍後再來關心；現在，我們把焦點放在電子

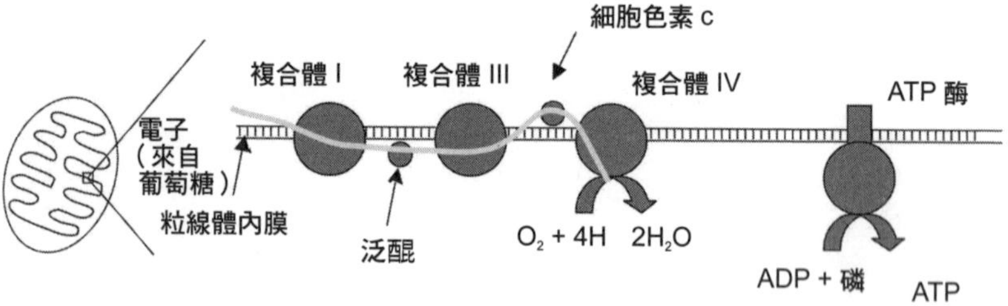

圖5　呼吸鏈的簡化示意圖，展示出複合體Ⅰ、複合體Ⅲ、複合體Ⅳ，和 ATP 酶。這裡沒有畫出複合體Ⅱ，因為電子（e^-）只會在複合體Ⅰ和複合體Ⅱ之間選擇一個做為進入呼吸鏈的入口，然後再透過一種名為泛醌的電子載體（也被叫做輔酶 Q，在超市被當做健康食品販售，但效果存疑）送至複合體Ⅲ。圖中以曲線標出了電子流動的途徑。細胞色素 c 會攜帶電子由複合體Ⅲ移動至複合體Ⅳ（細胞色素氧化酶），電子會在此處與質子及氧氣作用，並且形成水。請注意，嵌在膜上的所有複合體都是彼此分開的。儘管泛醌和細胞色素 c 會接送電子往來於不同複合體之間，然而，是什麼樣的媒介將呼吸鏈的電子傳遞和 ATP 酶的 ATP 生成串連在一起？這個問題過去曾讓整個世代的研究人員深感困惑。

身上。電子靠著一系列電子載體的傳遞，一路走完整條呼吸鏈。每個電子載體依序被還原（得到電子），然後又被呼吸鏈上的下一棒氧化（交出電子）。這表示，呼吸鏈形成一系列相連的氧化還原反應，它的運作模式就像一條迷你電線。電子沿著這條電線，從一個電子載體流到下一個電子載體，一路傳送下去，速度大約是每五到二十微秒一顆電子。呼吸鏈上的每個氧化還原反應都是放熱反應，換句話說，每個反應都會釋放能量，可以用來做功。在最後的步驟，電子從細胞色素c交棒到氧氣手上，並且在此和質子重新結合形成水。這個最終步驟發生在沃柏格的呼吸酶上，後來基林將它重新命名為**細胞色素氧化酶**，因為它利用氧氣氧化細胞色素c。基林的用詞一直沿用至今。

今天我們知道，呼吸鏈的成員編組成四個巨大的分子複合物，嵌在粒線體的內膜上（圖5）。這些複合體每個都是碳原子的幾百萬倍大，即便如此，我們在電子顯微鏡下仍是幾乎看不見它們。各個複合體都由大量的蛋白質、輔酶，和細胞色素組成，其中也包括基林和沃柏格所發現的那些分子。奇怪的是，有些蛋白質表現自粒線體基因，有些則由核基因負責編寫，所以，這個複合體是由兩個不同基因體所編寫的蛋白質混雜構成的。一個粒線體的內膜上埋著數萬個完整的呼吸鏈。它們看起來似乎

*克雷布斯爵士因為闡明了這個循環，而在一九五三年獲頒諾貝爾獎，儘管除了他之外還有許多人也在細節部分做出了貢獻。克雷布斯在一九三七年那篇關於循環的重要論文，曾一度被《自然》期刊退稿，他挫折的個人經歷激勵了好幾個世代的失意生化學家。克式循環除了在呼吸作用中扮演關鍵角色外，也是細胞製造胺基酸、脂類、血紅素，以及其他重要分子的起點。很遺憾這些故事我們無法在此細談。

是彼此分離的，實際上甚至連呼吸鏈上的每個複合體，看起來也是彼此獨立的。

通用能量貨幣

雖然基林對於呼吸鏈的初步想法本質上是正確的，但最重要的問題或許還未獲解答——怎麼把能量保存下來，而不會當場逸散呢？能量透過呼吸鏈的電子傳遞被逐步釋放，但是在一段時間後才會在細胞的其他部分被用掉，被利用的地點通常是在粒線體之外。這中間必定有某種媒介，或許是一種分子，可以保存呼吸作用釋放的能量，再將它轉送到細胞內的其他膜隔間，進行各種工作。不論這媒介物身分為何，它的配合度一定很高，才能讓細胞內進行的各種不同工作拿來使用，它還必須要夠穩定，要能一直保持完好無缺，直到有地方需要它們（因為即使運送的距離只有區區一個細胞，也會花上一點時間）。換句話說，它必須要是分子世界的通用貨幣，或是遊樂場代幣。而呼吸鏈就是鑄幣廠，製造新貨幣的地方。那麼，這個貨幣會是什麼呢？

最初那一閃的靈光來自於發酵作用的研究。我們對發酵作用其實所知甚少，然而它在葡萄酒和啤酒釀造方面長久以來的重要性掩蓋了這項事實。最早從化學角度了解發酵作用的人，還是拉瓦錫。他秤量所有產物的總重，並宣布發酵作用只是糖發生化學裂解後，產生了酒精和二氧化碳。拉瓦錫說的當然沒錯，但在某種意義上，他並沒有講到重點。因為拉瓦錫認為發酵作用單純是種化學步驟，並沒有什麼與生俱來的使命。對拉瓦錫來說，酵母不過是一種渣滓，只是剛好能催化糖的化學性分解程序而已。

到了十九世紀，觀察發酵作用的人分成兩派——其中一派認為發酵作用是種生物性步驟，本身有它的功能在（這一派的支持者多半是生機論者，相信特殊的生命力量是無法被「化約」成化學的），另一派則認為發酵作用是單純的化學步驟（支持者多半就是化學家）。這長達一世紀的對立似乎在巴斯德手中化解了。巴斯德是名生機論者，他證明酵母是由活細胞所構成，而發酵作用是由這些細胞在無氧的情況下實行的。實際上，巴斯德描述發酵作用的名言是「無氧的生機」。巴斯德身為生機論者，他相信發酵作用一定有其目的，也就是說，會對酵母菌帶來某些好處，但他自己也承認他「毫無頭緒」，不曉得那會是什麼樣的目的。

巴斯德於一八九五年過世，在他身後僅僅兩年，布赫納便徹底推翻了大家對於「發酵作用需要酵母」的信念，他因這些研究而在一九〇七年獲頒諾貝爾獎。布赫納使用的酵母來自德國啤酒商，而巴斯德的來自法國的葡萄酒商。顯然德國的酵母菌比較健壯，因為布赫納成功做到了巴斯德沒有完成的事，他在研缽裡加沙，把那些酵母菌磨成膏狀，再利用液壓從膏狀物中榨出汁液。如果把糖加入這杯「現榨酵母汁」並將混合物加以培養，發酵作用就會在數分鐘內開始進行。混合物會飄散出酒精和二氧化碳，與活酵母菌相比，雖然生成量較少，但酒精和二氧化碳間的比例是一樣的。布赫納提出，執行發酵作用應是某些生物性催化劑，他將之命名為**酶**（語源自希臘文的 *en zyme*，意思是在酵母裡）。他最後的結論是，活細胞就是一座座化學工廠，而酶在其中製造各種不同的產品。布赫納首開先河，證明只要環境適當，就算細胞死亡了，這些化學工廠也可以重組。此一發現宣告了生機論的末日，並預報了一項新的觀念，即所有的生物性步驟，歸根究柢，都能在類似的簡化原則下獲得解釋——這確實是二十世紀的生物化學最獨領風騷的主題。但布赫納傳承給後人的並非都是正面的資產，他將活細胞貶為一個裝滿酶的袋子，這樣的概念弄鈍了我們的腦袋，讓我們一直忽略了細胞膜在生物學中的重要性。這點我們將在稍後討論。

在二十世紀的最初幾十年，英格蘭的哈登爵士和德國的馮奧伊勒（以及其他一些人）利用布赫納的酵母汁，逐步拼湊出發酵作用的一系列步驟。他們總共解開了大約十二個步驟，每個步驟都有專門的酶負責催化。這些步驟串連在一起，就像工廠的生產線，一個步驟的產物就是下一個步驟的出發點。哈登和馮奧伊勒因為這項成就而在一九二九年雙雙獲頒諾貝爾獎。但最大的驚喜出現在一九二四年，梅爾霍夫（又是一位諾貝爾獎得主）證明，肌肉細胞內也會發生幾乎完全一樣的變化過程。雖然肌肉細胞的反應產物是讓我們抽筋的乳酸，而不是帶來歡愉醉意的酒精，但梅爾霍夫證實，這十二個生產線步驟在兩者間幾乎完全相同。這項事實展演了生命驚人的基礎一致性，它意味著，即使是單純的酵母菌，也和人類血脈相連，正如達爾文所假設的一樣。

到了二〇年代末，細胞利用發酵作用產生能量這件事逐漸變得明確。發酵作用被用來當做備用供電器（在某些細胞裡實際上是唯一的供電器），通常會在主力發電機，也就是呼吸作用失效時被啟動。因此，發酵作用和呼吸作用被看成是兩套平行的作用，兩者都為細胞提供能量，其中一套是在缺氧時運作，另一套則是在有氧的時候。但還有一個更大的問題未曾解答：要怎麼將每個步驟的能量保存下來，讓細胞在其他部分，其他時間使用？發酵作用也會像呼吸作用一樣，生成某種能量貨幣嗎？

一九二九年，海德堡的洛曼發現了ＡＴＰ，這個問題於是獲得了答案。洛曼證明發酵作用和ＡＴＰ（腺苷三磷酸）的合成是偶聯的，而ＡＴＰ可以在細胞中存放數小時再使用。ＡＴＰ是腺苷接上三個頭尾相連的磷酸根所組成的，這樣的排列方式有幾分不安定。拆除ＡＴＰ最末端的磷酸根時會釋出高能，生物可以靠這些能量做功——事實上是**需要**它們來完成大量的生物性做功。三〇年代時，俄國的生化學家英蓋爾哈特證明ATP對肌肉收縮是必要的——缺乏ATP時，肌肉會呈緊張的僵直狀態，就像屍體一樣。肌纖維需要能量才能收縮並再次放鬆，它們打斷ATP釋放出能量，留下腺苷二磷酸（ADP）和磷酸根（P）：

ATP→ADP＋P＋能量

細胞內ATP的來源有限，所以必須不斷地從ADP和磷酸根開始，重新製造ATP，補上新鮮貨源。而ATP的再生當然需要能量，如果把上面這條方程式顛倒過來，就會發現這一點。而這正是發酵作用的功能：提供ATP再生所需的能量。發酵一分子的葡萄糖就可以再生兩個ATP分子。

英蓋爾哈特隨即考慮到下一個問題。肌肉收縮**需要**ATP，但ATP只有在低氧狀況下才能透過發酵作用產生。如果肌肉要在**有氧**的狀態下收縮，那勢必要有其他的作用來合成所需的ATP；英蓋爾哈特表示，這一定就是呼吸作用的功能。換言之，呼吸作用也會被用來產生ATP。英蓋爾哈特開始著手嘗試證明他的主張。當時的科學家面臨的難題在於技術層面：要將肌肉研磨成適合進行研究的狀態並不容易，細胞會受損，還會滲漏。英蓋爾哈特採用了一個不尋常，但相對比較容易操作的實驗對象——他選用了鳥類的紅血球細胞。在這種細胞身上，他證明呼吸作用確實會生成ATP，而且數量遠遠超過發酵作用。不久之後，西班牙人奧喬亞證明，透過呼吸作用，一個葡萄糖分子可產生多達三十八個ATP分子，這個發現也在一九五九年替他贏得一座諾貝爾獎。他的這項發現意味著，一個葡萄糖分子透過呼吸作用生成的ATP數量是發酵作用的十九倍。總生成量更是驚人。每個人平均每秒會生成9×10^{20}個ATP分子，流通率（事物被生產並消耗的速率）約等於每天六十五公斤。

最初沒有什麼人承認ATP有通用的重要性，但在三〇年代時，哥本哈根的李普曼和克爾卡的研究肯定了這件事，到了一九四一年（這時他們人在美國），他們已聲稱ATP是「通用的能量貨幣」。這在四〇年代時必定是個大膽的宣言，其魯莽的程度很有可能會危及科學家的職業生涯。但驚人的是，儘管生命是如此地華麗而多元，但這件事基本上是真的。經研究過的所有細胞內都發現了ATP的存在，不論是植物、動物、真菌或是細菌細胞。在四〇年代時，我們知道ATP是呼吸作用和發酵作用的共通產物，到了五〇年代，光合作用也來湊上一腳——靠著捕捉太陽能，它也會生成ATP。所以，生命的三條幹道，呼吸作用、發酵作用和光合作用，都會產生ATP，這又是一個絕佳的例子，向我們展示了生命的基礎一致性。

捉摸不定的「~」

ATP常被說擁有「高能鍵」，以波形符號（~）表示，而非簡單的連字符號（-）。當它的鍵結被打斷時，便會釋放出大量的能量，可用來推動細胞內各式各樣的工作。不幸的是，這樣的表示法其實是錯的，ATP上的化學鍵並沒有哪裡特別不同。不尋常的地方在於ATP和ADP之間的**平衡**。細胞中ATP對ADP的含量比**遠遠**超過應有的比值，如果讓ADP和ATP照著前述的反應方程式自然進入平衡狀態，兩者間的比例絕不會是這樣的。若將ATP和ADP混合，靜置於試管中，數天之後這瓶混合試劑幾乎全部都會變成ADP和磷酸。細胞內的狀況則完全相反：ADP和磷酸幾乎全部都會轉變成ATP。這有點像是打水上山，打水時會耗費很多能量，可是一旦水進入了山上的水庫，就會擁有很大的勢能，當水再次向下奔流時，便可以利用這些能量。一些水力發電計畫就是這樣運作的。水會在電力需求較低的夜間被抽到山上的水庫，並在需求大量湧來時予以釋放。在英格蘭，熱門連續劇結束的時段顯然就是一波電力需求的高峰，數百萬人會同時進入廚房，開始燒開水，準備泡一杯好茶。為了應付這龐大的需求，威爾斯山上的水庫閘門會被打開，在深夜，當這波高峰過去後，水庫的水會再次補上，準備好應付下一次大規模的飲茶時光。

在細胞中，ADP會被不斷地「打上山」，產生充滿勢能的ATP水庫。等到閘門打開的那一天，屆時ATP將被用來發動細胞內的各式任務，正如同奔流下山的水被用來催動電器。把水打上山非常耗能，而要產生高濃度的ATP當然也需要很大的能量。提供這些能量正是呼吸及發酵作用的功能。這些步驟所釋放出來的能量，會被用來違抗正常的化學平衡，製造細胞內高含量的ATP。

這些觀念可以幫助我們了解ATP怎麼被用來推動細胞內的工作，但並未實際解釋ATP是如何形成的。而瑞克於四〇年代進行的發酵作用研究似乎可以提供解答。瑞克是生物能學界的一位巨人。他是波蘭後裔，在維也納長大，三〇年代末期，他和許多那個年代的人一樣，為了躲避納粹而逃到英國。戰爭爆發後，他結束了他在馬恩群島的醫師實習工作，搬到了美國，在紐約定居了幾個年頭。解開發酵作用中的ATP合成機制，是他成果豐碩的五十年研究生涯裡，第一樁重要貢獻。他發現，在發酵作用中，糖類被分解成小片段時所釋出的能量，會被用來抵抗化學平衡，將磷酸根接上這些小片段。換言之，發酵作用產生了帶有磷酸根的高能中間產物，而接下來它們會將身上的磷酸根轉移出去，形成ATP。這整個變化在能量的考量上是可以順利發生的，就像是高處沖下來的水流可以催動水車旋轉——流水和水車的轉動是**偶聯**的。ATP同樣也可以透過偶聯的化學反應而生成，發酵作用釋放的能量會驅動一個與之偶聯的耗能反應，也就是ATP的生成。瑞克（還有整個領域的人）認為，類似的化學偶聯模型，應該也可以解釋ATP在呼吸作用中的形成方式。結果卻完全相反！這個想法不僅沒能提供正確的見解，還開啟了延續數十年的徒勞追尋。然而另一方面，最後找到的解答為我們提供的重要見解，指引我們洞悉生命以及生物複雜性的本質，比分子生物學任何其他的發現（除了DNA雙螺旋結構本身之外）都更為重大。

問題的關鍵在於高能中間產物的真實身分。呼吸作用中，ATP是由名為ATP酶的巨型複合體酶（或稱ATP合成酶）所製造的，這也是瑞克和他紐約的同事發現的。粒線體的內膜上釘著高達三萬個ATP酶，在電子顯微鏡下可以模糊地辨識出來，就像是膜上長出的蘑菇（圖6）。在一九六四年，當瑞克第一次看到它們時，他描述它們是「生物學的基本微粒」，這個稱號到了今天變得甚至更為貼切，我們繼續看下去就會明白。ATP酶和呼吸鏈中的複合體一樣，坐落在粒線體的內膜上，但它們並沒有實質相連，而是分別鑲嵌在膜上的。這就是問題的根源。這些離散的複合體，要怎麼跨越物理性的間距，彼此溝通？說得更精確一點，呼吸鏈要怎麼把電子傳遞釋放出的能量轉送給ATP酶，讓它生成ATP？

在當時，電子沿呼吸鏈傳遞時發生的氧化還原反應，是呼吸作用中**唯一**已知的反應。大家知道那些複合體會輪流被氧化並被還原，但是請注意：它們似乎沒有和任何其他的分子作用。所有反應和ATP酶實際上都是分開的。科學家認為，呼吸作用釋出的能量應該會被用來形成某種高能的中間產物，就像發酵作用那樣。然後這中間產物會實際移動到ATP酶的位置，畢竟，要有接觸才會有化學反應；遠距離作用對化學家而言，根本是巫術。這個想像中的高能中間產物必須含有一個化學鍵，等同於發酵作用中，糖與磷酸根的鍵結，在被打斷時，能夠釋出足以讓ATP高能鍵形成的能量。ATP酶想必會催化這個反應。

科學的進行常常是這樣的：在跨向重大改變之際，會先掌握整體大致的輪廓，剩下要做的只是補上一些細節——例如，確定高能中間產物的身分。大家最後只會記得它是那個波形符號「~」，至少在你想維持話題氣

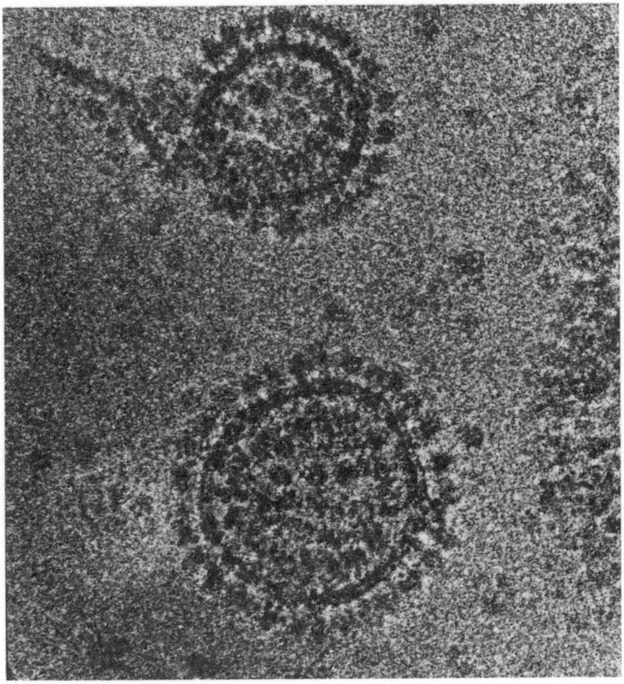

圖6　瑞克口中的「生命的基本微粒」。ATP酶蛋白像柄上的蘑菇，從膜囊泡伸出頭來。

氛良好的時候，不會想要提到它。這個中間產物確實很難捉摸，整個世代中最聰明的腦袋和最靈巧的實驗人員，找它找了二十年；他們總共提出至少二十個候選者，然後又全部推翻。然而找到這個中間產物似乎是遲早的事。它一定存在，因為細胞的化學本質就是如此，細胞不過就是一袋酶，身為布赫納的子弟兵，這點他們再清楚也不過了。酶處理化學反應，而化學的一切都和原子間的鍵結有關。

但在呼吸作用的化學世界，有個惱人的小細節一直困擾著大家：ＡＴＰ分子生成的數目會改變。從一個葡萄糖分子可以產生二十八到三十八個ＡＴＰ。確切的數目會因時而異，而且ＡＴＰ生成的數目雖然可以高達三十八個，但落在低點的時候比較多。不過重點還是缺乏一致性。ＡＴＰ是由流經呼吸鏈的電子流所生成的，而當一對電子流過呼吸鏈，會產生二到三個ＡＴＰ：不是整數。如果你曾為了平衡化學方程式而吃過苦頭，你就會知道，化學講求整數。半分子的Ａ和三分之二分子的Ｂ作用，這種事是不可能的。那麼ＡＴＰ生產所需的電子數目怎麼會如此多變，甚至還不是整數？

還有一個小地方也很煩人。呼吸作用**必須**有膜，沒有膜它就完全不進行。細胞膜不僅僅是一個用來盛裝呼吸作用複合體的塑膠袋。如果膜瓦解了，呼吸作用就會「解偶聯」，就像是一台沒有絞鏈的單車：不論我們多麼拚命地踩踏板，車輪也不會轉動。當呼吸作用解偶聯時，葡萄糖會透過呼吸鏈繼續急速地氧化，但不會有任何ＡＴＰ產生。換言之就是輸入和輸出脫節了，釋放的能量以熱的形式逸散。這個奇怪的現象，不只會因為膜受到機械性的傷害而發生，也會由一些彼此似乎毫無關聯的化學物質引起，這些化學物質稱為**解偶聯劑**，而它們並不會對細胞膜造成機械性的傷害。這些化學物質（包括阿斯匹靈還有迷幻藥，前者頗耐人尋味，後者則毫不意外）全都會使葡萄糖的氧化與ＡＴＰ的生成脫節，方法完全相同，但它們的化學性質似乎沒有任何共通之處。傳統的方法似乎不能解釋解偶聯的現象。

六〇年代初期，整個領域已陷入了沮喪的泥沼。瑞克對這個僵局下了個注解，他的說詞讓人想到費曼描述量子力學的著名格言。他說：「如果有人沒有被徹底搞糊塗，那他根本就還沒真正了解這個問題。」呼吸作用產生能量並以ATP的形式輸出，但輸出的方式完全不符合化學的基本規則，甚至似是在藐視規則。發生什麼事？雖然這些奇特的發現，一再地向眾人吶喊著尋求一個根本的反思，但當米歇爾一九六一年丟出他驚人的答案時，沒有人有心理準備。

第五章　質子動力

在生物能學的領域，米歇爾是半路殺出的程咬金。他因為運動發生的意外而未被徵召入伍，大戰期間他在劍橋研讀生物化學，並在一九四三年開始攻讀博士。米歇爾在戰爭期間是個風雲人物，他擁有藝術與創造方面的天賦，以及調皮的幽默感，因而在地方頗負盛名。他是位嫻熟的音樂家，並且喜歡留著像年輕時的貝多芬那般的長髮。後來，米歇爾也像貝多芬一樣失聰了。他有私人收入可以打理自己的儀態，而且他還是乏味的戰後期裡，少數開得起勞斯萊斯的人；他的叔叔戈弗雷擁有整個溫佩建設帝國。米歇爾在這間公司裡的股份，幫助他在後來的日子裡維持自己的私人實驗室——格林研究所。雖然他被認為是名耀眼的年輕科學家，但他花了七年才拿到博士學位，部分原因是因為他必須分心完成一些戰時的目標（如製造抗生素），還有一部分的原因是他被要求重新提交論文；他的一名考官曾抱怨「討論部分看起來很蠢，搬不上檯面」。基林對米歇爾的認識較深，他對這件事的評論是：「問題在於米歇爾對考官來說太有獨創性了。」

米歇爾的研究和細菌有關，具體來說是細菌如何將特定分子輸入或輸出細胞，而這常常是發生在違反濃度的狀況下。概括說來，米歇爾有興趣的主題是**向量**代謝，也就是那些有空間方向性的反應。對米歇爾來說，細菌輸送系統的關鍵，在於細菌細胞的表層細胞膜。它顯然不是無生命的物理性屏障，因為所有的活細胞都需要透過這層屏壁，持續進行具選擇性的物質交換。至少，食物必須要從細胞外攝取，而廢物必須自細胞內移除。細胞膜就像是面半透性的柵欄，限制著分子的出入，並控制他們在細胞內的濃度。米歇爾對主動運輸的分子力學深深著迷。他察覺許多膜蛋白對它們所運輸的分子具有專一性，就像酶對原料有專一性。還有一點和酶相同的是，當反向的濃度梯度蓄積了足夠的能量，主動運輸就會陷入停頓。因為試圖釋放梯度差的力量變強了，就像氣球愈飽滿時，吹氣的動作就會變得愈困難。

米歇爾在劍橋度過了四〇年代到五〇年代前半，五〇後半則在愛丁堡，他的許多想法都是在這段日子裡發展出來的。那時，他認為主動運輸是生理學的範疇，和活細胞的運作有關。在當時，生理學家和生化學家之間沒有什麼交集。儘管如此，物質靠主動運輸穿透膜的行為，很明顯需要有能量輸入，於是這使得米歇爾開始細細地思考生物能學（生物化學的一個面向）。他很快發現，如果膜上的幫浦建立起了膜內外的濃度梯度，那麼原則上，這梯度本身就可以被當做一種驅動力。細胞應該可以利用這種力量，就像氣球噴出的氣體可以讓它在屋內飛竄，或像引擎中的蒸氣可以推動活塞一樣。

這番思考，已經足以讓米歇爾在一九六一年的《自然》期刊上，提出一個撼動根本的新假說，當時他仍在愛丁堡。他說，細胞是透過**化學滲透偶聯**進行呼吸作用的，他使用的這個詞彙，意思是化學反應可以造就滲透壓梯度，反之亦然。**滲透**是大家從還在念書時就很熟悉的字眼，即使我們可能已經不太記得它是什麼意思了。它通常是指水穿過膜，從低濃度的溶液流到濃度較高的溶液。但出人意料是米歇爾的特色，他完全不是這個意思。看到「化學滲透」這個詞，我們可能會認為他想表達的是「穿過膜的是化學物質，而不是水」，可是他也不是這個意思。事實上，他用「滲透」這個字，取的是這個字的希臘語原文，意思是「推」。米歇爾說的化學滲透，意思是推擠分子，使它們在**違逆**濃度梯度的狀況下穿過膜——因此這在某種意義上，和一般認知裡的「滲透」完全相反，因為我們說的滲透是順著濃度梯度發生的。根據米歇爾所說，呼吸鏈的目的就是推擠質子穿過膜，在另一側形成一個質子水庫。膜就是水壩。質子被攔在水壩後方，累積起來的力量，可以一次釋出一點，用來催動ATP的形成。

以下是它的運作原理。請回想一下上一章的內容：呼吸鏈的複合體分散著鑲嵌在膜上。進入呼吸傳遞鏈的氫原子被拆成質子和電子。電子經過一連串氧化還原反應，像是流經電線的電流一般，通過呼吸鏈（圖7）。米歇爾說，此處釋放的能量，根本不會形成高能的化學性中間產物；那個波形符號「~」之所以難以捉摸，是因為它不存在。相反地，電子流動時釋放的能量會被用來泵送質子穿透到膜的另一面。呼吸鏈的四個複合體中，有三個複合體會利用電子流過時釋放的能量推擠質子穿過膜。除此之外，質子是無法通過膜的，因此不會發生逆流的情形，於是一座質子水庫便建立起來了。質子帶有正電，這意味著質子的梯度可以分成電性和濃度兩個部分。其中電性的部分造成膜內外的電位差，而濃度的部分則造成pH值或說酸鹼度的差異（酸鹼度是由質子濃度來定義的），膜外比較酸，膜內比較鹼。膜內外的pH值差和電位差，構成了米歇爾口中的「質子驅動力」。正是這股力量推動了ATP的生成。因為ATP是由ATP酶所合成，所以米歇爾推測，ATP酶的「電力」應該來自質子驅動力——水流般的一股質子，順著梯度，從原本關閉的質子水庫流下，米歇爾喜歡將之稱為質子電流，或是質子流。

米歇爾的想法被忽略，被敵視，被貶為胡言亂語，還有人說是毒品造成的瘋狂表現。之後瑞克曾寫道：「考慮到當時學界的主流看法，這些陳述聽起來就像小丑的把戲，或是什麼先知的末日預言。」這個理論使用的電化學術語措詞怪異，甚至神祕，而且運用的概念也是當時大部分的酶學家所不熟悉的。最初只有瑞克，以及阿姆斯特丹的施雷特（也是基林的門生）認真看待它，不過他們仍抱持著開放的懷疑態度；而施雷特很快便失去了耐性。

而米歇爾，這個又優秀，又好辯，又易怒，又浮誇的米歇爾，他本人使得這個狀況更加惡化。他總能激怒他的對手。在一次和米歇爾的爭論裡，有人看到施雷特在盛怒下用單腳跳來跳去，名副其實是「氣得跳腳」。這些爭執也讓米歇爾受盡折磨，他飽受胃潰瘍之苦，不得不從愛丁堡大學辭職。之後兩年的過渡

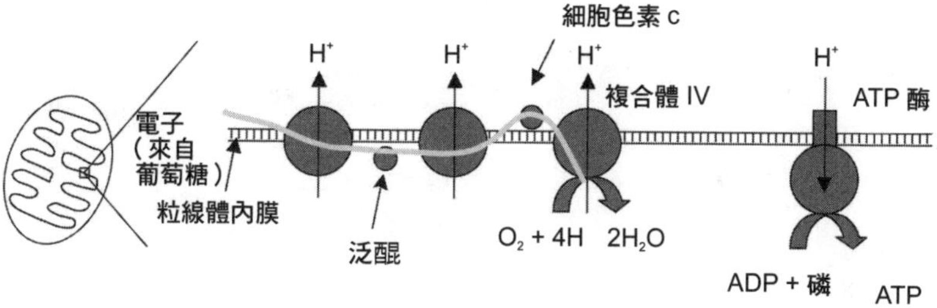

圖 7　呼吸鏈的簡化示意圖，和圖 5 相同，不過這裡呈現的是中間產物的真面目——質子。電子（e-）流經這條傳遞鏈，從複合體 I 一直到複合體Ⅳ，每個步驟釋放的能量，都伴隨著一個質子被丟到膜的另一側。兩者之間的偶聯關係造就了膜內外的質子濃度差，質子濃度差可以被看做是酸鹼度的差異（酸鹼度，或是說 pH 值，是由質子濃度定義的），也可以當做是種電位差，因為質子帶一個正電。質子水庫的作用就像是一個位能庫，如同真正的水庫能用潛藏的位能進行水力發電，順著濃度梯度流下的質子流也能推動一些機械性任務，以本案為例就是合成 ATP。通過 ATP 酶的質子水流被稱為「質子驅動力」，它會讓 ATP 酶上小小的分子馬達轉動起來，推動 ADP 和磷酸結合，生成 ATP。

時期裡他暫離科學，利用這段時間修復了一座頹圮的十八世紀莊園，格林大屋，他以這座莊園做為一家人的住處和他私人的研究所，地點接近康沃爾郡的博德明鎮。一九六五年他重回研究的前線，做好萬全準備，迎接即將到來的戰役。而戰爭果然發生了。之後這長達二十年的猛烈爭論，被稱為「氧化磷酸化論戰」（氧化磷酸化取自呼吸作用中ＡＴＰ生成的機制）。

質子動力的解釋

米歇爾的假說乾淨俐落地解決了長期尾隨著舊理論的惱人問題。這個假說解釋了為什麼一定要有膜，還有膜為什麼必須保持完整——膜如果會漏，質子就會少量地慢慢回流，使質子驅動力化為熱能消散掉。水壩上要是有洞，就完全沒有用處了。

這也解釋了那些神祕的解偶聯劑是怎麼作用的。請回想一下，解偶聯劑造成的「解偶聯」指的是葡萄糖氧化和ＡＴＰ生成之間失去聯繫，就像沒有絞鏈的腳踏車——踩踏板輸入的能量沒有聯結到應有的功用上。諸多解偶聯劑彼此之間，除了都會將能量的輸入和輸出端拆開之外，似乎沒有任何關聯。米歇爾證明它們是有共通點的——它們都是脂溶性的弱酸，可溶於膜脂質內。弱酸會結合或放出質子，端看環境的酸鹼性而定，因此，它們可以接送氫離子穿梭膜內外。在鹼性或是弱酸性的條件下，它們會失去一個質子，得到一個負電荷。然後它們被電荷吸引，翻身來到膜的另一面——帶正電，酸性強那一面。接著，身為一介弱酸，處在強酸條件下使它們重獲一個質子，中和掉它們的負電荷，這使它們再度受制於濃度梯度。於是弱酸穿過膜來到比較不酸的一面，在這裡失掉質子並再一次受電荷所牽引。解偶聯劑不管有沒有結合質子都要能溶於膜，否則這樣的循環就不可能發生；這條件如此微妙，因而迷惑了先前那些試圖找出解釋的人。（有些弱酸只有在結合質子的狀況下才能溶於脂類，當它們釋出質子時就會變得不溶於脂，因此就不能跨回膜的另一面；也有些弱酸是相反的狀況。這兩者都不會造成呼吸作用的解偶聯。）

化學滲透假說甚至解釋了更基本的問題，也就是那個「遠距離作用」的巫術，看似要靠高能中間產物才能達成，難以捉摸的「～」。質子在某個定點被泵送到膜的另一側，形成梯度，在膜表面各處造成均勻的作用力，就像水壩後方的水壓是取決於水的總體積，而不是抽水機的位置。所以雖然質子是在某一個地方被抽起來，但可以透過膜上任何一處的ATP酶流回去，回流的力量取決於整體的質子壓力。換言之，中間產物根本不是**化學**物質，質子驅動力自己就是中間產物——呼吸作用釋放的能量是以質子水庫的方式儲存起來的。這也解釋了為什麼ATP生成所需的電子數目可以不是整數。雖然每個電子流過呼吸鏈時，會有固定數目的質子被抽到膜的另一邊，但有些質子會因為滲漏而回流，還有一些會被挪作他用，沒有被用來發動ATP酶（這一點我們會在下一節回來討論）。

或許最重要的是，化學滲透假說做出了一些明確的預測，可以用實驗檢測。接下來的十年裡，米歇爾在重新翻修的格林大屋，與他一輩子的研究夥伴茉伊兒，還有其他的同事一起工作，他們證明，粒線體確實會在內膜的內外側造成pH值梯度，還會產生約一百五十毫伏特的電荷。這樣的電壓聽起來可能不多（大約只有手電筒電池的十分之一），但我們得用分子的角度來想。膜的厚度幾乎不到五奈米（5×10^{-9}公尺），所以膜兩面承受的電壓差高達每公尺三千伏特，這樣的電壓和一束閃電差不多，是一般家用電線承受極限的一千倍。米歇爾和茉伊兒還繼續證明，氧濃度的驟然上升，會短暫地提高泵送過膜的質子數目；他們證明了呼吸「解偶聯劑」確實是靠搬運質子來回於膜的兩側而產生作用；他們也證明了質子驅動力的確會推動ATP酶。他們還證明了質子泵送和呼吸鏈中電子的流動彼此偶聯，如果電子流過呼吸鏈所需的任何原料出現短缺（如氫原子、氧氣、ADP或磷酸根），質子泵送會減緩，甚至完全停止。

到了那時，米歇爾（和茉伊兒）已經不是唯一研究化學滲透學的實驗人員了。瑞克本人也有些研究成果有助於說服其他學者，他證明，如果將呼吸作用複合體分離出來，放進人造的脂質囊泡，它們仍能製造出質子梯度。不過貢獻最大，最能讓學者（至少是植物學家）對理論真實性心服口服的一個實驗，是在一九六六年，由康乃爾大學的雅根朵夫和烏里維所完成的。雅根朵夫最初對化學滲透假說抱持著敵視的態度。他寫道：「我在瑞典的生物能學研討會上，聽過米歇爾關於化學滲透學的演說。他說的話我是左耳進右耳出，留下的只有惱怒的感覺——惱怒大會居然讓這樣可笑又費解的講者上台。」不過，最後他卻用自己的實驗，說服了自己。

雅根朵夫和烏里維用葉綠體的膜進行實驗，他們先讓膜懸浮於pH值四的酸中，並且給予足夠的時間讓膜內外達成平衡。接著他們在製備品中注入pH值八的鹼，使膜內外的pH值出現四單位的差異。他們發現，這項處理會造成ATP的大量生成，不需要光照或任何其他的能量來源：ATP的合成是由質子位差獨力推動的。請注意，現在我說的是**光合作用**時用的膜。米歇爾的理論有個引人注目的特點：這個理論在幾個看似無關，彼此各異的能量生成模式（如光合作用和呼吸作用）間建立起關係——它們都靠膜內外的質子驅動力製造ATP。

七〇年代中期，這個領域裡大部分的人都已經回心轉意，同意了米歇爾的觀點（米歇爾甚至有一個圖表，標明他每個敵手「投誠」的日期，這讓他們非常生氣），儘管還有很多分子層級的細節要弄清楚，而且依舊爭議。米歇爾是一九七八年諾貝爾化學獎的唯一受獎人，這是他受人批評的另一個原因，不過我相信，憑他所帶來的觀念大躍進，他絕對是當之無愧。他個人經歷過一段滿目瘡痍的日子，除了要對抗一大群敵視他的生物能學學者，還要對抗身體上的病痛，但他存活了下來，並且見到當年對他最嚴厲的批評人士也認同了他。米歇爾在他的諾貝爾獎演說中感謝了這些人對知識的寬大態度，他從偉大的物理學家普朗克那裡引用了一句話：「一個科學新概念獲得勝利靠的不是說服對手，而是因為最後對手終將死絕。」米歇爾說，能夠推翻這句悲觀的格言，這是他一項「異常快樂的成就」。

自一九七八年起，學者逐一攻破了電子傳遞、質子泵送，和ATP形成的詳細機制。而最高的榮耀落在沃克身上，他確立了ATP酶的結構和原子層級的細節，因此在一九九七年，他與多年前就指出其基本機制的波耶，共同獲頒諾貝爾化學獎（波耶和米歇爾的機制在原理上大致一樣，但細節有所不同）。ATP酶是自然界奈米科技的一個神奇範例，它運作的方式就像個旋轉的馬達，因此它也是已知最小的機器，由微小的蛋白質零件構成。它主要可以分成兩個部分，一個是貫通膜兩側的傳動軸，另一個部分則是接在傳動軸上的旋轉頭，在電子顯微鏡下看起來很像蘑菇頭。質子水庫在膜外側造成的壓力，迫使質子穿過傳動軸，使頭部轉動；每三個質子通過傳動軸，頭部就會被旋轉一百二十度，旋轉三次就會繞完一整圈。頭部上有三個蛋白質結合位置，ATP就是在這些結合位置被組裝起來。頭部每一轉動，施加的應力便會打斷化學鍵或使之形成。第一個位置接上ADP；轉到下一個位置時ADP便會被接上磷酸根形成ATP；轉到第三個位置時則釋放ATP。人類的ATP酶轉動一圈需要十個質子，並會釋放出三個ATP。在其他物種，ATP酶轉一圈需要的質子數目也不同，事情因而更加複雜。

ATP酶的作用方向是可逆的。在某些狀況下它可以反向運行，此時它會分解ATP，並用這份能量泵送質子**逆向通過**傳動軸，對抗水庫的壓力回到膜的另一邊。事實上ATP酶這個名字（而不是ATP合成酶）就表明了它的這項作用，因為這個功能較早被發現。這項奇異的特徵裡藏著生命的一個重大祕密，之後我們會再回來討論這一點。

呼吸作用更深一層的意義

廣義來說，呼吸作用產生能量靠的是質子幫浦。氧化還原作用所釋放出的能量被用來將質子泵送到膜的另一側。膜兩側的質子落差相當於約一百五十毫伏特的電壓。這就是質子驅動力，它轉動了ATP酶的馬達，生成生命的通用能量貨幣，即ATP。

光合作用也會發生類似的事情。以光合作用而言，太陽能被用來泵送質子穿過葉綠體的膜，就像呼吸作用一樣。細菌運作的方式也和粒線體一樣，它們是在外層細胞膜的內外側產生質子驅動力。除非你是微生物學家，否則一定會承認，生物學裡沒有哪個領域會比細菌那多到嚇人的產能方式更令人混亂。它們彷彿可以從任何東西上搜刮能量，從甲烷、硫，到水泥。它們雖然有這般不尋常的多樣性，深層部分卻是彼此相通的。每一種方式的原理都完全相同：電子流過一串氧化還原的傳遞鏈，直到終端的電子接受者（可能是二氧化碳、硝酸根、亞硝酸根、一氧化氮、硫酸根，亞硫酸根、氧氣、亞鐵離子，或其他）。不管是哪一種產能方式，透過氧化還原反應所產生的能量，都會被用來泵送質子穿過膜。

這種深層的一致性之所以值得注意，不單單是因為它普遍，更重要的是因為這種產能方式非常奇特，非常迂迴。就像歐爾格說的：「如果要賭細胞用什麼方式產能，沒有人會押質子幫浦。」然而光合作用以及各種呼吸作用的祕密，確實就是質子幫浦。它們全都利用氧化還原作用所釋放的能量將質子打到膜的另一側，產生質子驅動力。泵送質子穿過膜似乎就跟DNA一樣，是地球生命體的招牌特徵。這是生命的根本。

實際上，質子驅動力的重要性一如米歇爾的認知，絕不只是產生ATP而已。它的作用就像是某種力場，以一種非接觸性的能量來源將細菌包圍其中。質子動能牽涉到生命的許多基本層面，尤其是攜帶分子進出細胞膜的主動運輸。細菌的膜上有數十種轉運蛋白，其中很多都是靠質子驅動力才能將養分抽進細胞內，或將廢棄產物排出。細菌並不是用ATP推動主動運輸，而是靠質子：它們挪用質子梯度的一部分力量來推動主動運輸。譬如說，乳糖這種糖類之所以能違逆濃度梯度進行運輸，是因為它的運輸和質子梯度偶聯在一起：細胞膜上的幫浦會結合一個乳糖分子和一個質子，因此，吸收乳糖的能量成本由質子梯度買單，而非ATP。類似的狀況還有鈉離子，為了維持細胞內部的低鈉狀態，細胞會自內部排出鈉離子，每移除一個鈉離子，就必須輸入一個質子，這又是一個消耗了質子梯度，而沒有花費ATP的例子。

有時候，為了自己好，質子梯度會耗散並且產生熱。在這樣的情況下，我們會說呼吸作用處於解偶聯狀態，因為電子傳遞和質子泵送雖然照常進行，但卻不會產生ATP。相反的，質子會經過膜上的小孔回流，因此能量會以熱的形式消散。產生熱量本身是有用處的（這點我們在第四部會再詳談），而且在能量需求較低時，這還能維持電子傳遞的順暢；「停滯」的電子很容易離開呼吸鏈與氧反應，產生具破壞性的含氧自由基。想像這是河川上的一座水壩，在水力發電的需求較低時，就會有水位過高，決堤氾濫的危機，如果水庫設有溢流渠道，就可以緩解這個危機。同樣的道理，解開電子傳遞和ATP生成間的偶聯關係，有助於確保電子在呼吸鏈中走完全程。讓一部分的質子不要流過水力發電的主閘門（ATP酶），而是轉移到溢流渠道（膜上的小孔）。這樣的溢流措施可以預防過多的電子累積氾濫，進而形成自由基；這還會造成嚴重的健康問題，在下一章我們將會看到。

除了主動運輸外，質子的力量還可以用在其他的工作上。例如在七〇年代，美國微生物學家哈洛與他的同事證明，細菌的移動也要仰賴質子驅動力。許多細菌都是靠一種連接在細胞表面，堅硬的螺旋狀鞭毛四處移動。它們透過這種方式移動，速度最高可達每秒七百個細菌體長。用來轉動鞭毛的蛋白質是個微型的旋轉馬達，它和ATP酶很相似，也是由流經傳動軸的質子電流所驅動的。

簡而言之，細菌的電源基本上就是質子動力。雖然說ATP是通用貨幣，它也沒有應用在細胞的所有層面。細菌的體內恆定（以主動運輸將分子運進或運出細胞）和移動（鞭毛的推進）靠的都是質子動力，不是ATP。質子梯度的這些重大用途，解釋了呼吸鏈泵送的質子為什麼會比合成ATP所需的量更多，還有我們為什麼很難講清楚，一個電子流過到底會生成幾個ATP——質子梯度除了要用來合成ATP，也是生命許多方面的基礎，而它們全都從這個大水庫裡撈了一點質子來用。

質子梯度的重要性，也解釋了ATP酶的奇特習性——它們為什麼會讓反應逆向進行，不惜燃燒ATP來泵送質子。表面上看起來，ATP酶的逆向反應似乎是在走回頭路，因為這會飛快地消耗細胞內ATP的存量。只有當我們意識到質子梯度比ATP更重要，這一切才說得通。細菌生存需要有滿滿的質子驅動力，就像星際大戰的銀河巡洋艦在出擊帝國的艦隊前，它的防護力場必須要全面啟動。質子驅動力通常是靠呼吸作用來補充。然而，如果呼吸作用失效了，細菌就會改用發酵作用來生成ATP。於是現在一切都顛倒過來了。剛出爐的ATP立刻被ATP酶分解，釋放出來的能量被用來泵送質子到膜的另一邊，好維持足夠的質子驅動力——這等於是緊急修復防護力場。其他所有消費ATP的任務都先擺在一邊，就連DNA複製和繁殖這樣要緊的工作也是一樣。在這樣的情勢下，或許可以說發酵作用的主要目的就是維持質子驅動力。對細胞來說，維持充足的質子動力，要比保留ATP進行其他關鍵的工作（例如生殖）來得更重要。

在我看來，這一切都暗示著質子泵送機制的歷史悠久。它是細菌最重要，最優先的需求，是細菌的生命維持器。這個機制具有深層的一致性，在三域生物之間都一樣，而且它在各種形式的呼吸作用、光合作用，還有細菌生命的其他面向（包括體內恆定和運動）之中，都處於核心地位。簡單地說，它是生命的基本特質。本著這個想法，我們有很好的理由相信，生命本身的起源和質子梯度的天然能量是密不可分的。

第六章　生命的起源

生命是如何在地球上誕生的？這是今日科學最令人興奮的一個領域——就像西部大荒野，充滿各式概念、理論、推測，甚至是數據，有待我們探索。這個領域的範圍太過龐大，在此無法就細節一一著手，所以我會將討論範圍限制在幾個和化學滲透性的重要性有關的觀察上。但為了幫助大家了解，且讓我先快速地說明一下這個問題。

生物的演化有很大一部分要仰賴天擇的力量——因而也要仰賴特質的遺傳，天擇才得以篩選。今日我們的遺傳基因是由ＤＮＡ構成；但ＤＮＡ是一種複雜的分子，不可能憑空出現。更何況，ＤＮＡ在化學面上是沉睡的，沒有活力，這點我們在前言部分就曾提過。請回想一下，ＤＮＡ除了編寫蛋白質的密碼之外，什麼也沒做，就連這件任務也要靠一種比較活潑的中介物質ＲＮＡ才能完成，各種形式的ＲＮＡ會將ＤＮＡ的密碼轉錄成蛋白質的胺基酸序列。大體上，蛋白質是實現生命的活性成分，它們有各色各樣的結構和功能，可以滿足生物體的多種需求——別以為這很簡單，即使是最簡單的生命形式，也有五花八門的需求。個別的蛋白質逐漸被天擇打磨成為可以滿足特定任務該有的樣子。而首要的任務，就是複製ＤＮＡ，並用ＤＮＡ當模板製造ＲＮＡ，因為沒有遺傳的話天擇就無從進行；而蛋白質雖然有種種光榮事蹟，其中卻不包括遺傳，它們結構上的重複性不夠，無法成為優質的遺傳密碼。因此遺傳密碼的起源成了一個雞生蛋還是蛋生雞的問題：蛋白質演化要靠ＤＮＡ，但ＤＮＡ又需要蛋白質才會出現。這一切究竟是怎麼開始的呢？

今天這個領域的人大都接受一個答案：居中牽線的ＲＮＡ曾經扮演過中心的角色。ＲＮＡ分子比ＤＮＡ來得簡單，化學家甚至可以在試管裡把它拼湊出來，我們因此能夠相信，它或許曾在地球上或是在宇宙中自發性地形成。科學家曾在彗星上發現過許多有機分子，包括ＲＮＡ的一些組成零件。ＲＮＡ能以類似ＤＮＡ的方式自行複製，因此成為一個可以被天擇篩選的複製性單位。它也可以直接拿來表現蛋白質（今天它的作用之一正是如此），因此它在模板和功能性間架上了一座橋樑。ＲＮＡ跟ＤＮＡ不一樣，不是沉睡的化學分子——它會折疊成複雜的形狀，並能催化某些化學反應，就像酶一樣（ＲＮＡ構成的催化劑叫做核酶）。因此，鑽研生命起源的學者點出了一個初始的「ＲＮＡ世界」。在這裡，獨力自行複製的ＲＮＡ分子受到天擇的篩選，慢慢累積複雜性，直到更強大，更有效率的組合（ＤＮＡ和蛋白質）取代了它們。如果這趟短暫的巡禮勾起了你的興趣，使你胃口大開，我向你推薦杜維的《演化中的生命》，那會是絕佳的入門作品。

即便這個理論如此優雅，「ＲＮＡ世界」仍有兩個嚴重的問題。第一，核酶的催化功能並不是很多，而且催化的效率也很陽春，它們有能力實現這複雜的世界嗎？這裡有個大大的問號。對我來說，與其拿它們來當原始催化劑，不如用礦物質還比較稱職。今天許多酶的中心位置都看得見金屬和礦物質的蹤跡，包括鐵、硫、錳、銅、鎂，和鋅。在這全部的案例中，催化酶反應的都是礦物質（專業術語叫輔基），而不是蛋白質。蛋白質能幫助提升效率，但無法導致反應發生。

更重要的是第二點，一個關於能量和熱力學的計算問題。複製ＲＮＡ也是「功」的一種，因此需要能量的輸入。而ＲＮＡ並不穩定，很容易被分解，因此經常會有能量的需求。這些能量是從哪來的呢？據天體生物學家所言，早期的地球上有豐富的能量來源，隕石撞擊、電暴、火山噴發的高熱，或是水面下的海底熱泉，以上只是一小部分。不過，很少有人討論這些種類各異的能量要怎麼轉換成生命可以利用的形式——這些能量都無法被直接利用，到今天依舊如此。最合理的說法或許是過去數十年間曾一度流行的「原生湯」。各種形式的能量煮出了一鍋「原生湯」，再透過發酵作用轉換成生命可利用的形式。

原生湯的概念曾在五〇年代獲得實驗支持，當時米勒和尤里兩位研究人員以電極火花模擬閃電，將其導入含有氫氣、甲烷和氨的氣體混合物中，他們相信這些成分能夠代表地球早期的大氣環境。他們成功製造出豐富多樣的有機分子，包括一些生命的前驅物，比方說胺基酸。他們的概念之所以失寵，是因為沒有證據能夠證明地球大氣曾經含有這些成分，更遑論含量是否充足；而且現在我們認為當時的大氣氧化力較強，在那樣的大氣環境中要形成有機分子，比在實驗條件下困難多了。但彗星上發現的豐富有機素材又帶我們繞回原地。有許多的天體生物學家熱中於把生命和宇宙扯上關係，他們主張原生湯可能是在外太空煮好的。然後，在距今四十五億到四十億年前之間，發生了長達五億年的大規模小行星轟炸（月球和地球就是在這次事件中被打出了滿身坑洞）。而這段期間，地球收到外太空慷慨餽贈的大量食物：原生湯。如果這樣的湯確實存在過，那或許生命是從發酵一鍋湯開始的。

然而，要把發酵作用當做最初的能量來源，還是會有一些問題。首先，正如我們所見，發酵作用不同於呼吸作用或光合作用，不會將質子泵送到膜的另一面。這造成了時間上的斷層問題。如果所有用來發酵的有機物全都來自外太空，那在四十億年前，小行星大轟炸結束之後，營養來源應該就會漸漸告罄。如果沒有在耗盡所有可用原料之前發明出光合作用，或是任何其他從元素製造有機物的方法，那生命就會慢慢走向消亡。而在這裡我們就碰到了一個時間軸上的問題。化石證據的跡證顯示，地球上的生命至少在三十八億五千萬年前就出現了，而光合作用則是在三十五億年前到二十七億年前之間演化出來的（雖然最近有人質疑這些證據）。考慮發酵作用和光合作用之間的斷層（這之間甚至沒有任何中間步驟，看不到任何演化光合作用未果的失敗者），這長達數億甚至到十億年的空白，就顯得很尷尬。在沒有其他能量來源的情況下，光靠小行星送來的有機分子能撐這麼久嗎？在我聽來不太可能，特別是考慮到當時沒有臭氧層，紫外線的照射很容易把複雜的有機物分解掉。

其次，如果你以為發酵作用簡單而原始，那你就錯了。這樣的認知反映出我們的偏見，以為微生物的生化反應很簡單，而這也是不對的；這種想法可以追溯到巴斯德的觀點，他將發酵作用描述成是「無氧的生機」，暗示了它的單純。但我們也曾看見巴斯德承認他對發酵作用的功能「毫無頭緒」，因此他不能下定論說它是簡單的。發酵作用至少需要一打的酶，而做為第一個，因此也會是唯一的能量供應方式，它可以被視為擁有不可化約的複雜性。我刻意使用了這個詞彙，因為曾有一些生化學家用這個字眼，來主張生命的演化需要造物者的指引——生命的複雜性無從簡化，必定是按照某種「智能設計」才有可能存在。我不同意這個觀點，任何演化生物學家也都不會，然而只要有反對意見，我們就必須解決，而且有些時候異議也反映出我們的問題。以發酵作用來說，在RNA世界，沒有其他能量供應的狀況下，要演化出這些環環相扣的酶，而且還形成一個有功能的單位，真的讓人很難想像。但是請注意，我特別強調了「沒有其他能量供應」。我們要尋找一個符合「可以化約的複雜」的能量生成方式。所以，我們要對付的問題，不是發酵作用怎麼會在沒有其他能量來源的狀況下演化出來，而是幫助它演化的能量是從哪來的。如果光合作用在稍晚才出現，發酵作用又太複雜，不可能在沒有能量來源的狀況下自行演化，那我們還有呼吸作用可以列入考量。呼吸作用有辦法在早期地球演化出來嗎？一般人否定這個問題的理由是，原始地球上的氧氣非常少（請參考我的另一本書《氧：建構世界的分子》，其中有相關的討論），但這並不構成障礙。呼吸作用還有其他的形式，可以用硫酸鹽、硝酸鹽甚至鐵來取代氧——而這些作用都會泵送質子穿過膜。也因此，它們的基本機制和光合作用就更為接近，這暗示兩者之間有可能有中間步驟。請注意，這裡我說呼吸作用的出現早於光合作用，就像沃柏格在一九三一年所提出的一樣。因此我們面臨了一個問題：呼吸作用也有「不可化約的複雜性」嗎？我會主張它不是，相反的，它幾乎是原始地球環境下不可避免的產物。但在研究這件事之前，我們要先繼續說明為什麼發酵作用不是原始的能量來源，以下將進入最後一個，致命的反駁。

第三項反論，和地球上所有已知生物的最後共同祖先露卡（LUCA，Last Universal Common Ancestor 的簡寫）的性質有關。一些有趣的數據指出，正統的發酵作用在露卡體內並不存在；如果發酵作用在露卡身上不存在，那便可以推測，自生命起源之後，凡是比露卡更早的生命形式，發酵作用也都不存在。這些數據的提供者是馬丁，我們在第一部曾見過他。當時我們正在研究生命的三域分類——古細菌、細菌，和真核生物。我們看到，真核生物幾乎確定是透過古細菌和細菌結合而誕生的。如果事實如此，那真核生物一定是三者之中相對比較晚近才演化出來的，而露卡就是細菌和古細菌兩者的最後共同祖先。馬丁便是採用了這個邏輯來思考發酵作用的起源。某種程度上，我們可以假設，細菌和古細菌所有共通的基本性質（例如通用的基因密碼），都是繼承自這名共同祖先；而所有主要差異，應該都是在那之後才演化出來的。例如光合作用（產生氧氣）只有在藍綠菌、藻類和植物身上發現。植物和藻類都只是沾光，它們行光合作用靠的是葉綠體，而葉綠體源自藍綠菌。因此我們可以說，光合作用是在藍綠菌身上演化出來的。最重要的是，光合作用沒有出現在任何古細菌，或是任何其他種類的細菌身上，所以我們可以推斷，光合作用的演化只發生在藍綠菌身上，而且發生在細菌和古細菌分家**之後**。

同樣的論點也可以套用到發酵作用。如果發酵作用是第一個演化出來的產能方法，那我們應該會在古細菌和細菌身上找到類似的生化途徑，就像我們可以在兩者身上看到通用的基因密碼一樣，都是繼承自兩者的共同祖先。相反的，如果發酵作用像光合作用一樣，是之後才演化的，發酵作用就不會同時出現在細菌和古細菌身上，只會在一部分的分類身上看到。所以結果如何呢？答案很有趣，因為古細菌和細菌雖然都能發酵，但用來催化每個步驟的酶卻不同。其中一些酶彼此之間完全沒有關係。如果古細菌和細菌不是用同樣的酶來進行發酵，那經典的發酵途徑，應該就是在兩域生物分家之後，才各自獨立演化出來的。以上這就表示露卡不會發酵，至少就我們今日所知是不會的。而如果它不會進行發酵，那它一定是從別處得到所需的能量。我們被迫第三次做出同樣的結論——發酵作用不是地球上最初的能量來源。生命必定是以別種方式開始的，原生湯的想法是錯的，就算它沒錯，也跟生命起源扯不上關係。

第一個細胞

如果泵送質子穿過膜就像我所主張的，是生命的根本，那麼基於同樣的道理，它應該在細菌和古細菌身上都會存在。它確實是。細菌和古細菌都有呼吸鏈，呼吸鏈的組成也相似。兩者都利用呼吸鏈泵送質子到膜的另一側，產生質子驅動力。兩者同樣擁有ATP酶，其結構和功能基本上都很相似。

雖然在今天，呼吸作用比發酵作用複雜多了，但若是就兩者的本質做比較，它則是簡單多了：呼吸作用需要電子傳遞（基本上就是個氧化還原反應），一層膜，一個質子幫浦，和一個ATP酶；而發酵作用，需要至少十二個次第作用的酶。要在生命歷史的早期演化呼吸作用，主要的問題是它需要一層膜（米歇爾本人也有意識到這點，他曾於一九五六年，在莫斯科的一次演講中，討論過這點）。現代的細胞膜很複雜，很難想像它們能夠在一個只有RNA的世界裡演化出來。當然，還有一些比較簡單的替代品。但這些替代品的問題是，大多數的東西都無法穿過它們滲透。沒有滲透性的膜會妨礙和外界的物質交換，進而阻礙代謝作用的進行，也因此扼殺了生命的可能性。已知露卡的呼吸作用似乎已有膜的出現，那我們是否可以從現代的古細菌和細菌身上推測，那是種什麼樣的膜呢？

在二〇〇二年，馬丁以及格拉斯哥大學的羅素在倫敦皇家學會闡明了這個問題，而它的答案揭露了一個意義深重的驚人分水嶺。細菌和古細菌的細胞膜，都是由脂質構成，但除此之外，就沒有任何共通點了。細菌的膜脂質，是由疏水性（油性）的脂肪酸透過一種名為**酯鍵**的化學鍵，連接著親水性（喜歡水）的頭部所構成。相較之下，古細菌的膜脂質，是由異戊二烯這種分支狀的五碳單元體彼此相連所形成的聚合物。異戊二烯單元體形成無數的交叉鏈結，使古細菌的膜擁有細菌所沒有的堅硬質地。而且，這些異戊二烯鏈是用另一種化學鍵連接親水性的頭部，這種化學鍵稱為**醚鍵**。細菌和古細菌膜上的親水性頭部都是由磷酸甘油所構成，但分別使用了不同的鏡像異構物。彼此之間就像左右手的手套一樣，不能互換。你可能會覺得這樣的差別微不足道，但請記住，所有構成脂膜的成分，都是細胞運用特定的酶，經過複雜的生化途徑製造出來的。既然這些成分不同，製造它們時所需的酶也會不同，用來表現這些酶的基因因此也會不同。

細菌和古細菌的細胞膜在構造和基本成分上有著根本性的差異，因此馬丁和羅素得到了一個結論：最後共同祖先露卡不可能擁有脂膜。脂膜必定是它的後代後來各自演化出來的。可是如果它會實行化學滲透，就像我們所認為的那樣，那麼露卡必定擁有某種膜，它才有辦法把質子泵送到特定一側。如果這層膜的成分不是脂質，那它會是由什麼構成的呢？馬丁和羅素給了我們一個激進的答案：他們說，露卡可能擁有無機物的膜——一層薄薄的鐵硫礦物所形成的泡泡，圈出了一個極微極小的細胞，裡面裝滿有機分子。

根據馬丁和羅素的說法，鐵硫礦物催化了最早的有機反應，製造出糖、胺基酸和核酸，最終，或許還製造出了稍早說過，可以受天擇篩選的「RNA世界」。他們的皇家學會論文對於當時可能發生的諸多反應，提出了詳細的見解；不過我們會把討論範圍控制在和能量有關的部分，而光是這個部分，就已經夠深奧了。

金甲部隊

黃鐵礦（愚人金）之類的鐵硫礦物可能曾在生命的起源中扮演某種角色，這樣的想法可以追溯到七〇年代，當時有人在海面下三公里處發現了「海底黑煙囪」。海底黑煙囪是深海熱泉的噴口——巨大，抖動的黑柱，在海底的高壓中被加熱到極致，向四周的海水翻騰著「黑煙」。這些「煙」的組成物包括火山氣體和礦物質，其中也含有鐵和硫化氫，它們會在環境水域中形成鐵硫礦物質的沉澱。最大的驚喜是煙囪裡竟充滿了生命，雖然這裡溫度和壓力都很高，而且位在絕對的黑暗裡。這裡有一個完整的生態系，欣欣向榮，它們從海底熱泉直接獲取能量，明顯不用依靠太陽。*

鐵硫礦物有能力催化有機反應，它們今天仍在許多酶的輔基中（如硫鐵蛋白），實際進行著催化的功能。德國化學家魏特豪瑟（他同時也是一名專利律師）發展了一套理論：鐵硫礦物可能在生命的誕生中扮演了助產士的角色。它在地獄般的黑煙囪環境中，催化二氧化碳還原成豐饒的有機分子，迎來了生命。這一系列精采的論文在八〇年代末到九〇年代期間發表。一位學者曾經驚呼，閱讀這些文章時，感覺就像意外發現了一篇從二十一世紀末搭時光機來到當代的科學論文。

魏特豪瑟構思，這些最初的有機反應發生在鐵硫礦物的表面。他的想法似乎獲得了演化樹的支持，根據演化樹，超嗜熱生物（生長在高壓焦熱環境的微生物）不論是細菌或古細菌，都被畫歸在幾個最古老的分類之下。然而，不久前這種遺傳證據受到了杜維等人的質疑，而魏特豪瑟推測的反應也在熱力學的基礎上被拿出來批評。最重要的一點可能是，海底黑煙囪的故事沒有辦法解決稀釋的問題。前驅物一旦在結晶體的二維表面上完成了反應，它們便會脫離，不受約束地擴散到海洋深處。它們不受任何牽制，除非它們不脫離表面；然而要在礦物表面的固定位置演化出講求流動的生化循環，實在令人難以想像。

在八〇年代羅素提出了另一套想法，自此之後一直進行著修飾改良，並在最近開始和馬丁合作。羅素對巨大、兇惡的黑煙囪興趣比較低，他更有興趣的是那些活動較輕微的火山滲漏口。愛爾蘭的泰納有個高齡三億五千萬年的黃鐵礦礦床，該處就是這樣的一個滲漏口。這些礦物形成很多筆蓋大小的管狀構造，還有泡沫狀的沉積物，羅素推測，孵育最初生命的場所可能和這些礦物泡泡很相似。他說，這樣的泡泡，可能是兩種化學性質不同的液體混合時所產生的：一種是從地殼深處滲出，還原的、鹼性的熱水；還有一種是含有二氧化碳和鐵鹽，相對氧化、相對酸性的上層海水。兩者混合的區域，會產生出形似顯微泡泡的膜狀鐵硫礦物沉澱，如黑煙硫鐵礦（FeS）。

這不只是個推測。羅素和他長久以來的合作者霍爾，在實驗室進行了模擬。羅素和霍爾將硫化鈉水溶液（代表從地球的臟腑滲出的熱泉液體）注入氯化鐵水溶液（代表早期的海洋）中，製造出一群顯微層級大小的泡泡，一個個都是由鐵硫礦物膜包裹而成（圖8）。這些泡泡有兩個引人注意的特徵，使我相信羅素和霍爾思考的方向是正確的。第一，這些小泡細胞天生具備化學滲透性，外側比內側來得酸。這樣的情況和雅根朵夫—烏里維的實驗類似，當時這項實驗證明膜內外的pH值差異就足以生成ATP。既然羅素的小泡細胞天生具備pH梯度，那麼只差在膜上裝個ATP酶就可以產生ATP，這在演化上當然會比變出整套有效的發酵途徑簡單不知幾千幾萬倍！如果走向生命起源的第一步，需要的不過是一個ATP酶，那即使瑞克很有先見之明地將ATP酶描述成「生物學的基本微

---

*沒有微生物能夠真正不依靠太陽的能量。地球上所有的生命，即使是深熱生物圈裡的微生物，都靠氧化還原作用得到能量。氧化還原反應能進行，是因為海洋與空氣兩者和地球本身之間沒有取得化學平衡——這個不平衡來自於太陽的氧化力。如果不是海洋有相對氧化的狀態，深熱生物圈的微生物就不可能進行氧化還原反應，進而利用它。而追根究柢，海洋的氧化狀態也是太陽造成的。這些生物的代謝和輪汰速度很慢，一個細胞可能要花上一百萬年才能繁殖下一代，之所以會這樣，其中的一個原因就是，它們必須仰賴氧化的礦物質，以讓人抓狂的緩慢速度，從上層涓涓落下。

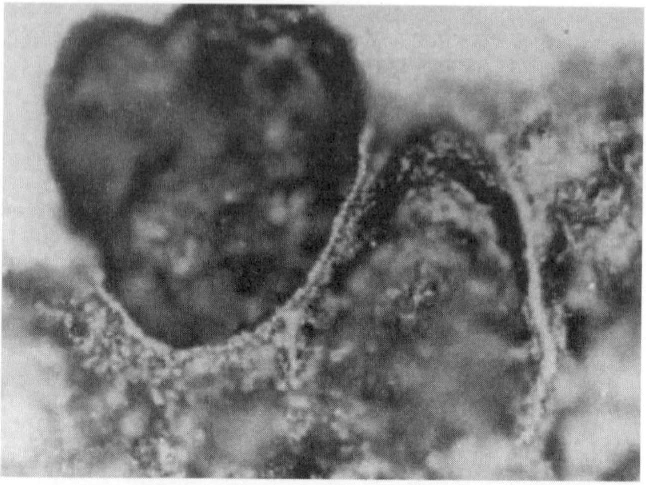

(a)

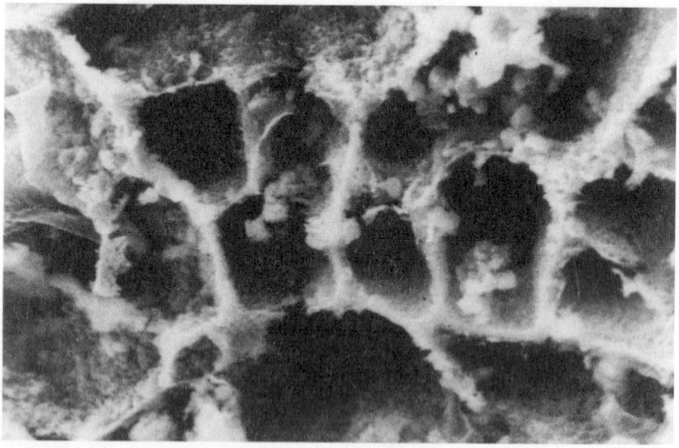

(b)

圖8　擁有鐵硫細胞膜的原始細胞。

(a) 來自愛爾蘭泰納，高齡三億六千萬年的古老鐵硫礦物（黃鐵礦），此為其薄層切面的電子顯微圖。

(b) 將代表熱泉液體的硫化鈉（NaS）溶液，注入代表富含鐵的早期海洋的氯化鐵（$FeCl_2$）溶液。電子顯微圖中顯示出實驗室模擬下形成的構造。

粒」，他本人也不會料想到這竟有更深一層的含義。

第二，泡泡膜上的鐵硫結晶能導電（今天仍存於粒線體膜上的鐵硫蛋白也是如此）。從地函湧上來的還原性液體富含電子，而相對氧化的海洋則缺乏電子，使得膜內外建立起數百毫伏特的電位差——這個數值和今天細菌膜上所帶的電壓頗為相似。這電壓會刺激電子穿過膜，從一個膜隔間流動到另一個。更重要的是，帶負電的電子流動，會吸引內側帶正電的質子，創造出一個陽春的質子幫浦機制。

鐵硫小泡不只提供了持續的能量來源，還可以被用來當做迷你的電化學反應器，催化基礎生化反應，並使反應產物集中起來，不致擴散。生命的基本建材，包括RNA、ADP、簡單的胺基酸和短肽鏈等等，可能都是藉著鐵硫礦物（或許還有沉積黏土）所具備的催化特性，透過魏特豪瑟所描述的反應被製造出來的，但它有兩個好處是魏特豪瑟的黑煙囪所沒有的——有膜可以濃縮產物（防止它們遠遠擴散到海洋深處），而且有質子梯度可做為自然的能量來源。

生命

這一切聽起來難以置信嗎？上一章中我曾暗示，生命的起源沒有真核生物的演化那麼不可能。想想現在發生在我們周圍的事情。這樣的環境條件在早期地球上肯定不會很稀奇。當時的火山活動推測是現在的十五倍。當時地殼更薄，海洋更淺，地球板塊才剛剛形成。當時地表一定到處都是火山滲漏口，更不用說是比較激烈的火山活動。只要地殼深處產生的火山液體以及海洋之間，在氧化還原態和酸鹼度上有所差異，形成數百萬個鐵硫膜包成的微小細胞不是問題——而這個差異確實存在。

在羅素的設想中，早期的地球就是一個巨大的電化學電池，仰賴太陽的能量氧化海洋。紫外線會分解水並且氧化鐵。氫氣被從水分子中釋放出來，它們非常輕，地心引力抓不住它，因此便消散在宇宙中。相對於地函較為還原的狀態，海洋變得愈來愈氧化。根據化學的基本原理，兩者混合的區域勢必會形成天然的細胞，而這些細胞本身就具備了化學滲透和氧化還原這兩方面的梯度。當時潮汐變化很大，因為月亮剛形成時離地球比較近，引力也比較大，而海浪較大也會助長混合的進行。我們幾乎可以確定這樣的細胞確實在當時形成了，規模還很大。而且我們可以實際看到它們的地質學遺跡，出現在像泰納這樣的地方。從這裡要進展到形成一隻細菌還有很長的一段路，不過擁有這樣的條件是個好的開始。

在當時，這樣的必要條件不僅很有可能出現，而且還是穩定而持續存在的。形成這些條件唯一需要的就是太陽的力量，不用仰賴光合作用或發酵作用之類的麻煩發明。太陽要做的只是氧化海洋，而我們知道它一定會。天體生物學家考慮了各式各樣的能量形式——小行星撞擊、地熱、閃電——奇怪的是，太陽的力量雖然在史前神話中常常出現，卻時常被科學家忽略。正如傑出的微生物學家哈洛，在他的經典文章〈左右生命的力量〉（我替第二部下了同樣的標題，向他致敬）裡所說：「我們不禁懷疑，這遍布地球的能量巨河，在生物學中扮演的角色，比當代哲學所知的還要更重要：這傾盆而來的力量或許不只是讓生命得以演化，還從虛無中召喚了它的出現。」

數十億年來，太陽提供穩定的能量來源，替我們償還虧欠熱力學第二定律的債務。它創造了化學上的不平衡，並促使了天然的化學滲透性細胞形成。這些細胞的原始風貌，依然忠實地重現在今天所有細胞的基本性質上。有機的細胞和無機的細胞，都是靠著一層膜界定出它們的範圍，實質地圈起細胞的有機成分，不讓它們擴散到海洋中。它們兩者的化學反應都由礦物質進行催化（礦物質在今天是以輔基的身分被嵌在酶中）。對兩者來說，膜既是屏障，也是能量的載體。兩者都是靠一種化學滲透梯度——外側是酸性帶正電；內側則相對鹼性，帶負電——取得能量。兩者都是靠氧化還原反應、電子傳遞，和質子幫浦來重建梯度。當細菌和古細菌終於離開它們的托育所，朝廣闊的海洋展開冒險時，它們身上都帶著彰顯自己的出身，不容錯認的印記。今天它們仍驕傲地展示著這個印記。

然而這個呼應生命起源的印痕，也是生命最重大的限制。我們可能會想問，為什麼細菌沒有演化成細菌以外的東西？為何細菌演化了四十億年，卻從未成功產生一個真正擁有多細胞，有智慧的細菌？說得更精確一點，為什麼真核生物的演化是由古細菌和細菌結合而完成，而不能只由某一支有優勢的古細菌或細菌，逐步累積複雜度就辦得到的呢？在第三部裡，這存在已久的謎題將會獲得解答，我們也將從化學滲透這種產能方式的基本特質之中，明白為何真核的血脈能以驚人的勢態開枝散葉，發展出植物和動物。

第三部

內線交易

建立複雜性

細菌稱霸地球二十億年。它們演化出數不盡的生化功能，但卻從未找到讓尺寸變大，讓形態變複雜的祕密。其他星球上的生命可能也卡在同樣的窠臼裡。在地球上，要等到產生能量的工作被內化到粒線體身上，大體型以及複雜形態才終於成真。但為何細菌從未內化自己的能量生成？答案藏在頑強不滅的粒線體DNA，這個存在長達二十億年之久的矛盾中。

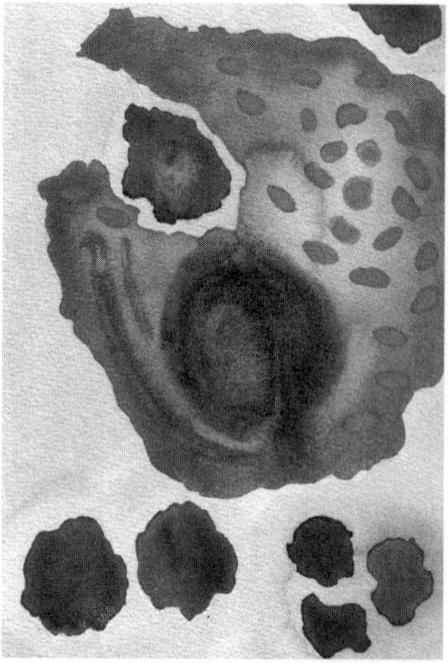

有內容的大型細胞——在真核生物，產能工作被內化在粒線體身上。

以下這個清單列了一串會讓演化生物學家噴飯的字眼：目的，目的論，通達複雜性的斜坡，非達爾文進化。以上的用詞全都和某個宗教性的演化觀點有關，意味著生命是「依照計畫」演化出來，「依照計畫」變得複雜，「依照計畫」產生人性，從最低等的動物到天使之間連成一條光滑的曲線，漸次接近上帝——也就是所謂「存有的巨鏈」。（存有的巨鏈是一套宗教性的階級，眾生萬物皆有其高低次序，而階級的頂端便是上帝。這個觀念源自柏拉圖及亞里斯多德，十八世紀的學者如拉馬克甚至認為，這是生物從最簡單的形式向上力求複雜完美的過程。但目前科學界已捨棄了這個觀念，因為在現代的分類學中，物種沒有高低之分。）這樣的觀點不只在宗教理論家之間流行，現在也頗受天體生物學家歡迎。有種想法認為，物理法則簡直像是親手召喚了生命來到我們居住的這個宇宙，這實在讓人聽了很受用，而這種想法又喚起了另一種聲音，認為或許連人類知覺都是物理作用下的必然結果。我在第一部對此表達了不贊同，而在第三部，我們會針對生物複雜性的發源，進一步研究這個主題。

第一部我們曾觀察到，地球上所有的複雜多細胞生物都由真核細胞組成；反觀細菌始終維持著細菌的樣貌，原地踏步將近四十億年。真核細胞和細菌細胞間有一個斷層，而宇宙中其他地方的生命體，極有可能還維持著細菌的模樣，卡在這個窠臼裡無法前進。我們已經知道，最初真核細胞是靠著細菌和古細菌的不尋常結合所造就的。現在我們要研究的是，真核生物如何得到了複雜性的種子：真核生物到底有什麼祕訣，讓它們彷彿受到鼓勵一般，演化出複雜性？就算這麼說很可能會讓人產生錯誤的印象，然而縱觀真核細胞出現**後**的演化全圖，確實可以感受到其中**有**某種目的。存有的巨鏈，努力地接近上帝。這種想法會出現並非偶然，即使那是錯誤的。在第三部我們將會看到，是粒線體播下了複雜性的種子，在粒線體出現後，生命簡直是注定要變得複雜。驅動我們邁向更高複雜性的力量來自體內，而不是天上。

諾貝爾獎得主，分子生物學家莫諾，是一名堅定的無神論者，他曾在他的名作《偶然與必然》中處理過目的這個主題。他舉例說，心臟的功能是泵送血液流至全身，如果在討論心臟時沒有提到它是個幫浦，那討論顯然沒有意義。但這就是在賦予它目的。還有更糟糕的，如果我們說心臟是**為了**運送血液而演化出來，那樣我們就犯下了目的論這項終極罪行——賦予它前瞻性的目的，預先設定演化的軌道的終點。但心臟幾乎沒有可能是**為了**別的目的演化出來的；如果它演化的**目的**不是泵送血液，那它碰巧成了這樣一樣好幫浦，真可說是奇蹟。莫諾的觀點是，生物學中充滿了目的以及清晰的軌道，我們不能顛倒是非，假裝它們不存在，而是必須解釋這些現象。因此，我們得回答的問題是：盲目的機運，無法預知結果的隨機系統，如何創造出我們眼前的這些玲瓏精巧，又對症下藥的生物機器？

當然，達爾文給我們的答案是天擇。盲目的偶然機運只用來產生族群中的隨機變異。篩選則不是盲目的，或至少不是隨機的：它會篩選生物體對其所處環境的整體適應性——適者生存。存活者將勝出的遺傳特質傳給後代。這樣一來，所有能讓心臟泵送血液功能提高的改變都會流傳下來，而減損功能的改變都會被排除。在野外，每個世代只有部分個體能存活並繁殖後代，這些個體不是最幸運的，就是適應最良好的。幾個世代後，幸運造成的影響無疑會被抵銷，因此天擇往往是從適應者中再選出最適應的個體，勢必會使得這項功能不斷精進，直到其他的天擇壓力抵銷這種改變趨勢，與之取得平衡。天擇的作用因而就像是防止齒輪倒轉的棘齒，將隨機變異的行動導上軌道。事後回顧，**看起來**或許就會很像一座通達複雜性的斜坡。

生物的適應性終歸是寫在基因的序列上，因為只有它們會被傳給下個世代（應該說幾乎只有，除了它們之外，粒線體也會）。演化過程中，基因序列的變化經過一輪接一輪的天擇篩選，一再精雕細琢，終於建起了一座生物複雜性的華美大殿堂。雖然達爾文對基因一無所知，但基因的密碼提供了族群隨機產生變異的現成機制：DNA「字母」序列的突變會改變蛋白質產物的胺基酸序列，對其功能的影響可能是正面的、負面的，或是中性的。光是抄錯字母就可以造成這樣的變化。假設個體的DNA序列有數十億個字母，那麼每一個世代都會在其上產生大約數百個小小的變化，它們可能會也可能不會影響適應性。這樣的小改變毫無疑問是會發生的，它們為達爾文所預言的緩慢演化提供了一部分的素材。數億年來，不同物種的基因序列逐步產生分歧，正是上述作用活生生的實證。

不過小突變並不是基因體（個體的完整基因庫）發生改變的唯一原因，我們對基因體學（研究基因體的學門）認識愈深，小突變就顯得愈不重要。基本上，個體複雜度愈高就需要愈多基因——小小的細菌基因體寫不出一整個人類的基因密碼，更不用說個體之間還有五花八門的差異。調查各類物種可以發現，它們的複雜程度普遍和DNA總量或是基因數目有所關聯。那這些額外的基因是哪來的呢？答案是來自複製現有基因，或是複製整個基因體，也可能是因為兩個或兩個以上的基因體融合，或者是因為重複性DNA序列的擴散（重複性DNA序列是一些看似「自私」的複製子，會自行複製並遍布至基因體各處，但之後有可能會被徵收來執行某些有益於個體的功能）。

嚴格說起來，以上這些作用都不符合達爾文的進化論，因為達爾文的演化概念是逐步地微調既有的基因體。相較之下，這些程序則是大規模，戲劇性地改變DNA的整體內容——大躍進式地跳過了遺傳上的間隙，一口氣改變現存的基因——儘管它們製造的其實是新基因的素材，而不是真正的新基因。除了遺傳上的大躍進外，這些程序都符合達爾文的學說。發生在基因體的變化本質上都是隨機的，接下來也會接受天擇一輪又一輪的篩選。小小的變化雕琢著新基因的序列，使它適用於新的任務。而DNA內容物的大躍進只要不會製造出無法運作的怪物，也是可以忍受的。如果DNA增為兩倍沒有帶來什麼益處，我們可以確定在天擇作用下這些DNA很快就會再被拋棄——但如果複雜生物體需要大量基因，那移除多餘的DNA無疑會使個體發展複雜性的可能受到局限，因為這等於是移除了形成新基因所需的素材。

這讓我們又回到了複雜性的斜坡。之前我們發現細菌和真核生物間有個巨大的斷層。細菌為什麼**還是**細菌，這是很不尋常的：它們在生化方面的多元性和洗鍊程度令人吃驚，但是在**形態**方面，它們花了四十億年卻始終無法演化出真正的複雜性。不論是尺寸、形狀，還是外形，任一方面都很難說它們有所進化。相反的，真核生物的時間只有細菌的一半，但它們無庸置疑爬上了複雜性之坡——它們發展出精細的內膜系統、特化的胞器、複雜的細胞周期（取代單純的細胞分裂）、性、龐大的基因體、吞噬作用、掠食行為、多細胞性、細胞分化、大尺寸，最後是令人讚嘆的各式機械工程：飛行、視覺、聽覺、回聲定位、大腦，還有知覺。既然這些進展隨時間推移一一發生，那就可以很合理地將它們畫成一座通向複雜性的斜坡。現在它們都在我們面前，一邊是細菌，在生化方面擁有幾乎無止境的多樣性，卻沒有向複雜性發展的野心；另一邊是真核生物，生化方面幾乎一成不變，但在身體構造的設計方面卻非常發達。

面對細菌和真核生物的區別，達爾文主義的支持者可能會這樣回應：「嗯，可是細菌也**確實**產生了複雜性——從它們身上誕生了較為複雜的真核生物，進而導致許多更加複雜的生物誕生。」這是事實，但只有在某種意義上是事實，以下便是問題所在。我必須主張，粒線體**只可能**來自於內共生，也就是兩種基因體在一個細胞內的結合，或說是越過遺傳間隙的大躍進；而沒有粒線體，複雜的真核細胞就**不可能**演化出來。這樣的觀點來自某個概念，也就是得到粒線體的那次併吞事件創造了真核細胞，擁有粒線體是（或說擁有過粒線體曾是）成為真核生物的**先決條件**。這樣的描述和主流觀點有出入，讓我們快速地回憶一下它為什麼重要。

在第一部，我們曾遇見最能代表主流觀點的卡瓦略史密斯，並順著他的推測檢視了真核生物的起源。現在我們再來複習一下。某種原核細胞（沒有細胞核）失去了細胞壁，原因可能是其他細菌生產的抗生素，不過它體內原本就有蛋白質骨架（細胞骨架），因此存活了下來。失去細胞壁對這個原核生物的生活型態和繁殖方法帶來了深遠的影響。它發展出細胞核和複雜的生活史。它利用細胞骨架，像變形蟲一樣四處移動，改變形狀，因而發展出嶄新的掠食生活型態，可以利用吞噬作用，把大型顆粒（例如整隻細菌）當成食物吞入體內。總而言之，第一個真核細胞演化出細胞核和真核生活型態的過程，完全符合標準的達爾文演化論。之後，一個這樣的真核細胞碰巧吞入了一隻紫色細菌，或許是某種類似立克次體的寄生菌。這隻被吞入的細菌生存了下來，經過標準的達爾文式演化，最終轉變成粒線體。

這條推理路線中有兩點要請各位注意：第一，它充分展現了所謂的達爾文主義偏見，因為它低估了兩個相異的基因體結合所帶來的貢獻有多麼重要，而這基本上是種非達爾文式的演化模式；第二點，它低估了粒線體在這個過程中的重要性。粒線體進入的是一個功能齊全的真核細胞，而且它也很輕易地被很多原始的血脈（如賈第鞭毛蟲）再次拋棄。在這個觀點中，粒線體是一種有效率的產能方式，僅止於此。獲得粒線體的新細胞只是裝上了保時捷的引擎，取代它原本過時的三輪車馬達。我認為這個觀點沒有真正解釋為何所有的複雜細胞都具備粒線體，或該反過來說，為何複雜性的演化**需要**粒線體。

現在來考慮馬丁和穆勒的氫假說，我們同樣在第一部討論過。根據這個激進的假說，有兩種截然不同的原核生物在化學物質方面互相依賴，使兩者間的關係變得親密。最終一個細胞吞下了另一個細胞，兩個基因體結合在單一細胞內——這跨越遺傳間隙的大躍進創造了「有前途的怪物」。這項遺傳大躍進接著替這新誕生的個體帶來了一系列達爾文式的篩選壓力，使得搬進門的貴客把身上的基因移交到宿主手中。氫假說的關鍵在於，從來就**沒有**原始真核生物這種東西，這種據信擁有細胞核，過著掠食生活，但沒有粒線體的生物，根本不存在。相反地，第一個真核生物是透過兩種原核生物的結合而誕生，這段過程基本上並不符合達爾文主義——因為它完全沒有過渡階段。

請看看**圖9**，這是一九〇五年由俄國生物學家梅列日科夫斯基所繪製的生命演化樹，請看他如何彆扭地顛倒了標準的分枝樹型。一直以來，生命演化樹就有很多爭議，特別是古爾德，他主張寒武紀大爆發顛覆了普通的演化樹。寒武紀大爆發，指的是地質學在約五億六千萬年前時突然的生物大激增。後來大部分的主要分支都遭到無情的修剪，一整門一整門地滅絕。丹尼特在《達爾文的危險想法》一書中抨擊了古爾德那株外觀激進的演化樹，它就像一般的演化樹，主軸卻有所不同——是一株低伏的灌木，伸出幾根凌亂的枝條，而非高聳的生命演化樹。但是相較於梅列日科夫斯基的案例，這根本不算什麼。梅列日科夫斯基的演化樹貨真價實是棵徹底反轉的變種。在這棵樹中，生命的新領域來自枝條的彼此融合，而非分叉。

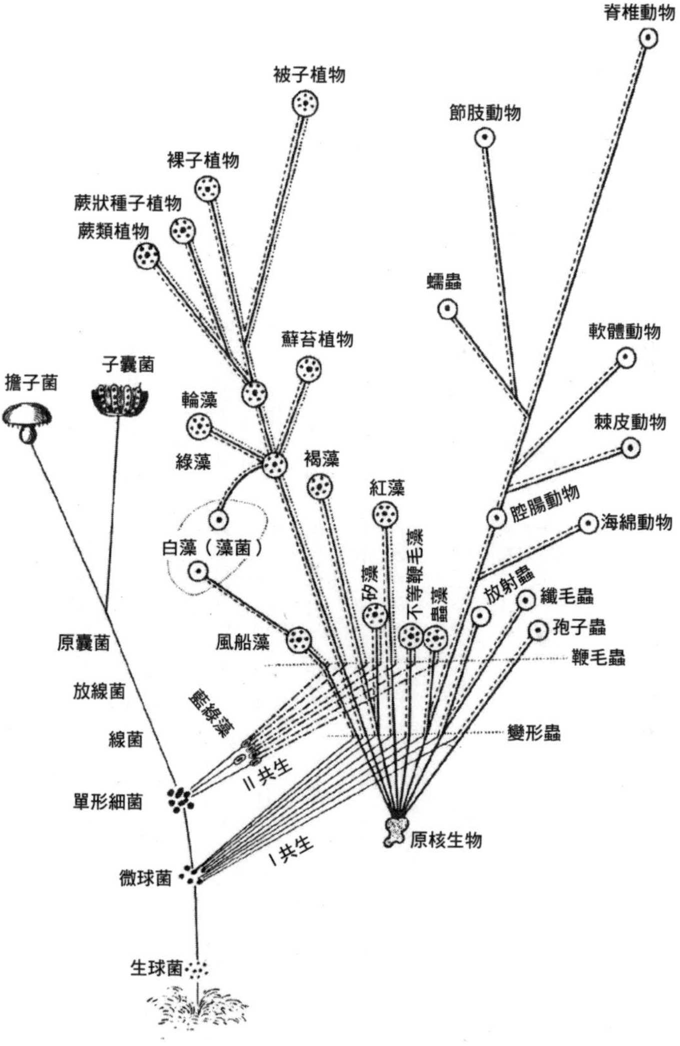

圖9　梅列日科夫斯基的反轉生命演化樹，繪出了枝條的融合。標準的「達爾文式」演化樹絕對是分枝型：枝條分叉而不會融合。真核生物起源自內共生。這在生命演化樹上，是以逆向的分支來表示：枝條互相融合，逆轉了生命演化樹的一部分。

我並沒有要倡導革命的意思。這些論點並沒有什麼異常的地方，共生也是正規演化規則的一部分，雖然它僅僅被當成一種產生新奇事物的機制。例如，已故大師梅納德史密斯與薩斯馬力所合著，發人省思的《生命的起源》一書中，他們主張生物的共生行為就像是一台摩托車，是腳踏車和內燃機共生的結果。他們帶著有點刻薄的幽默表示，即便我們把共生看作是一種進步，但還是得要有人先發明了腳踏車和內燃機才行。在生物身上也是同樣的道理，必須先靠天擇發明零件，共生只是活用了這些現成的零件。因此達爾文主義完全可以解釋共生行為。

以上全都沒有錯，但卻模糊了一項事實：許多影響深遠的演化革新**只有**透過共生才有可能發生。假使照梅納德史密斯和薩斯馬力的說法，腳踏車和內燃機可以各自透過天擇獨立演化出來，那麼照理來說，摩托車應該也可以。當然，靠組裝現有的零件會比較快，不過只要時間足夠，基本上沒有理由不靠共生就演化不出摩托車。以真核細胞的情況來說，我不同意這點。如果聽任細菌發展，我認為它們無法單靠天擇演化成真核生物：細菌和真核生物間**需要**共生行為替兩者間的鴻溝架起橋樑，**必定**要有粒線體併吞事件，才會播下複雜性的種子。沒有粒線體，複雜生命體就不可能會實現，而沒有共生行為，就不可能會有粒線體——沒有粒線體併吞事件，最後將只會剩下細菌，別無他物。不論我們是否認同共生行為符合達爾文主義，了解粒線體共生之必要性，對於了解我們的過去，以及我們在宇宙中的定位，都是至為重要的。＊

在第三部，我們將會了解原核和真核生物間為何會有這樣張著大嘴的裂隙，這樣的裂痕又為何只能靠共生關係跨越——原核生物光是透過天擇篩選，要演化出真核生物的化學滲透產能機制（第二部曾討論過），幾乎是不可能的。這正是為什麼細菌仍是細菌，也是為什麼我們所知的生命體——以細胞、碳化學和化學滲透為基礎的生命體——不可能在宇宙他處演進出細菌以上的複雜性。在第三部，我們將看到粒線體為何在真核生物身上播下了複雜性的種子，使它們站上通達複雜性斜坡的起點；而我們將在第四部看到，為何粒線體將真核生物推上了斜坡。

＊在萊德利的精采著作《孟德爾的惡魔》一書中，他思索了併吞一事對於真核細胞演化的必要性：併吞是個僥倖嗎？此外粒線體能保留一小群基因也是僥倖嗎？沒有這樣的併吞事件，真核生物有可能演化出來嗎？萊德利主張併吞和基因的保留或許都是僥倖。我不同意這一點，不過以其他觀點而言，我強力推薦這本書。

第七章　細菌為何如此單純

偉大的法國分子生物學家賈克柏曾說過，每個細胞的夢想就是變成兩個細胞。在我們的身體裡，這番夢想受到層層關卡小心地控制；否則就會引發癌症。不過賈克柏受的是微生物學的訓練，對細菌來說，一個細胞變成兩個不只是夢想。細菌複製的速度飛快。食物充足時，大腸桿菌每二十分鐘便可以分裂一次，一天分裂七十二次。一個大腸桿菌的體重約為一克的兆分之一（10^{-12} 克）。一天七十二次的細胞分裂相當於增殖 2^{72} 倍（$=10^{72\times\log 2}=10^{21.6}$），也就是從 10^{-12} 克增加成四千公噸。兩天之內，指數倍增的細菌將會重達地球質量的兩千六百六十四倍（也就是 5.977×10^{21} 公噸）！

幸好這件事並不會發生，因為細菌通常都處於半飢餓狀態。它們火速地消耗掉所有可得的食物，然後它們的生長便再度因缺乏營養而受限。大部分的細菌大半輩子都處於停滯的狀態，靜待著一頓飽餐。即便如此，細菌獲得食物時投入複製的速度，生動地演示了篩選壓力的壓倒性力量。神奇的是，大腸桿菌細胞分裂的速度實際上比它們複製自己ＤＮＡ的速度要來得快，複製ＤＮＡ大約要花四十分鐘（是細胞分裂所需時間的兩倍）。它們能做到這點，是因為早在前一輪ＤＮＡ複製結束之前，它們就開始了新一輪的複製。在細胞快速分裂的時期，每個細胞內都會同時製作好幾份完整的細菌基因體。

細菌被天擇毫不留情的暴政所控制。速度的重要性至高無上，細菌為何還是細菌的祕密就在這裡。想像有一群細菌，它們的生長受限於養分的供應。現在，餵食它們。細菌細胞開始增殖。複製較快的細胞火速地稱霸這個族群，而複製較慢的個體則被取代。當養分來源耗盡時，留下的就是一個新的，處於沉睡狀態的族群（至少在下一餐出現前會是如此）。只要複製快速的個體夠強壯，足以在野外存活下來，那這個新的族群中，複製快速的個體必定會占多數。這個道理很簡單，就像中國人在全球總人口中會愈來愈占優勢，除非他們嚴格的生育控制法令能成功限制一個家庭只能生養一或兩個小孩。

因為細胞分裂的速度比DNA複製來得快，所以細菌的最快分裂速度受限於DNA的複製能進行得多快。雖然細菌能靠著每次細胞分裂製造一組以上的基因體，好加快DNA的複製，但同時能製造的DNA套數還是有限。原則上，DNA複製的速度取決於基因體的大小，以及複製所需的可用資源有多少。對於複製來說，適當的能量儲備（也就是ATP）就算稱不上是一切，也是不可或缺的。產能效率較低或是資源不足的細胞，製造的ATP較少，因此複製基因體的速度往往較慢。換句話說，細菌為了繁盛生長，複製基因體的速度必須比競爭對手更快，而為了達成這個目的，基因體必須比別人小，要不然就是產能效率要比別人高。如果有兩種細菌細胞，生成ATP的速度相同，那麼其中基因體較小者，複製速度就會最快，並終將逐漸主宰整個族群。

如果額外的基因能提升細菌生成ATP的效率，幫助它們在資源貧瘠時超越競爭對手，那麼細菌細胞也可以容忍它們的基因體變大。寇許坦尼狄斯和提亞傑曾在密西根州立大學進行過一個有趣的研究，他們檢視了全部的一百一十五個完成定序的細菌基因體。他們發現，擁有最大基因體的細菌（擁有約九百萬到一千萬個字母，內含九千個基因）占據了那些資源含量稀少，但種類廣泛的環境，特別是土壤；在這類的環境裡，生長速度緩慢幾乎不會造成損失。許多土壤細菌一年大約只能勉強繁衍三代，因此速度所承受的篩選壓力比任何其他複製條件都來得小。在這樣的狀態下，善用稀少資源的能力便非常重要，而為了增加代謝的靈活性，就要有更多基因編寫所需的一切。所以，多功能如果能在繁殖速度方面帶來明顯的優勢，它便是筆好投資。像放線菌這類常見於土壤的細菌，之所以會擁有代謝上的多功能性，以及與之匹配的巨大基因體，並不是偶然。

因此，只要是在生長緩慢，而且多功能性備受重視的時候，細菌就可以容忍比較大的基因體。即便如此，在所有的全方位細菌中，天擇仍會讓基因體較小的種類脫穎而出，這似乎替細菌基因體的大小設定了一個最高限額，大約是一千萬個字母。這是細菌所擁有的最大基因體，而大部分細菌擁有的基因數量遠不及它。細菌的基因體小，是因為大基因體需要更多時間和能量才能進行複製，在篩選時會被剔除，這個說法大體而言應該是公正的。即使是最多才多藝的細菌，它的基因體都比生活在同個環境的真核細胞來得小。即使最多功能的細菌都受篩選壓力所箝制，而真核細胞如何能從其中逃脫，便是這一章的主題。

基因流失的演化軌跡

為了維持基因體的小尺寸，細菌可能是消極地維持不變，手牌上永遠是一樣的基因，就像是膽小的賭徒；也可能是比較有機動性，持續地失掉基因然後又贏得新的，打掉手上的牌再抽其他的。說出來可能會讓人吃驚（至少對於把演化想像成穩定邁向更高精細度，同時也是更多基因的人是如此），其實細菌拿基因做賭注時一點也不手軟。它們輸贏的機會一樣多：基因的流失對細菌來說再平常不過了。

有個非常極端的例子可以用來說明基因流失，就是普氏立克次體，它會引起斑疹傷寒，這種恐怖的傳染病會在老鼠虱子横行的環境下，襲擊過度密集的人群。歷史上，斑疹傷寒的疫情曾將軍隊整支整支地消滅，其中包括拿破崙在俄國的大軍，一八一二年時，軍隊的殘黨帶著斑疹傷寒，隨著許多來自波蘭和立陶宛的難民逃離了俄國。普氏立克次體這個名稱取自二十世紀初的兩名研究先驅，他們分別是美國人立克次以及來自捷克的普羅瓦茨。立克次、普羅瓦茨，以及法屬突尼西亞的尼柯爾，這三人發現了這種疾病是透過人類體虱的糞便傳播。遺憾的是，等到一九三〇年，該疾病終於發展出疫苗的時候，三名先驅中的立克次和普羅瓦茨都已死於斑疹傷寒。唯一存活下來的尼柯爾在一九二八年因其貢獻而獲頒諾貝爾獎。尼柯爾的發現在第一和第二次世界大戰發揮了成效，當時的衛生措施如刮臉、沐浴和燒掉舊衣，都有助於抑止疾病的傳播。

立克次體是種微小的細菌，幾乎就和病毒一樣小，它們寄生在其他的細胞體內。它們對這種生活方式適應得極為良好，以至於無法再生存於宿主細胞之外。瑞典烏普薩拉大學的安德笙和她的同事首先定序了它的基因體，定序的結果發表在一九九八年的《自然》期刊上，引起了熱烈的討論。立克次體的基因體極為精簡，因為它居住在其他細胞之中，生活方式就像我們的粒線體一樣——而且它所保留的基因和粒線體的序列相似性也很高，這促使安德笙及她的同事宣稱，立克次體是現存和粒線體最接近的近緣物種（不過我們在第一部就已經知道，其他人並不同意這個論點）。

此處我們關心的是立克次體丟失基因的癖性。在演化的過程中，立克次體已經丟掉了大部分的基因，現在只剩下八百三十四個會表現蛋白質的基因。雖然這個數字比大部分物種的粒線體還要多上數十倍，但若拿立克次體和親源關係最近的野外物種相比，它的基因數目幾乎不及後者的四分之一。它之所以能這樣拋棄自己的基因，單純就是因為不需要：生活在其他細胞內，只要能夠存活下來，剩下的就是飯來張口。這些寄生蟲住在闊氣大廚的廚房裡，幾乎不需自行謀生。然而它們沒有變胖，反而減輕了體重，因為它們丟棄了多餘的基因。

在此且讓我們暫停一下，想想造成基因流失的壓力。基因損壞是隨機的，可能在任何時間發生在任何基因上；但**基因流失**不是隨機的。任何細胞或生物體若是失去了重要的基因（或是受損導致其功能喪失）便會死亡——它再也無法在野外生存，因此會被天擇所淘汰。相反的，如果某個基因並不重要，那麼按照定義，就算它消失或是損壞也不會造成災難。以我們自身來說，我們的靈長類祖先在數百萬年前丟失了製造維生素C的基因，但牠們並沒有滅亡，因為牠們的飲食中包括大量的水果，能為牠們提供豐富的維生素C。牠們存活了下來，並且興旺了起來。我們會知道這個故事，是因為這些基因大部分都還留在我們的「垃圾」DNA裡，它們就像船底有洞的船隻殘骸一樣，深具說服力。這些殘存的序列和其他物種中有功能的基因，彼此是密切呼應的。

在生化層級上，立克次體就是我們靈長類祖先的寫照。許多用來製造細胞內重要化學物質（例如胺基酸和核酸）的基因，它都不需要，就像我們不需要製造維生素C的基因。立克次體只要從宿主細胞把這些化學物質輸入體內就好了。如果用來製造這些物質的基因剛好壞掉了，那又怎樣？失去它們也無所謂，不痛不癢。立克次體具有一個在細菌間很不尋常的特徵：它的基因體有四分之一是由「垃圾」DNA所構成。這些「垃圾」是新近沉沒的基因所遺留下來的可辨認遺跡。這些被擊沉的基因雖然壞掉了，但關於它們的記憶還未被消除，它們的殘骸還留在基因體裡，漸漸腐朽。假以時日，這樣的垃圾DNA幾乎肯定會完全消失，因為它們會拖慢立克次體複製的速度。當有突變把多餘的DNA刪除掉，這樣的突變就會被篩選出來，因為這會加快複製的速度。因此損壞是第一步，接著基因完全消失。透過這種方式，立克次體已經失去了基因體中五分之四的內容物，而這個過程今天仍在持續進行著。正如安德笙所說：「基因體定序只是演化過程中某個特定時間及空間的快照。」而此處，這張快照拍攝的就是一隻在丟棄非必要基因的寄生細菌，它退化過程中的一個瞬間。

細菌基因的收支平衡

當然，絕大多數的細菌都不是細胞內的寄生菌，而是生活在外頭的世界。它們需要的基因比立克次體更多。儘管如此，他們仍面對著類似的篩選壓力，迫使它們丟棄多餘的基因，只是它們沒辦法丟得那麼豪邁罷了。自由生活的細菌丟失基因的傾向可以在實驗室中檢驗出來。一九九八年，匈牙利的學者賴維、塔卡珂絲和威達，報告了他們在布達佩斯的羅蘭大學所進行的一些單純（或許技術並不單純，不過概念上是），但有啟發作用的實驗。他們設計了三個細菌「基因環」，也就是質體（我們在第一章看過的基因「零錢」）。每個質體都包含一個基因，能使細菌耐抗生素，它們之間唯一的差別在於尺寸——每個質體含有數量不同的非編碼DNA。他們將這些質體加進大腸桿菌的培養菌液內。細菌吸收了質體，也就是被**轉染**了，而當細菌有需要的時候便可以召喚這些基因。

在第一組實驗中，這些匈牙利研究員將三種轉染菌養在有抗生素的培養基中。細菌只要失去了質體，就會失去對抗生素的耐受性，並被抗生素殺死。在這樣的篩選壓力之下，含有最大質體的菌落長得最慢，因為它們必須花更多的時間精力複製ＤＮＡ。在短短十二個小時的培養後，擁有最小質體的細胞，數量已經增殖為它笨重表哥的十倍。在第二組實驗，則以不含抗生素的條件培養細菌。這時三種培養菌不論質體大小為何，生長的速度都很接近。怎麼會這樣呢？他們再次檢查培養菌液確定質體是否存在，結果發現那些多餘的質體全被丟掉了。三種培養菌能以相似的速率生長，是因為它們都拋棄了那些賦予它們抗生素耐受性的基因，當細菌被培養在不含抗生素的環境時，這些基因便無關緊要了。這些細菌只顧趕著加快複製的速度，於是丟掉了不需要的基因——標準的「不用則廢」！

這項研究顯示，細菌可在數小時或數天內丟掉冗餘的基因。如此快速的基因流失，代表細菌只要能兼顧當下的生存，它們傾向於只在體內保留最少的基因。天擇就像一隻把頭埋進沙子裡的鴕鳥，不管長遠看來這個行為有多麼愚蠢，只要它能提供一時的喘息空間就好了。以這個實驗為例，如果負責抗生素耐受性的基因不被需要，它便會從族群中大部分細胞的身上消失，即使未來可能還會有需要它的一天，也是如此。細菌丟失了抗生素耐受性的相關基因，同樣也會在某些特定時刻丟掉當下不被需要的基因。位於移動式的染色體（例如質體）上的基因比較易於被丟棄，不過細菌也有辦法丟掉主染色體上的基因，只是速度比較慢。不常被使用的基因，往往會因為隨機突變加上針對複製速度的篩選，就這麼流失掉。相對於真核生物，細菌主染色體上的「垃圾」ＤＮＡ量很低，基因數目很少，從這些地方都可以看出這類機制在它們身上的運作效率。細菌小而精簡，是因為它們一有機會就扔掉多餘的行李。

不過，扔掉基因這回事其實沒有聽起來那麼魯莽，因為細菌能夠再次撿回同樣的基因，也可撿回其他的基因。水平基因轉移，指的是細菌從環境（如死細胞），或是透過細菌接合作用（某種形式的交配），從其他細菌身上獲得DNA。這種機制的存在表示細菌能夠，並且也會籌集新的基因。主動取得基因可以抵銷基因的流失。在變動的環境中，**全部**的冗贅基因都在條件再次改變（比方季節轉換）之前從**所有**細菌的身上消失，是不太可能的，畢竟基因的流失是項隨機的作業。族群中至少會有一部分的細菌可能保有完好的「冗贅」基因，當環境條件再度改變，它們可以透過水平基因轉移，將這些基因傳送給整個族群。它們對基因的慷慨態度，說明了為何抗生素耐受性能火速地在整個細菌族群中傳播開來。

雖然學者早在七〇年代就明白了水平基因轉移的重要性，但直到最近我們才開始重視它對演化樹可能造成的干擾。在某些細菌物種中，我們觀察到的變異有百分之九十以上都來自水平基因轉移，而不是如傳統認知那般，從細胞株或是菌落的細胞，經過篩選淘汰而留下來的。基因能在不同種、不同屬，甚至不同域之間轉移，這代表細菌不會像我們交棒給我們的子女那樣，透過垂直遺傳把一貫的核心基因交棒下去。因此談論細菌時，要為「種」這個字下定義變得很讓人為難。在討論植物和動物時，種的定義是其族群中的個體能交配產生有繁殖力的後代。這種定義不適用於細菌，因為細菌是行無性分裂，複製出理當完全一樣的細胞。理論上，這些複製體會因為突變而漸行漸遠，在基因和形態方面造成足以被稱為「種化」的差異。但水平基因轉移常會混淆這結果。基因的轉變可以這麼快，這麼全面，以至於所有來自祖先的痕跡都會被雜訊洗掉。傳給子細胞的基因頂多只能傳個幾代，就會被來自不同祖先，其他細胞的等效基因取代。目前的紀錄保持者是淋病雙球菌，它重組基因的速度如此之快，要檢測它們來自哪一個菌株是完全不可能的事；即使是據稱能代表細菌真正譜系（血統）的核糖體RNA基因，也常常被調換，無法代表其祖先的身分。

時間一長，這樣的基因轉移會造成很大的不同。舉例來說，基因轉移已經製造出品系不同的兩「種」大腸桿菌，兩者基因組成的差異如此徹底（占它們基因體的三分之一，含有將近兩千個不同的基因），就算把所有哺乳類放在一起比較，或甚至所有的脊椎動物，都沒有這麼誇張。在垂直遺傳（遺傳給子代，但經過少許修改）的情況中，基因**只會**在細胞分裂期間配送給子細胞，而垂直遺傳的重要性在細菌之間常常是令人猶豫的。譬若我們想藉著檢視家族裡的傳家寶追尋自己的出身，卻發現我們的老祖宗都是無可救藥的竊盜癖患者，永遠在偷摸別人的家當。而正因「生命演化樹」完全是依據垂直遺傳開枝散葉（而這是個錯誤的假設，以為傳家寶只會從父母傳到子女手上），它的真實性便令人質疑。至少以細菌來說，互聯網會是比較好的比喻。正如一名絕望的專家所說：「只有上帝能夠造出一棵樹」，這充分反映了建構生命演化樹的困難。

所以細菌為什麼對它們的基因如此大方？為了整體族群而分享出遺傳資源，聽起來像是件無私之舉，但其實不；這仍是某種形式的自私，梅納德史密斯稱之為一種「穩定的演化策略」。比較一下水平轉移和傳統的「垂直」遺傳。對後者而言，如果一個族群的細菌面臨了抗生素的威脅，而只有少數細胞身上留著救命的基因，那族群中其他沒有防備的個體就會死亡，只剩下飽受摧殘的倖存者能繼續繁衍，補滿整個族群。如果接下來環境條件又改變了，而且這次是有利於別種基因，一度存活下來的族群仍會慘遭屠殺。在瞬息萬變的環境中，只有十八般武藝樣樣精通的細胞能撐過大部分的緊急狀況，而這樣的細胞又大又笨重，在平和的過渡時期競爭不過快速繁殖的細菌。這些精簡的細菌當然也會受各種緊急狀況所威脅——但如果它們能從環境裡撿基因來用就不會；這樣一來它們就可以結合快速的複製能力以及基因的靈活性，幾乎沒有應付不了的事。以這種方式拋棄又獲得基因的細菌，會取代笨重的基因大巨人，或是完全不撿新基因的細菌，並且蓬勃地生長。透過接合作用獲取新基因，想必會比從死細菌身上撿些可能受損的基因要來得有效率，因此，分享基因這項看似利他，實為利己的行為，便被保留了下來。於是整體而言，我們可以看到細菌身上兩股趨勢間的動態平衡——一股傾向丟棄基因，視現有狀況將細菌基因體盡可能刪減至最小尺寸；另一股是根據需求，靠著水平基因轉移累積新的基因。

我曾援引立克次體和實驗室裡的例子來說明細菌的基因流失，但說到「野生」的細菌，能夠證明基因流失對它們很重要的證據，頂多只有它們基因體輕薄這一點而已（基因數目少而且缺乏垃圾DNA）。不過，水平基因轉移在細菌間的重要性，也有助於證明迫使細菌丟棄多餘基因的篩選壓力很強大，而且具有普遍性——否則它們不會淪落到非得事後再把這些基因撿回來。儘管細菌會獲得新的基因，但基因體的編制不會擴大，所以它們想必會以同樣的速率丟棄基因。而它們之所以用這樣的速度丟棄基因，是因為種內細胞之間（以及種外細胞之間）的競爭會不斷地削減基因體，在現有條件下使其尺寸縮減至最小。

所有已知細菌的基因體尺寸上限大約是九百萬到一千萬個字母，編寫約九千個基因。任何細菌獲得的基因只要超過這個數目，想必都會傾向於再度失去它們，因為複製額外的基因會拖慢複製的速度，它們又無法提供與之相稱的好處。在這一點上，細菌和真核生物便完全相反。愈是了解細菌，便愈難將它們一概而論。這幾年來，我們發現有些細菌具有線性的染色體，有些有細胞核，有些有細胞骨架，還有些有內膜系統，這些特徵都曾被認為是專屬於真核生物的。那些所謂的決定性差異，在經過更詳細的檢驗後幾乎都被推翻了。極少數屹立不搖的差異之一就是基因的數目。為什麼沒有細菌擁有超過一千萬個DNA字母，而（如我們第一章所說）無恆變形菌這種單細胞的真核生物卻能夠累積六千七百億個字母——多達最大細菌的六萬七千倍，人類的兩百倍？真核生物如何能從約束著細菌的繁衍枷鎖逃脫出來？我認為維賴與威達在一九九九年提出的解答直擊問題核心，而且單純到讓人無從懷疑。他們說，細菌之所以在實體大小、基因組成和複雜度方面受到限制，是因為細菌被迫利用細胞的**外膜**進行呼吸。我們且看這會構成什麼問題。

幾何絆腳石

回想一下第二部中，呼吸作用的運行方式。氧化還原反應造就了膜內外的質子梯度，用來催動ATP合成。完好的膜對能量生產是必要的。真核細胞利用細胞內部的粒線體膜生產ATP，而沒有胞器的細菌，則必須利用表層的細胞膜。

細菌受到的限制是個幾何問題。為了單純起見，請把細菌想像成一個正立方體，然後把它的邊長變成兩倍。一個立方體有六個面，所以，如果我們的立方體細菌每邊長千分之一毫米（一微米），邊長加倍表面積就會變成四倍，從六平方微米（1×1×6）變成二十四平方微米（2×2×6）。而正立方體的體積是長乘以寬乘以高，因而提升了八倍，從一立方微米（1×1×1）變成八立方微米（2×2×2）。當正立方體每邊長一微米，其表面積對體積比為六比一，比值為六；邊長為二微米時，表面積對體積比為二十四比八，比值為三。現在這個立方體細菌的表面積對體積比值只剩下一半。當邊長再度倍增，同樣的情形會再次發生。現在表面積對體積的比值變成九十六比六十四，只剩一點五。細菌的呼吸效率取決於表面積（可用來產能的細胞外膜）對體積（消耗能量的細胞質量）的比值，這表示每當細菌變大，它的呼吸效率便會急遽下滑（或說得專業一點，和質量的三分之二次方成正比，在第四部我們會再詳談）。

呼吸效率下滑和一個相關的營養吸收問題密不可分：相對於體積，表面積的比例下降，代表相對於需求，食物吸收的速度受到了限制。改變細胞形狀（例如桿狀體的表面積對體積比就比球體大），或是把細胞膜折疊成許多薄片或是絨毛（就像我們的腸壁，它也需要盡其所能地吸收）某種程度上可以緩解這個問題。然而可以想見，複雜形狀的發展到達某個極限就會被淘汰，因為這樣的細菌太易碎，也太難複製了。有空間障礙的人都知道，在捏黏土模型時，（不完美的）球體是最堅固又最好複製的形狀。而吾道不孤——大部分的細菌都是球形（球菌）或是桿狀的（桿菌）。

談到能量，細菌的每個維度變成「正常」的兩倍時，每單位體積製造的ATP會變成原本的一半，但卻必須挪用更多的能量，去製作那些充塞細胞新增體積的細胞內容物，如蛋白質、脂質和醣類。小尺寸的變種基因體較小，幾乎是毫無例外地受到天擇青睞。因此，尺寸可和真核生物相提並論的細菌屈指可數，並不是件讓人意外的事情，而少數的幾個例外，也只是更加證實了這條規則。舉例來說，一種九〇年代晚期發現的巨型嗜硫細菌——納米比亞嗜硫珠菌（即「納米比亞的硫磺珍珠」），它在尺寸方面和真核生物相當，直徑大約在一百到三百微米之間（〇．一到〇．三毫米）。雖然這項發現確實引起了相當的騷動，但事實上，它幾乎全由一個大型囊泡所構成。這個囊泡裡堆積著它們呼吸作用所需的素材（這些素材會被納米比亞海岸外的湧流不斷地沖來又洗去）。它們巨大的尺寸只是假象，它們的本體其實僅有包覆在球形囊泡表面那薄薄的一層，就像灌飽的水球的外面那層橡皮。

幾何問題不是細菌唯一的絆腳石。我們再來想想質子幫浦吧。細菌為了產能，必須泵送質子穿過表面的細胞膜，送到細胞外的空間。這個空間被稱為細胞周質，它的外側邊界是由細胞壁界定的。＊細胞壁應該有助於留住質子，使它們不至於完全消散。米歇爾本人曾觀察到，細菌在呼吸作用旺盛時會使培養基酸化，可以想見要是細胞壁消失了，就會有更多質子逸散出來。這樣的考量或許有助於解釋失去細胞壁的細菌為什麼會變得脆弱——它們不只是失去了結構上的支持，同時它們的細胞周質也失去了外側的邊界（當然內側邊界，也就是細胞膜本身還保留著）。失去外側邊界，質子梯度更容易消散（至少就一定程度而言會如此），雖然有些質子似乎會被靜電作用力給「拴」在膜上。只要質子梯度發生逸散，就有可能會干擾化學滲透的能量生成，產能變得沒有效率。當能量生成逐步停止，其他方面的所有細胞常務也會被迫停止。脆弱不脆弱的問題根本就還在考慮之外；光是裸露的細胞居然還能存活，就已經夠讓人驚訝了。

失去細胞壁要如何存活？

許多種類的細菌確實會在生活史的某些階段失去細胞壁，但僅有兩群原核生物成功地永久擺脫細胞壁，並且還能存活下來訴說它們的故事。是什麼樣的環境讓它們做到這一點？這實在是一個有趣的問題。

徽漿菌是其中的一群，它們大部分是寄生菌，許多成員都生活在其他細胞體內。徽漿菌細胞極小，基因體也小。於一九八一年被發現的生殖道徽漿菌，其基因體是所有已知的細菌細胞中最小的一個，只編寫了不到五百個基因。儘管簡單，但說到最常見的性病它也是榜上有名，它會引起類似披衣菌感染的症狀。它是這麼地小（直徑小於三分之一微米，比大部分細菌小上數十倍），一般必須要用電子顯微鏡才能看得見；而且它很難培養，因此一直等到九〇年代初期，基因定序技術有了重大的進步，眾人才意識到它的重要性。徽漿菌就像立克次體，幾乎失去了所有用來製造核酸、胺基酸等等物質的基因。然而跟立克次體不同的是，徽漿菌也丟棄了所有用來行有氧呼吸，或是任何形式的膜呼吸所需的基因。它們沒有細胞色素，因而必須仰賴發酵作用取得能量。如同我們在上一章所看到的，發酵作用沒有涉及泵送質子穿過膜的行為，這或許能解釋為何徽漿菌沒有細胞壁卻仍能存活。但每分

＊嚴格說起來，細胞周質指的是格蘭氏陰性菌內層細胞膜和外層細胞膜間的空間。這類細菌是根據它們被一種特定染劑，也就是格蘭氏染劑染色的結果而得名。能被染色的細菌稱為格蘭氏陽性菌；不能被染色的為格蘭氏陰性。這種奇異的特性其實反映出它們的細胞壁和細胞膜有所不同。格蘭氏陰性菌的外側有兩層細胞膜和一層薄薄的細胞壁，這層細胞壁緊貼著外層細胞膜。相較之下，格蘭氏陽性菌細胞壁較厚，但只有一層細胞膜。因此嚴格說，只有格蘭氏陰性菌會有細胞周質，因為只有格蘭氏陰性菌有兩層細胞膜間的空間。然而，兩類的細菌都有細胞壁，能夠在細胞之外，細胞壁之內的地方圍出一個空間。為了單純起見，我將這個空間稱為細胞周質，因為儘管構造不盡相同，但它對所有細胞來說，大致都能達成一樣的目標。

子的葡萄糖透過發酵作用產生的ＡＴＰ，只有有氧呼吸的十九分之一，這有助於解釋黴漿菌退化的特性——尺寸小，基因體組成稀少。它們活得像個隱士，幾乎什麼都沒有。

第二群沒有細胞壁仍能旺盛生長的原核生物是熱原體屬，它們是嗜極端性的古細菌，生活在攝氏六十度的溫泉裡，對它們來說最好的酸鹼度是pH值等於二。它們在英國的炸魚薯條店應該會住得很開心，因為它們熱愛的生活環境等同於一盆熱騰騰的醋。瑪格利斯曾主張，熱原體屬可能是真核生物的遠古祖先，立論根據是因為它們沒有細胞壁卻能在「野外」生存；不過，正如我們在第一部所見，更強而有力的證據支持甲烷菌才是傳說中的原始宿主。二〇〇〇年時，嗜酸熱原體完整的基因體定序結果被發表在《自然》期刊上，而沒有證據顯示它和真核生物關係密切。

熱原體如何能在沒有細胞壁的狀況存活下來？很簡單，它們生活的酸性環境完美扮演了細胞周質的角色，所以它們根本不需自備細胞周質。一般而言，細菌會泵送質子穿過細胞膜，送到位於細胞之外，細胞壁內的細胞周質中。因此細胞周質這小小的空間是酸性的，而它的酸性狀態對化學滲透很重要。換句話說，細菌通常是浸泡在他們隨身攜帶的酸水浴中的。相形之下，熱原體原本就居住在酸水浴池，其功能就像是一個巨大的，公共澡堂式的細胞周質，因此它們大可放棄個人用的攜帶式酸水浴。只要細胞內能維持中性，它們便能利用膜內外天然的化學滲透梯度。那麼它們要怎麼維持內部的中性條件呢？答案依舊很簡單：它們就像其他細菌一樣，藉由細胞的呼吸作用，將質子主動運輸到細胞之外。換言之，就像大部分的原核生物一樣，從食物中釋放出的能量被用來對抗濃度梯度，泵送質子到細胞之外；而進入細胞內的質子回流則被用來催動ＡＴＰ酶，驅使ＡＴＰ合成。

就原理來看，缺乏細胞壁對於熱原體的能量效率或基因體大小不會有什麼影響，然而實際上這些細胞卻略有退化。雖然它們的直徑可長達五微米，但它們的基因體只有一到兩百萬個字母，編寫一千五百個基因，躋身最小細菌基因體之列；實際上，它的基因體是非寄生生物中已知最小的。或許，持續將高濃度質子摒於門外所需的額外努力，耗盡了熱原體原本能用來複製基因體的能量預算。＊

內線交易穩賺不賠

粒線體的優勢就是它們位於宿主細胞的體內。請回想一下，粒線體有兩層膜，一層外膜，一層內膜，它們分別圍出了兩個不同的空間：粒線體基質以及膜間隙。呼吸鏈的複合體和ATP酶都鑲在粒線體內膜上，它們將質子從最內側的基質泵送到膜間隙（請見三十九頁**圖1**）。如此一來，化學滲透所需的酸性環境便被包藏在粒線體內部，而不會影響細胞其他方面的功能。（嚴格說來它並不真的是酸性的，因為質子會受到緩衝，但這並不會影響此一論點的可信度。）

將生產能量的工作內化於細胞之內，代表細胞不再需要外部的細胞壁了，因此它們可以拿掉細胞

＊熱原體的尺寸不一，不過通常都是球形的大細胞，裝著小小的基因體。如果它們住在強酸裡，需要限制質子進入細胞，那它們可以降低自己的表面積對體積比值以達到目的——換句話說就是成為大型，球狀的形體。當然，大尺寸會削減呼吸作用的效率，這或許能解釋為什麼它們的基因體很小。要是能知道熱原體的細胞體積是否和環境的酸度有關，那將會非常有趣。

壁，卻不會因此變得脆弱。細胞壁的消失解放了細胞表面的細胞膜，使其能夠特化進行一些其他的任務，如訊息傳導、運動，以及吞噬作用。最重要的是，產能工作的內化，將真核生物從限制細菌的幾何問題中解放了出來。真核生物的體積平均是細菌的一萬到十萬倍，不過它們的呼吸效率並沒有隨著體積的增加而像細菌那樣下滑。要增加能量效率，真核生物只需要增加細胞內粒線體膜的表面積；要達成這個目標只要多擁有一些粒線體就夠了。因此產能任務的內化不只使細胞壁的消失化為可能，也使得細胞能夠增大它們的體積。在化石紀錄中，真核生物的尺寸一目了然地將它們和細菌區別開來，而以地質學的角度來看，這樣的大尺寸（以及產能系統的內化）出現得相當突然。二十億年前左右，大型真核細胞突然就出現在化石紀錄中；以這個現象來論定粒線體的起源年代應該頗為準確，雖說從化石上無法看出粒線體本身是否存在。

因此，細菌的尺寸承受著強大的篩選壓力，而真核生物則否。當真核細胞長得更大，它們只要在體內養更多的粒線體（就像圈養更多的豬隻一樣）就能維持能量收支平衡。只要能找到足夠的食物進行氧化（足以餵飽這些豬隻），它們就不會受到幾何性質的限制。尺寸大會使細菌處於不利的地位，但卻會為真核生物帶來好處。舉例來說，大尺寸有助於改變行為或生活型態。一個大型的、能量充沛的細胞不需要把所有的時間花在複製DNA，而是可以把時間和精力用來發展一座生產蛋白質武器的兵工廠。它可以像真菌細胞一樣，向周圍的細胞噴灑致命的酶，分解它們，然後吸收它們的汁液。或者它也可以成為掠食者，把較小的細胞整團吞下並在體內消化它們，以此為生。不管是哪一種生活方式，都不需要快速複製DNA以求領先競爭者——只要把競爭者吃掉就好了。原始真核生物這種掠食性的生活型態，是大型尺寸下的產物，細胞要能克服能量的障壁，變得更大，才會有這樣的生活方式。以人類社會做比喻的話，就像是農業實現了大型的社群：有更多的人力，才有可能在滿足糧食生產的需求之外，還剩下足夠的人組成軍隊，或是研發致命的武器。狩獵採集的謀生方式無法養活如此大量的人口，在競爭中注定會輸給人口眾多又分工精良的對手。

有趣的是，掠食和寄生的細胞往往會朝相反的方向發展。根據經驗法則，退化是寄生生物的特徵，在這方面，寄生型真核生物也不例外。「寄生」這個字眼本身就傳達某種可鄙的味道。相反地，「掠食」這個字眼則讓人脊骨發涼。掠食行為往往會挑起演化上的軍武競賽，掠食者和獵物爭相長得愈來愈大：這就是**紅皇后**效應，為此雙方都必須不停歇地奔跑，才能（相對於彼此）維持地位不變。我不知道有哪個細菌擁有真核生物一般的掠食型態，會將獵物整隻吞進肚內。或許我們不該感到意外。掠食的生活型態在捉到並吃下任何東西之前，就需要投資可觀的能量。特別是行吞噬作用吞入食物的步驟，從細胞的層級來看，這需要動態的細胞骨架以及猛然改變形狀的能力，而兩者都會消耗大量的ATP。因此，吞噬作用需要有三個因素才能達成：改變形狀的能力（細胞壁必須消失，然後要有更具機動性的細胞骨架）；足以將獵物吞入的大尺寸；還有供應充足的能量。

細菌可能會失去細胞壁，但從未發展出吞噬作用。之前我們見過的維賴和威達主張，吞噬作用的另外兩個條件——體型大**和**充足的ATP——阻礙了細菌，使它們無法成為像真核生物一樣有效率的掠食者。利用外側的膜呼吸意味著細菌只要體型變大，生產的能量（相對於尺寸）絕對就會減少。等到它們的體型大到能吞食其他細菌，它們更不可能會擁有足以完成這項工作的能量。更糟的是，如果細胞膜是專門用來生產能量的，那麼吞噬作用就是有害的，因為吞噬作用會使質子梯度瓦解。如果細菌不呼吸，改靠發酵作用，就能避開這個問題了，因為發酵作用並不需要膜。然而發酵作用生成的能量遠低於呼吸作用，這可能會使細胞的吞噬能力受限而無法藉此謀生。維賴及威達注意到，真核細胞中，只有寄生生物能搭配發酵作用和吞噬作用謀生，或許是因為它們可以在其他方面省下能量（例如不用自己合成核酸和胺基酸；它們分別是DNA和蛋白質的原料）。*犧牲某些方面的能量開銷後，它們或許就能負擔吞噬作用所需的能量。不過我不曾看到任何研究就這個假說進行有系統的調查，而且很可惜的，維賴已經轉換研究領域了。

這些想法相當有趣，而且或許多少能解釋細菌和真核生

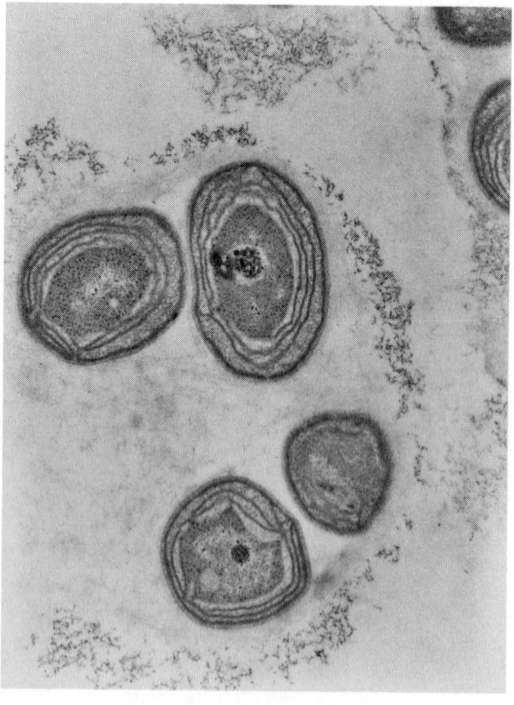

圖 10　一種亞硝化單胞菌內部的生物能膜，這讓它看起來有點像真核生物。

物為什麼會走上不同的道路，然而它們在我腦海深處留下了一個疑問：為何細菌**毫無例外**地會因為變大而受到懲罰？細菌是如此善於創造，然而它們之中竟然沒有誰曾克服過同時提升體型**並且**提升能量狀態的挑戰，實在是件不尋常的事情。這個問題聽起來不難解決，它們只消長出一些內膜來生產能量就好了。如果說產能工作的內化幫助真核生物在尺寸和行為特性方面跨出了一大步，那是什麼因素妨礙了細菌擁有自己的內膜？有些細菌（如亞硝化單胞菌和亞硝化球菌）確實擁有相當複雜的內膜系統用來生成能量（見**圖10**）。它們長得一副「真核細胞臉」。它們的細胞膜大範圍地向內折疊，形成了很大的細胞周質空間。從這裡走到徹底分出隔間的真核細胞，似乎只需要小小的一步；那這一步為何就是從不發生？

＊發酵作用帶來了一些耐人尋味的兩難困境，雖然，以每分子葡萄糖生成的ATP數目來看，它的效率遠遠不及呼吸作用，但它的速度比較快——在一小段時間內它生成的ATP比較多。這表示靠發酵作用生長的細胞，在爭奪相同資源時應能擊敗行呼吸作用的競爭對手。然而在現實中，實際運作的狀況如何，則沒有那麼肯定，因為發酵作用不會將葡萄糖這樣的分子完全氧化，而是會遺留下酒精這類的廢棄物並排放到它的環境中，我們便是受惠於此。當然，任何能燃燒酒精，也就是能以酒精行呼吸作用的細胞，也會因此受惠。所以這就像龜兔賽跑，呼吸作用雖然比較慢，但最終會獲得報償。以吞噬作用而言，吃到一半時耗盡了能量比吃得慢更要命。附帶還有一個有趣的可能性。呼吸作用或許其實**助長**了多細胞生物的演化，因為多細胞生物大到可以囤積所有的原料，如此便能防止行發酵作用的細胞搶在前頭把原料用掉。

在下一章，我們將著手處理第一部結尾時被我們置於一旁的故事，看看那不具核的第一個嵌合真核生物，接下來會怎麼變化。我們在第二部探索過能量生成的法則，那將引導我們去了解，兩個細胞間的共生為什麼成功，為什麼細菌不可能光靠天擇的力量，在細胞內分隔出像真核生物一樣的隔間。我們將看見，在細菌主宰的世界裡，為何只有真核生物能成為巨大的掠食者，永久地逆轉了原有的細菌世界。

第八章 為何粒線體能實現複雜性

在上一章，我們思考了細菌為何在形態方面始終維持著小而樸實的樣貌。原因主要和細菌所面臨的篩選壓力有關。它們面對的篩選壓力和真核細菌有所不同，因為大部分的細菌都不會吃其他的細菌。所以它們要在數量上獲得成功，主要得靠複製的速度。這又取決於兩個關鍵因素：第一，複製細菌基因體是細菌複製過程中最慢的一步，所以基因體愈大，複製速度就愈慢；第二，細胞分裂需要能量，因此能量效率愈低的細菌複製得愈慢。基因體大的細菌往往會在競爭中輸給擁有小基因體的對手，因為細菌會利用水平基因轉移的方式抽換基因，因而能夠隨時裝配有用的基因，並在失去利用價值後丟掉它們。所以，在基因方面負擔較輕的細菌複製較快，比較有競爭力。

如果兩個細胞擁有的基因數量一樣，產能系統的效率也相同，那麼複製較快的就會是兩者之中體型較小的那個。這是因為細菌要靠細胞外側的膜來生成能量，也要靠它吸收食物。當細菌的尺寸變大，它們表面積擴大的程度追不上內部體積的增加，它們的能量效率便會因而降低。大型細菌的能量效率較低，往往競爭不過小型的細菌。大尺寸細菌的能量劣勢，妨礙了它們行吞噬作用的可能性，因為如果要實際「吞」下獵物，同時需要有較大的體型，以及足以改變細胞形狀的充沛能量。因此我們在細菌身上看不到真核式的掠食行為（捕捉並吞吃獵物）。真核生物能擺脫這個困境，似乎是因為它們的產能工作在體內進行，這使它們相對不受表面積所束縛，就算體型變大幾千倍也不會喪失能量效率。

就憑這個理由讓細菌和真核生物走上分歧之路，聽起來有點單薄。有些細菌擁有頗為複雜的內膜系統，應該能掙脫表面積的限制才對，但它們在體型和複雜度上仍無法企及真核生物的高度。為什麼呢？這一章我們將深入探討某個可能的解答：粒線體或許需要基因來控制大面積內膜上的呼吸作用。所有已知的粒線體都保留了一小群自己的基因。被留下的基因組合是特定的，粒線體之所以能將它們保留下來，是因為粒線體與宿主共生的特性。細菌就沒有這項優勢，它們傾向於捨棄多餘的基因，因此無法持續配備著控制能量生成的整組核心基因，而此一事實使得它們始終無法發育出真核生物般的大尺寸和複雜性。

為了了解粒線體基因為何重要，以及細菌為何無法獲得正確的基因組合，我們必須更深入探究二十億年前，那兩個參與原始真核聯盟的細胞間的親密關係。我們會重拾第一部暫時擱下的故事。當初我們是停在嵌合細胞獲得了粒線體，但還沒有發展出細胞核的時候。根據定義，真核細胞是擁有「真正的」細胞核的細胞，因此我們其實還不能將我們的嵌合怪物稱為真核生物。所以，現在讓我們來想想，是什麼樣的篩選壓力將我們那奇異的嵌合細胞，轉變成像樣的真核細胞。這些壓力不只握有真核細胞起源的鑰匙，也是複雜性起源的關鍵，因為它們說明了細菌為什麼始終是細菌——它們為什麼永遠無法單靠天擇的力量演化成複雜的真核細胞，而必須求助於共生關係。

請回想一下第一部，氫假說的關鍵在於基因從共生菌身上轉移至宿主手中。這沒有用上什麼演化的新發明，只需要這兩種親密合作的細胞身上原有的配備。我們可以肯定基因確實會從粒線體轉移到細胞核內，因為今天的粒線體身上幾乎沒剩什麼基因，而且許多核內基因毫無疑問就是源自於粒線體，這可以從其他物種的粒線體上獲得證實，因為不同物種的粒線體喪失的基因不同，同樣的基因在其他物種的粒線體裡可能還看得到。所有物種的粒線體都失去了絕大多數的基因，數量或許高達數千個。這其中到底有多少基因被送進核裡，又有多少只是單純地消失了，實際的數字還有待專家商榷，不過，看來有數百個基因很有可能是被送進細胞核內的。

對於不了解DNA的「黏性」及彈性的人來說，粒線體的基因突然出現在細胞核中，簡直像是在變戲法，就像從帽子裡抓出兔子一樣。它們到底是怎麼辦到的？實際上，這種基因跳動的情形在細菌間相當常見。先前我們提過，水平基因轉移是很普遍的，細菌從環境中取得基因是一種常態。雖然我們一般認為「環境」指的是細胞外的地方，不過從細胞內取得多餘的基因甚至更加容易。

且讓我們先假設，最初的粒線體是可以在宿主細胞內進行複製的。時至今日，我們的一個細胞內就有數十至數百個粒線體，即使經過了二十億年，它們已經適應生活在其他細胞的體內，但粒線體的分裂大致上還是獨立進行的。不難想像最初的時候，宿主細胞體內可能會有兩個或兩個以上粒線體。現在請設想，因為某些原因，例如無法取得足夠的食物，其中一個粒線體死了。當它死亡時，它的基因便被釋放到宿主的細胞質內。其中部分基因會很乾脆地就此喪失，但少數會透過一般的基因轉移被併入細胞核內。理論上每當有粒線體死亡，這樣的過程都會重複一遍，每一次都有可能會多轉移一小部分的基因至宿主細胞中。

這樣的基因轉移聽起來或許有點不可靠，或是流於空談，但其實並不會。澳洲阿德萊德大學的狄米斯及他的同事，在他們二〇〇三年發表於《自然》的論文中，證明了這個作用在演化過程中進行得多麼快速，而且從不停歇。這些學者研究的主題是葉綠體（植物細胞中負責光合作用的胞器）而非粒線體，不過葉綠體和粒線體在很多方面都很相似：兩者都是半自主性的產能胞器，都一度是自由生活的細菌，而且兩者都還保有自己的基因體，只是大小逐漸在萎縮。狄米斯他們發現，每一萬六千顆菸草種子，就會有一顆發生葉綠體基因的轉移。這個數據聽起來或許不怎麼令人印象深刻，不過一株菸草每年會產生高達一百萬顆種子，總計就有六十顆種子會有至少一個葉綠體基因轉移至細胞核中——這只是單單一棵植物，繁衍一代產生的結果。

類似的轉移同樣發生在粒線體身上。許多物種身上都有證據可證明這樣的基因轉移確實會在自然界發生，證據就是，它們的葉綠體和粒線體基因在核基因體中有基因重複的現象——換句話說，同樣的基因既出現在葉綠體或粒線體中，也同時出現在核裡。人類基因體計畫便顯示，人類身上至少發生過三百五十四次獨立的轉移，粒線體ＤＮＡ轉移到了核內。這些ＤＮＡ序列被稱為**核內粒線體序列**（nuclear-mitochondrial sequence，簡稱 numt）。它們一點一滴地描繪出完整的粒線體基因體：有些片段會重複出現，有些則不會。以靈長類和其他哺乳類來說，核內粒線體序列的轉移在過去這五千八百萬年中經常發生，只要我們繼續探究，估計還能回推到更早以前。粒線體中ＤＮＡ的演化速度比細胞核快，因此核內粒線體序列上的字母排列就像時光膠囊，讓我們能稍微感受一下粒線體ＤＮＡ在遙遠的過去可能會是什麼樣子。不過，這些外來的ＤＮＡ可能造成嚴重的混淆，它們一度被誤認為是恐龍的ＤＮＡ，害得犯下這個錯誤的研究團隊個個面上無光。

時至今日基因轉移都還在持續發生中，偶爾也會引起人們的注意。例如在二〇〇三年，透納（後來他任職於華盛頓的里德陸軍醫療中心）和他的合作夥伴證實，粒線體ＤＮＡ自發性地轉移到核中，是造成一位不幸的患者罹患罕見遺傳疾病——帕霍症候群的原因。在諸多遺傳疾病之中，我們還不知道其中有多少是由基因轉移所造成的。

基因的轉移主要是單向進行的。我們再回頭來看第一個嵌合真核生物。如果宿主細胞死亡，它的寄生菌，也就是原始粒線體，就會被釋放到環境中，重獲自由的寄生菌可能會死亡也可能不會，但不論它們的命運為何，這項嵌合共存的實驗肯定是砸了。而另一方面，要是宿主細胞內有一個粒線體死亡，但第二個粒線體活了下來，那這嵌合怪物整體而言還是能夠順利運作。要讓粒線體恢復到原本的數目，活下來的粒線體只需要分裂就好。每當有粒線體死亡，釋放到宿主細胞的基因，就有機會透過正常的基因重組併入宿主的染色體。這表示，這套系統有遺傳上的防逆轉裝置，讓基因只能從粒線體轉移到宿主細胞，反向運轉則是行不通的。

細胞核的起源

轉移到核的基因會發生什麼事呢？我們在第一和第二部見過的馬丁認為，這番程序或許可以解釋真核生物細胞核的由來。為了解其中的來龍去脈，我們得回憶一下前幾章討論過的兩個論點。第一，請回想馬丁的氫假說，他主張真核細胞是由一隻古細菌和一隻細菌的結合製造出來的。第二，請回想第六章（一四八頁）說過，古細菌和細菌細胞膜上的脂質不同。細節我們不必深究，不過請想想看，在第一隻嵌合真核生物身上我們會預期看到哪一種細胞膜。宿主細胞身為古細菌，應該擁有古細菌型的膜。粒線體是細菌出身，應該會擁有細菌型的膜。而今天我們實際看到的情況又是如何呢？真核生物的細胞膜在性質上一律都是細菌型的——不管是脂質的結構，還是膜蛋白的諸多細節（如組成呼吸鏈的蛋白質，以及核膜上發現的類似蛋白質）。真核生物不管是細胞膜、粒線體膜、其他的內膜結構，還是雙層核膜，全都走細菌風格。事實上，完全沒有任何線索顯示真核生物原本擁有古細菌型的膜，儘管它的其他特徵讓我們幾乎能完全肯定，原始宿主細胞確實是隻古細菌。

我們預期會看到差異，卻發現根本上的一貫性，如此的結果引發部分學者對氫假說的質疑，不過馬丁將這顯著的異常視為助力。他提出了一個想法，認為用來製造細菌型脂質的基因，連同許多其他的基因一起被轉移到了宿主細胞。據推測，如果轉移後基因還能運作，那它們就會繼續執行它們的正常任務，比方說製造脂質；而它們沒有理由不能像過去一樣正常運作。但和過去不同的是，宿主細胞可能無法將蛋白質產物送到指定的位置（蛋白質的定向輸送得仰賴特殊的「地址」序列，不同物種間互不相通）。因此宿主細胞或許成功**製造**了細菌產物，卻不知道該拿它們怎麼辦；尤其是不知道該把它們送到哪裡。當然，脂質是不溶於水的，因此若沒有被定向到既有的膜上，它們就會凝聚形成脂質囊泡，也就是呈空心球狀，內部包著水的微滴。這樣的微滴就像肥皂泡泡一樣，很容易彼此融合，延展成為液泡、管狀泡，或扁平的囊泡。在第一個真核生物身上，這些囊泡可能就在它們生成之處（也就是染色體周圍）聯結了起來，形成鬆鬆垮垮的膜構造。今日的核膜正是這樣的構造——不是像粒線體或葉綠體那樣連續的雙層膜，而是由一系列扁平的囊泡組成，這些囊泡還延伸至細胞內其他的膜系。尤有更甚的是，現代的真核細胞分裂時，核膜會解散，好讓屬於個別子細胞的染色體能分開；而新的核膜會在子細胞染色體的周圍形成，它們集結的方式讓人聯想到馬丁的假說，而且依舊會延伸到細胞內其他的膜系。因此，在馬丁的腳本裡，基因轉移解釋了核膜以及真核細胞所有其他膜系的形成原因。這需要的只是某種程度的迷路，或說地圖閱讀障礙而已。

還有一個步驟尚待完成：我們必須拼裝出一個從內到外都由細菌型膜組成的細胞，換句話說，我們得把細胞膜上的古細菌脂質用細菌型脂質給替換掉。這是怎麼進行的？可以想見，要是細菌型脂質能提供任何優勢，比方說膜的流動性，或對不同環境的適應性，那麼只表現細菌型脂質的細胞便占了這個優勢。如果這樣的優勢確實存在，那就可以確保古細菌的脂質一定會被天擇替換掉。這幾乎沒有用到任何遺傳上的「新發明」，只是擺弄現有的材料而已。然而，還是可能會有一些真核生物斬草不除根。這是個有趣的問題：是否仍有原始的真核細胞膜上還保留著殘餘的古細菌脂質？有件事實可以支持這個假設。大致上，所有的真核生物，包括真菌、植物，以及像我們這樣的動物，都仍擁有整套的基因，可以用來製造古細菌細胞膜的基本含碳建材，**異戊二烯**（見一四八頁）。然而我們不再利用它們構築細胞膜，而是用它們來建立一支由**類異戊二烯**組成的軍隊。類異戊二烯，又稱做萜類或是萜烯，所有由異戊二烯單元相連形成的構造都包括在內，是天然產物中已知最大的家族，合計共有超過兩萬三千種構造名列其中。包括有類固醇、維生素、荷爾蒙、香氣、色素，還有一些聚合物。許多類異戊二烯擁有強大的生物功效，而被用於藥物研發；例如抗癌藥劑**紫杉醇**這種植物代謝物，便是一種類異戊二烯。因此我們並未失去製造古細菌脂質的設備；我們所做的，只是豐富了這套機制。

如果馬丁的理論正確，那他已成功地藉一連串簡單的步驟得到了完整的真核細胞：它擁有被不連續的雙層膜包裹起來的細胞核；有內膜構造；有像粒線體這樣的胞器。這個細胞失去細胞壁也沒關係（當然表面的細胞膜是不能丟失的），因為它不再需要細胞周質幫助它生成能量。它發源自甲烷菌，因此它的基因有組蛋白包裹著，而且轉錄基因以及建構蛋白質的系統基本上也是真核型的（詳見第一部）。然而另一方面，這個假想的真核細胞始祖可能沒辦法靠吞噬作用將食物整團吞入——雖然它擁有細胞骨架（可能承襲自古細菌或細菌），卻還未獲得像移動型的原生動物（如變形蟲）那樣機動性的細胞骨架。比較可能的情形是，最早的真核生物會像單細胞真菌那般，分泌各種消化酶到周邊環境裡，將食物在體外分解。一些近期的研究支持這個結論，但在這裡我們將不會深入討論，因為其中還有太多不明確之處。

粒線體為何要保留基因

誠如以上所述，基因從粒線體轉移到宿主細胞已經足以解釋真核細胞的發端，不需用上任何演化新發明（有不同功能的新的基因）。不過基因轉移的**輕鬆容易**，反而勾起了另一個可疑的問題：為什麼還會有基因留在粒線體內呢？為什麼不全都轉移到細胞核裡呢？

在粒線體內保留基因有很多壞處。首先，每個細胞內有數百套，甚至數千套粒線體基因體（每個粒線體通常會有五到十套）。粒線體DNA之所以在犯罪鑑識以及古遺體鑑定方面如此重要，原因之一就是這龐大的套數——它們的數量豐富到令人困擾，若想分離出至少一點粒線體基因通常都沒有問題。然而基於同樣的道理，細胞每次分裂時都必須複製大量看似多餘的基因。不只這樣，每個粒線體還都必須保留自己的遺傳設備，用來轉錄自己的基因，組裝自己的蛋白質。以細菌講求經濟的標準來看（就像我們先前看過的，用不上的基因就盡快丟掉），留著這些冗贅的基因小隊似乎是一大筆虛擲的開銷。而且，我們在第六部將會看到，若不同基因體在一個細胞內彼此競爭，可能會造成毀滅性的後果——天擇可能會使粒線體不考慮長遠的代價，只顧博得眼前的某個基因，而陷入與彼此或是與宿主細胞間的鬥爭。第三，將基因這種脆弱的資訊系統，儲存在緊鄰粒線體呼吸鏈，極易被外洩的破壞性自由基波及之處，等於是把珍貴的藏書收存在木製的簡陋小屋，裡頭還住著一個登記有案的縱火狂。粒線體基因有多容易受破壞？這反映在它們的演化速度上——以哺乳類為例，它們比核基因快上約二十倍。

所以，保留粒線體基因是要付出極大代價的。我再重複問一次：如果基因轉移很輕鬆容易，那到底為什麼還會有粒線體基因留在粒線體？首要並且也是最淺顯的原因是，問題不在於基因；粒線體需要的是這些基因的**產物**，也就是蛋白質，在它們體內執行功能。這些蛋白質大多和細胞呼吸作用有關，也因此對細胞的生命非常重要。如果這些基因被運送到核內，還是得找方法把它們的蛋白質產物送回粒線體，如果沒有成功送達，細胞很有可能會死亡。話雖如此，但還是有許多在細胞核表現的蛋白質**會**返抵粒線體。它們被「標記」了一小段胺基酸鏈——等同於一張地址標籤，指向最終的目的地，就像幾頁前我們討論脂質時所說過的一樣。粒線體膜表面的蛋白質複合體可以辨識這個地址標籤，就像海關一樣，控制膜內外的進出口情形。好幾百種屬於粒線體的蛋白質都以這種方式標記運送。這個系統很單純，但正因如此又引發了一個問題——為什麼不能讓**所有**預計在粒線體作用的蛋白質，都用這種方式標記呢？

教科書上的答案是，它們可以，只是部署這一切要花很長的時間，即使以廣袤的演化時間來看依舊很長。必須先順利通過好些隨機事件，蛋白質才可能被成功送回粒線體。首先，基因必須好好地併入細胞核，也就是整段基因（而不是只有片段）都被轉移到細胞核內，然後融入細胞核DNA。合併之後，要能作用：這基因必須被啟動，被轉錄，製造蛋白質。這可能會很困難，因為基因大體上是隨機插入細胞核DNA的，如此可能會使原有的基因，或是主管基因活性的調控性序列被破壞。其次，蛋白質必須獲得正確的地址標記，這也是一項隨機事件；如果沒有得到正確的標記，蛋白質就不會被送回粒線體，而是在細胞質被製造出來後就留在原地，像是進不了特洛伊的落魄木馬。取得正確的地址標記需要時間，而且是極為漫長的時間。因此，理論學家認為，所剩無幾的粒線體基因只不過是日漸萎縮的殘跡。假以時日，或許數億年之後，粒線體內將會一個基因也不剩。而不同物種的粒線體剩下的基因數目不同，更是坐實了此一過程的緩慢及隨機特質。

光靠核是不夠的

不過這個答案不是很有說服力。**所有**物種都失去了**幾乎**全部的粒線體基因，但**沒有一個物種失去了全部的基因**。它們剩下的基因全都不超過一百個，二十億年前左右則大概有數千個，因此對所有物種而言這段旅程都已是進入了尾聲。基因流失在不同物種身上平行發生，它們互不相干，各自丟棄自己的粒線體基因。以基因流失的比例來看，目前所有物種都已失去了百分之九十五到百分之九十九點九的粒線體基因。如果機運是唯一的主導因素，我們應該會預期，時至今日，至少會有幾個物種已走完全程，將所有粒線體基因都轉移到核基因體內。然而沒有一個物種做到這點。所有已知的粒線體都還留著至少一些些基因。更重要的是，不同物種中分離出的粒線體，毫無例外地保留了相同的核心小組基因。它們個別丟棄了大部分的基因，實質上卻都留下了同樣的一小撮，這再次暗示了這項機制的運作不該歸於機運。有趣的是，和粒線體地位相近的葉綠體身上也有類似的情形：沒有任何葉綠體失去了所有的基因，而且同樣的，出現在它們身上的基因總是會包含相同的核心小組。相形之下，其他和粒線體相關的胞器，如氫化酶體和粒線體殘跡，則是一律喪失了所有的基因。

所有粒線體都有保留基因的現象，學界提出過幾個原因試圖予以解釋，但大部分都不是非常有說服力。舉例來說，有個一度頗受歡迎的想法是說，有些蛋白質無法被標記送入粒線體，因為它們太大，或是疏水性太強了。然而事實上，大部分具有這些特質的蛋白質，也都成功地在某些物種身上，靠著標記的方式或是遺傳工程，送達了粒線體。顯然，要將蛋白質打包並配送至粒線體，它們的物理性質不會構成無法跨越的障礙。還有一種看法是，粒線體的遺傳系統包含某些不符合通用基因密碼的例外，因此粒線體基因和核基因就不是絕對等效的。如果這些基因被搬到核內，並根據標準基因密碼解讀出來，製造出的蛋白質便會和粒線體遺傳系統不盡相同，或許會無法產生正確的功效。不過這也不是完整的答案，因為很多物種的粒線體基因**是**符合通用基因密碼的，在這些案例裡它們不應會有差別，這些粒線體也就沒有理由不能被轉移到細胞核——但它們卻還是頑固地留在粒線體。同樣的，葉綠體的基因所使用的密碼無異於通用基因密碼，但它們也像粒線體一樣，永遠在手邊保留著一組基因的核心小隊。

我心目中的正確答案，儘管早在一九九三年就由艾倫（其後任職於瑞典的隆德大學）提出，但最近才開始在演化生物學家之間獲得認可。艾倫主張，有很多很好的理由支持粒線體基因該全部搬進核裡，「技術面」上也沒有明顯的障礙迫使它們留下來。因此它們會留下來，一定是基於某種非常有力的**正面**因素。它們留在那裡並非出於巧合，而是因為天擇傾向保留它們，儘管這樣缺點很多。兩相權衡之下，利多於弊（至少就留下的這一小部分而言是如此）。但既然它的缺點如此重大而明顯，那我們怎麼會沒有看到它的優勢？它們應該要比缺點來得更有分量啊？

據艾倫所言，原因正是在於粒線體**存在的理由**：呼吸。呼吸作用的速度對變動的環境相當敏感——不管我們是醒著，睡著，正在做有氧運動，或是無所事事，在寫書，還是在追球。面對這些突如其來的變化，粒線體需要在分子層級上調整自己的活性——這些需求太重要，而變動又太突然，不適合由遠在細胞核、官僚的基因聯邦政府進行遙控。這般需求驟變的狀況不只發生在動物身上，也會發生在植物、真菌或微生物，它們甚至更容易受分子層級的環境變化（像是氧濃度的改變，還有冷或是熱）所影響。為了有效地回應這樣的驟變，艾倫主張，粒線體**需要**保留一支基因前哨部隊在現場，因為在粒線體膜上進行的氧化還原反應，必須**靠基因**在當場進行嚴密調控。請注意這裡我指的是基因本身，而不是它們所表現的蛋白質；待會我們將深入探討這些基因為何重要。但在我們繼續之前，請先注意，需要反應快速的駐地基因單位一事，不只說明了粒線體為何必須保留一小組基因，我相信除此之外，它也解釋了細菌為何無法單靠天擇的力量，演化成更複雜的真核細胞。

平衡問題

且讓我們再次回想呼吸作用是怎麼進行的。電子和質子被從食物上拆下來，並和氧氣作用，以提供我們賴以維生的能量。整個反應被拆成一連串的小步驟，每個步驟只會釋放出一點能量。這些步驟環環相扣構成了呼吸鏈，而電子從中流過，就像流過一段微小的電線。某幾處釋放出的能量被用來泵送質子穿過膜，將它們困在膜的一側，就像水庫的水被困在水壩的一側。當質子從質子水庫通過水壩上的特別通道（ATP酶馬達中的傳動軸）回流，便會推動ATP，也就是細胞能量「貨幣」的生成。

我們先很快地來思考一下呼吸作用的**速度**。每一件事都像齒輪一樣緊密相扣，所以一個齒輪的速度就控制著其餘所有齒輪的速度。那麼，是什麼控制著這些齒輪的整體速度？答案是**需求**，讓我們來把細節徹底弄清楚。如果電子快速地通過呼吸鏈，那麼質子泵送的速度就會很快（因為泵送質子要靠電子流），並將質子水庫「裝滿」。而質子含量豐沛的水庫能提供較高的壓力，在質子通過專門的ATP酶傳動軸回流時，能快速製造ATP。現在想想看，如果細胞對ATP沒有需求時會發生什麼事。在第四章，我們曾看到ATP是由ADP和磷酸根所構成，而當它為了供應能量而被分解，就會再次變回ADP和磷酸根。當需求很低時，細胞不會消耗ATP。呼吸作用便會將所有的ADP和磷酸根都轉換成ATP，結果就是原料用盡了，ATP酶必須停機。假如ATP酶的馬達沒有運轉，那麼質子就不能再通過傳動軸。質子水庫接近滿溢邊緣。於是質子不能再逆著高壓進入水庫。而不泵送質子，電子便無法通過呼吸鏈。換句話說，如果需求低迷，一切都會卡住，呼吸作用的速度變得極度緩慢，直到新的需求再次轉動所有的齒輪。所以呼吸作用的速度最終取決於需求。

不過只有當齒輪全都上了油，一切順利運轉時才是如此。其他還有別的原因會拖慢呼吸作用，它們無關乎需求，問題在於供應。我們曾提到其中的一個例子：ADP和磷酸根的供應。一般狀況下，這些原料的濃度反映ATP的消耗情形，不過也有可能純粹就是短缺了。此外還有氧氣和葡萄糖的供應。如果附近沒有足夠的氧氣（比方說如果我們窒息了），電子傳遞就一定會慢下來，因為沒有東西能在終點移除電子。電子被逼得在呼吸鏈上回堵，其他的程序也就會慢下來，就跟缺乏ADP的時候一樣。那麼葡萄糖呢？缺乏葡萄糖時（就像我們挨餓的時候）則是進入呼吸鏈的電子及質子數量會受限，電子的傳遞因此被迫減速，也就是說每秒通過呼吸鏈的電子流量會降低。

因此在理想狀況下，呼吸作用整體的速度應該能反映需求，也就是ATP的**消耗**情形，但在條件艱困，比方說挨餓或窒息，或是代謝物短缺的狀況下，呼吸作用的速率就會受制於供應狀況，而非反映需求。然而不管是哪一種狀況，呼吸作用的整體速度都會反映在電子通過呼吸鏈的流速上。如果電子流得快，葡萄糖和氧氣也消耗得快，而根據定義，這就表示呼吸作用也進行得很快。好了，雖然小小岔題了一下，不過現在我們終於可以回歸正題。造成呼吸作用速度下降還有第三個原因，無關乎供應或需求，而是和配線的品質有關：和呼吸鏈本身的組成元件有關。

電子傳遞鏈的組成元件有兩種可能的狀態：它們可能被氧化（不持有電子）或是被還原（持有電子）。顯然，它們不可能同時既被氧化又被還原——它們不是有電子，就是沒電子。如果一個電子載體已經攜帶了一個電子，那麼在它將原本的電子傳遞給下一個載體之前，都不能接收另一個電子。在它交出這個電子之前，呼吸作用會處於暫停狀態。相反的，如果一個載體不持有電子，就無法傳遞任何東西給下一個載體，直到它從上一個載體手中接收到電子為止。在它收到電子之前，呼吸作用會處於暫停狀態。因此呼吸作用的整體速度取決於氧化和還原之間的動態平衡。一個粒線體上有數千個呼吸鏈。當這些鏈中百分之五十的載體處於氧化狀態（準備好從前一個載體處接收電子），百分之五十是還原狀態（準備好將電子交給下一個載體）的時候，呼吸作用的進行是最快速的。如果將呼吸作用的速率以數學方式描繪下來，呈現的圖形將會符合常態分布的鐘形曲線。在鐘形曲線的頂端呼吸作用速度最快，在其兩側，特定狀態的載體偏多偏少的時候，速度則急遽下降。鐘形曲線的頂端，呼吸作用速度最快的最佳平衡點，被稱為「氧還均衡點」。偏離了氧還均衡點，能量生成的速度就會變慢，而如此低落的效率，如我們所知，在細菌身上是絕對會被淘汰的。

然而偏離氧還均衡點的懲罰不只是效率低落而已，其代價可謂十分慘重。呼吸鏈中的所有電子載體，潛在活性都很強——它們「想要」將電子交給鄰居（它們的化學性質傾向如此）。如果呼吸作用正常進行，個別載體最有可能將手上的電子交給呼吸鏈中的下一個載體，每一個載體「想要」電子的程度，都比前一個載體略勝一籌；不過下一個載體如果已經持有電子，那呼吸鏈就被塞住了。於是現在便產生了一個嚴重的風險，高活性的載體會改將它攜帶的電子交棒到其他人手上。最有希望的候選人便是氧氣本身，這樣便很容易形成有害的自由基，如超氧化物自由基。我曾在《氧：建構世界的分子》一書中討論過自由基造成的傷害；而在這裡，我想表達的重點是，自由基會無差別地攻擊所有生物性分子。呼吸鏈所形成的自由基以深刻而意想不到的方式牽動著生命，包括溫血動物的演化，細胞的自殺以及老化，在接下來的章節裡我們將會看到相關內容。然而現在，我們先注意一件事：如果呼吸鏈塞住了，自由基就更容易漏出來，就像排水管塞住時，水就更容易會從裂隙噴出來。

因此，有兩個很好的理由可以解釋為什麼要維持氧還均衡：保持呼吸作用盡可能快速進行，以及控制活性自由基的滲漏。然而維持平衡不只是保持進出呼吸鏈的電子量相當，還得考慮呼吸鏈載體的相對數量，因為載體就如同生物體內的一切，持續地在更新著，所以這項因素是會波動的。

讓我們思考一下。如果呼吸鏈中的載體不夠，會發生什麼事？缺乏電子載體意味著電子流經呼吸鏈的速度會變慢，就像救火人龍中，傳水桶的人數太少時，水要很慢才會到達起火處。水移動的速度這麼慢，和缺水沒有兩樣，就算水庫是滿的，房子還是會被燒光光。相反的，如果呼吸鏈中段的載體過多，它們累積電子的速度會比電子可以傳下去的速度還快。以救火人龍來比喻的話，水桶一開始傳得很快，最後卻沒有那麼快——全都積聚在中段而變得漫無章法。兩種狀況下呼吸作用都會被拖慢，不是因為原料部分有什麼問題，而是因為呼吸鏈中電子載體的數目不平衡。如果呼吸鏈中任何一個載體的濃度沒有和呼吸作用的需求取得平衡，呼吸作用就會變慢，自由基也會洩漏而造成危害。

粒線體為何需要基因

現在我們正試圖看清為何粒線體（還有葉綠體）必須在身上保留一小組基因。讓我們以呼吸鏈最末端的電子載體，也就是我們在第四章見過的細胞色素氧化酶為例，來研究一下這檔事。想像一個細胞，裡頭有一百個粒線體。其中有一個粒線體的細胞色素氧化酶不足。於是這個粒線體的呼吸作用慢了下來，電子在呼吸鏈中大塞車，並且就地逃脫呼吸鏈形成自由基。這個粒線體效率低落，而且正面臨自毀的危險。為了改正這個情形，它需要製造更多的細胞色素氧化酶，於是它向基因發送了一條訊息：**請製造更多的細胞色素氧化酶！**這條訊息要如何生效呢？自由基本身很有可能就是訊號：自由基的突然爆發，可以透過某些只有被自由基氧化才會啟動的轉錄因子（具有所謂的「氧化還原敏感性」），改變基因的活性。換句話說，如果細胞色素氧化酶不夠，電子堵在呼吸鏈並且滲漏出來形成自由基，細胞會將突然出現的自由基，解讀成細胞色素氧化酶不足的訊息。而它會回應這條訊息，多製造一些出來。*

想像一下，如果基因在細胞核裡會是什麼樣的情形。訊息成功傳達，而細胞核下達指令，製造更多細胞色素氧化酶。它藉由標準的地址標記，指揮新鑄成的蛋白質前往粒線體——然而這個標記無法區分不同的粒線體。對細胞核來說，「粒線體」是一個概念，細胞內所有的粒線體都共用同一個地址（而且也很難有別的方法，因為粒線體的族群恆常在進行著汰換）。所以新出廠的細胞色素氧化酶便會被分配到全部的一百個粒線體身上。匱乏的那個粒線體獲得的不夠；而其他的粒線體則是收到太多，而它們立刻回傳訊息給細胞核說：**不要再製造細胞色素氧化酶了！**這樣顯然是行不通的。粒線體勢必會失去對呼吸作用的掌控，產生太多自由基。無法掌控呼吸作用的細胞一定會被淘汰掉。最起碼，這會限制細胞在有益的範圍內可維持的粒線體數量——而這正是關鍵。

現在想想反過來會發生什麼事。請設想細胞色素氧化酶的基因保留在粒線體中。當**請製造更多的細胞色素氧化酶！**的訊息出現時，它只會傳達給位在現場的基因小隊。現場的這些基因便製造出更多

---

*有個問題是細胞要如何解讀這條訊息，然後「得知」需要更多的細胞色素氧化酶。當ATP的需求低迷時，自由基的訊息也會產生。ATP需求低迷，則電子在呼吸鏈堆積，滲漏出自由基，但是這個情況不會因為增加新的複合體而改善，ATP的需求還是很低，而電子流動依舊遲滯。然而細胞可以偵測ATP的含量，所以原則上它可以綜合「ATP含量高」和「自由基含量高」這兩條訊息，一起解讀。這時適當的反應是耗散質子梯度，保持電子的流動（見第二部，一三九頁）。有證據可以證明這確實會發生。相反的，如果呼吸作用複合體不足，那麼ATP的含量會下降，而電子又會塞在呼吸鏈上。這時訊息便是結合「ATP含量低」和「自由基含量高」。這樣的系統理論上可以區分細胞到底是需要更多呼吸複合體還是需求低迷。

細胞色素氧化酶，可以立刻併入呼吸鏈當中，修正電子流上的不平衡，恢復氧還均衡的狀態。當**停！不要再製造細胞色素氧化酶了！**的訊息回傳時，同樣只會到達當地的基因小隊，並且只會作用於特定那一個粒線體。這般快速的局部反應可以發生在細胞內的任何一個粒線體內，而且原則上，它同一時間可以對同個細胞的不同粒線體給予不同的處理。細胞對呼吸作用的整體速度得以維持掌控，所以，雖然要保留如此大量的基因前哨部隊所費不貲，細胞仍能從中得益。將基因搬到細胞核內不是個好選擇。

專業的生化學家或是觀察敏銳的讀者或許會反對這個觀點。我在第二部曾提到，呼吸作用複合體是由許多次單元所組成，複合體I就包含高達四十五個不同的蛋白質。粒線體基因會表現其中一部分的次單元，但絕大部分是由核基因所表現的。這表示呼吸作用複合體的組成是混雜的，由兩個不同的基因體共同表現。那麼，占少數的粒線體基因怎麼能把持一切？所有建設的決定一定都需要細胞核的參與，不是嗎？不盡然。呼吸複合體似乎是環繞著少數幾個核心次單元而組合起來的：這些核心蛋白一旦嵌進膜上，就扮演了指示燈和鷹架的角色，引導其他次單元圍繞著它們組裝起來。所以要是粒線體基因表現了這些關鍵的次單元，它們就能控制新複合體的建造數量。由粒線體做出建設決定，並在膜上插上旗子，而細胞核元件圍繞著旗子組裝起來。有鑑於細胞核一口氣伺候數百個粒線體，那麼在任何時間，細胞內所有旗子的總數應該都相當一致。核基因不用改變整體轉錄速度來彌補個別粒線體的波動，但它的效果等同於一口氣掌握細胞內所有粒線體的呼吸速率。

如果這是事實，那麼艾倫的理論便對哪些基因會留在粒線體內做出了明確的預測。它們應該多半會表現呼吸鏈中核心的電子運輸蛋白，也就是那些像旗子一樣插在膜上，說著「**這裡！**」的蛋白質，例如細胞色素氧化酶。而這的確就是真相（見圖11）。已知和粒線體地位相近的葉綠體，也有同樣的情形。當然，其他的基因也有可能被保留下來（可能是湊巧，或有其他原因），但是**所有**物種的粒線體和葉綠體所保留的基因，**永遠**會表現關鍵的電子運輸蛋白，此外就是必需的設備（如轉送RNA），以便可以在粒線體內實地製造蛋白質。當基因流失到達極致，唯一（而且毫無例外）會留下來的就是呼吸作用的核心基因。舉例來說，瘧疾的病原體瘧原蟲，它的粒線體只留下三個會表現蛋白質的基因（所以，它必須在每個粒線體中隨時維持著製造這些蛋白質所需的複雜設備）。這三個基因表現的全都是細胞色素，也就是呼吸鏈核心的電子傳遞蛋白——完全命中預測。

從這個理論又可推導出另一個預測，而大致上似乎也是正確的。這個預測是，任何

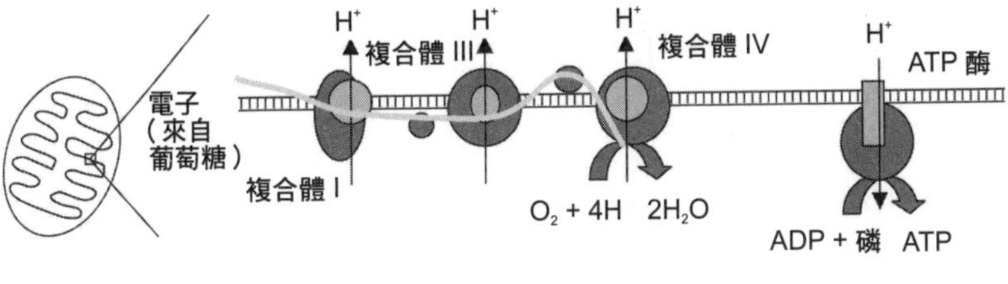

圖 11　呼吸鏈的簡化圖，顯示出次單元間的編排情形。每個複合體是由許多次單元所組成的，以複合體 I 來說是四十六個。有些次單元是由粒線體基因表現，有些則是由核基因表現。根據艾倫的假設，為了局部性地控制呼吸作用的速率，粒線體基因的存在是必要的，而這套方法若要生效，粒線體的基因應該要負責表現那些會插在膜上的核心次單元。如圖所示，這點大致上是正確的：由粒線體基因表現的次單元（灰色部分）嵌入了膜的中心部分，而由核基因所表現的基因（黑色部分）結合在它們的周圍。這裡沒有畫出複合體II。它並不泵送質子，而且沒有由粒線體基因所表現的次單元。

不需要傳導電子的胞器，它們的基因體都會消失。出現在某些無氧真核生物身上的氫化酶體（請見第一部，八十九頁）便是很好的例子。據悉氫化酶體和粒線體有所關聯，而且它們無疑是由細菌演變而來的。它的功能是行使發酵作用並產生氫氣。它們不傳導電子，也不需要維持氧還均衡。因此根據艾倫的理論，它們就不需要基因體——而確實，幾乎所有氫化酶體的基因體都消失了。

複雜性：細菌無法跨越的高牆

如果粒線體需要核心基因來控制呼吸作用的速率，這是否能解釋細菌為何無法靠天擇演化成真核生物？我相信是的，雖然我必須強調這是我個人的推測（我在其他地方有詳述；請見延伸閱讀）。細菌和粒線體的大小差不多，因此對於這個大小的產能膜來說，一套基因顯然足以控制其呼吸作用。對於那些演化出大面積內膜系統的細菌（如亞硝化單胞菌和亞硝化球菌）想必也是一樣。它們單靠一組基因順利辦到了這件事，因此這應該也是足夠的。不過讓我們把細菌放大，把它的內膜表面積擴大兩倍看看。現在，某些部分的膜或許便會脫離掌控範圍。如果你認為不會，那我們再把它放大兩倍，然後再兩倍。以亞硝化單胞菌來說，它的內膜要經過六次或七次這樣倍增的過程，才能和真核細胞相提並論。我不認為現在我們還能讓呼吸作用的速率維持控制。我們要怎樣才能拿回控制權？

有個方法是複製一小組基因，委派它們控制額外的膜——但我們要怎麼選出正確的基因？我能想到的所有方法都需要一些先見之明（事前知道該選哪些基因），而演化沒有先見之明。唯一能使這種委任產生效果的方法，是複製整套基因體，再從其中的一套將冗贅的基因逐步削除，直到沒有任何多餘的基因留下（就像粒線體那樣）。但我們怎麼知道該從哪一套基因體剔除基因？它們雙方一定都能夠有效地調控基因的運作。然而同時，我們手上的這隻細菌擁有兩套活躍的基因體，兩套都面臨著沉重的篩選壓力，迫使它們丟掉多餘的基因。這兩套基因體應該都會失去一些基因，但如此一來它們就成了相異的兩套基因體，彼此競爭；這有可能會造成細胞的損傷（更多討論見第六部），而且一定無法使細胞安穩通過與其他細胞間的汰選戰爭。

如果能將個別基因體的影響範圍區分開來，可能有機會阻止它們彼此之間的這種競爭。真核細胞解決地盤問題的方式，是將粒線體基因體用雙層膜封起來。然而這對細菌來說是不可能的，如果把備用的那套基因封起來，它就沒有辦法得到食物來源，也沒辦法送出ATP。說得清楚一點，細菌沒有ATP輸出蛋白——將能量以ATP的形式送到外面的世界和對手分享？這樣的特質對細菌來講無疑是自殺行為。ATP輸出蛋白，還有它所屬的粒線體運輸蛋白家族，總共有一百五十個成員，都是真核細胞的發明。我們之所以知道這點，是因為植物、動物和真菌的ATP輸出蛋白，其基因序列明顯都有關聯，但細菌卻沒有類似的基因。這暗示ATP輸出蛋白是在真核生物的最後共同祖先身上演化出來的，時間點是在這些主要分類群走向分歧之前，但比嵌合型原始真核細胞的形成時間要來得晚。

真核細胞之所以有時間演化出這般精細的構造，是因為在演化的時間長河上，形成嵌合體的雙方關係穩定。這兩個搭檔和諧共處，而且不需要借助其他外力——它們有充分的時間和穩定性讓演化得以進行。能有這樣穩定性，是因為它們的合作關係有很多其他的好處。如果氫假說講得沒錯，一開始的好處便是這兩個極端不同的細胞在化學方面對彼此的依賴，而這樣的依賴關係持續得夠久，足以讓ATP輸出蛋白演化出來。然而，細菌單靠天擇，演化時不會有相應的穩定性。複製一組基因然後用膜封起來，這件事本身沒辦法提供任何好處，支持細菌走過演化的過渡時期。還不只這樣，無償維持額外的基因和膜還會耗能，因此一定很快就會被天擇淘汰。不管怎麼看，控制大面積的膜所需要的額外基因，對細菌來說都是負擔，篩選壓力總是傾向將之捨棄。最安穩的狀態永遠是利用外膜呼吸的小細胞。這樣的細胞，幾乎永遠會比大而沒效率，易產生自由基的競爭對手更受天擇青睞。

所以現在，我們終於看清了那座阻擋細菌發展大體型和複雜性的高牆。細菌盡可能快速地複製，它們至少有部分受限於ＡＴＰ生成的速度。它們藉由泵送質子通過表層細胞膜來生成ＡＴＰ。它們長不大，因為隨著它們的體型變大，能量效率就會變低。這項事實本身便讓它們與真核生物那般的掠食生活絕緣，因為吞噬作用同時需要體型大和能量充足兩個條件，而利用表層細胞膜呼吸就排除了這樣的可能。有些細菌發展出複雜的內膜系統。然而，這些內膜系統的表面積和一個真核細胞內的粒線體膜相比，還小了好幾個數量級，因為細菌沒有基因的特勤小隊可以控制大面積膜上的呼吸作用。而強大的篩選壓力限制著細菌的繁殖速度和產能效率，因此在建立此類特勤小組基因的途中，它們就會在過渡階段被淘汰掉。只有內共生這樣的機制夠穩定，可以提供長期的條件，讓調控大面積呼吸的機制發展出來。

而在浩瀚無垠的宇宙中，別的地方的故事是否會有不同的情節呢？萬事皆有可能，但在我看來這機會微乎其微。天擇是概率的問題：不管在宇宙的任何角落，相似的篩選壓力最有可能產生相似的結果。這解釋了為什麼天擇常常殊途同歸地找到同樣的解決之道，比方說不同物種的眼睛和翅膀。儘管有長達四十億年的演化時間，我們也沒有看到任何細菌單靠天擇演化成真核生物，除此之外，也找不到任何粒線體失去了所有基因但還保有粒線體功能的例子。我也不覺得這樣的事件在其他地方的發生機率會比較高。

真核風格的嵌合體又是怎麼回事呢？從第一部中我們得知，真核細胞在這裡，也就是地球上，只出現過這麼一次，在一連串似乎不可能發生的狀況之下演化誕生。或許類似的連續情節會在別處重現，但我認為，物理法則中並沒有什麼部分暗示複雜生物體的誕生是必然的。物理會受到歷史的干擾。我們充其量可以說，多細胞複雜性一度看似不可能發生；而沒有生物複雜性的基礎，智能更是不可想像。但有一天，那個至今還困住細菌的套索被解開了。第一個大型複雜細胞，也就是第一隻真核生物的誕生，標識了這條道路的起點，並且幾乎是勢不可擋地通向今天我們身邊所見，諸般壯盛的生物工程奇觀——包括我們自己。粒線體對這條道路的重要性不亞於真核細胞的起源本身，因為粒線體的存在使得大體型和高度複雜性的演化不只是有機會，而是勢在必行。

第四部

冪次定律

尺寸與通達複雜性的斜坡

生命本來就該愈變愈複雜嗎？或許基因無法將生命推上通達複雜性的斜坡，但基因之外還有一股力量存在。尺寸和複雜性通常是彼此相關的，因為較大的體型在基因和構造上也必須要更複雜。不過變大有個直接的好處：更多的粒線體，這也代表更多的能量和更高的代謝效能。有兩項革命似乎是由粒線體所推動的，一是真核細胞DNA和基因的累積，這促成了複雜性的發生；一是溫血動物的演化，而牠們接掌了地球。

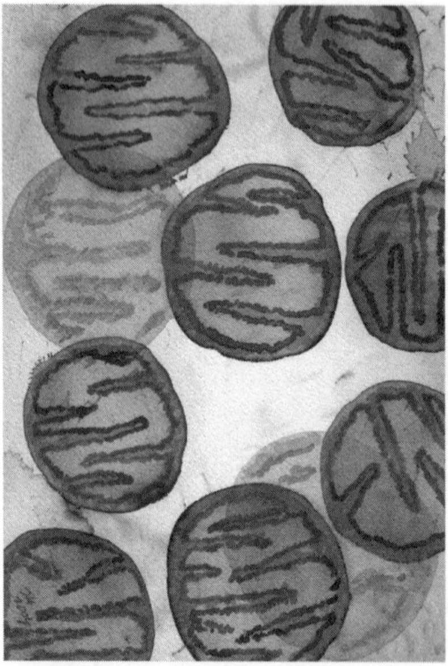

愈多愈快樂——粒線體的數目支配著尺寸和複雜性的演化。

尺寸問題是生物學裡一項專橫的偏見。大多數的時候，我們關心的主要都是那些最大型的生物體——看得見的植物、動物和真菌。我們對細菌或病毒的興趣傾向以人類角度為中心，以一種病態的好奇心，探索它們所造成的恐怖疾病，而且愈可怕愈好。一種能在數天內侵蝕整隻腳的壞死性細菌，它所引起的關注，不會輸給千千萬萬種微小的浮游生物，儘管後者對我們星球的氣候和大氣層所造成的影響如此深遠。微生物學的教科書往往不成比例地聚焦在病原體身上，儘管會引起疾病的微生物其實只占非常小的一部分。當我們在宇宙中尋找生命的跡象時，我們搜索的其實是外星智慧：我們想看到的是有著捲曲觸鬚的像樣外星人，而不是小到不能再小的細菌。

在前幾章，我們研究了生物複雜性的起源：為何細菌催生了我們遙遠的祖先，也就是第一個真核細胞——那個形態複雜，擁有細胞核和粒線體等胞器的細胞。我已說明過，細胞產能的基本機制使得複雜性的演化必須仰賴共生，真核細胞幾乎確定無法單靠天擇演化出來。利用細胞內的粒線體產能，使得這番大躍進得以成真。雖然共生行為在真核細胞身上非常普遍，然而，內共生在細菌身上（也就是一隻細菌生活在另一隻細菌體內）則相當少見。造就了複雜真核細胞的細菌內共生，似乎只發生過一次，這個共生行為或許是透過一連串看似不可能發生的事件而達成的，這些事件我們在第一部曾討論過。

而在第一個真核細胞演化出來之後，我們便可以光明正大地來談談通達複雜性的斜坡；從單一細胞到人類之間一系列令人眼花撩亂的發展，看來確實像個斜坡，儘管這只是騙人的表象。現在，一個更大的問題浮上了檯面：是什麼因素驅使了真核生物追求更大的尺寸和更高的複雜性？在達爾文的時代有種答案很受歡迎，還幫助許多生物學家在演化和宗教間達成了和解；這個說法就是，生命天生就是會變得更複雜。根據這項論點，演化會通向更高的複雜性，就像是胚胎會發育成一個成年個體一樣——它遵從著某種指示，而這指示來自上帝，遵循著祂的指示，每走一步就離天國更近一些。我們使用的許多詞彙都蘊含著這種哲學，例如「高等生物」和「進步人類」，而且這樣的字眼在今日仍然普遍流通著，儘管從達爾文本人開始，演化學家早已經再三提醒，多次告誡。像這樣的譬喻有力而富含詩意，但有可能會造成嚴重的誤導。另外一個很醒目的譬喻，是說電子繞行原子核就像行星繞著太陽轉一般，這個譬喻就長期蒙蔽了量子力學的神奇奧祕。將演化與胚胎發育類比的想法蒙蔽了一項事實：演化沒有先見之明，它**無法**像程式那樣運作（而胚胎的發育一定會由基因規畫好）。因此複雜性不可能是懷抱著接近上帝的遙遠目標演化出來的，單純是直接的優勢就得到直接的回報罷了。

如果演化出複雜性不是事先計畫好的，那我們該相信它的出現只是機緣湊巧，還是天擇作用下不可避免的結果？細菌在形態方面連一點點變複雜的趨勢都沒有，若說天擇必定偏好複雜生物，那便和這項事實有所牴觸。此外還有很多的例子都可以證明天擇對簡單性和複雜性同樣喜愛。另一方面，我們已經知道細菌受到呼吸作用的問題所阻礙，但真核細胞則否。真核細胞演化出複雜性，會不會單純是因為它們做得到？古爾德曾經摒除了宗教的意念，將生物的複雜性比為醉漢酒後的漫步：如果在人行道的一側有座牆，擋了他的路，那麼醉漢最後很有可能會摔到陰溝裡，單純是因為他沒有別的路可以走。討論複雜性時，譬喻中的那座牆就是生命的基礎點。我們不可能變得比細菌更簡單（至少以一個獨立生物體來說），因此生命隨機的步伐只能走向更高的複雜性。另一個相關的見解是，生命會變得複雜，是因為開發新生態區位比較容易演化成功——這個想法被稱為「拓荒」理論。既然最簡單的生態區位都被占據了，生命唯一的演化方向就是變得更複雜。

這些論點都意味著複雜本身並不構成優勢，也就是說，真核細胞身上並非生來就有某種特質鼓勵它們變得更複雜，它們只是根據環境提供的機會做出應對。這兩個理論確實能夠解釋演化中某些特定的趨勢，這點我不曾懷疑，但按照這些說法，地球上所有複雜生命的殿堂，等於是靠演化隨波逐流地建立起來的，這一點確實讓我有些難以接受。隨波逐流的問題在於它沒有方向，而我禁不住地認為，真核生物在天性上有些什麼在指引著它們的演化。存有的巨鏈或許是個假象，不過它是個極有說服力的假象，才會讓人類自古希臘開始受它擺布了兩千年。正如我們必須解釋生物學中看似有「目的」的演化（如成為幫浦的心臟），我們也必須解釋這條複雜性愈來愈高的明顯軌跡。光是隨意漫步，發現生態區位的空位就停下來，就能產生這樣一個**看似**通達複雜性的斜坡嗎？借用古爾德的比喻來說就是：為什麼有這麼多醉漢沒有掉進陰溝，而且竟然還成功過了馬路呢？

一個可能的解答，是真核細胞天生就有，而細菌身上卻沒有的：性。萊德利在其著作《孟德爾的惡魔》中，便以有力的方式表述了性和生物複雜性的關聯。萊德利說，無性生殖的問題，在於它不容易移除基因上的複製錯誤以及有害的突變。基因體愈大，出現災難性錯誤的機會也就愈大。有性生殖時的基因重組能降低出錯的風險，因此生物體便能容忍擁有更多的基因，也不至於遭突變擊垮（雖然這點並未經過證實）。然而，很明顯地，生物體累積的基因愈多，就更有機會變得複雜，因此，性這項真核細胞的發明，可能開啟了複雜性的大門。雖然這個主張想必是有幾分真實性，但萊德利自己也承認，這個由性把守複雜性入口的論述也有一些問題。特別是細菌的基因數量遠低於無性生殖的理論上限，就算它們只行無性生殖也不該只有這個數目，更何況它們並非如此（細菌間的水平基因轉移有助於重建基因的完整性）。萊德利承認數據有矛盾，無性生殖的基因數目上限應該落在果蠅和人類之間。既然如此，那複雜性的大門就不太可能是因為性的演化而敞開。守門員應該另有其人。

我也認為真核生物天生就有長得更大，變得更複雜的傾向，但原因在於能量，無關乎性。能量代謝的效率，或許是造成真核生物多樣性和複雜性猛然提升的推力。所有的真核細胞，不論是單細胞或是多細胞，不論是植物、動物或真菌，其能量效率背後都有同樣的原則，給予它們動力，演化出更大的尺寸。與其將真核生物演化的軌跡解釋成生命的隨機漫步，走到未被占據的生態區位就停下來，或是由性所驅動的行伍，不如說它是一種與生俱來的，變大的傾向，會帶來直接的優勢，因此就會獲得直接的回報。這就是規模經濟。當動物體型變大，牠們的代謝率便會降低，也降低了牠們生存所需的成本。

這裡我將尺寸和複雜性當作同一件事來討論了。即使體型大真的能降低生存成本而受到青睞，但尺寸和複雜性之間真的有關聯嗎？複雜這個詞不好定義，而且在嘗試下定義時，我們無可避免地會偏心我們自己。我們考量生物複雜與否時，傾向以智能、行為、情緒、語言等等做為評估基準，而不是考慮其他的面向，比方說複雜的生活史，像昆蟲那樣，會發生從毛蟲變蝴蝶的劇烈形態變化。對於尺寸的偏見尤其強烈，我並不是唯一會偏向大尺寸的人。我想，在我們大部分的人眼裡，一棵大樹似乎比一株小草要來得複雜，儘管就光合作用而言，小草可能擁有更高度演化的設備。我們一口咬定多細胞生物比細菌更複雜，即使細菌（此處指的是細菌全體）的生化反應之精細，是我們真核生物望塵莫及的。我們的偏見甚至讓我們有意無意地在化石紀錄中看出某種模式，暗示演化有往大尺寸（而且想必也是高度複雜化）發展的趨勢，這樣的模式被稱為柯普法則。長達一個世紀的時間，大家幾乎是毫無疑問地接受了這個說法，然而在九〇年代，許多系統生物學的研究都指出，這樣的趨勢不過是假象，其實不同的物種變大或變小的機會是一樣的。我們著迷於和自己相仿的大型生物，因而輕易忽略了較小的造物。

所以我們是否將尺寸和複雜性混為一談了呢？或者我們是否可以說大型生物體普遍都比較複雜呢？尺寸只要一增長，就會帶來一套新的問題，其中很多都和麻煩的表面積對體積比有關（上一章我們曾討論過）。偉大的數學遺傳學家霍爾登曾經在一九二七年，一篇名為《尺寸剛剛好》的論文中強調過其中的一些議題。霍爾登以一隻小到在顯微鏡下才能觀察到的蟲為例，探討這個問題。這隻蟲擁有光滑的表皮可以交換氧氣，直通通的一根腸子可以吸收食物，還有用來排泄的簡單腎臟。如果牠的尺寸每個維度都放大十倍，牠的體重就會增為十的三次方，也就是一千倍。如果這隻蟲身上的每個細胞都保持原來的代謝率，牠就得吸收一千倍的氧氣和食物，排泄一千倍的廢物。問題是牠要是不改變形狀，那牠的表面積（是二維的）只會增為十的二次方，或是一百倍。為了滿足上升的需求，每平方毫米的腸壁或是皮膚在一分鐘內必須吸收十倍的食物或氧氣，而腎臟也必須排泄十倍的廢物。

這樣的處理有其極限，如果尺寸超過這個極限，就要靠特別的適應性變化才有可能達成。比方說，像鰓或肺這樣的特化器官，提高了吸收氧氣的表面積（人類的肺全部攤開來有一百平方公尺），而腸子則靠折疊來增加吸收面積。這些改良都需要提高形態方面的複雜性，同時也需要更複雜的基因給予支持。因此，大型的生物往往會擁有較多種類的特化細胞（在人類可高達兩百種，端看我們採用的是哪一種定義），還有更多的基因。誠如霍爾登所說：「高等動物不是因為比較複雜，體型才會比低等動物大。牠們之所以複雜，是因為體型大。比較解剖學有很大的一部分講的都是提高表面積對體積比的奮鬥故事。」

光是幾何問題好像還嫌不夠麻煩似的，大體型還有其他的壞處。大型動物要飛，要打洞，要穿過厚厚的植被，要在泥濘的地面上行走都很辛苦。對大型動物來說，摔個跤可能就會引發一場災難，因為空氣阻力和表面積成正比（而相對於體重而言，大型動物的表面積比較小）。如果我們把一隻老鼠扔進礦井裡，牠會愣一下，然後一溜煙就跑走了。如果我們把一個人扔進礦井，他會骨折；如果我們把一隻馬扔進礦井裡，根據霍爾登的說法，牠會「血肉四濺」（雖然我不確定他是怎麼知道的）。看來生命對巨人是相當嚴峻的，那何必要變大呢？這部分霍爾登再度提供了一些合理的答案：較大的體型帶來更強的力量，在求偶時，或是在捕食者和獵物的戰爭裡會有幫助；較大的體型可使器官的功能達到最佳，例如眼睛是由尺寸固定的感覺細胞構成的，所以眼睛愈大代表細胞愈多，視力愈好；較大的體型會降低水的表面張力帶來的問題，對昆蟲來說這是足以致命的問題（迫使牠們通常必須用長吻部喝水）；而且較大的體型保熱能力比較好（因為可以保有較多的水），這解釋了為什麼小型的哺乳類和鳥類在極地很少見。

這些答案相當合理，但它們透露出一種哺乳類中心的生命觀。因為沒有一個答案試圖解釋，像哺乳類這麼大的生物體到底為什麼會演化出來。我想知道的不是體型大的哺乳類適應性有沒有比小型哺乳類好，而是為何小細胞會衍生出大細胞的誕生，進而催生較大的生物體，最後產生了像我們這樣機動性高，能量充沛的物種；說得扼要一點就是，為何我們肉眼所能看見的一切會存在。如果變大需要更高的複雜性，需要投入直接成本（新的基因、更好的組織、更多的能量），那麼是否可以得到**直接**的回報呢？變大本身是否會帶來某種好處，足以抵銷新組織的開銷？在第四部，我們將研究生物體型大小的「冪次定律」。這項法則可能鞏固了真核生物的興起，成就了那條看似通向高度複雜的軌道，可能也是導致細菌永遠被拒於門外的原因。

第九章　生物學的冪次定律

據說在倫敦，每個人身邊兩公尺內就有一隻老鼠。牠們是夜晚的居民，白天時應該是躲在地板下或是排水溝的某處打瞌睡。或許現在你正在床上讀著這本書，此時牠們可能正在廚房裡狂歡（別擔心，我說的是鄰居的廚房）。還有一些或許正在排水溝裡漸漸腐爛，因為牠們的壽命大約只有三年。牠們曾因傳播黑死病而為人所畏懼，現在也仍是骯髒汙穢的象徵，但我們也欠牠們許多恩情。在實驗室裡，牠們乾淨的表兄弟協助我們改寫了醫學的教材，牠們是人類疾病研究的模式動物，也被用來當做新療法的（以老掉牙的用語來說就是）小白鼠。老鼠是令人滿意的實驗動物，因為牠們有許多和我們相似的部分：牠們也是哺乳類，和我們擁有同樣的器官、同樣的設計和基本功能、同樣的感官，甚至同樣的感受性——牠們也對環境有旺盛的好奇心。老鼠同樣也受到一樣的老年疾病所苦，包括癌症、動脈硬化、糖尿病以及白內障等等，但牠們能提供絕佳的優勢：牠們在數年之內就會患上這些老年病，因此我們不必苦等七十年才知道某種療法是否有效。牠們就像我們一樣，無聊時很容易就會吃得太多，動不動就會發胖。如果你有養寵物鼠的話（很多和牠們一起工作的研究人員都有養），就會知道必須慎防過度餵食以及讓牠們無聊。把葡萄乾藏起來就是個不錯的方法。

我們和老鼠那麼接近（各種意義上都是），因此當你意識到牠們器官的運作速度，居然必須比我們快上那麼多時，可能會大吃一驚：牠們的心、肺、肝、腎和腸（但不包括骨骼肌）工作量平均是我們的**七倍**。我再說得清楚一點。假設今天夏洛克（莎士比亞劇作《威尼斯商人》中的守財奴，要求欠款人若無法還錢，就必須從身上割下一磅肉抵債）轉世來到現代，從老鼠和人類的身上各切下一克的血肉——或許是一小塊肝臟吧。老鼠和人類的細胞大小大致相同，粗估這兩小塊肝臟內的細胞數目也會是一樣的。如果我們能讓這些細胞繼續存活一陣子，並測量牠們的活性。我們會發現，一克的老鼠肝臟每分鐘消耗的氧氣和養分是人類肝臟的七倍——即使在顯微鏡下我們也根本分不出哪一塊屬於誰。我要強調這純粹是一項實證結果，**為什麼**則是本章的主題。

代謝率的差異如此顯著，即使背後原因不明朗，但這個結果本身絕對是重要的。因為即使老鼠和人類的細胞尺寸相仿，每個老鼠細胞卻必須比人類細胞努力七倍（快要追上霍爾登那隻面臨幾何障礙的蟲了）。其影響波及了生命的所有層面：每個細胞都需以七倍速複製基因，製造的蛋白質量也是七倍，排出的鹽是七倍，要處理的膳食毒素也高達七倍，以此類推。為了維持這樣快速的代謝作用，相對於牠的體型，整體而言老鼠必須吃進七倍的食物。所以別再說人胃大如牛了。如果我們胃大如鼠，那十二盎斯的牛排是不夠的，我們得吃掉五磅才會飽！以上只是基本的數學關係式，和基因無關（至少沒有直接關係），它們可以稍微解釋為什麼老鼠只能活三年，而我們能活整整七十年。

老鼠和人類坐落在一條不尋常的曲線上，這條曲線將鼩（最小的哺乳類之一）和大象，甚至最大的藍鯨連接在一起（見**圖12**）。大型動物消耗的食物和氧氣明顯比小動物更多。然而，體重增加為兩倍時，耗氧量的增加程度可能不會像我們預期的那麼多。如果體重增為兩倍，細胞的總數也會增為兩倍。如果每個細胞生存所需的能量維持不變，那麼體重倍增時，食物和氧氣的需要量應該也會變為兩倍。這假設的是完全等效的狀況，也就是說每當體重上升，代謝率也會以同樣的程度上升。然而實際上並非如此。當動物體型變大，牠們生存所需的能量**會變少**。大型動物的實際代謝速率低於牠們「應有的」速率。當體重節節高升時，代謝率的上升幅度則沒有那麼大。我們已經看到老鼠和人類間就有七倍的差距。動物變得愈大，要吃的食物就愈少（以平均每克體重而言）。舉大象和小鼠為例，計算供養牠們每個細胞（或是每克體重）所需的食物，大象每分鐘需要的食物和氧氣比小鼠少二十倍。換個方式說，如果用一群小鼠堆成一隻大象的大小，牠們每分鐘消耗的食物和氧氣會是一

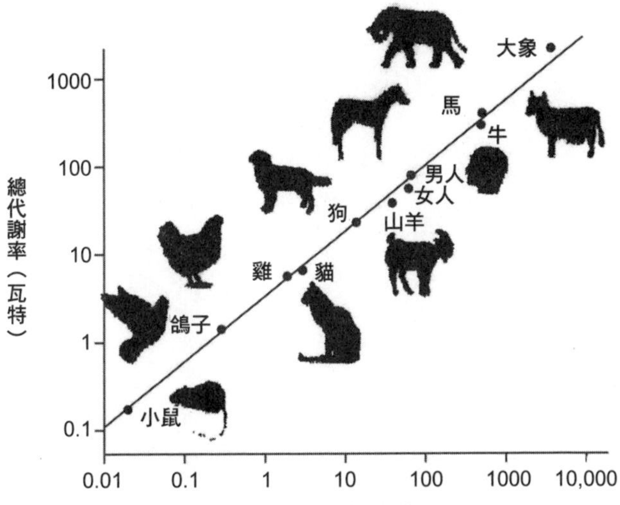

圖 12　圖中所示為不同動物的靜止代謝率和體重的換算關係，涵蓋的範圍從小鼠一直到大象。在雙對數座標圖上，這條關係線的斜率是四分之三，也就是〇．七五，代表這條斜線每沿縱軸上升三步，就會沿橫軸前進四步。這個斜率說明了兩者的指數關係。我們會說代謝率隨著體重的四分之三冪次，或也可以說是體重的四分之三次方變動。

隻真的大象的二十倍。顯然當一隻大象比較符合成本效益；不過，體積變大可以節省成本，是否就能解釋生物在演化過程中愈變愈大，愈變愈複雜的趨勢呢？

代謝率是由氧氣和養分的消耗來定義的。如果代謝率下降，代表每個細胞消耗的食物和氧氣變少。如果身體內的所有細胞消耗的氧氣都變少，那麼呼吸速率和心跳等等都可以慢下來了。相較於小鼠那悸動的節拍，大象的心跳顯得很遲緩，原因就是這樣——大象個別細胞需要的燃料和氧氣比較少，因此大象的心臟不用跳得那麼激烈便能供養它們（這裡假設動物的心臟和整隻個體的尺寸比是固定的）。還有一個意料之外的影響是老化的速度會減緩。小鼠能活兩到三年，而大象能活約六十年，不過兩者一輩子的總心跳次數很接近，而且在一生當中，兩者體內的單一細胞所消耗的氧氣和食物總量大約相等（大象花了六十年，而老鼠則在三年之內消耗掉）。一個細胞可以燃燒的能量似乎是固定的，然而大象的配額燒得比小鼠慢（牠的細胞代謝率比較慢），而之所以會如此，似乎只是因為牠比較大而已。這樣的關聯性對於生態和演化有著深遠的影響。動物的體型會影響牠們的族群密度、牠們一天移動的距離範圍、子代的數目、性成熟的年紀、族群汰換的速度，還有演化（比如產生新種）的速率。以上這些特徵全都可以靠代謝率預測出來，準確度令人吃驚。

為什麼代謝率會隨體型變動？這個問題讓生物學家（其實還有物理學家和數學家）困擾了一個世紀以上。第一個有系統地研究這項關係的人是德國生理學家魯伯納。一八八三年，魯伯納在座標圖上標出了七隻狗的代謝率，牠們的體重範圍從三．二公斤到三十一．二公斤。這些原始數據可以連成一條曲線，但若改將它們標在雙對數座標圖上，這些數據會落在一條直線上。使用對數座標的原因有很多，不過其中最重要的就是讓我們可以清楚了解倍增係數：對數圖的軸不是以固定距離一格一格相加（十加十加十，以此類推），而是相乘（十乘十乘十，以此類推）。這樣的圖表會呈現一個參數相對於另一個參數倍增的程度變化。以簡單的立方體來說吧。如果我們將表面積的對數值畫在一軸，體積的對數值在另一軸，我們便能描出立方體尺寸變大時，它們之間的變化關係。我們知道，每當立方體的邊長擴大十倍，它的表面積會擴大一百倍，而體積會擴大一千倍。對應到對數座標圖上，表面積放大一百倍即是移動兩格，體積的擴大則是三格。由此便可得到這條直線的斜率。以立方體來說，它的斜率是三分之二或〇．六七——表面積每移動兩步，對應到體積就是三步。連接各點的直線斜率就是**指數**，書寫時通常是以上標方式寫在它所套用的數字後面，因此在本例中，指數會寫成⅔。根據定義，指數是表示一個數字自行相乘的次數（所以 $2^2 = 2 \times 2$，而 $2^4 = 2 \times 2 \times 2 \times 2$），但在指數是**分數**的狀況（如三分之二），把它想成是雙對數圖型裡的直線斜率會比較簡單。如果指數是一，代表沿某個軸移動一步，另一軸也會移動完全相同的一步：這兩項參數互成正比。如果指數是四分之一，代表沿某一軸每前進一步，就會在另一軸上前進四步。這是種穩定一致但不成比例的關係。

再回到魯伯納身上。魯伯納描繪代謝率及體重對數值之間的相對關係時，他發現，代謝率和體重的三分之二次方成正比。換句話說，代謝率的對數值每移動兩步，體重的對數值就移動三步。當然，這和我們剛才討論過的，立方體的表面積與體積間的關係，是完全一樣的。在狗的實驗中，魯伯納用熱量散失來解釋這個關係。代謝作用產生的熱之總量，取決於細胞的數目，而熱散失到環境中的速率則取決於表面積（就像暖爐輻射熱的總量也是取決於它的表面積）。當動物變大，牠們體重增加的幅度比表面積大。如果所有細胞產熱的速率維持不變，整體產熱速率會隨著體重上升，可是熱量的**散失**則是與表面積成比例。體型較大的動物身上會保有較多的熱。若大象身上的所有細胞產生熱的速率都和老鼠細胞一樣，牠就會融化（就是字面上的意思）。比較正向的說法是，如果高代謝率的目的是為了保持體溫，而大型動物保溫能力比較好，那大象就不需要擁有太高的代謝率，只要足夠讓牠維持攝氏三十七度的穩定體溫就好了。因此，當動物的體型增大，牠們的代謝率便會減緩，減緩的係數和表面積對體重的比值有關。

當然，就算不同品種的狗外觀和體型都有極大的差異，魯伯納研究狗兒時考量的還是只有單一物種而已。半個世紀後，瑞士裔的美國生理學家克雷柏描繪了不同物種間代謝率對體重的對數值關係圖，並建立起那條連接老鼠和大象的著名曲線。然而他的這項發現讓他自己以及所有人都大吃一驚，因為他描出的曲線所得的指數不是預期中的三分之二，而是四分之三（也就是〇．七五；實際上是〇．七三，取其近似值；見圖12）。換句話說，代謝率的對數值每移動三步，體重的對數值就會移動四步。其他的學者，特別是美國的布洛迪，也得到了類似的結論。更讓人意外的是，〇．七五這個指數結果不只能套用在哺乳類身上，鳥類、爬蟲類、魚類、昆蟲、樹木，甚至是單細胞生物，都被放進了同一條曲線上。即使這些樣本的體重數值橫跨了不尋常的二十一個數量級，但學者宣稱，牠們的代謝率都會隨體重的四分之三冪次（或說體重的四分之三次方）變動。此外還有很多特質也會隨著四分之一的倍數（像是四分之一或是四分之三）次方而改變，導致出現了「四分之一冪次換算律」這樣的通稱。舉例來說，脈搏速率、大動脈的直徑、樹幹的直徑，還有壽命，這些都粗略符合「四分之一冪次換算律」。少部分的學者曾爭論過四分之一冪次換算律是否舉世通用，其中最有說服力的要屬加州大學戴維斯分校的休斯納，但儘管如此，它還是被列入幾乎所有的標準教材中，名為「克雷柏定律」。常有人說，這是生物學僅有的通用定律之一。*

代謝率到底為什麼會隨體重的四分之三冪次變化？當時，這項事實雖然被發現，背後的原因卻沒有人知道，又這麼過了半個世紀；而實際上，真實的微光直到現在才慢慢開始具體成形，這點我們將會在接下來的部分看到。不過有一件事是很清楚的：雖然三分之二這個指數（將表面積對體積的比值和代謝率扯上關係）在溫血的哺乳類和鳥類身上解釋得通，然而我們沒有明確的理由把它套用在冷血動物，如爬蟲類和昆蟲身上。牠們不會從身體內部產生熱（或至少不多），所以產熱和散熱間的平衡不太可能是主要的因素。從這個觀點來看，四分之三這個數字，也不會比三分之二更不合理，不過也沒有比較合理。雖然有許多人曾試圖將四分之三這個冪次合理化，但沒有一個說法能夠說服整個領域。

然後，時至一九九七年，美國洛斯阿拉莫斯國家實驗室的高能物理學家魏斯特，透過聖塔菲研究所這個扶植跨領域合作計畫的機構，與新墨西哥大學（位於阿布奎基）的生態學家伯朗以及恩奎斯特聯手合作。他們想到一個激進的解釋，這個解釋的基礎建立在分支供應網——如哺乳類的循環系統，昆蟲的呼吸管（氣管），和植物維管束系統——的碎形幾何上。他們密密麻麻的數學模型發表在一九九七年的《科學》期刊上，而其衍生意義（雖然不是數學本身）飛快地抓住了許多人的想像力。

---

*魯伯納的指數是三分之二，而克雷柏的是四分之三，兩者的衝突要如何化解呢？最常見的答案是，同物種內代謝率是隨三分之二次方變化，而在比較不同物種時才會明顯看出四分之三這個數字。

生命的碎形樹

碎形（語源出自拉丁文的*fractus*，意指破碎）是在任何尺度下看起來都相似的幾何圖形。如果碎形被分割開來，每個組成片段看起來還是會和原本的圖形大致類似。因為，正如碎形幾何學的先驅曼德博所說，「這些圖形是由形似完整形狀的小單位，以某種方式組合構成的。」碎形可以靠自然力量隨機造成，像是風、雨、冰、侵蝕作用還有重力，它們產生了山脈、雲層、河流還有海岸線這些自然界的碎形。實際上，曼德博就曾將碎形描述為「自然界的幾何學」。在他一九六七年發表在《科學》期刊上的指標性的論文中，他便應用了這個方法來回答他在文章標題所提出的問題：《英國的海岸線有多長？》。碎形也可以用數學方法產生，通常是利用層疊重複的幾何方程式，決定碎形分支的角度和密度（也就是「碎形維度」）而生成。

這兩種碎形具有一個共通特性，被稱為尺度不變性，意思是不管放大倍率是多少，這些圖形「看起來」都是很像的。舉例來說，一顆石頭，一座岩壁，甚至是一座山，它們的輪廓都很相似，這就是為什麼地質學家拍照時喜歡擺一隻鎚子在旁邊，幫助觀眾掌握比例尺。河水的支流也是，從宏觀的角度看起來都很像，不管是從外太空觀看亞馬遜河流域，或是從山丘頂端看底下的小溪，或甚至從你家浴室的窗戶看後院土壤被沖刷的軌跡。而數學產生的「迭代」碎形，是由反覆的數學公式產生無數個相似的形狀。你所看到那些用來裝飾T恤和海報，最複雜最漂亮的碎形圖案，也都是靠著重複幾何公式（通常相當複雜），並將所得的數值描繪在空間座標上而產生的。對我們之中許多人來說，這就是我們一生中，最貼近深奧數學之美的機會了。

自然界大部分的碎形都不是真正的碎形，因為它們的尺度不變性不能無止盡地延伸下去。即便如此，要正確掌握它們的比例尺也已經夠難了——樹枝分出椏的模式就像樹幹分出樹枝一樣；血管在組織或器官裡的分支，和它們在整個身體裡分支的情形也是很類似的。繼續再來強調比例尺這回事，大象的心血管系統和小鼠類似，只不過整個系統被放大了接近六個數量級（換句話說，大象的心血管系統約比小鼠大上一百萬倍；一的後面要接六個〇）。這些互聯網在如此的規模下，仍能保持相似的外觀，我們很自然地會把它們稱為碎形；就算自然界的分支互聯網不是真的碎形，也已經相似到可以用碎形的數學原理準確地模擬出來了。

魏斯特、伯朗和恩奎斯特三名科學家想要知道，自然界的輸送網絡，是否能解釋代謝率和體型大小間看似通用的換算律。這個想法很有道理，因為對動物來說，食物和氧並非靠著擴散作用穿過體表，送達體內的個別細胞，而是要透過分支的輸送網絡——以我們為例就是血管。如果代謝率受限於這些養分的運送，那麼會想從輸送網本身的特性找到影響代謝率的最終答案，也是一件很合理的事情。魏斯特、伯朗和恩奎斯特在他們一九九七發表於《科學》期刊的論文中，提出了三個基本假設。第一，他們假設互聯網必須負責一整隻生物，也就是供養所有的細胞，因此必須填滿生物體體積內的各處。第二，他們假設互聯網中最小分支的微血管尺寸是固定的，也就是說，不管動物體型是大是小，所有動物的微血管尺寸都一樣。第三，他們假設，透過互聯網配送資源消耗的能量已經少到不能再少了——經過長期的演化，天擇已將輸送網調整至最省時省力的最佳條件。

還有一些因素是和運輸管本身的彈性有關，也應該列入考量，但在這裡我們不需要擔心。總之，最後結果是這樣的：如果要維持一個擁有自相似性的碎形互聯網（也就是在任何比例尺條件下「看」

起來都一樣），當生物體的體積放大了好幾個數量級時，互聯網總分支數的成長速度會低於體積的變化速度。實際觀察的結果證明這是正確的。舉例來說，鯨魚的體重是小鼠的一千萬倍（十的七次方），但分支數目，從大動脈到微血管，只比小鼠多了百分之七十。根據碎形幾何學的理想計算，在大型動物體內，輸送網所占的空間比例應該比較小，所以每根微血管要負責的「終端客戶」細胞比較多。當然這就意味著這些細胞分到的食物和氧氣會比較少；而如果它們得到比較少的食物做為燃料，那它們想必會被迫以較慢的速率進行代謝。究竟有多慢呢？碎形模型的預測是，代謝率會隨體重的四分之三次方而改變。描繪在雙對數座標圖上這會是一條斜直線：代謝率的對數值每走三步，體重的對數值就移動四步。換句話說，他們應用碎形模型，純粹靠理論計算得出代謝率會和體重的四分之三次方成比例，並因而解釋了舉世通用的克雷柏定律，即四分之一冪次換算律。如果以上屬實，那麼整個生命世界都受碎形幾何所支配。它決定了體型，族群密度，壽命，演化速度——一切的一切，都是由它決定。

彷彿還嫌不夠似的，碎形模型更進一步，作出了更激進而普遍的預測。因為，克雷柏定律似乎不只適用在明顯具有分支輸送網的大型生物身上（如哺乳類、昆蟲和樹木），也同樣適用於那些好像不具備輸送網的簡單生物（如單細胞生物），那麼，它們身上一定也有某種碎形輸送網才是。這個預測之所以激進，是因為它暗示還有一整個部隊的生物構造是我們未曾察覺的，就算是提出這個論點的那些學者，談論起這樣一個「虛擬」的互聯網都會覺得勉強，不管它可能會是什麼。即使是這樣，許多生物學家還是能接受這樣的可能性，因為教科書早已不再將細胞質描述為不定形的果凍狀物質；今天，細胞質被認為是更有組織的東西。是什麼樣的組織並不清楚，然而肯定的是，細胞質會在細胞內

「流動」，而且許多生化反應比我們所想像的受到更小心的控制，只在特定空間進行。大部分細胞都具有複雜的內部結構，包括由細胞骨架細絲以及粒線體組成的分支網絡；然而這真的就是碎形互聯網嗎？它也服膺於同樣的碎形幾何定理嗎？雖然它無疑是有分支的，但和循環系統的**樹狀**互聯網相似性也不高（**圖13**）。如果說碎形幾何只適用於具有自體相似性的系統，這兩者看起實在不能說相像。

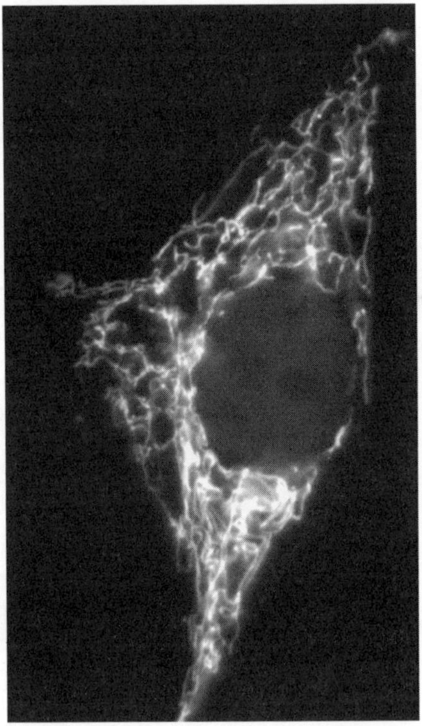

圖13 組織培養中一個哺乳類細胞的粒線體網絡，以粒線體螢光染劑染色。粒線體通常在細胞內四處移動，並可以形成圖中所示的網絡，然而這些網絡和碎形樹其實並不相像。

為了處理這摸不到的網絡，魏斯特、布朗和恩奎斯特重建了他們的碎形模型，具體的形狀構造（如分支狀的解剖構造）不再是必要條件，而改用階級式互聯網的分級來定義其幾何性質（階級式互聯網就像俄羅斯娃娃一樣，一個網絡內包含著另一個）。其他物理學家，特別是賓州大學的班納瓦和他的同事，則試圖將互聯網模型徹底簡化，完全不需用到碎形幾何，不過他們還是指定了一個分支輸送網。從九〇年代末開始，每隔幾個月，知名的科學期刊就會被各式艱澀的數學論據塞滿，多半是具有攻擊性的，數學方面的反彈，像是「絕對不正確，因為這違反因次之均方性……」。這些爭論往往會讓兩群人形成對立的勢態，一邊是生物學家，他們對規則中的例外特別敏感（「好啊，可是小龍蝦又該怎麼解釋？」）；另一邊則是像魏斯特這樣，尋找著「一以貫之」解釋的物理學家。魏斯特直言：「如果伽利略是生物學家，他一定會寫出一本又一本的目錄，詳列各種不同形狀的物體從比薩斜塔落下的細微速度差異，而無法略過那些讓人分心的細節，洞察掩蓋在其後的真理——如果不計空氣阻力，不論物體的重量為何，落下的速度都相同。」

供應與需求——還是需求與供應？

這其中最引人深思的發現，或許是魏斯特和伯朗在二〇〇二年，與洛斯阿拉莫斯的生化學家伍德洛夫合作的一項報告。他們的數據發表在《美國國家科學院院刊》，在這篇論文裡，他們將碎形模型延伸到粒線體上。他們表示，粒線體，甚至是粒線體上數千個微小的呼吸作用複合體，同樣都會落在四分之一冪次換算律的曲線上。換個說法，代謝率和體型間的關係，據他們所言，是從呼吸作用複合體的層級，一路擴展至藍鯨，橫跨了「讓人目瞪口呆的二十七個數量級」。在草擬本書的寫作計畫時，我告訴自己要討論他們的論文。我很仔細地讀過了這篇文章，並覺得它的主要論點非常吸引人，但我並沒有真正認真對待它的弦外之音。自那之後我便一直在苦思——真的有一條直線，將粒線體個別複合體的代謝率和藍鯨的代謝率連在一起嗎？如果真的有，又代表了什麼呢？

代謝率是由氧氣消耗的速率來定義的，而氧氣的消耗主要發生在粒線體，因此說到底，代謝率反映的便是粒線體本身的能量周轉。粒線體的基礎產能速度和生物的尺寸有等比關係。根據魏斯特和他同事的說法，這條直線的斜率是由輸送網的性質所決定，這樣的輸送網連結細胞，連結粒線體，最後直達最深處，連結呼吸作用複合體。這意味著，互聯網的規模**限制**著代謝率，並將特定的代謝率**強加**在個別粒線體身上。魏斯特和他的同僚確實將互聯網視做某種約束，稱之為「互聯網階級霸權」＊。

＊實際上他們還據此做出了一項明確的預言。互聯網的存在迫使個別粒線體以比較低的速率運作，如果沒有互聯網的束縛，它們的運作速率應該會比較快。而以細胞培養法培育的細胞，周圍的培養基直接送來大量的養分，沒有互聯網的存在，細胞因此不受限制。細胞擺脫了束縛，那麼代謝率應該會上升。在這樣的基礎上，魏斯特、伍德洛夫和伯朗推算，在培養基中哺乳類細胞的代謝應該會變得更興旺。他們預測在數代之後，培養基中的每個細胞應該會擁有約五千個粒線體，而每個粒線體會有約三千個呼吸作用複合體。這個數字似乎是錯的。哺乳類細胞在培養基中往往會**失去**粒線體，改靠發酵作用提供能量，釋出乳酸廢棄物。乳酸的累積會妨礙哺乳類細胞生長，已是眾所皆知的事情了。至於單一粒線體上的呼吸複合體數目，大部分估計是三萬個上下，而非三千。三名學者的推測看來是有一個數量級的偏差，遠遠稱不上「和觀察結果相符」。

但如果輸送網確實限制著代謝率，那只要動物體型變大，個別粒線體的代謝率就會**被迫**減緩，不管結果是好是壞。它們的最大功率**必須降低**。為什麼呢？因為當動物的體型變大，互聯網的每一根微血管換算起來就必須要餵飽更多的細胞（不然這個模型就無法運作了）。為了配合微血管密度，代謝率被**強制**降下來。魏斯特和同僚認為，這對體型變大是個**限制**，和能量效率沒有關係。

如果這是正確的，那麼魏斯特口頭說過的某項論點就一定是錯的。他說：「當生物的體型長大，牠們就變得更有效率，這就是自然界演化出大型動物的原因。這樣的方式可以善用能量。」如果魏斯特的碎形論點是正確的，那麼事實應該完全相反。當動物體型變大時，其組成細胞是因為輸送網的關係才**被迫**要靠較少的能量運作。大型動物必須找出某種方式，讓自己能靠較少的能源（至少相對於牠們的體重是如此）生存。這與其說是效率，不如說是節約。如果互聯網真的限制了代謝率，那只是又多了一個理由，說明大尺寸以及相應的複雜性，為什麼不應該會演化出來。

所以生物是否受限於它們的互聯網呢？互聯網當然很重要，而且它們也相當符合碎形幾何的特性，但我們有很好的理由去質疑互聯網是否真的**限制**了代謝率。實際上，真相或許恰恰相反。有些例子的確可以說明，實際上是**需求**控制了互聯網。供需平衡這碼子事似乎和經濟學家比較有關係，不過在這個例子裡，它決定了我們是會演化得愈來愈複雜，還是會卡在細菌的窠臼裡，永遠無法演化出真正的複雜性。如果細胞和生物體變大的同時也會變得更有效率，那麼體型變大是有好處的，這是激勵它們變大的動機。又若尺寸和複雜性真是比肩而行的話，複雜性變高也會獲得同樣的好處。如此一來，生物體就有很好的理由隨著演化愈長愈大，愈變愈複雜。但如果變大的獎賞只有一點點，只是小氣老闆的寒酸獎勵，那生命為什麼要走上變大變複雜的路？體型變大需要更多的基因和更好的組織，因此已經要付出額外的代價了，而如果碎形模型正確，就表示這還必須立下永守匱乏的誓言——那些龐然巨物到底是何苦呢？

通用常數？

有很多理由值得我們去懷疑碎形模型的真實性，不過其中最重要的是指數本身（也就是將代謝率和體重扯上關係那條線的斜率）的真實性。碎形模型最大的功勞，就是從理論便推導出代謝率和體重間的關係。這個模型只考慮了分支輸送網在三度空間個體中的碎形幾何配置，卻能夠預測，不管是動物、植物、真菌、藻類，還是單細胞生物，它們的代謝率都會和體重的四分之三冪次成正比（也就是正比於體重的〇．七五次方）。反過來說，如果持續累積的經驗數據顯示指數的值其實**不是**〇．七五，那碎形模型就有麻煩了。它提供的答案在實證上是錯的。一個理論在實證經驗上的失敗，可能會教授我們絕妙的新理論（就像牛頓宇宙論點的失敗迎來了相對論），不過當然也會導致原本的模型退位下台。在我們現在的這個案例中，用碎形幾何解釋冪次定律的前提是，冪次定律真的存在——這項指數真的是常數，〇．七五這個數值真的放諸四海皆準。

我曾提過，休斯納和其他的學者數十年來始終質疑四分之三這個指數的真實性，宣稱魯伯納原本的三分之二冪次換算其實比較精確。這一切到了二〇〇一年才終於水落石出，當時在劍橋麻省理工學院的物理學家陶德斯、羅斯曼和韋茲，重新檢視了代謝作用的「四分之三定律」。他們回頭找出克雷柏和布洛迪的原始數據，還有其他帶來重大影響的發表，重新檢查這些數據到底有多穩固。

科學研究常常發生這樣的事，某個領域中的基礎狀似牢靠，細察之下才發現不堪一擊。雖然克雷柏和布洛迪的數據的確支持四分之三這個數字（事實上，它們分別是〇・七三和〇・七二），但他們的樣本相當小，像克雷柏的數據只涵蓋十三種哺乳類。後續的資料集則包含了數百個物種，但重新分析時發現，它們普遍不支持四分之三這個指數。比方說，鳥類的換算冪次比較接近三分之二，和小型哺乳類一樣。有趣的是，體型較大的動物，換算冪次似乎便會向上偏移。事實上，四分之三這個指數就是這樣來的。如果只用一條斜直線連接起範圍橫跨五或六個數量級的資料集，那麼斜率的確會接近四分之三。然而只畫一條線，就已經預設了牠們**有**共通的換算律。那如果根本沒有呢？這樣的話，兩條斜率不同的直線其實會比較貼近數據的分布。所以，雖然不知原因為何，但大型和小型哺乳類動物單純就是不一樣。*

這樣似乎稍嫌凌亂，不過有證據可以證明這裡應該有個俐落乾脆的通用常數嗎？很難說有吧。在座標圖上，爬蟲類的斜率比較高，是〇・八八。有袋類的斜率則略低，是〇・六。赫明森在一九六〇年那份時常被引用的數據集囊括了單細胞生物（使四分之三定律看起來真的是舉世通用的），但這份數據最終被發現只是個幻象。斜率會因選取生物的分類不同而有所差異，範圍從〇・六到〇・七五不等。陶德斯、羅斯曼和韋茲贊同之前的一次重新評估，認為「四分之三冪次定律……在於單細胞生物之間普遍是毫無說服力的。」他們也發現，水生無脊椎動物和藻類的換算斜率落在〇・三和一之間。總之，一次只看一門生物的話，單一通用常數不會獲得任何支持，只有在我們想用單一斜線貫穿各門生物（尺度橫跨好幾個數量級）時，才會看見到這個常數。在這種情況下，就算個別生物門不支持通用常數，這條線的斜率也會接近〇・七五。

魏斯特和他的同事主張，就是要在這樣的尺度差異下，才能展現碎形輸送網那舉世皆準的重要性。那些不合作的生物門只是不相干的「雜訊」，就像伽利略遇到的空氣阻力一樣。他們可能是對的，但大家的腦中至少一定閃過某種可能性：「通用」換算律只是統計造成的人為假象，他們硬要畫一條直線貫穿所有族群，但其實沒有一個族群符合整體所謂的「定律」。如果支持通用法則存在的理論基礎良好，我們應該還是會贊成它——然而，碎形模型在理論依據上似乎也值得懷疑。

網絡限制的限制

在某些情況下，輸送網明顯會對機能造成限制。例如說，細胞內的微管網絡能在小規模內以很高的效率分配著分子，但它可能會限制了細胞的尺寸上限，超過這個大小的話，就需要專門的心血管系統才能滿足需求。同樣的，昆蟲用來將氧氣輸送給個別細胞的系統，名為氣管，由一端封閉的空心管構成。這個系統嚴格限制了昆蟲的體型上限，使得牠們無法長得太大（謝天謝地）。有趣的是，在石炭紀時，環境中的高氧氣濃度拉高了限制的標準，因而可以演化出大如海鷗的蜻蜓，這部分我在《氧：建構世界的分子》一書曾探討過。輸送系統也有可能影響尺寸的下限。比方說鼩的心血管系統幾乎直逼哺乳類的尺寸下限：如果主動脈變得更小，脈搏的力量就會消散掉，血液會被本身的黏稠度拖住，而無法順暢流動。

---

*二〇〇三年時，阿德萊德大學的懷特和西摩也發表了他們重新分析的結果，並得出了類似的結論。

輸送網所造成的限制之中，是否也包括了氧氣和養分的運輸速率，就像碎形模型所說的那樣呢？其實不盡然。問題在於碎形模型將**靜止**代謝率和體型連在一起。靜止代謝率的定義是休息時的耗氧量，是指安靜不動，吃飽喝足，但也沒有在消化大餐的狀況（也就是「吸收後期」）。因此這是一個相當人為的狀態——我們處於這種狀態休息的時間不會很多，在野外生活的動物就更少了。在休息時，氧氣及養分的輸送不可能會限制我們的代謝，否則我們就沒辦法起身去跑步，或是從事任何休息之外的活動。我們甚至不會有儲備的續航力可以用來消化食物。不過相形之下，**最大**代謝率（定義是耗氧性能的極限）就毫無疑問地會受到氧氣輸送率的限制。我們會急速地喘氣，還會累積乳酸，因為我們的肌肉必須求助於發酵作用才能滿足需求。

如果最大代謝率的換算指數也是〇．七五，那麼碎形模型就站得住腳了，因為這表示碎形幾何預言了最大有氧範圍（也就是有氧代謝能力在休息和最大出力狀況間的範圍）。如果最大代謝率和靜止代謝率之間有某種關係，以至於（演化層面上）兩者之一無法單獨提高，便可能會出現這樣的情形。這不是不可能。靜止代謝率和最大代謝率之間當然有關聯：普遍而言，最大代謝率愈高，靜止代謝率也會愈高。多年來，「有氧範圍」（從靜止到最大代謝率所增加的耗氧量）一直被認為是在五到十倍之間；換言之，每種動物在盡全力時耗費的氧氣大約是靜止時的十倍。如果以上屬實，那麼靜止代謝率和最大代謝率都會隨體型的〇．七五次方變動。整套呼吸設備就像一個不可分割的單位，其換算數值可以用碎形幾何預測出來。

那麼最大代謝率的換算冪次是〇．七五次方嗎？這點很難確定，因為數據分散的程度高到令人錯亂。有些動物的運動神經就是比較發達，就算和同樣的物種相比也是。運動員的有氧範圍比阿宅來得大。我們大部分的人在運動時耗氧量可以提升十倍，然而一些奧運選手的範圍是二十倍。運動型的狗，如格雷伊獵犬這種競速犬，是三十倍，馬是五十倍；哺乳類中的紀錄保持者是叉角羚羊，六十五倍。運動型的動物會做出適應，改變自己的呼吸和心血管系統以提升有氧範圍：相對於牠們的體型，牠們的肺容積較高，心臟較大，紅血球中的血紅素比較多，微血管的密度較高，諸如此類。這些適應行為並不會排除有氧範圍和體型有關的可能性，可是要將尺寸從糾纏不清的其他因子中解套，確實因此變困難了。

儘管數據分散，但長期以來一直有人懷疑最大代謝率**確實**和尺寸有關，只是變動依據的指數似乎比〇．七五大。於是在一九九九年，威爾士班格爾大學的畢夏普發展了一種方法，可以將一個物種的運動員優勢修正回來，呈現出體型大小造成的基本影響。畢夏普注意到，哺乳類動物心臟平均約占個體體積的百分之一，平均的血紅素濃度是每一百毫升血液含十五克血紅素。而正如我們所知，運動健將型的哺乳類心臟比較大，血紅素濃度比較高。若將這兩個因子修正回來（使數據「常態化」以符合標準），分散的數據有百分之九十五都會被解決。於是便可以將最大代謝率的對數值，相對於體型的對數值，描繪在座標圖上，結果出現了一條直線。這條直線的斜率是〇．八八——大約是代謝率每走四步，體重會走五步。嚴格說來，〇．八八比靜止代謝率的指數值高多了。這代表了什麼？代表最大代謝率和體重的關係比較接近正比——更接近體重走一步，代謝率也移動差不多一步的預估狀況。如果體重變大兩倍（細胞數增為兩倍），那最大代謝率也會變大將近兩倍。這樣的差距比我們在靜止代謝率所看到的要小。這表示有氧範圍會隨著體型增長——動物愈大，靜止和最大代謝率間的差距就愈大；換言之，大型動物普遍會有更長的續航力和更大的力量。

這些都是迷人的課題，但對我們的目的來說，最重要的一點是，最大代謝率的斜率是〇・八八，與碎形模型的預測不符（〇・七五），而且兩者的差異在統計上有顯著性。由此看來，碎形模型似乎也和數據不合。

再來一些

所以，為什麼最大代謝率的斜率會比較大呢？如果細胞數目倍增也會使代謝率倍增，那麼每個組成細胞消耗的食物和氧氣量就會和原本一樣。兩者的關係直接成正比時，指數值是一。指數值愈接近一，代表動物愈能保持原本的細胞代謝力。以最大代謝率來說，這點極為重要。只要想想肌肉的力量就可以明白：很顯然，體型變大時我們希望能變得更強壯，而不是變得更軟弱。而實際情況又是如何呢？

肌肉的強度取決於肌纖維的多寡，就像繩索的強度也是由纖維的數目決定。上述兩種狀況中，它們的強度都和剖面面積成正比；如果我們想知道一條繩索由多少纖維組成，最好是割斷它——它的強度取決於繩索的直徑，而非長度。另一方面，繩索的重量則是由它的直徑和長度一同決定的。一條直徑一公分，長二十公尺的繩索，和一條直徑一公分，長四十公尺的繩索相比，兩者強度相同，但前者的重量只有後者的一半。肌肉的強度也是一樣，是由截面積決定的，所以肌肉強度會隨尺寸的平方上升，而動物的重量則是隨尺寸的立方增長。這意味著體重增加時，就算每個肌肉細胞的作用力量都還是和原本一樣，整體肌肉的強度最多也只能隨體重的三分之二冪次（〇・七五次方）提升。這就是為什麼螞蟻可以舉起比自己重數百倍的小樹枝，蚱蜢可以飛躍至半空中，而我們連和自己等重的東西都舉不太起來，儘管我們的肌肉細胞本身並沒有比較弱。

超人的漫畫在一九三七年初次問世時，曾在說明用的對話框裡，以肌肉強度和體重間的換算關係賦予「克拉克肯特的超能力的科學解釋」。漫畫裡說，在超人的母星氪星上，居民的身體構造比較進步，領先我們好幾百萬年。他們體型和力量的換算基礎是一比一，這使得超人能夠完成某些壯舉，相對於他的體型，他的跳躍能力等同蚱蜢，負重能力等同螞蟻。十年前，霍爾登說明了這個想法不管在地球或是其他地方都是謬論：「一個天使若發展不出比同體重的老鷹或鴿子更有力的肌肉，那祂的胸部得要突出四英尺才夠安置振翅所需的肌肉，而且為了儘量減輕體重，祂的腿會退化成一對高蹺。」

對於生物的適應性來說，擁有和體重相符的力量是很重要的，其重要性不亞於徒有蠻力，這點不言自明。飛行，以及許多體操選手式的壯舉，例如在枝條間擺盪或是爬上岩石，它們的成功與否取決於力量和體重間的比值，而不是只靠力氣大。眾多的因素（包括槓桿長度和收縮速度）意味著肌肉所產生的力量其實可以跟體重一起上升。但如果細胞本身會隨著體重的上升愈變愈軟弱，那這一切都是枉然。這聽起來可能不太合理——它們為什麼會變弱？如果氧氣和養分的來源受限它們就會變弱，而要是肌肉細胞受到碎形輸送網所限制，這樣的狀況就會發生。如此一來肌肉就會出現兩個弱點——個別細胞被迫變得比較軟弱，同時整塊肌肉必須承擔更大的負重，屋漏偏逢連夜雨。這是我們最不想看到的狀況。隨著體型變大，肌肉無法不負擔更多的體重，不過大自然應該可以防止肌肉細胞變軟弱才是！是的，確實可以，不過這單純只是因為碎形幾何並不適用於此。

如果肌肉細胞不會隨著體型增長而變軟弱，它們的代謝率必定會和體重成正比：它們的換算冪次是一。體重每移動一步，代謝率也會移動一步，因為如果不這樣，肌肉細胞就不會維持同樣的力量。於是我們可以預測，個別肌肉細胞的代謝力應該不會隨體型增長而下降，而是會隨體重的一次方或是更高次方變動；它們的代謝力不應該會減少。而實際狀況的確是這樣。不同於肝臟這類的器官（我們之前看過，從老鼠到人類其活性減少了七倍），所有哺乳類動物，**不論體型大小**，骨骼肌的力量和代謝率都很相似。為了維持這樣相似的代謝率，個別的肌肉細胞必須配上密度相應的微血管，好讓每根微血管負責的細胞數目，不管是在小鼠還是大象體內，都會是一樣的。骨骼肌內的微血管網絡幾乎不會隨體型上升而改變，完全不會像碎形那樣縮放。

骨骼肌和其他器官的差別，清楚地說明了一個通則——微血管的密度是因應組織的**需求**而有所不同，而不受碎形輸送網的限制。如果組織的需求增加，那細胞就會用掉更多的氧氣。組織的氧濃度降低，細胞就會**缺氧**——它們得不到足夠的氧氣。接下來會發生什麼事？這些缺氧的細胞發出危急的信號，像是血管內皮生長因子這類的化學傳訊因子。細節部分我們不用操心，重點是這些訊息會誘導新的微血管生長進入組織內部。這個步驟可能很危險，因為癌症的腫瘤就是這樣讓血管滲透其內部（這是腫瘤擴散到身體其他部位，也就是癌轉移的第一步）。還有其他疾病也與血管的不正常增生有關，如視網膜黃斑部病變，是導致成人眼盲最常見的原因之一。不過正常來說，新血管的生成會幫助恢復生理的平衡。如果我們開始規律地運動，新的微血管就開始在肌肉中生長，好供應它們額外需要的氧氣。同樣的，當我們在適應山上的高海拔時，氧氣壓力低的環境會誘發新的微血管生長。腦部可能在數個月間另外發育出百分之五十的微血管，並在回到地面時再度失去它們。在所有案例中（肌肉、腦和腫瘤）微血管的密度都取決於組織的需求，而不是互聯網的碎形特性。如果某個組織需要更多的氧氣，它只消要求再來一些，微血管網就會給予回應，長出新的分支。

微血管的密度之所以會靠組織的需求來決定，可能是因為氧氣的毒性。我們在前一章已經見識過，氧氣太多是很危險的，因為它們會形成高活性的自由基。防止這些自由基形成的最好方法，就是保持組織內的氧氣濃度盡可能地低。真實狀況也確實是如此，動物界的各類成員漂亮地證實了這點，從螃蟹之類的水生無脊椎動物到哺乳動物，組織內維持的氧含量都很相近，而且低得驚人。牠們的組織氧含量平均在三或四千帕之間，也就是大氣中氧濃度的百分之三或百分之四。如果遇到哺乳類這樣精力旺盛的動物，氧氣的消耗比較快，就得加快輸送的速度，讓氧氣的流通，或稱氧的**通量**變快，這樣一來就不需要改變，也不會改變組織間的氧濃度。為了維持快速的通量，輸入的速度也必須要快，也就是推動力要更強。以哺乳類而言，更強的推動力就是額外的紅血球和血紅素，它們能供應的氧氣遠比螃蟹來得多。因此身體活動力強的動物擁有較多的紅血球，血紅素值也比較高。

現在這裡正是癥結所在。氧氣的毒性意味著輸送至組織的氧氣量必須受到限制，才能將氧濃度控持得愈低愈好。這一點在所有動物身上都一樣，而在需求較高的時候，牠們改由加快流通量來滿足所需。組織的氧通量必須能跟得上氧氣的最大需求，這便決定了每個物種的紅血球數目及血紅素含量。可是，不同組織的氧氣需求量不同。而一個物種血液中的血紅素含量大致上是固定的，如果某些組織需要的氧氣特別多或特別少，這部分也無法因應需求而做出改變。但是微血管的密度**可以**改變。氧氣需求低，可以用密度較低的微血管應付，防止氧氣輸送過剩。相反的，組織的氧氣需求大，就會**需要**比較多的微血管。如果組織的需求量會波動，譬如像骨骼肌那樣，那要維持組織內低氧含量的唯一方法，就是在靜止時使血流轉向，繞過肌肉的微血管床。因此，骨骼肌對靜止代謝率的貢獻非常少，因為此時血流已改道，轉向諸如肝臟之類的器官了。相比之下，激烈運動期間的耗氧量，則有很大的一部分要算在骨骼肌上，此時某些器官會有部分的血液循環被強制關閉。

血液在骨骼肌的微血管床轉向的情形，解釋了最大代謝率的換算指數為什麼會是比較高的〇·八八：在這個情況下，肌肉細胞對總代謝率的貢獻比例較高，而肌肉細胞的代謝率和體重的一次方成正比──也就是說，不管動物體型如何，每個肌肉細胞的力量都是一樣的。這就是為什麼代謝率會落在靜止時的數值（體重的三分之二或四分之三次方，且不論哪一個才是正確的），以及肌肉的數值（一次方）之間。它不會到達一次方這個指數，因為器官的貢獻仍包含在代謝率的計算之中，而它們的冪次低於一。

因此微血管的密集程度反映了組織的需求。因為整個網絡會配合需求而做出調整，所以微血管的密度**確實**和代謝率呈正相關，如果組織的氧氣需求較低，負責供氧的血管就相對比較少。有趣的是，如果組織的**需求**隨體型改變──換句話說，如果大型動物的器官**需要**食物和氧氣的程度，不像小型動物那樣大──那麼，我們就會因為微血管網和需求之間的關係，而產生供應網的規模好像會隨體型改變的**印象**。但印象只是印象，輸送網永遠是由需求所決定，而不是反過來。看來魏斯特等人是倒因為果了。

代謝的重要組成部分

靜止代謝率的換算指數低於一（確切數字為何並不重要），暗示著細胞的能量需求隨著體型的上升而降低——大型生物體不用付出那麼高比例的資源來維持自己的性命。更重要的是，所有真核生物的指數都低於一，從單細胞生物到藍鯨（又一次，它們的指數是否完全一樣並不重要），這項事實暗示能量效率是無所不在的。但這不代表尺寸的優勢在每個個案都是一樣的。想要了解能量需求為什麼會下降，這又會帶來什麼樣的演化機會，我們得了解代謝率的各個部分，還有各個部分隨著體型的上升又會如何改變。

姑且不論網絡的部分，實際上我們尚未證明大體型帶來的確實是效率，而不是限制——單看指數的話，幾乎不可能分辨出兩者有什麼差別。舉例來說，細菌的體型變大代謝率就會變低。就如我們在前幾章所看到的，這是因為它們靠細胞膜產生能量。所以，它們的代謝力會隨著表面積對體積的比值，也就是體重的三分之二次方而變動。這是一項限制，有助於解釋為何細菌的體型總是很小。真核生物不會受到這種限制，因為它們靠細胞內的粒線體來生成能量。真核細胞遠比細菌大，這個事實意味著它們並未受到那樣的限制。而在大型動物的狀況，除非我們可以說明**為什麼**能量的需求會隨體型的增長而下降，我們都不能排除這個換算值反映的可能是某種限制，而不是一個機會。

我們曾注意到，大型骨骼肌對靜止代謝率的貢獻很少。這應該能讓我們警覺，不同的器官對靜止代謝率還有最大代謝率的貢獻程度是不一樣的。在靜止休息的狀態，大部分的耗氧量來自身體器官——肝臟、腎臟還有心臟等等。它們的耗氧程度，取決於它們在整個身體所占的尺寸比例（可能會隨著體型改變），以及組成器官的細胞的代謝率（由需求決定）。比方說，心臟的跳動必定會對代謝率有貢獻，不管什麼動物都一樣。動物變大時，牠們心臟就跳得比較慢。體型增長時心臟在身體內所占的空間比例也大致維持不變，可是它跳得比較慢，所以心肌對總代謝率的貢獻度一定會隨體型增長而下降。而其他器官想必也有類似的情形。心臟會跳得比較慢是因為它行有餘力——而這一定是因為其他組織的氧氣需求降低了才會如此。反過來說，如果組織對氧氣的需求升高，例如我們突然拔足狂奔，那麼心臟就得跳得快些才能供應所需。大型動物較慢的心跳速率，暗示著體型變大真的可以提高能量效率。

不同的器官對體型增長的反應也不同。骨骼就是個很好的例子。骨骼的強度就像肌肉一樣，取決於截面積大小，和肌肉不同的是，骨骼幾乎完全沒有代謝活動。這兩項因素都會影響換算值。想像有個六十英尺高的巨人，身高是正常人的十倍，寬度是正常人的十倍，厚度也是十倍。這也是霍爾登舉的例子，他引用自《天路歷程》中的兩個巨人，分別叫做教皇與異教徒（這份參考資料充分顯示了文章的年代，我懷疑今天還有哪個科學作家會拿班揚的著作來打比方）。因為骨骼的強度取決於截面積，巨人的骨頭會比我們有力一百倍，但他們的負重量是我們的一千倍。因此巨人每平方公分的骨骼所承受的重量是我們的十倍。人類的大腿骨在十倍體重下就會斷裂，所以教皇與異教徒只消踏出一步，大腿就會骨折。霍爾登推斷，這就是他們坐著不動的原因。

骨骼強度和體重間的比例，解釋了為什麼大而重的動物和較小較輕的動物在形狀方面必須有所不同。對於這種關係的敘述首見於伽利略的著作《兩種新科學的對話》，這迷人的標題至今也少有著作能與之比擬。伽利略觀察到，相較於小型動物的細長骨頭，大型動物骨頭的寬度成長幅度比長度來得大。赫胥黎爵士在三〇年代為伽利略的想法提供了堅實的數學基礎。相對於重量，一根骨頭要保持一樣的強度，它的截面積變化的程度必須和體重相當。且說，將我們的巨人放大兩倍。他的體積以及體重會提高為八倍（2^3）。為了支撐這多出來的重量，他骨頭的截面積也要增為八倍。然而，骨頭除了截面積外還有長度的部分。如果它們的截面積提高八倍而長度增為兩倍，骨骼的重量現在就變成原本的十六倍（2^4）。換句話說，骨架在身體重量所占的比例會上升。理論上來說，換算指數會是三分之四，也就是一．三三，雖然實際上的數值沒有這麼高（約是一．〇八），因為骨頭的強度並不一致。然而儘管如此，伽利略在一六三七年就已經明白，對於那些必須承擔自己體重的動物而言，牠們的骨骼重量為牠們的體型設下一條不可逾越的界限——大到一定程度，骨骼的重量就會追上總體重。鯨魚可以跨過陸生動物的尺寸限制，是因為水的密度幫了牠一把。

體型變大時，骨骼占體重的比例也會變大，這項事實加上骨骼的代謝惰性，意味著巨人的身體裡，沒有代謝活力的部分增加了。這降低了總代謝率，因而也影響了代謝率對應體型大小冪次關係（換算指數是〇．九二）。然而，光是骨骼重量的差別，不足以解釋體型上升時代謝率的下降程度。不過有沒有可能其他器官的大小也會依類似的模式改變？會不會肝或腎的功能有一個臨界值，只要超過這個門檻就幾乎不需要繼續累積更多肝細胞或腎細胞？有兩個原因會讓人認為這些器官的功能或許真的有臨界值。第一，體型變大時，許多器官的相對大小都降低了。例如對一隻二十克重的小鼠來說，肝臟占其體重的百分之五．五；對大鼠來說，占百分之四；對一隻兩百公斤的小馬來說，占其體重的百分之〇．五。就算每個肝臟細胞的代謝率都維持相同，但較低的肝臟重量比例，也對小馬較低的代謝率有所功勞。第二，每個肝臟細胞的代謝率其實**不同**。從小鼠到馬，每個細胞的耗氧量下跌了大約九倍。想來器官在體腔內只能小到某個程度。肝臟的尺寸最好要維持在一定的大小以上，它才不會在腹膜上鬆動搖晃，反而限制了其組成細胞的代謝。這兩個因素合併起來（相對較小的肝臟，以及每個細胞的代謝率較低），意味著肝臟對代謝率的貢獻會隨著體型的增長驚人地下跌。

現在我們逐漸可以了解，動物的靜止代謝率是由很多層面所組成的。我們必須要知道每個組織，組織內的每個細胞，甚至細胞內每個生化步驟的貢獻程度，才能計算整體的代謝率。這樣的做法也能說明，從靜止到有氧運動時的代謝率改變，是為什麼，又是怎麼樣發生的。達沃和他的同僚採取的就是這樣的方針。他們在溫哥華英屬哥倫比亞大學，隸屬於霍夏卡這位比較生化學權威的實驗室進行研究。研究成果發表在二〇〇二年的《自然》期刊。達沃及同事試圖將各個層面的貢獻，以及關鍵荷爾蒙（如甲狀腺素和兒茶酚胺激素）的影響加總起來推導一個公式，說明代謝率和體型間整體的換算指數為什麼會在〇．七五（靜止代謝率），和〇．八八（最大代謝率）間變換。魏斯特和班納瓦的團隊都在期刊的讀者來函區就數學的基礎反駁這篇論文——而達沃的公式確實明顯需要調整。霍夏卡的團隊辯稱他們概念方法並沒有問題，並且修改了公式，在二〇〇三年將更詳細的解釋發表在《比較生化及生理學》期刊。遺憾的是，這是霍夏卡倒數的幾件研究之一，二〇〇二年九月，他以六十五歲之齡死於前列腺癌。從他最後的一篇研究報告，我們可以感受到他對知識那永無止盡的渴求，文章的內容是關於惡性前列腺細胞不受控制的代謝，由他與他的主治醫生聯名發表。

霍夏卡的論點在數學方面慘遭推翻，加上他在辯護時承認了失誤，這可能會使一些不帶感情的旁觀者（也包括我，一開始的時候）懷疑，既然數學部分是錯的，那或許整個方法都是錯的。然而並非如此：它的初步估算可能有瑕疵，但它在生物學上有健全的基礎，我期待有一天能看到更精密的校訂版本。不過它已經為我們提供了量化的證據，說明代謝需求**的確**會隨著體型的增長而下降，而且是代謝需求控制供應網，而不是供應網控制代謝需求。更重要的是，這為我們點亮了一盞明燈，幫助我們理解複雜性的演化，特別是一個長久以來迷惑著生物學家的問題——在哺乳類和鳥類身上演化出來的溫血特性。沒有什麼比它更適合說明尺寸和代謝效率之間的關係，以及這些特性如何鋪砌成通往更高複雜性的階梯。因為溫血特性遠遠不只是在寒冷的環境裡保持溫暖而已，它為生命打開了一個全新的能量次元。

第十章　溫血革命

溫血這個字眼會誤導人。它的意思是，血液以及血液流動其中的身體，穩定地維持著高於環境的溫度。但照這樣解釋的話，許多所謂的「冷血」動物，例如蜥蜴，其實也算溫血，牠們靠牠們的習性，維持著比環境溫度高的體溫——方法就是曬太陽。雖然這聽起來怎麼樣都不可能會夠（至少在英格蘭是如此），但其實很多爬蟲類動物成功地將體溫維持在一個跟哺乳類很接近，極小的特定範圍內——攝氏三十五度到三十七度之間（雖然在夜間溫度通常會下跌）。鳥類與哺乳類，牠們和蜥蜴等爬蟲類最大的差異，不是調節體溫的能力，而是牠們的熱能是從體內產生的。爬蟲類被稱為「變溫動物」，因為牠們身上的熱量來自周遭環境；鳥類和哺乳類則是「恆溫動物」，能從身體內部產生熱量。

就算是「恆溫」這個詞彙也有幾點需要澄清。包括昆蟲、蛇、鱷魚、鯊魚、鮪魚，甚至植物在內的許多生物，都是恆溫的：它們都從體內產生熱量，並藉此調節體溫，使身體溫度維持在周遭環境之上。這些分類群的恆溫特性全是各自獨立演化出的。這樣的動物通常是利用肌肉的活動來產生熱。這麼做的好處和肌肉本身的溫度有直接的關聯。所有生化反應，連同代謝速率，都取決於溫度。溫度每上升十度，代謝速率便會加倍。除此之外，所有物種在體溫升高時，有氧代謝能力都會增進（至少在反應還不至於帶來破壞性的程度之內是如此）。體溫較高時速度和耐力會因此增強，而這明顯會帶來許多優勢，幫助個體在求偶的競爭中勝出，或是在掠食者和獵物間的戰役裡存活下來。*

鳥類和哺乳類的與眾不同之處，在於牠們的恆溫性不是來自肌肉，而是來自臟器，例如肝臟和心臟的活動。在哺乳類身上，肌肉只有在極冷狀況下的顫抖，還有在激烈運動時，才會對產生熱量有所貢獻。靜止休息時，其他分類群動物的體溫都會下降（除非牠們正在太陽下烤著日光浴），然而哺乳類和鳥類即使在休息時仍能維持一貫的高體溫。這樣的另類做法揮霍而駭人聽聞。若有兩隻相同大小的爬蟲類和哺乳類動物，分別靠習性和代謝兩種方法維持同樣的體溫，那麼哺乳類需要燃燒的燃料，會是爬蟲類動物的六到十倍。如果環境的溫度下降，差別就會更大，因為爬蟲類的溫度會順勢降下來，而哺乳類會提高代謝率，努力將體溫維持在一貫的三十七度。二十度時，爬蟲類需要的能量只有哺乳類的百分之二或百分之三，十度時甚至不到百分之一。在野外，哺乳類動物生存所耗費的能量，「平均」而言，是同樣大小爬蟲類的三十倍，這表示一隻哺乳類動物**一天之內**就得吃下能餵飽爬蟲類動物一整個月的食物。

這般奢侈的生活方式，其演化成本也隱含著深遠的意義。只不過是用來保持溫暖而已，哺乳類大

*天氣寒冷時蜥蜴相當遲緩（就像冬眠中的哺乳類或鳥類一樣），很容易受到掠食者的攻擊。隱耳鬣蜥利用頭頂的血竇來解決這個問題。太陽出來之後，牠們便把頭從洞裡探出來，留在原地保持戒心，如果掠食者出現，有必要時牠們隨時可以鑽回洞裡。透過頭頂的血竇，牠們的全身都會溫暖起來，等溫暖到一定程度，身體速度夠快的時候，牠們才會出外冒險。天擇絕不會錯過好把戲：有些蜥蜴的眼皮和血竇相連，藉此牠們可以對著掠食者，具體來說像是狗，噴出味道令人生厭的血液。

可將這多達三十倍的能量挪用在生長和生殖上。光是想到這會引起多嚴重青春期焦慮我就不寒而慄；不過天擇的重點就是存活到成熟期並且繁殖後代，因此這樣的成本確實很可觀。除非它的效益至少能和成本打平，否則天擇就會傾向選擇爬蟲類的生活型態，而哺乳類和鳥類的演化從一開始就會被扼殺。如果有人企圖要就溫血這個特質本身來解釋它的演化，多半都會陷入這樣的困境中。

舉例來說，恆溫的效益包括在夜間活動的能力，還有將生態區位拓展到溫帶甚至極圈氣候帶。體溫高也能加快代謝率（我們剛才就有看到），這對動物的速度、耐力，以及反應時間都可能帶來優勢。缺點是它的成本效益比，你耗上一大筆能量，體溫也只會上升一點點。請考慮一下以下的事實，消化一頓大餐可以讓蜥蜴的靜止代謝率提升四倍，為期數天，但只能讓體溫提高〇．五度。若要使體溫維持這種程度的提升，爬蟲類動物平均要吃下四倍多的食物——這可不簡單，因為牠們無可避免要花上更多時間覓食，因此也有更長的時間暴露在危險當中。這為牠們的速度和耐力帶來的優勢也微不足道：溫度上升〇．五度，會使化學反應速率加快大約百分之四——對大部分物種來說，這還在身體素質的個體差異範圍之內。這不只是熱量散失的問題，如果是熱量散失的問題，可以靠毛皮或是羽毛來彌補。曾有個有趣的實驗，讓蜥蜴穿上特別縫製的毛皮大衣，實驗結果顯示毛皮不僅沒有因為增進保溫效果而溫暖蜥蜴的身體，反而帶來了負面效果：它干擾了蜥蜴從環境吸熱的能力。絕緣使熱量不會散失，當然也會使熱無法進入。簡而言之，提升體溫要付出沉重而直接的成本，遠遠超過它帶來的些微優勢。那麼，我們又該怎麼解釋，恆溫為何會在哺乳類和鳥類身上興起呢？

目前關於恆溫動物的演化，條理最清楚，聽起來最合理的解釋（雖然並未獲得證實），來自一九七九年《科學》期刊上一篇深具啟發作用，難以超越的論文，由當時分別在加州爾灣大學和奧勒岡州立大學（其實現在依舊是）的班奈特和盧本所提出。這個被稱為「有氧代謝能力」假說的理論做出了兩個假設。第一，假設最初的優勢完全無關乎溫度，而是和動物的有氧代謝能力有關。換句話說，天擇篩選的項目主要是針對速度和耐力——也就是最大代謝率和肌肉表現，而不是靜止代謝率和體溫。第二，這個假說假設靜止代謝率和最大代謝率間有直接的關聯，如此一來，如果其中之一在演化時提高了，另一個就不可能不提高。於是，篩選出較快的最大代謝率（較高的有氧代謝能力）時，必定意味著靜止代謝率也會提升。這聽起來相當合理：我們已經注意到，靜止代謝率和最大代謝率之間**是**有關聯的，而且有氧範圍（兩者之間的階乘差）會隨著體型而提升。所以它們之間確實有所關聯；不過那是因果關係嗎？如果兩者其中之一下跌，另一個**非得**下跌嗎？

班奈特和盧本主張，靜止代謝率最後終於上升到某個程度，使體內生成的熱能足以讓體溫永遠地提高。到了這個時候，恆溫的優勢（擴展生態區位等等）就會因為它本身的益處被篩選出來了。此時，將體內產生的熱保留下來的能力成為篩選的目標，因此有利於絕緣層，如皮下脂肪、毛皮、絨毛和羽毛的演化。

變大變複雜

根據有氧代謝能力假說，哺乳類和鳥類，不管最大代謝率還是靜止代謝率都必須要比蜥蜴高出一大截。而眾人皆知這是事實。＊蜥蜴很快就會體力透支，而且有氧代謝能力很低。即使牠們可以移動得非常快速（身體暖和的時候），但這時牠們的肌肉大部分是靠產生乳酸的無氧呼吸所驅動的（見第二部）。牠們爆發性的速度，最多只能維持三十秒，足以讓牠們奔進最近的洞穴躲藏起來，接下來牠們通常得花上數個小時才會復原。相形之下，相同大小的哺乳類和鳥類，有氧性能至少是蜥蜴的六到十倍。雖然牠們反應不會比較快，腳步也不會比較迅捷，但牠們可以維持這個速度，時間遠比蜥蜴來得長。正如班奈特和盧本在他們發表於《科學》的獨到論文裡所說：「活動力提高一事在天擇上的優勢不容小覷，在生存和生殖方面都很重要。耐力較佳的動物在篩選上的優勢一目了然。追捕或逃命的時間可以拉得更長，有利於蒐集食物或是避免成為別人的食物。在保衛或是侵略領土時更有優勢。求愛或是交配時更容易成功。」

一隻動物要做些什麼才能提升耐力和速度？首要之務是，牠必須提高骨骼肌的有氧能力。要做到這一點，需要有更多的粒線體、更多的微血管和更多的肌纖維。我們立刻就遇到了空間分配的問題。如果整個組織都被肌纖維占滿了，就沒有多餘的空間留給催動肌肉收縮的粒線體，或是輸送氧氣的微血管了。組織的空間一定得好好分配才行。將這些元件塞得緊一點，某種程度也可以提高有氧能力，但超過這個範圍之後，只有提高效率才能使它繼續提升。實際的情況也確實是如此。澳洲新南威爾斯，臥龍崗大學的赫伯特和艾瑟研究指出，哺乳類的骨骼肌含有的粒線體數目，比同量級的蜥蜴肌肉多上一倍，而且牠們的粒線體上有更多的膜和呼吸複合體。老鼠骨骼肌的呼吸酶活性也大約是蜥蜴的兩倍。合計起來，老鼠肌肉的有氧性能幾乎是蜥蜴的八倍——這樣的差距完全足以說明牠為什麼會有比較高的最大代謝率和有氧代謝能力。

以上是關於有氧代謝能力假說的第一部分：針對耐力所進行的篩選，提升了肌肉細胞的粒線體動力，使得最大代謝力也變快了；那假說的第二部分又是如何？為什麼最大代謝率和靜止代謝率之間會有關聯？原因至今仍然不清楚，目前沒有任何可能的解釋曾獲得證實。即便如此，也有個很直觀的理由讓我們預期它們是有關聯的。我曾提過蜥蜴就算才劇烈活動了數分鐘，可能就要花上數小時才會從脫力的狀態恢復過來。如此緩慢的復原速度與其要怪到肌肉頭上，不如歸因於臟器，例如肝臟和腎臟，它們負責處理激烈運動所產生的代謝廢物和其他分解產物。這些臟器運作的速率取決於它們自己的代謝能力，也因此取決於它們的粒線體動力——粒線體愈多，恢復得愈快。想必，耐力上的優勢也會反映在復原時間的長度上：既然哺乳類肌肉的有氧能力提高為八倍，要是臟器的功能沒有補償性的改變，運動後的復原期就不僅僅是數小時，而是得花上一整天。

臟器不像肌肉，不會遇到空間分配的難題——肌肉中的粒線體密度不會隨體型而改變，但臟器會。當動物體型變大，上一章討論過的冪次定律告訴我們，牠們器官中的粒線體會分布得較為疏鬆。這是個現成的大好機會。大型動物的臟器要取得能量，不需要像肌肉那樣重新調整組織結構，只要增加粒線體的數目就好了。這個機會似乎推動了恆溫動物的誕生。赫伯特及艾瑟透過傳統的比較研究，

＊換算的公式是代謝率＝aMb，a是因物種而異的常數，M是體重，而b則是換算指數。哺乳類動物的常數a比爬蟲類大了五倍，不過兩類動物的代謝率仍是隨體型改變（兩條曲線是平行的）。碎形模型無法解釋為什麼不同的物種會有不同的常數a，也就是哺乳類和爬蟲類各種器官的微血管密度與靜止代謝率為什麼會不一樣；它也無法解釋恆溫動物的崛起。這個問題的解答，依舊在於組織需要更多的氧氣來驅動更高的有氧性能。這樣的驅動力造成肌肉及器官組成結構的變化，進而導致內部的碎形輸送網改變。

證明哺乳類的器官內所含的粒線體是同量級蜥蜴的五倍，粒線體的其他層面則完全相同，例如呼吸酶的效率，就是完全一樣的。換言之，相對於肌力增強的得來不易，平衡這新得來的力量簡單多了，只要在空間充足的臟器中裝入更多的粒線體就好了，這也能確保耗氧活動後的快速恢復。總之，這裡重點是，肝臟這類器官的功能和肌肉的需求有關，而不是為了保持溫暖才存在的。

質子滲漏

然而還有個邪惡的陷阱。我們早就知道肌肉對靜止代謝率的貢獻很少：氧氣有危險性，這表示血液會繞過肌肉被轉送到臟器，它們相對地沒有什麼粒線體，因此不容易引起危害。那麼在第一隻哺乳類動物身上會發生什麼事呢？為了平衡有氧代謝能力，牠們的臟器額外添加了粒線體，但這樣一來血液就沒有地方可以轉送了，不是得流經臟器，就是得流過肌肉。

我們的原型哺乳動物靠著新到手的有氧威力，輕輕鬆鬆地抓到食物，食物一旦消化完，牠便進入夢鄉。此時除了補充肝糖及脂肪的存貨外，沒有什麼消耗能量的機會。牠的粒線體內滿滿都是從食物裡取得的電子。這樣的狀況很危險。粒線體的呼吸鏈上塞滿電子，因為電子的流動相當遲緩。同時，周圍氧氣充足，因為血流無路可繞。在這樣的情況下，電子很容易脫離呼吸鏈形成高活性的自由基，對細胞造成傷害。這時候該怎麼辦呢？

根據劍橋的布蘭特所言，一個可能的解答是**浪費能量**，讓整個系統空轉。自由基危險性最高的時候就是呼吸鏈裡的電子不流動時。電子最順理成章的歸宿就是交棒給下一個複合體，因此只有在複合體塞滿電子，正常的電子流被堵住的時候，它們才會去和氧氣反應。通常要有ATP的消費，電子流才會重啟。*如果細胞對ATP沒有需求，整個系統便會阻塞，反應性也會變得很高。飽餐一頓後的小憩就會出現這樣的情形。一種可能的解決方法是讓質子梯度與ATP的生成解偶聯，這樣電子流動就不會和ATP的生成綁在一塊。在第二部，我們曾拿水力發電的水壩來做比喻，水壩設置溢流渠道，能防止水庫在需求較低的時候氾濫成災。在呼吸鏈的例子裡，有些質子不會流經ATP酶（水壩的主閘門）生成ATP，而是透過膜上其他的孔洞（溢流渠道）流回去，因此儲存在質子梯度中的一部分能量就會以熱的形式逸散。藉由這樣的方式解開質子梯度的偶聯，就能維持電子繼續緩慢流動，進而防止自由基作亂（就像溢流渠道預防洪水氾濫一樣）。這個機制的確會保護細胞免受自由基的傷害，阿伯丁大學的斯皮克曼及同僚與布蘭特合作，以小鼠進行了一項有趣的研究，驗證了此一事實。這項研究的標題說明了一切：「脫節與生存：高代謝小鼠個體之粒線體解偶聯比率較高，且壽命較長。」在第七部我們將更深入探討這個部分，但簡而言之就是，牠們因為累積的自由基傷害較少，所以比較長壽。

休息中的哺乳類，牠們的質子梯度約有四分之一以熱的形式逸散掉。爬蟲類身上也有同樣的情

*在呼吸作用中，ATP是由ADP和磷酸根結合而成的，而細胞進行各式工作時，它又會被轉換回去。如果細胞內所有的ADP和磷酸根都已經被轉換成ATP，那麼就會面臨原料的短缺，這也代表呼吸作用必須暫停。一旦細胞消耗了一些ATP，多形成了一些ADP和磷酸根，呼吸作用就會再度開始。因此呼吸作用的速度和ATP的需求密不可分。

形，不過牠們每個細胞內的粒線體幾乎不到哺乳類的五分之一，因此每克的細胞所產生的熱也只有五分之一。牠們的臟器也相對較小，因此爬蟲類的粒線體數總量就更少了，合計起來，牠們生成的熱量和哺乳類有十倍的差距。對第一隻大型哺乳類來說，質子滲漏或許只是維持有氧衛生的副產品，不過它所產生的熱能，要使體溫明顯上升或許已是綽綽有餘。一旦以這種方式產生了熱，天擇便可以針對恆溫本身的好處，也就是保持溫暖，來進行篩選。相對的，小型動物若想要產生足以保持體溫的熱量，只能靠更好的絕緣效果，或甚至是靠加快產熱的速率。這些性質大概是在已具備恆溫特質的動物後代身上才演化出來的——否則我們又會繞回原本那個「為了提高體溫而提高體溫」的麻煩問題。換句話說，恆溫的特性很可能是在體型夠大，熱量的生成足以抵銷熱量流失的動物身上演化出來的，而牠們的小體型後代，則必須靠進一步的調整，才能解決保溫的問題。像老鼠這類的小型哺乳類，必須依賴富含粒線體，專門用來產生熱能的棕色脂肪，來補足牠們正常產生的熱量——在棕色脂肪中，所有的質子都會滲回膜的另一邊，釋放出熱。這也就代表小型哺乳類靜止休息時的代謝活動，無關乎肌肉勞動的能力，而是和熱量流失的速度有關。

這些想法解釋了一些長久以來的問題，並且一勞永逸地斬斷任何關於通用常數（所有生物的代謝率都和體重的四分之三次方成正比）的觀念，使之無法繼續留存。小型哺乳類和鳥類（體型都和大型哺乳類相差甚遠）的換算指數為什麼是三分之二，答案一目了然：牠們的代謝率大部分都是用來維持體熱，而和肌肉的運作無關。相比之下，對大型哺乳類和爬蟲類而言，產熱則不是首要之務——實際上恰恰相反，過熱還比較會構成問題。因此牠們臟器的代謝力只需要用來平衡肌肉的需求，不需要特別產熱。既然最大代謝率的換算指數是〇．八八，靜止代謝率應該也是一樣的。

動物會多接近這些期望值，還取決於其他的因素，如飲食、環境和物種。例如有袋類動物的靜止代謝率就比其他大部分的哺乳類都低，還有沙漠居民以及所有的食蟻動物也是。我們可以推測，牠們在激烈的體力勞動後應該要花比較長的時間才能恢復，或者牠們根本不怎麼參與激烈消耗體力的活動；常見的情形是後者。*看來要提升能量效率，可以藉由不同的方式達成，從爬上有氧能力新高峰，精力旺盛的鳥類和哺乳類，到懶惰程度不一而足，防護措施完善但不是那麼有活力的動物，像是犰狳和烏龜。

踏上斜坡的第一步

利用粒線體來生成能量一事，使真核細胞能夠長得比細菌大——「平均」而言，大約是一萬到十萬倍。大尺寸帶來了能量方面的效率。在某個範圍之內（限定這個範圍的可能是供應網的效率），愈大愈好。能量效率是直接優勢所獲得的直接回報，並且很有可能可以平衡大尺寸的直接壞處——需要更多基因、更多能量，還有更好的組織結構。能量效率帶來的直接獎賞，可能有助於真核生物爬上通達複雜性的斜坡。

---

*一些有袋類動物，像是袋鼠，雖然靜止代謝率低，卻能夠以高速移動。牠們能夠這麼做是因為跳躍和奔跑不同，隨著速度加快，耗氧量會逐漸降低——牠們可以愈跳愈快，卻不用消耗愈來愈多的氧氣。跳動的效率比較高，因為這借用了反彈的力量，某種程度而言獨立於耗氧的肌肉收縮之外。

此間還有一些使我困擾的難題，不過我認為它們都可以被解釋。首先，能量效率常常被摒除在天擇篩選的目標之外，理由是大型動物要吃的食物還是比小型動物多；只有以細胞層級或是單位體重做比較時，才會看出能量的節約。批評者立刻就會指出，天擇作用的單位通常是個體，它絕對不是在單位體重的層級上進行篩選。這顯然是正確的，但生物體的環境和需求也和它的尺寸有關。我們之前看過，老鼠的飢餓程度是人類的七倍：相對於體型，牠必須找到並且吃下肚的食物是我們的七倍。但相對於牠的環境，老鼠不比我們強壯，速度也不比我們快。在這裡**相對**這個字眼就是真相。顯然，老鼠無法獵捕水牛，但我們可以，此外我們也可以獵捕老鼠或是更小的動物。動物所處的世界是由牠們的體型大小所決定的，而在我們自己的世界，我們每一天需要的食物是老鼠的七分之一。在同樣的基礎上，我們在缺乏水和食物的狀況下存活的時間也是老鼠的七倍。如果思考一下我們所需的食物相對於我們的體重是多少，就可以從量化的角度將體型的優勢看得更清楚。例如一隻小鼠一天要吃下相當牠一半體重的食物才僅能果腹，而我們需要的食物只占體重的百分之二。這的確是個貨真價實的優勢。並不是說尺寸大毫無例外絕對是優勢——在許多狀況下，體型小可能帶來強大的優勢，因此形成了不同的演化趨勢；不過，大體型生物在能量上的效率似乎確實對真核生物的演化造成了很深的影響。

第二個讓我困擾的難題，和能量優勢的普遍性有關。在第四部，我們考慮的多半是哺乳類和爬蟲類。我們將能量節約的各個層面一一拆解開來，歸結得知它們的確提供了真正的機會，而非只是碎形網限制之下的結果。另一方面，我也曾說過細菌受限於它們表面積對體積的比值，而這是一種限制，不是機會。那麼像變形蟲之類的單細胞真核生物，真的會因為體型變大而獲得優勢嗎？樹木會嗎？蝦也會嗎？在我們駁斥通用常數之際，我們是不是也放棄了將樣本擴展到哺乳類之外的權利？

我認為並非如此。在此之前我沒有提及其他的範例，是因為它們的答案沒有那麼明確——畢竟牠們受矚目的程度遠遠不及哺乳類和爬蟲類。儘管如此，我想大部分的生物體，包括單細胞生物，同樣都會受益於此。在大型生物身上，這些效益來自於我們很熟悉的規模經濟：一打比較便宜。就像人類社會一樣，這樣的效益取決於生產準備成本、運作成本，和實體配送成本，這些因素限制了規模經濟的最大範圍。不過在範圍之內，這樣的效益應該是很普遍的。因為生物體的運作原則極具保守性。說得更具體一點，它們的組織都是以標準化的元件構成。不管是單細胞生物，還是多細胞生物，都是由功能性的零件拼貼而成。在多細胞生物身上，器官負責執行特別的機能，像是呼吸或是解毒；在細胞內部，個別功能由粒線體之類的胞器履行。細胞內的功能模組包括轉錄基因、蛋白質的合成與包裝、合成膜、泵送鹽類、消化食物、偵測訊息並做出回應、產能、四處移動、運送分子等等。依我的想像，適用於多細胞生物的規模經濟原理，同樣也會適用於單細胞生物的各個功能模組。

這個想法帶我們回到我在第四部最初稍微提過的基因數量問題。先前我們發現複雜的生物體需要比較多的基因，另外我們也研究過萊德利的論點，他認為性這項發明有助於基因的累積，開啟了通往複雜性的大門。然而正如我們所知，性可能不是關鍵的守門人，當然也不曾限制細菌和單細胞生物的基因數目。我猜測，用大型細胞的能量效率來解釋真核生物的基因累積，可能會比較恰當。大型細胞通常擁有比較大的細胞核。在細胞周期中，要讓細胞均衡生長，核和細胞的體積比似乎基本上是固定的——這又是一個冪次定律！這表示，隨著演化的進行，細胞核的大小以及其中的DNA含量，會根據細胞體積的變化而調整，以達其最佳功能。所以當細胞長大，它們便會做出調整，發展出尺寸比較大的細胞核，內部的DNA也比較多，即使多出來的DNA不一定會編寫更多基因密碼。這可以解釋

第一章討論過的C值悖論，這也是為什麼無恆變形蟲這樣的細胞擁有的DNA會是人類的兩百倍，儘管它們編寫的基因其實比較少。

多出來DNA通常都被視為垃圾，可能純粹是為了結構性的目的而存在，然而它們也可以被徵召來應用於一些實用的目的上，從形成鷹架，讓染色體依附，到提供結合位置，用來調控許多基因的活性。這些多出來的DNA也成了新基因的素材，建立了複雜性的基礎。許多基因的序列洩漏了它們出身自DNA垃圾堆。複雜性的起源有沒有可能只是個規模問題？真核細胞開始靠粒線體供應能量後，尺寸變大立刻就出現了優勢。大型細胞需要更多DNA，而有了更多DNA，就有材料能產生更多的基因，變得更複雜。請注意這和細菌正好相反：細菌承受強大的篩選壓力迫使它們丟棄基因，而真核生物則是受到壓力逼迫它們取得新的基因。如果萊德利說的沒錯，性推遲了突變擊垮生物的時間，那麼性之所以會演化出現，背後的原因可能就是因為尺寸變大時DNA也必須變多。

對真核生物來說，擁有粒線體擴展了生命的可能性。粒線體使得大尺寸不再是毫無希望，而是大有可為，顛覆了那個綁手綁腳的細菌世界。體型愈大，複雜度愈高。然而，在粒線體和宿主細胞的衝突間，也有一些壞處產生。它們長期鬥爭的後果同樣遍及各種真核生物，在生命刻下永久不可磨滅的傷痕；然而即使是這些傷痕，也同時具有創造和毀滅的力量。沒有粒線體，就不會有細胞自殺，但也不會有多細胞的「個體」；不會有老化，但也沒有性別。粒線體黑暗的一面甚至有更強的力量，能夠改寫生命的劇本。

第五部

他殺還是自殺

動亂之中個體誕生

當體內的細胞老舊磨損，或是受到傷害，它們便會死亡，原因是被強迫自殺，又被稱做細胞凋亡。死亡的細胞空泡會被打包起來，然後被重新吸收。如果控制細胞凋亡的機制失效，就會造成癌症——一群細胞和個體整體的利益相左。細胞凋亡對多細胞個體的完整性和凝聚力似乎是不可或缺的，但一度獨立的細胞怎麼會轉性，為了造福大我而接受死亡？今天，粒線體負責管理監督細胞凋亡，它們的死亡裝置繼承自細菌祖先，暗示在過去這是用來進行謀殺的工具。那麼，個體的凝聚力，是否是由致命的矛盾打造起來的呢？

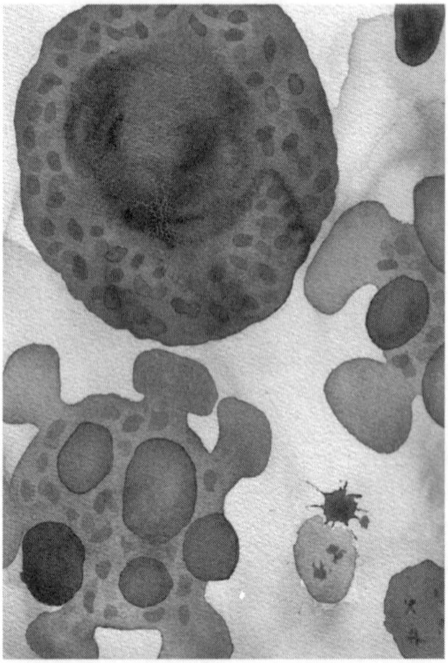

細胞凋亡造成的死亡——粒線體透過強制的自殺決定細胞的生死。

笛卡兒說：「我思故我在」，這讓我們不禁反問：「那我到底是什麼？」個體的本質長久以來一直困擾著哲學家和科學家，答案直到現在才清楚了起來。我們可以說，個體是一個生物體，由遺傳因子完全相同的細胞所組成，這些細胞經過特化，為了生物體整體的利益執行著各式各樣的任務。從演化的角度來看，問題在於：這些細胞為何將它們自己的利益擺在其次，如此無私地在體內合作？身體內的各個層級都不可避免地會出現衝突，發生在基因之間，胞器之間，還有細胞之間。矛盾的是若沒有這些內訌的鬥爭，塑成個體的強烈羈絆將永遠不會演化出來。這樣的衝突帶動了「分子警察」的演化，它們會壓制利己的個人行為，就像法治系統強制大家在社會中必須行止合宜。在體內，計畫性細胞死亡，也就是**細胞凋亡**，對管制衝突是很重要的。今天，細胞凋亡是由粒線體強制執行的，從這件事看來，粒線體可能曾在個體的演化上扮演了關鍵的角色。在第五部中我們將會發現，在遙遠的過去，演化的過程中，粒線體的確與多細胞個體的誕生密不可分。

關於自私的基因、利他主義和天擇限制，學者累積的怨氣遠比你在講究禮貌的科學協會所看見的還要更多。在這許多爭執的背後其實是個單純的問題：天擇作用的對象是什麼——基因？個體？一群個體（例如一個親族）？或是一整個物種？一九六二年，懷納德沃茲的一篇關於動物行為，深具說服力的論文《動物的分布與社會行為之關係》，吸引了眾人的目光。他認為許多層面的社會行為之所以會出現，是因為天擇並非像達爾文所推測的那樣，以個體為單位進行篩選，而是作用在物種的層級上。行為只是冰山一角。如果以物種而非個體的角度來思考，很多其他的性狀都會變得更容易解釋。比方說，從各種角度來看，老化對個體都沒有好處（我們能從變老和死亡得到什麼？），但對物種來說，這看來就像是個有效的保養措施，因為它能使族群汰舊換新，避免族群太過擁擠，防止貧瘠的資源被過度消耗。同樣的，性對個體來說似乎沒有意義，以至於必須靠激烈的性快感來賄賂我們，想必是因為溫和的愉悅感還不夠吧。性，不像細菌是單純地一分為二，由一個親代產生兩個子代，它需要有雙親才能產生一個子代，付出的成本也是無性複製的兩倍，這就是性的雙倍代價，而且這還不包括尋找伴侶的麻煩。更糟的是，性會把確保親代成功的那套基因打散，造成潛在的負擔。它最明顯的價值是快速地散播變異，有利於整個族群的適應性——對物種來說這是有益的。

反對這些概念的聲浪通常會被斥為極端達爾文主義（這是個沒什麼意義的輕視用詞）。大家一定會問，天擇在物種層級上要怎麼作用？可能的方法有很多。例如，族群快速地汰換可能會提高演化速率，如果環境急速變動（例如全球快速暖化，或是在隕石撞擊之後），這樣的特質可能會使某個物種獲得比較多的優勢。還有一個可能，道金斯稱之為「演化可能性的演化」，和物種的基因「靈活性」有關——相較於其他物種，有些物種在形態和行為上擁有更多進一步演化的空間。然而演化是盲目的，這意味著在大多數的情況下，這些物種層級的篩選就是發展不起來。性很複雜，不是一朝一夕就能演化出來的。如果它唯一的好處建立在種的層級上，而且要等到性實際演化出來才會有效果，在這期間會發生什麼事？族群內的任一個體只要朝性的方向嘗試性地跨出一步，就會敗下陣來，而且終究會被天擇給排除掉，因為它們必須承受性的雙倍代價，而且有利的性狀還會被打散，根本等不到優勢來臨的那一天。同樣的，不會老化的個體會將它們的抗老基因流傳下來，然後漸漸主宰這個族群，因為帶有這些基因的個體有較長的時間，能產生更多的子代，而它們又能將同樣的抗老化基因傳下去。因此，一方面來說，天擇似乎沒有什麼辦法可以作用在物種的層級上，而另一方面，一些高尚無私的性狀，（在當時）又只有訴諸物種層級的天擇才能解釋。

自六〇年代起，漢彌爾頓、威廉斯、納德史密斯還有其他學者，他們將篩選作用的層級設定在個體、家族群，或是基因，試圖從這個角度解釋那些明顯利他的性狀。這個新方法歸納起來就是對**廣義適應性**的數學考察——霍爾登在酒吧裡一段著名的談話生動地表現了這個概念：「我會為了救我的兄弟而不顧性命嗎？不會。但如果要放棄性命救兩個兄弟、或四個姪子、或是八個堂兄弟，我就願意。」（這段說詞的基礎在於他的兄弟有一半的基因和他相同，姪子有四分之一，而堂兄弟有八分之一，所以他的基因起碼得失相抵。）隨之而來的許多辛辣批評圍繞著他們所使用的沉重字眼「自私」——這個用詞在生物學裡有專門的定義，但它在日常用語裡帶有情緒性的暗示。受到最多批評的是道金斯的《自私的基因》一書，整個世代的人不是受它啟發，就是被它激怒，至少有部分的原因是這本書實在寫得太好了，讓每個人都能感受到它的結論所捲起的刺骨寒風——生物體只是基因生存所利用的拋棄式機器；只是短暫存在的傀儡，受基因這不死的傀儡師所擺弄。道金斯說，看待演化唯一合乎邏輯的方式，就是不要繼續低頭盯著自己的肚臍眼，改用基因的眼睛，從族群動態的角度看看這一切。

基因做為「篩選單位」的概念受到多方抨擊。最常見的台詞是天擇的眼底下看不見基因：它們是一段一段沒有反應性的電報條，只是用來編寫蛋白質或RNA密碼而已。更重要的是，基因和它編碼的蛋白質之間關係模稜兩可：同個基因可以用不同的方式分割解讀，因此可以表現不只一種蛋白質；而且我們現在發現很多蛋白質的功能不只一種。基因也可能擁有相當不同的效果，端看它們是在什麼樣的身體裡面。例如，常常有人指出血紅素基因的某個變種，它以一半劑量存在時（異型基因組合）可以防止瘧疾，但以全劑量存在時（同型基因組合）就會造成鐮刀型貧血症。以上說得全都沒有錯，但是它們並不會削弱以基因為中心解釋演化潮流這個方法的威力：天擇篩選的對象或許是個體，但只有基因會被傳遞到下一代。自私基因的關鍵是，在有性生殖時，個體不會從一個世代存留到下個世代；任何一個細胞，甚至是染色體也都不會。軀體就像雲煙一般，消散又重組，倏忽即逝，個個不同。根據道金斯的論點，只有基因會留下，不會被擾亂，就像山脈一樣古老。就一個經過長期演化的族群來說，用基因頻率的改變來量化其演化是最適合的方式。在某種程度上，這是幫助我們了解困難問題的數學輔具，但它也是現實，即使這令人難以下嚥。

從自私基因的觀點看來，個體的演化並不是問題。如果我們稱之為身體的細胞集團，碰巧成功地將它的基因傳給下一代，這些基因便會繁盛起來，並對那些不以這種方式合作的基因造成不利影響。身體是基因合作的產物，而這些基因合作，是為了它們自私的目標——繼續複製，愈多愈好。這一點道金斯說得很明白：「有些人取聚落的意象，將身體描述為細胞的聚落。我比較喜歡將它想成是**基因**的聚落，而細胞是基因的化學產業中一個方便的工作單位。」

自私基因的關鍵在於，只有基因會一代傳一代，因此基因是最穩定的遺傳單位：它是「複製因子」。道金斯清楚表示這只限於有性生殖的生物，如大部分（不是全部）的真核生物。同樣的力量不適用在細菌身上，因為它們採無性生殖的方式複製。在這種情況下，我們**可以**說個體細胞會從一代存留至下一代；同時，突變的累積又意味著基因本身**會**改變。實際上，在身體承受壓力的情況下，細菌甚至會加快它們基因突變的速度。因此，天擇在細菌身上作用的篩選單位是基因還是整個細胞，實在令人左右為難。在很多方面，細胞就是複製因子。

基因的突變不一定會改變表現型（生物體的功能或是外觀），但就定義而言這一定會改變基因本身，甚至可能在一段漫長的時間後，使基因變得面目全非。突變會累積，是因為有很多突變對功能的影響微乎其微，或甚至沒有影響，因此便被天擇忽視了——這樣的突變被稱為「中性突變」。人與人之間的遺傳差異（平均每一千個DNA字母有一個，總共有數百萬個），可能大部分都是中性突變造成的。當我們研究的物種彼此大相逕庭時，兩段序列的差別可能會大到看不出任何關係，除非我們將一系列親緣關係比較近的中間物種也納入考量。於是，我們就會發現，兩個看似無關的基因，實際上是有關聯的。就算基因完全不像，它們表現出的蛋白質在物理結構以及功能方面常常會有驚人的保守性，即使這時它們的胺基酸組成很多都已經不同了。顯然，天擇挑選的是蛋白質的結構和功能，而基因的序列則相對有彈性。就像是回到一間你曾經任職的公司，你會發現雖然你過去的同事都已經不在那裡了，但是業務的類型、風氣，以及管理結構都和你記憶中一模一樣，飄忽地傳來昔日的回音。

細菌的基因會改變，但細胞和其組成分則大致維持不變，所以細菌的細胞被認為是比它們的基因更穩定的演化單位。例如藍綠菌（「發明」光合作用的細菌），經過漫長的演化，它的基因當然有所改變，但如果化石證據可信的話，它的表現型數十億年來幾乎沒有變。如果正如道金斯所主張，自私基因最大的敵人就是源自同一個基因的其他競爭型（多型基因或是改變過的基因），那麼中性突變就是自私基因的擾頻器中，最出類拔萃的一種：隨著中性突變的累積，基因序列在一段時間後便走上分歧的道路。同一個基因可能有數百萬種不同的格式，散見於不同物種的身上，被干擾的程度各自不同；這就是基因演化樹的基礎。因此，演化就是基因的自私目的與突變的搗亂能力的互相對抗，前者「想要」製造和自己一模一樣的基因拷貝，後者則不斷地打亂其序列，害自私基因變成它自己最大的敵人，也就是原本的它最討厭的那種基因。

其他還有一些考量也讓細菌基因處於不利的地位，無法登上細菌的「篩選單位」寶座。有人說，在無性複製的情況中，所有基因會全部一起傳遞下去，因此基因的命運和細胞的命運全然一致。然而這個說法不太正確。細菌會掉換基因，並且會受到名為噬菌體的病毒攻擊，它們會在細菌身上載入一捲又一捲的自私DNA。可是，反倒是真核生物體內塞滿了許多自私複製的「寄生」DNA（這些DNA序列的複製只為私利，而非整個生物體），細菌的基因體則很小，而且幾乎沒有寄生的DNA。正如我們在第三部看過的，細菌會捨棄多餘的DNA，包括有功能的基因，因為這樣可以加快它們的複製速度。「自私」的基因會受到懲罰，它們時時被掃出門外，落入充滿敵意的世界。把細菌的水平基因轉移當作基因這一方的自私防禦手段，或許說得通，但是一般而言，水平轉移得來的基因，只有在細胞還需要這額外的基因時才會被留下，事後，它就會跟著其他不被需要的基因一起被拋棄。我並不懷疑我們可以用自私基因來詮釋這一切，但我認為用細胞本身（而不是基因）的成本效益來解釋這些行為，會更易於理解。

還有一個理由可以說明為什麼細胞比基因更該被視做自私的單位（至少在細菌身上）。這個理由是，基因的密碼編寫的不是細胞，它們編寫的是製造細胞的裝置，即蛋白質和RNA，這些蛋白質和RNA接著才製造出所需的一切。這樣的差別似乎不值一提，但其實不然。所有細胞都擁有非常精密的構造，就連細菌細胞也是。我們愈認識它們，就愈了解細胞的機能仰賴著這些構造；正如我們在第二部所見，細胞絕對**不**只是一個裝著酶的袋子。耐人尋味的是，基因似乎完全沒有編寫細胞的**構造**。比方說，膜蛋白會透過著名的編碼序列方式被導引到特定的膜上，但卻沒有規定要如何從頭開始製造這樣的一張膜，或是決定該在哪裡建造它，脂質和蛋白質只會被送到既有的膜上。同樣的，新的粒線體永遠來自舊的粒線體，無法從頭開始地做出來。細胞裡的其他元件如中心粒（組織細胞骨架的小體）也有一樣的情形。

因此，在細胞的基礎層面上，教養決定天性，但天性也決定教養。換句話說，基因的力量絕對仰賴著既有的細胞，而細胞也只能靠基因的作用延續下去。因此，基因的傳遞永遠會透過細胞，如卵或是細菌體，絕不會以獨立封包的形式配送。病毒這種獨立封包，只有在進入既有細胞的裝置時才會活過來。我們在第二部遇過的微生物學家哈洛，他深入研究這些問題已有很長一段時間了；他在二十多年前說出了以下這段話，至今幾乎沒有什麼部分需要更動：

基因體是遺傳訊息的唯一寶庫，歸根究柢是它決定了形態，環境的影響很有限。但若想探究基因體是怎麼做到這件事的，問題就像是一個套一個的中國套盒，全部拆開後，卻發現最裡面的盒子是空的。……基因的產物來到一個事先組織好、由早先的基因產物所構成的母體，它們的功能性表現，會受它們運作的地點，還有它們接收到的信號所引導。形態並沒有在任何訊息裡被明確地講出來，而是透過與特定的構造脈絡的配合，給予暗示。到頭來，還是只有細胞能製造細胞。

那麼整體來看，我們有很多理由將細菌的細胞視為演化的自私單位，而不是它們的基因。或許正如道金斯所說，真核細胞發明的性改變了這一切；但如果我們想了解更深層的演化趨勢，就必須一路回溯至細菌，探究這種主宰世界超過二十億年的生命。

這些切入角度的不同之處，有助於解釋為何微生物學家會是自私基因最主要的批評者，例如瑪格利斯就是其中的一員。事實上，瑪格利斯已成為一名口無遮攔的重砲批評者，盡一切可能地反駁這門數學化的新達爾文主義，說它讓人回想起維多利亞時代，癡迷於顱骨形狀和犯罪之間關係的顱相學，而且很有可能會落得同樣不光彩的下場。

你可能會覺得瑪格利斯被自私基因的概念打敗了，但細菌的所作所為確實比較文明，傾向於形成互助的社群和諧共存，而不是「吃掉」彼此。細菌只會帶來疾病的觀念根深柢固，但這是錯的。對瑪格利斯來說，演化大體來說是個細菌事件，可以解釋成細菌集團間的互助合作，其中也包括內共生，就像我們在真核細胞身上看到的那樣。這些合作在細菌之間運作無礙，因為掠食行為沒有好處：正如我們在第三部所見，細菌利用細胞膜行呼吸作用，這意味著在天擇作用下，一個又大又能量充沛，可以把其他細胞整個吞掉（吞噬作用）的細菌，是不可能演化出來的。細菌比的是誰的生長速度快，而不是誰的嘴巴大。在細菌的生態系裡，缺乏食物的情況是很現實的，既然如此，它們與其搶破頭去競爭同樣的素材，還不如靠彼此的排放物營生。如果有一種細菌的生存方式是把葡萄糖發酵成乳酸，它便製造了一個位置，讓另一種能將廢棄的乳酸氧化成二氧化碳的細菌得以進駐，藉此維生；接著再來一種細菌把二氧化碳轉換成甲烷；又一種細菌來氧化甲烷；以此類推。細菌生存的方式靠的是連綿不絕的循環利用，而這點透過合作網路最容易實現。

請各位記住，即使是互惠的合作關係，也只有在雙方都覺得合作比不合作來得好的情況下，關係才會成立。不管我們衡量「成功」的基準是留下細胞還是留下它們的基因，我們最後看到的都只有留下來的倖存者——也就是**已經**成功複製的細胞或基因。那些自我犧牲，無私過頭的細胞，注定會消失得不留痕跡，就像許多年輕的戰爭英雄為了國家而打仗，獻出了性命，身後留下哀悼的親屬，卻沒有留下自己的孩子。我想表達的重點是，合作不一定是無私的。即便如此，互助合作的世界似乎還是迥異於傳統的觀念，以丁尼生的話來表達就是「大自然，血染的紅色爪牙」。合作可能不是無私的，卻也沒有「攻擊性」——它並不會使我們聯想到滴著鮮血的下顎。

這之間的差異，是致使瑪格利斯和新達爾文主義決裂的部分原因。如我們所見，道金斯關於自私基因的概念如果套用在細菌身上（雖然他也沒打算要這麼做）會變得意義不明。然而對瑪格利斯而言，演化的整幅錦繡紋理都是由細菌的合作關係所織就的，它們不只是形成聚落，還形成了個體身心的真正結構，甚至透過腦內的微管所組成的絲狀網路，使我們產生意識。沒錯，瑪格利斯將整個生物圈想像成是細菌合力打造的建設——蓋亞，這個概念是她與勒夫拉克率先提出的。在她最新的著作，與其子多利安共同執筆的《取得基因體：關於物種起源的理論》一書裡，瑪格利斯主張，即使是在植物和動物之中，新的物種也是透過「細菌風格」的基因體融合方式誕生，而不是像達爾文所描繪的，以及其他所有生物學家幾乎都認同的那樣，經過緩慢的變異產生新的物種。在某些特例中，這個基因體融合的理論可能是對的，但在大多數的情況裡，這等於是悍然無視了長達一個世紀的謹慎演化分析。為了駁斥新達爾文主義，瑪格利斯蓄意地向大部分的主流演化學家挑釁。*絕少有人能像已故的麥爾那麼有耐性，他為這本書貢獻了一段睿智的序言，讚譽了瑪格利斯對細菌演化的獨到眼光，同時也警告讀者，她的想法並不適用於絕大多數的多細胞生物，包括全部的九千種鳥類（這是他特別擅長的領域）。有性生殖這項事實，代表基因必須爭奪染色體上的一席之地；而掠食在真核生物中的崛起也意味著，在這個層面上，大自然的爪牙確實染滿了鮮血，不管我們多麼希望它不是如此。

雖然他們的視角不同，然而很諷刺地，道金斯和瑪格利斯對個體的看法其實沒有一般人以為的那麼不同。我們先前已經知道，道金斯將個體描述為由互助的基因形成的聚落，而瑪格利斯則認為個體是互助的細菌形成的聚落，所以也可以解釋成是互助的細菌基因所形成的群落。他們兩個都把個體視為一個在合作的基礎上構成的物件。例如道金斯就在他傑出的著作《先祖的傳說》裡寫過這麼一段話：「我的第一本書《自私的基因》，其實同樣也可以叫做《合作的基因》，內容一個字也不用改……自私和合作，是達爾文主義的一體兩面。在這被性攪動的基因池裡，每個基因都靠著與其他基因合作，而提高私有的福利，建造出大家共有的身體。」

但是合作關係的理想，低估了個體內部各種自私物件彼此之間的衝突，特別是細胞和其內部的粒線體。雖然各式自私物件的衝突完全符合道金斯的哲學，但他在《自私的基因》一書中並未將這個概念發展起來，一直要到他本人後來的著作《延伸的表現型》，還有八、九〇年代時耶魯生物學家巴斯等人的重要研究，這些想法才真正問世。多虧他們研究了這些衝突及其解決方式，現在的演化生物學家才會理解，細胞的聚落（或是基因的聚落，隨你喜歡）不會構成真正的個體，只會形成較為鬆散的組合，個別細胞可能還是獨立活動的。比如像海綿這樣的多細胞群落，常常會斷成小碎片，每一個碎片都可以建立起一個新的群落。任何共同目標都只是暫時的，因為個別細胞的命運並沒有和多細胞群落綁在一起。

這樣率性的行徑在真正的個體身上便會受到無情的壓制，對於真正的個體而言，在共同目標的跟前所有的自私目的都是次要的。各式各樣的行徑都是為了保證目標一致，包括早早就將專門的生殖細胞系封存起來，使得體內的大部分細胞（所謂的體細胞）無法直接傳下自己的基因，只能像個偷窺狂似地看著下一代的誕生，而它們也的確是。這樣的偷竊行徑要能行得通，也得要體內的個別細胞都擁有完全相同的遺傳羈絆才行——都是由同樣的親代細胞，也就是受精卵（合子），透過無性複製而來。雖然他們的基因不會直接傳給下一代，但退而求其次，生殖細胞傳下去的也是完全一樣的拷貝，到頭來幾乎沒有差別。即便如此，光靠糖果策略並不夠：還是不能省下鞭子。要解決這些細胞間的自私衝突（雖然在遺傳上它們是完全相同的），只有靠極權才能實現，這令我們憶起史達林主義下的俄國：罪犯不會被起訴，而是被徹底抹除。

嚴刑峻法下的結果是，天擇停止在組成個體的每個獨立物件之間挑挑揀揀，開始在較高的層級上作用，現在它篩選的是互相競爭的個體。然而即使是外觀健全的個體，我們還是可以從它們身上聽到一些不和諧的聲音，提醒我們個體內部的團結得來不易，而且很輕易就會崩毀。這般提醒著過往的回聲，其中之一就是癌，癌症以及我們從中學習到的教訓，便是下一章的主題。

---

*這些想法吸引了一些熱情的擁護者，其中有些人之所以會毫不懷疑地認同它們，是因為瑪格利斯眼光獨到，她曾獨自證明整個領域的人全都是錯的，因此她這次也一定是對的。我心目中的另一位英雄米歇爾，他革新了生物化學，但在他晚年時，他的理論中有些部分被證明是完全錯誤的。相同的狀況也發生在瑪格利斯身上，她將新達爾文主義斥為無稽之談，恐怕是個明顯的錯誤。

第十一章　體內的衝突

癌症是個體內部的衝突下誕生的可怕鬼魅。一個細胞選擇脫離身體的集中控制，像細菌那般增殖。在分子層級上，這一系列事件是天擇實際運作情形的最佳示範。讓我們快速地思考一下這是怎麼一回事。

癌症多半是基因突變的結果（但並非絕對）。單一突變通常不夠。一般而言，一個細胞要在特定的某些基因上，累積八到十個突變，才會轉型為惡性細胞，轉型的細胞會將它的私人利益放在身體的整體利益之上。基因的突變往往會隨著我們的年歲增長而隨機地累積，但特定的組合才會引起癌症：通常突變必須發生在兩類基因上，它們分別被稱為致癌基因和抑癌基因。這兩組基因表現的蛋白質都參與控制正常的「細胞周期」——透過細胞周期，細胞回應來自體內其他部分的信號，走向增殖或是死亡。致癌基因的產物通常會在受到特定刺激時通知細胞進行分裂（例如在受感染後取代死去的細胞），但在癌細胞裡，這種基因的開關會卡在「開」的位置，關不起來。相反的，抑癌基因通常是在細胞分裂不受控制時被拿來當做煞車，使細胞進入靜止狀態，或是強迫他們自殺。在癌細胞，這些基因的開關往往固定在「關」的位置而無法打開。細胞內有大量的關卡和制衡機制，這就是為什麼一個細胞在轉變為癌細胞前平均會需要八到十個特定的突變。有癌症遺傳傾向的人可能從父母身上繼承了一部分的突變，使得他們發病的門檻變低，不用累積那麼多「新」的突變就會引發癌症。

轉型的細胞不再正常回應身體的指示。當它們增殖，便形成了腫瘤。然而良性的增生和惡性的腫瘤還是有很大的區別，還需要發生很多變化癌才會擴散。首先，腫瘤需要供養，才有可能長到直徑數毫米以上。透過腫瘤的表面緩慢地吸收養分，已經不夠了——腫瘤細胞需要來自內部的血液供應。要獲得血液供應，它們需要生成正確的化學傳訊因子（或稱生長因子），劑量要恰如其分，才能刺激新的血管往腫瘤內部生成。要再一步增生，就得分解周圍的組織讓腫瘤可以占領這些空間：這些細胞必須噴出強效的酶分解組織結構。而最令人畏懼的一步，或許就是癌跨足到體內其他部位——**癌轉移**。癌轉移所需具備的特質彼此對立但也很明確。細胞必須要夠滑溜，讓它能從腫瘤的掌握中逃脫，但又要夠黏才能附著在體內別處的血管壁上。它們透過血液或淋巴系統移動時，要能避開免疫系統的監視，這通常是靠一群細胞黏在一起彼此「掩護」（黏在一起還得先克服它們的滑溜）。到達目的地時，這些細胞必須能在血管壁上鑽出一條路，進入後方安全的避難所，也就是組織——然後要停下來。而且，在整趟賭命的孤獨旅程之後，它們必須仍保有增殖的能力，在另一個器官的新大陸上，建立一個癌細胞殖民地。

幸好，絕少有細胞生來就具備轉移型癌症所需的辯證性質。可是我們之中幾乎沒有人不會被癌症騷擾，若非我們本人，就是我們的家人、親屬，還有朋友。那麼，細胞是怎麼獲得它們需要的所有特質的呢？答案是：癌細胞是透過天擇**演化**出來的。在我們一生的旅程中，細胞會獲得數百個突變，其中一些可能碰巧影響到控制細胞周期的致癌基因及抑癌基因。如果一個細胞掙脫了平時阻止它增殖的枷鎖，它就會大量增殖。很快的它就不再是一個細胞，而成了一整群的細胞，全都忙著累積新的突變。這些突變有很多是中性的，其他則對細胞有害，不過或遲或早會出現某些突變，使得一個細胞向惡性腫瘤多跨出一步，接著又一步，然後再一步。每一次，它們的後代都會增殖，原本的一個突變株，變成一個激增的族群，直到這個族群又被一個進一步適應的細胞取代。在幾年之內，甚至只要幾個月，這個身體就會被癌症侵襲得千瘡百孔。癌細胞沒有未來——它們注定會死亡，和我們一樣。它們單純只是在做它們該做的事情：生長並且改變。而主導這整個過程的是變異和篩選冷酷無情的盲目邏輯。

癌症的篩選單位是什麼？是基因還是細胞？把細胞本身想成是自私的單位比較合理，就像之前看過的細菌一樣。這些細胞的複製不靠性，而是跟細菌一樣行無性複製。這些細胞的基因可能會變化得比表現型來得快，表現型在很多方面，包括顯微鏡下的外觀，都會保持本來的樣貌（至少在一段時間內）。就算是轉移的癌細胞也會洩漏它們的出身：如果我們仔細觀察肺部的一顆腫瘤，通常都能分辨出它是來自肺泡細胞的「原發」腫瘤，還是從乳房之類的遠端組織轉移來的「次生」腫瘤。會知道這點是因為它們還保留著一些「乳房」細胞的返祖性狀，例如製造荷爾蒙。在此同時，癌細胞的基因不穩定性也相當惡名昭彰：染色體消失，或是斷裂，或是在狂野的重組之下被黏在一起。因此這些細胞雖然保有和原本相似的外觀，但它們的基因則是被突變和重組徹底打亂，不復辨認。如果有個「自私」的演化單位，那一定是細胞，它一路越過所有的障礙，直到終於殺死自己的宿主，這段歷程所承載的命運之沉重，不遜於馬克白。

在癌症中，「自私」這個字眼聽起來像是空話。若說惡性腫瘤是在爭取自由，讓細胞自行其是，是沒有道理的——這只是「機器裡的幽靈」，這些細胞純粹只是毫無意義地退回「個體」演化出來之前的版本。在這層意義上，癌症為演化的純粹無目的，賦與了一種淡漠而空虛的印象。細胞複製，然後複製得最好的細胞留下最多的子代。僅此而已。很難想到癌症還有什麼更深層的意義：這是盲目的機械動作，除此之外什麼都不是。對照於其他的縮影演化系統所透露的風景，如細菌感染，儘管細菌盡一切手段只顧複製，它們的行為還是有股強烈的目的氣氛：我們或許會覺得感染很討人厭，但我們會承認細菌這麼做是有原因的——為了它的生活史，為了未來，為了某種「目的」。它們不會注定走向悲慘的命運，而是會繼續感染其他個體。（當然這樣的差異本身也是我們想像出來的——不管細菌還是癌症都沒有任何「目的」。然而，癌症是個很好的例子，因為癌細胞顯然不具備在細胞之外存活的能力，所以我們可以很清楚地看見，它們在自我複製上的短暫成功，其實也是一場空。）

就算癌症沒有意義，它至少也展現了打造一個個體所須克服的障礙。如果直到今天我們還抵擋不住癌症的無法無天，最早的那些個體又怎麼有機會？在組合關係比較鬆散的那些日子，逃兵和細菌一樣有機會自己生活，逃亡的結局不是一場空。最早的個體是如何鎮壓身上那些細胞的反叛傾向？它們的做法似乎和今天的我們一樣：透過一種名為計畫性細胞死亡，又稱細胞凋亡的機制，處理掉違規的細胞——它們強迫異議份子自殺。細胞凋亡甚至也存在於那些有時獨立生活，有時生活在群落裡的細胞身上，從這裡便產生了一個問題：細胞凋亡是如何，又是為什麼會在單細胞的生物身上演化出來？一個有能力獨立的細胞，為什麼會「同意」殺死自己？

我們對細胞凋亡的認識，多半是靠著研究它在癌症所扮演的角色而來的。我們所知愈多，就愈會意識到粒線體在細胞凋亡中扮演著關鍵的角色。而當我們循跡回顧我們的演化之路，便會發現，細胞凋亡來自最早的真核生物，從粒線體和宿主細胞間的操控權之爭裡演化出來——遠在群落出現之前。

細胞死亡主要可以分成兩類：暴力、無預警、快速的終結，這被稱為壞死，會在地毯留下斑斑血跡汙漬；以及無聲無息地蓄意吞下氰化物，這種是細胞凋亡，所有和此一事件有關的證據都會不翼而飛。這是密探的下場，而且似乎也很適合體內的史達林式政權。相比之下，壞死造成的死亡會引起難以控制的發炎反應，等同於一發不可收拾的警方調查，會挖出更多的屍體，而且騷動要等到很久之後才會平息。

死亡預言的編年史

從歷史的觀點來看，生物學家一直有種奇怪的抗拒心理，不願意完全承認細胞凋亡的重要性。畢竟生物學是研究生命的學門，而死亡感覺起來是種沒有生命的狀態，不在生物學負責的範圍內。許多計畫性細胞死亡的早期觀察都被當做奇聞異事，沒有更深遠的意義。一宗最早的觀察紀錄是在一八四二年，來自德國的革命家兼學者兼唯物主義哲學家福格特，他因政治立場被迫逃到日內瓦，而他和拿破崙三世的交易，在其後使他成為馬克斯一八六〇精采的論戰小手冊《福格特先生》攻擊的目標。但記得他的嚴謹研究或許比較有教育意義。他研究的是產婆蟾蜍從蝌蚪變為成體的變態過程。具體來說，福格特使用了顯微鏡追蹤蝌蚪那有彈性的原始脊椎——脊索。脊索的細胞會轉變為成體蟾蜍的脊柱嗎？還是它們會消失，讓位給構成脊柱的新細胞？最後證明答案是後者：脊索的細胞會死光（我們現在知道那是透過細胞凋亡），被新的細胞取代。

十九世紀的其他觀察也和變態有關。在一八六〇年代，偉大的德國演化學先驅偉斯曼注意到，在毛蟲轉變為蛾的過程裡，很多細胞會沉默地相繼死亡，但令人好奇的是，他沒有就這項發現與老化死亡之間的關聯進行討論，而老化及死亡正是日後使他成名的主題。在此之後，有關秩序性細胞死亡的進一步描述，多半來自胚胎學——發育的過程中所發生的種種改變。其中最驚人的是發現魚和雞的胚胎裡，有一整群神經元（神經細胞）會陸續死亡。而且我們的胚胎也是如此。在胚胎發育的過程裡，神經元一波一波地消失。在腦部的某些區域，發育初期所形成的神經元，有百分之八十在出生前就會消失！細胞的死亡讓腦部的「配線」可以達到很高的精確度：特定的神經元之間建立起功能上的連結，使神經元網絡得以形成。不過這個普遍的雕刻主題同樣也充斥在整個胚胎學的領域裡。就像雕刻家削鑿大理石創造出藝術作品一樣，完成身體這件雕刻品靠的不是加法，而是減法。例如我們的手指和腳趾，是指間的細胞依序死亡而形成的，而不是從「樹椿」上一支一支分別延伸出來的。如果是像鴨子這樣有腳蹼的動物，這些細胞不會全部死亡，所以趾間還保留著蹼。

儘管細胞凋亡在胚胎學上很重要，但它在成體身上扮演的角色直到最近才獲得重視。細胞凋亡（Apoptosis）這個名稱本身，是在一九七二年，由阿伯丁大學凱爾、韋立和柯里創造出來的，他們聽從該校的希臘語教授寇馬克的建議為其命名（意思是「衰微」），並在他們發表於《英國癌症期刊》的論文標題上開宗明義地介紹：「細胞凋亡：一種廣泛影響組織動力學的基本生物現象。」因為是希臘文，第二個 p 不發音，應該讀成「ape-oh-toe-sis」。這個字古希臘人曾經使用過，最早開始用它的人是希波克拉底，意思是「骨頭的衰微」，這個晦澀的字眼是用來表示繃帶下的斷骨受到壞疽的侵蝕；而之後蓋倫將它的意義沿伸成「痂的脫落」。

時間回到現代，凱爾注意到老鼠的肝臟尺寸不是固定的，而是會隨血流的波動而機動性地改變。如果流經老鼠某幾個肝葉的血流減弱了，受影響的肝葉就會補償性地在數周內逐漸變小，因為細胞凋亡使一部分細胞消失了。相反的，如果血流恢復了，肝葉又會相應地在幾周內增加重量，因為細胞會回應這項刺激而增殖。這樣的平衡措施普遍適用於很多地方。人體每天都有數百億的細胞死去，並被新的細胞取代。那些死去的細胞不會遭遇暴力而無預警地終結，而是在無人知曉的情況下，安靜地被細胞凋亡移除。和它們死亡相關的所有證據都會被鄰近的細胞**吃掉**。以上這代表在體內，細胞凋亡會和細胞分裂取得平衡。因而也代表細胞凋亡和細胞分裂對正常生理同樣重要。

在一九七二年的那篇論文裡，凱爾、韋立及柯里提出了一些證據，證明在許多風牛馬不相及的狀況裡，這種細胞死亡的形式基本上都相仿——它出現在正常的胚胎發育，也出現在畸胎發生時（胚胎的畸形發育）；在健康成體的組織，在癌症，也在腫瘤退化的過程裡；它還會被用來裁縮組織中那些棄用及老化的部分。細胞凋亡在免疫功能上扮演的角色也很關鍵：在發育階段，那些會對抗自己身體組織的免疫細胞會發生細胞凋亡，這使得免疫系統能夠區別「自己」和「異己」。而之後，免疫細胞可以誘導受損或受感染的細胞自行發生細胞凋亡，藉此發揮許多功效。免疫細胞的這種篩選檢查，可以在初期癌症細胞發生變化，開始增殖之前，將它們排除。

細胞凋亡的一連串事件經過精心的編排。細胞先是縮小，並開始在表面產生泡泡。細胞核內的DNA和蛋白質（染色質）在核膜的附近凝聚起來。最後細胞裂開成為小小的，由膜包裹的構造，名為凋亡小體，免疫細胞會將它們吸收掉。實際上，細胞會將自己打包成易於吞入的大小，默默地讓同類吃掉。與這番安排相符的是，細胞凋亡需要ATP做為能量來源——如果ATP不足，細胞就不能進行細胞凋亡。因此這項手續和壞死這種暴力無預警的細胞死亡形式（特色是細胞脹大破裂）非常不同。另外還有一點也跟壞死相當不同，細胞凋亡不會有後續事件，特別是不會有發炎反應：沒有什麼能夠紀念細胞的消逝，除了它的缺席。這是一樁預言過的死亡事件，卻沒有人會記得。

劊子手

超過十年的歲月裡，韋立和少數的一些人就像是細胞凋亡的傳教士一樣，不屈不撓地面對著廣大生物學界的漠然。那些不相信他的人開始改變信仰，是因為韋立發現染色體在細胞凋亡時會斷成片段，在生化分析下呈現獨特的梯狀圖形。此一發現使細胞凋亡變得可以在實驗室診斷出來，讓多疑的生化學家無法繼續質疑那只是電子顯微鏡的汙染。但是真正的轉捩點出現在八〇年代，波士頓麻省理工學院的霍維茨著手鑑定在線蟲身上造成細胞凋亡的基因，這項研究使他成為二〇〇二年諾貝爾獎的得主之一。線蟲是一種在顯微鏡底下才能看見的小蟲，牠為我們帶來了極大的便利。首先，牠是透明的，因此研究人員可以從顯微鏡下明確地看出個別細胞的命運；第二，我們事先就知道，構成線蟲的一〇九〇個體細胞（身體的細胞，相對於生殖細胞）中，其中的一小群細胞（一百三十一個）在胚胎發育的過程裡會因細胞凋亡而死去；第三，線蟲的平均壽命不到二十天，因此在實驗室裡也很容易追蹤牠們快速的發育過程。

霍維茨和他的同事在線蟲身上發現了幾個基因，它們會表現細胞死亡的作用因子——它們是死亡基因。他們的調查結果本身就很吸引人，但最出乎意料而且也最重要的發現是，這些死亡基因同樣也出現在果蠅、哺乳類，甚至是植物的身上。癌症學家在更早之前就已經鑑定出其中的一些基因，但是卻不知道它們是為何又是如何與癌症扯上了關係。與線蟲間的連結使它們的功能清晰了起來，也再次展現了生命的基礎一致性。人類的這些基因不只和線蟲基因關係明確，甚至當我們用遺傳工程把它們放進線蟲體內，取代線蟲本身的基因時，它們的效用也一樣好！任何一個會使死亡基因失效的突變，都會阻止線蟲那一百三十一個細胞如常地透過細胞凋亡消失。這在癌症上的意義顯而易見：如果同樣的突變在人類身上也有類似的效果，那麼初期癌細胞很有可能就不會成功地自殺，反而會繼續增生，形成腫瘤。

到了九〇年代初期，學者已經發現，有一部分的致癌基因和抑癌基因（之前我們討論過，它們是癌症的成因）的確是透過影響細胞凋亡來控制細胞的命運。換句話說，癌症的起點是那些死亡基因發生突變，沒有能力透過細胞凋亡殺死自己的細胞。死亡基因是指正常狀況下會使細胞執行細胞凋亡的基因，所以致癌基因和抑癌基因都可能包括在內，兩者都可能會強制某個細胞獻身，為了整個身體的利益而死。就像當時韋立所說的：「前往癌症的車票固定都附有通向細胞凋亡的車票；細胞凋亡的車票要先取消，才會抵達癌症。」

負責執行細胞死亡計畫的劊子手，是名為**半胱胺酸蛋白酶**的蛋白質（比生化學家原本命名的「半胱胺酸仰賴型天冬胺酸專一性蛋白酶」淺白多了）。目前在動物身上發現的各種半胱胺酸蛋白酶總計超過一打，其中有十一種也出現在人類身上。它們作用的方式本質上都相同，就是將蛋白質切成片段，有些蛋白質會因此被活化，繼而去分解細胞內的其他成分，例如ＤＮＡ。有趣的是，半胱胺酸蛋白酶不是在需要的時候才聽命製成，而是會持續地產生，因此它們停留在非活性的狀態，等待著殺戮的號角響起，就像以細線懸掛在登基之人頭頂上的那柄達謨克利斯之劍，靜靜地懸在細胞上方。在我們體內，幾乎所有細胞，都無時無刻懷抱著這沉默的死亡裝置。想到這一點不禁為之肅然。（據說，達謨克利斯是古希臘時代的暴君狄奧尼休斯二世手下的佞臣，他羨慕狄奧尼休斯手握大權坐擁財富，認為他享有至福，為了使他理解居此高位的真正感受，狄奧尼休斯讓他坐上豪華的王座，但在他頭頂上方用一根馬尾毛懸掛一柄利劍。）

坐在劍尖下方的我們應該心懷感激，因為掛著劍的繩子十分牢固。一旦半胱胺酸蛋白酶被活化，幾乎就不可能倒退；但在這個古老的裝置投入運轉之前，必須先啟動許多關卡和制衡機關。這些控制器是近二十年來密集研究的主題，除非你是最最用功的學生，否則它們的命名及簡稱之混亂，足以混淆所有的人。更麻煩的是，在不同物種的身上發現的同一個基因會沿用不同的歷史名稱。這使我想起居爾特音樂，同樣的曲調有好幾種名稱，而同樣的標題又可以參照到好幾種不同的曲調：優美的變化無止境地流瀉，但對直接的理解幾乎沒有幫助。來舉個基因為例吧，名為 *ced-3* 的線蟲基因，在小鼠叫 *nedd-2*，在果蠅叫 *dcp-1*，在人類身上，則叫 *ICE* 或是白細胞介素 1-β 轉化酶（因為在命名當時是發現它會參與製造一種免疫傳訊因子，白細胞介素 1-β）。當在線蟲身上發現它的重要性之後，ICE也成為人類半胱胺酸蛋白脢的原型，雖然它在人類的細胞凋亡所扮演的角色似乎沒有那麼重要。另外還有些與半胱胺酸蛋白酶相似的酶，以及相關的酶，分別是類半胱胺酸蛋白酶，以及異半胱胺酸蛋白酶。這些酶出現在真菌、綠色植物、藻類、原生動物，甚至是海綿身上。它們幾乎遍布在所有真核生物的身上，因此可以推測，或許在十五到二十億年前，它們的先驅就已經出現在某些最早的真核生物身上了。

我們不需要糾纏於細節。只要知道，細胞凋亡的調控很複雜，牽涉到許多步驟，一連串的半胱胺酸蛋白酶一個接著一個地啟動，最終活化了一隊小小劊子手，將整個細胞切碎。＊這所有的步驟幾乎都有其他的蛋白質與之相剋，用來制衡這一連串的瀑布效應，以防一場虛驚化為真正的死亡災難。

死亡天使粒線體

這是在十年前，九〇年代的知識狀態。它們至今也都沒有被推翻。然而在那之後發生了革命性的重心轉換，顛覆了這套還在建立中的觀念。在它原本的假設裡，核是細胞的營運中心，並控制著細胞的命運。這在很多層面上當然沒錯，不過在細胞凋亡的例子裡則不是這樣。缺乏細胞核的細胞仍能執行細胞凋亡，實在不尋常。於是，我們得到了一項激進的發現：粒線體掌控著細胞的命運，它們決定了細胞的生死。

啟動死亡裝置的方式有兩種。兩者原本看似大異其趣，但更新的研究顯示它們有許多共同的特點。第一種方式稱為外部途徑，因為死亡的信號是來自外部，並透過細胞表面膜上的「死亡」受器而傳達。舉例來說，活化的免疫細胞會產生化學信號（如腫瘤壞死因子），與初期癌細胞的死亡受器結合。死亡受器再將訊號傳遞下去，活化細胞內的半胱胺酸蛋白酶，引發細胞凋亡。雖然細節還有很多需要補足的部分，但大致的樣貌似乎夠清楚了。真的是這樣嗎？才不是呢！

第二條通向細胞凋亡的道路被稱做內部途徑。正如字面上的意思，自殺的動力來自內部，通常是因為細胞受損。舉例來說，紫外線引起的ＤＮＡ損傷就會活化內部途徑，導致細胞凋亡，不需要任何的外部信號。目前已經發現了數百種會使細胞凋亡的內部途徑被觸發活化的因素——它們不需經過「死亡受器」而產生效果，只要直接傷害細胞就行了。其種類之多，令人驚嘆。很多毒素和汙染物都能造成細胞凋亡，還有一些治療癌症用的化療藥物也是。病毒和細菌可以直接引起細胞凋亡，最惡名昭彰的例子就是愛滋病毒，會造成免疫細胞本身的死亡。很多物理性的逆境也會引起細胞凋亡，包括冷、熱、發炎反應和氧化逆境。而在心臟病發或中風時，或是在移植的器官內，細胞也可能會產生凋亡反應，一波波地死去。這些互不相同的觸發因素個別都會引起相同的反應，也就是活化半胱胺酸蛋白酶的級聯反應，因而每種情況都會透過細胞凋亡產生出類似的死亡模式。想必，這些信號都會透過某種方式匯流到同樣的一個「開關」；它們總之都必須將某個非活化型的半胱胺酸蛋白酶活化起來，這項生化任務就像是要把鑰匙插進鎖孔轉動一樣，需要專一性。不過到底是哪個傢伙能轉動這把鑰匙，辨認如此五花八門的信號，判定它們的強度，然後將它們整合到單一共同的途徑呢？

答案的第一個部分出現在一九九五年，由薩姆薩米及他的同僚所提供，他們在法國國家科學研究中心（位於維勒瑞夫），隸屬克勒默的研究團隊裡進行研究。研究成果被寫成兩篇論文，發表在《實驗醫學期刊》，隨後成為醫學研究中最常被引用的論文。當時已有一些因素暗示粒線體可能在細胞凋亡中扮演某種角色，但克勒默的團隊證明了粒線體實際上是整個過程的關鍵。具體而言，他們證明了

＊半胱胺酸蛋白酶的級聯反應透過酶的作用使信號增幅。酶是一種催化劑，它會在受質身上作用，自己卻不受影響，因此它能重複反應，催化許多不同的受質。如果這些受質本身也是酶，並且會被第一個酶活化，那麼每經過一個步驟反應就會放大。如果第一個酶能活化一百個次級酶，然後每個次級酶又能活化一百個劊子手，我們的軍隊就會有一萬個劊子手——而且劊子手也都是酶，可以反覆出擊。若中間再插入一個步驟，我們的半胱胺酸蛋白酶軍隊就會有一百萬人次的強度。

觸發細胞凋亡的一個主要因素，就是粒線體內膜膜電位——也就是呼吸作用產生的質子梯度（見第二部）——的消失。如果內膜經過了一段時間的去極化，那麼細胞**一定**會繼續走向細胞凋亡。在他們的第二篇論文裡，克勒默的團隊證明這個過程分兩部分發生。在膜的去極化之後，緊接著是含氧自由基爆炸性的生成，這似乎是細胞凋亡走向下一階段的必要條件。

幾乎所有內生性的觸發因素，都會引發粒線體的這兩個步驟——膜的去極化和釋放自由基。換句話說，對於各種細胞損傷而言，粒線體的作用既是感應器，也是轉換器。將執行細胞凋亡的粒線體轉移到正常的細胞，便足以使後者的細胞核分解，並死於細胞凋亡。相反地，阻斷粒線體的這兩個步驟可以延緩甚至阻止細胞凋亡。但是還有一個問題：執行細胞凋亡的粒線體如何聯絡細胞的其他部分？特別是要如何活化半胱胺酸蛋白酶？

這個問題的答案，來自王曉東在亞特蘭大艾默理大學的團隊，而就如某位學者所說，它「讓大家都傻了」。答案是**細胞色素c**。請回想一下，我們在第二單元曾見過細胞色素c。它是呼吸鏈中的蛋白質元件，最初是在一九三〇年由基連所發現，負責將電子從呼吸鏈上的複合體Ⅲ送到複合體Ⅳ。它通常黏附在粒線體內膜的外側，緊臨著膜間隙（見**圖5**）。王曉東的團隊發現，細胞凋亡時，細胞色素c會被從粒線體上釋放出來。一旦游離於細胞內，它們就會與其他一些分子結合形成**凋亡小體**，這種複合體接下來會活化一種最終劊子手——半胱胺酸蛋白酶三號。將細胞色素c從粒線體釋放出來，會使細胞不可抗拒地邁向死亡，將它注射進健康的細胞裡也有同樣的效果。換言之，一個構成呼吸鏈必要的元件（產生細胞生存所需的能量）原來也是細胞凋亡的構成元件（造成細胞死亡）。聯繫生與死的樞紐，就坐落在次細胞結構中的一個分子上。生物學中沒有什麼能與這把雙面刃比擬：一面是生，一面是死，而兩者之間的差距只是幾百萬分之一毫米。

細胞色素c不是唯一以這種方式被從粒線體釋放出來的蛋白質。還有一些其他的蛋白質也會被釋放，並且也在細胞凋亡裡扮演某種角色，它們有時比細胞色素c還更重要。另外的這些蛋白質，有些會活化半胱胺酸蛋白酶，其他的一些（例如凋亡誘導因子Apoptosis Inducing Factor，簡稱AIF）則會在不涉及半胱胺酸蛋白酶的狀況之下攻擊其他的分子，例如DNA。生化學常常是這樣，細節牽涉的部分簡直沒完沒了，但基本的原則卻有夠簡單：粒線體內膜去極化以及自由基的生成，會使細胞色素c和其他蛋白質釋放到細胞質內，啟動那些切碎細胞的酶。

生與死的拉鋸戰

如果細胞的生死取決於細胞色素c和它的厄運夥伴所在的位置，那麼醫學研究會聚焦在粒線體釋出這些分子的特定機制，也就不令人意外了。這部分的答案依舊很複雜，不過有助於釐清細胞凋亡的內部和外部途徑之間的關聯。雖然它略過了一些例外，而且細節可能還有待調整，然而這些發現說明，粒線體在兩種形式的細胞死亡中都據於中心地位。在幾乎所有的狀況下，粒線體都掌控了基本的死亡設備。當一個細胞中有足量的粒線體傾倒出它們的死亡蛋白（或許是超過了某個不能回頭的臨界點），細胞就會義無反顧地一路向前，直到殺死自己。

根據歐倫涅斯與其同事近期在斯德哥爾摩的卡洛林斯卡研究所進行的研究，細胞色素c的釋放分成兩個部分。在第一個步驟，蛋白質先脫離膜本身，獲得可動性。細胞色素c平常會鬆散地結合在粒線體內膜的脂質上（主要是心磷脂），只有當這些脂質被氧化時才會被釋放。這說明了細胞凋亡為什麼需要自由基：它們會氧化粒線體內膜的脂質，將細胞色素c從銬鐐中解放出來。但這還只是故事的一半。細胞色素c被釋放到膜間隙中，除非外膜的通透性變大，否則它還是無法完全逃出粒線體。這是因為細胞色素c是個蛋白質，在正常狀況下，以它的大小是無法穿透膜的。如果它要逃出粒線體，外膜上得要開些洞才行。

粒線體外膜上開啟的到底是什麼樣的孔洞？這個問題已經讓學者迷惑了十年甚至更久。目前看來，可能有數種不同的機制，分別可以在不同的情況下運作，造成的孔洞類型也至少有兩種。其中的一種機制顯然牽涉到粒線體本身的代謝逆境，而它們會造成自由基的過量生成。逆境的加劇會使外膜打開一個洞，稱為**粒線體通透性轉換孔**，使得外膜膨脹破裂，並伴隨著蛋白質的釋放。

另一種孔洞的重要性可能更普遍，它牽涉到一個名字冷冰冰的蛋白質大家族——*bcl-2* 家族。這個名稱沿用至今已經變得不太恰當了，它代表的是「B細胞淋巴瘤／白血病-2」，八〇年代的癌症學家用這個名字來稱呼他們發現的一種致癌基因。在那之後至少發現了二十一種與此相關的基因，它們的表現產物都屬於同一個蛋白質家族。這些蛋白質主要可以歸為兩群，它們彼此互相對抗，對抗的進行方式很複雜，而且還有很多不清楚的部分。其中的一群蛋白質防範細胞凋亡的發生。它們位於粒線體的外膜，而且似乎會阻止孔洞的形成，藉此防堵細胞色素c這類的蛋白質被釋放到細胞質中。另一群蛋白質正好相反：它們的作用就是製造孔洞，而且是大到能讓蛋白質直接逃出粒線體外的孔洞。因此它們會助長細胞凋亡。這群蛋白質通常位於細胞的其他部分，在收到某種信號後才會移動到粒線體。最終細胞凋亡是否會發生取決於兩件事，一是粒線體膜上雙方成員數目相抵的結果，二是被捲進戰爭的粒線體數量。如果促進凋亡的一方占上風的粒線體數量足夠，那麼膜上的孔洞便會開啟，死亡蛋白便會溢出粒線體，而細胞便會殺死自己。

bcl-2 這個內鬥家族的存在，有助於解釋兩種類型的細胞凋亡（內部和外部途徑）之間的關聯性。有很多不同的信號會改變粒線體上內鬥雙方的平衡，它們可能會助長，也可能會阻止細胞凋亡。例如來自細胞外的「死亡」信號（外部途徑）和來自細胞內的「受傷」信號（內部途徑），就都會使家族內鬥的平衡往細胞凋亡那側傾斜。*如此一來，*bcl-2* 家族的蛋白質便能在粒線體上整合來自細胞內外，五花八門的信號，並且判定它們的強度。如果平衡傾向死亡，外膜上就會形成孔洞，使細胞色素c和其他蛋白質外漏，並活化半胱胺酸蛋白酶的級聯反應。因此在大多數的情況下，最後的事件都是一樣的。

對於兩種形式的細胞凋亡而言，粒線體都處於中心地位，這提高了某種可能性——或許它原本便會這麼做。我們曾討論過，細菌和癌細胞是為了自己的利益而獨立行事，因此它們本身可以被視為「篩選單位」。天擇等於同時作用在細胞和個體的層級上。粒線體曾經一度是自由生活的細菌，在那時它們是獨立運作的。而在被併入真核細胞之後，至少有一段時間，它們應該還保有身為獨立細胞的運作能力：它們是生活在較大的生物體內部的獨立細胞，可能會造反，就像癌細胞一樣（癌細胞也是

*有一些細胞凋亡的外部途徑同樣由死亡受體做媒介，卻會完全避開粒線體，不過它們很可能是原始途徑經改良後的結果，而改良前它們應該還是需要粒線體的；若非如此就很難解釋為何大多數的外部途徑都會牽涉到粒線體。

生活在較大的生物體內的獨立細胞）。

如果今天粒線體會為宿主細胞帶來死亡，那有沒有可能從一開始的時候，粒線體就會為了自己的利益殺死宿主？換言之，細胞凋亡的起源並不是項成全個體的無私行為，而是寄宿者圖利自身的自私之舉。如果這個觀點正確，那麼細胞凋亡就不應該被看成是自殺，而是他殺。而且如果真的是這樣，單細胞生物看似會自殺的原因就很明顯了：它們其實是被人從內部蓄意謀害。所以是否有證據可以證明粒線體將死亡裝置帶進了真核併吞事件呢？的確是有的。

寄生菌戰爭？

我們知道，是粒線體的祖先將細胞色素c帶進了真核併吞事件，而不是宿主細胞，這個基因是事後才轉移到核內的（第三部）。我們會知道這一點是因為可以在α-變形菌身上找到幾乎一樣的對應基因，而且它是呼吸鏈的一部分，而呼吸鏈是粒線體祖先對這段合作關係最大的貢獻。細胞色素c在細胞凋亡演化初期的重要性還不是很確定。雖然它似乎在哺乳類，或許還有在植物身上扮演關鍵的角色，但對果蠅或是線蟲的細胞凋亡則不是必要的：它確實不是個普遍的參與者。然而，它有可能是曾經在細胞凋亡裡扮演要角，後來才在某些物種裡被取代，也有可能是比較近期才分別在植物和哺乳類體內肩負起決定性的角色。哪邊比較接近事實呢？在我們更加了解細胞凋亡在最原始的真核生物身上如何運作之前，我們都無從得知。

不過正如我們所知，細胞色素c只是粒線體在細胞凋亡時期釋出的眾多蛋白質之一——其他還有些名稱怪異的蛋白質，像是 Smac / DIABLO、Omi / HtrA2、核酸內切酶G，還有AIF（在果蠅身上則是名稱比較淺白的持鐮者、死神，和鐮刀）。它們的名字我們無需掛心，但我們應該留意，這些蛋白質有時候可能扮演了比細胞色素c還要重要的角色。它們大部分是在世紀交替後才被發現的，不過感謝世界各地豐富的基因體定序計畫，現在我們已經對它們的出身略有所知。這個模式非常驚人。除了AIF（凋亡誘導因子）之外，所有已知從粒線體釋出的凋亡蛋白質都源自**細菌**，而未見於古細菌的身上。（請回想第一部八十四頁，真核併吞中的宿主細胞幾乎肯定是古細菌，而粒線體則源自細菌。）這些蛋白質的細菌出身，代表它們**不是**來自宿主細胞的貢獻，想必當時宿主在死亡裝置這方面幾乎是一無所有。這些蛋白質並不一定都是粒線體自己帶來的，有些似乎是在比較後期，才透過水平基因轉移從別的細菌身上進入真核細胞，不過看起來似乎只有AIF是來自古細菌宿主細胞，而且就連它也沒有在古細菌裡被拿來當作殺戮工具。

這些粒線體蛋白質並不是唯一源自細菌的蛋白質。如果基因序列可信的話，那幾乎可以確定半胱胺酸蛋白酶也來自細菌，有可能是透過粒線體併吞事件而來的。不過有一點值得注意是，細菌的半胱胺酸蛋白酶很溫馴——它們會切開蛋白質但不會造成細胞死亡。更耐人尋味的是 *bcl-2* 家族。家族成員的基因序列不管是和細菌還是古細菌都沒有共通之處，但其蛋白質的三維構造暴露了它們和某些細菌蛋白質之間的可能關聯，說得明確一點，是一群會出現在白喉等感染性細菌身上的毒素。這些毒素就像 *bcl-2* 家族的促凋亡蛋白一樣，會在宿主細胞的膜上形成孔洞，有些甚至會引發細胞凋亡，暗示它們在功能上似乎也有所關聯。

綜觀這些發現，死亡裝置裡大部分的設備，似乎都是由粒線體的祖先帶進真核併吞事件的。這樣看起來確實比較像一宗從體內進行的謀殺，而不是自殺，是寄宿者不知感激，忘恩負義的舉動。一九九七年時，馬克斯普朗克**精神病研究所**（位於德國的馬丁雷德）的法哈德以及麥考利狄斯，將這個想法發展成一個有力的假說。上述的許多證據都是在一九九七年後逐漸累積起來的，而它們似乎更加鞏固了這項理論。

法哈德及麥考利狄斯把導致淋病的現代細菌——淋病雙球菌——拿來和真核併吞初期的原始粒線體並列，比較它們的習性。淋病雙球菌會侵襲尿道和子宮頸的細胞，此外還有白血球。它們一旦進入這些細胞，就會表現出殘忍的狡詐。這種細菌會製造一種形成孔洞的蛋白質，名為 PorB（類似粒線體的 *bcl-2* 蛋白質）。PorB 蛋白會插進宿主的細胞膜上，以及在細胞內部包裹著細菌的液泡膜上。這些孔洞會與宿主細胞的ATP作用並藉此維持緊閉（也有某些 *bcl-2* 蛋白質會有類似的表現），但當宿主細胞缺乏ATP時，這些孔洞就會打開。孔洞的開放啟動了宿主細胞的凋亡裝置，導致細胞死亡。淋病雙球菌本身則會從這番經歷中存活下來。它們把握機會，從剛瓦解的宿主細胞裡逃出來，還拿宿主打包整齊的遺物當做燃料。因此，只要宿主細胞健康，這種細菌就會留下來，它們靠著監控宿主是否能維持足量的常備ATP來進行判斷（這意味著燃料充足）；但只要宿主細胞一開始走下坡，不再有利用價值，就會立刻被處決，細菌則繼續去尋找它們的下一個牧場。真夠混蛋！

法哈德和麥考利狄斯也注意到，淋病雙球菌不是唯一會利用這種陰險伎倆的細菌——我們在第一部見過的致命掠食細菌，蛭弧菌，它在其他細菌體內時也是採取類似的手段。在它從內部吞噬這些細菌之前，也會對它們的代謝狀況監控一段時間。之前瑪格利斯就曾舉出蛭弧菌做為粒線體祖先的可能人選。我們在第一和第三部還討論過另一個參賽者，就是普氏立克次體，它也是生活在其他細胞體內的寄生菌。它們都和宿主有著寄生關係。這番生化上的考古學重建，暗示在最初的真核生物身上，粒線體和宿主細胞間的關係是寄生性的。可以推測原始粒線體會進入一隻古細菌體內，對它的健康監控一段時間，然後觸發細胞的死亡，將宿主打包好的遺物吞掉，再移動到下一個宿主身上。

如果細胞凋亡演變的來源，是後來合併成真核細胞的兩種細胞間的武裝鬥爭，那麼真核併吞事件，最初就是源自一段寄生菌會殺死宿主，再移動到下一個宿主身上的關係。這也正是瑪格利斯和其他人所提出的想法。這段關係最後將死亡的裝置留給了真核細胞，其後被多細胞生物拿來用在更「無私」的用途上，也就是計畫性細胞自殺。但這樣的寄生菌戰爭，和我們在第一部研究真核細胞起源時所說的故事完全不同；當時我們說的是兩個和平共存的原核生物比鄰而居，它們的合作等同於代謝層面的婚姻關係。在我們研究各個證據時，早就推翻了寄生關係的可能性。可是現在，從另一個角度來看，這個觀點面臨挑戰。在這類的科學裡，沒有什麼是肯定的——我們只能衡量那些和問題有關的零散證據，看它們是否能為這些問題提供一個方向；而這些證據和這個問題無疑是關係重大。所以它是否顛覆了我們原本就動盪不安的小船？我是不是應該（這真是糟到不能再糟）回頭重寫第一部？

第十二章　建立個體

多細胞個體，是由一群為了更偉大的利益而合作的細胞所組成的。儘管如此，這樣的合作並不是什麼細胞的愛心義賣會，它們是被迫的，任何想逃離個體，試圖回歸原始生存方式的細胞，都會被判處死刑。偶爾會有些細胞避開偵察，躲過死刑，當它們成功，造成的結果就是癌症。癌細胞為了自身而非整體的利益，猛烈地複製，於是破壞了身體的健全性。雖然它們一時躲過了死亡，但等到它們害死了昔日的主人，終究也是害死了自己。

癌症得以繼續存在是因為它們很少發生在較為年輕的個體身上。如果這群細胞還沒有完成它們的繁殖大業，身體就已因為內部鬥爭而四分五裂，那就算有生殖細胞，個體也無法將它的基因傳遞下去，這樣一來，自私基因便會從族群中消失。然而，在早期的多細胞生物身上，組成身體的那些自私細胞，獨立生存的機會遠比現在來得好，它們跟癌細胞不同，靠自己就能生存，而且它們仍有能力建立新的細胞群落。這樣的獨立性今天仍然出現在海綿以及其他簡單的動物身上。不過這些動物對於共存的放任政策，使得牠們無法攀升達到多細胞複雜性的高度。投身多細胞生活方式的真正承諾，是終極的犧牲——為了多數的利益而死。但如果細胞可以自己生存，一開始要怎麼把死刑施加到它們的身上呢？

在今天，細胞的死刑，名為**細胞凋亡**，是由粒線體負責執行。粒線體將不同來源的信號整合起來，如果信號的結算說明這個細胞受損了，很有可能會為了自身的利益而行動，那麼粒線體便會啟動細胞內沉默的死亡裝置。迅速而流暢，幾乎沒有人發現，人體內每天有**數百億**個細胞死於細胞凋亡，並被新的，沒有損傷的細胞所取代。組成死亡機關的是一些粒線體釋放出的蛋白質，當它們被釋放到細胞中，便會活化沉寂的死亡酶——半胱胺酸蛋白酶。這些酶會從內部使細胞瓦解，並將其內容物打包起來讓其他細胞回收利用，一點都沒浪費。

回顧漫長的演化時間，幾乎所有從粒線體釋放出的死亡蛋白，還有半胱胺酸蛋白酶本身，都是由粒線體的細菌祖先帶給真核細胞的。今天，許多自由生活的，甚至是寄生型的細菌身上，還能找到和它們相近的類似物。在現代的細菌身上，這些死亡蛋白多半被用在其他的用途上，而且相對比較「溫馴」，不會造成細菌或是其他任何生命的死亡。反之，細菌的**孔蛋白**家族才是被拿來攻擊其他的細胞的工具，它們被用於戰爭和殺戮，而不是進行有建設性的合作。這提高了如下的可能性：粒線體的細菌祖先曾經是種寄生菌，它們利用類似孔蛋白的蛋白質從內部攻擊並且瓦解它們的宿主細胞，用宿主的遺骸餵飽自己，然後移動到下一個細胞。

這個說法是否合理，關鍵在於細菌孔蛋白的真實身分。在現代的寄生菌中，這些孔蛋白會被插進宿主細胞的膜上，而且只要宿主開始衰頹，出現跟不上寄生菌代謝需求的徵象，它就會立刻冷酷無情地將宿主處決。這些細菌孔蛋白在外形上異常類似粒線體的孔蛋白（但在遺傳上則不是），也就是會在粒線體膜上形成孔洞，活化細胞死亡裝置的 *bcl-2*。更深遠的衍生意涵是，打造真核細胞的是一場嚴酷的戰爭，參戰者是細胞內部的寄生菌（之後被馴化發展為粒線體），以及學會如何在感染下生存的宿主細胞。

這聽來非常單純，但從中卻產生了一個難題。在第一部，我們研究過一些關於真核細胞起源的理論，說得清楚一點，就是「寄生菌模型」（認為粒線體源自類似立克次體的細菌），以及氫假說（聲稱最初的結盟是因為彼此在代謝上帶來的好處，雙方各自都可以靠著對方的代謝廢物維生）。當時，我主張目前的證據比較支持氫假說，而非寄生菌模型。可是，剛才所說的寄生菌故事，沒有辦法和氫假說中和平的代謝同盟安穩並存。對寄生菌來說，殺掉宿主尋找下一個寄生對象可能大有好處，但對化學物質成癮者來說，殺掉供貨來源什麼也得不到，尤其是它根本無從尋找另一個貨源。因此若不是寄生菌的故事削弱了氫假說的可信度，就是這個假說本身不正確，雖然它明顯可以解釋很多事情。我看不出來這兩套理論有並存的可能。所以，哪個觀點才是對的呢？

若想回答這個問題，首先我們得要區分哪些證據是真的（或至少是沒有爭議的），哪些則是巧妙的推測。這並不難。例如粒線體顯然提供了大部分的死亡裝置，它們對現代的細胞凋亡很關鍵，而且幾乎可以確定對細胞凋亡的演化也是有幫助的。可是，像我們在上一章的最後討論到的淋病雙球菌，它所擁有的細菌性孔蛋白和 *bcl-2* 蛋白質之間的關聯性，就應該要歸類為巧妙的推測。確實，它們結構上的相似性耐人尋味，但這不足以構成演化關係的證明。

在我們已知的基礎上，*bcl-2* 蛋白質和細菌孔蛋白之間的關係有三種可能。第一，相似性可能來自趨同演化，粒線體和淋病雙球菌各自創造出外觀類似，用途相同的蛋白質。從已知的基因序列判斷，不排除有這個可能性，而如果有人懷疑趨同演化在分子層級上的力量的話，請去讀康威墨里斯的《生命的解答》。如果這項可能性屬實，我們就不會預期在 *bcl-2* 蛋白質和細菌孔蛋白之間找到什麼遺傳上的關聯，因為它們演化的起點本來就不同；可是我們會期待看到結構上的相似性，因為它們的功能用途是類似的。在脂膜上形成大型孔洞的方法有限，因此功能上可行的三維構造必定也有限。如果兩個不同的細胞都需要大型的孔洞，它們不得不發明出類似的東西。

第二種可能性是，粒線體真的是從細菌祖先那裡繼承了 *bcl-2* 蛋白質，就像法哈德和麥考利狄斯所設想的那樣（我們在前一章曾經討論過）。只有基因序列上的相似性可以證明這個可能性，但目前還沒有這樣的證據。更重要的是，這樣的相似性必須要出現在已知的粒線體祖先，也就是 α-變形菌綱的代表物種身上，否則就無法排除這些基因是後來經水平轉移得來的可能性，也就無益於說明粒線體和宿主間最初的關係了。因此，對 α-變形菌的基因進行更有系統性的取樣，或許可以支持這個假設，不過同時它們結構上的相似度頂多只能做為參考。

最後，也有可能是反過來的情形，也就是淋病雙球菌和其他寄生菌從粒線體身上得到了它們的孔蛋白。基因像這樣從宿主轉移到寄生菌身上的例子也很常見。如果是這種情形，我們可能會預期在粒線體和寄生菌的基因序列上看見相似性。我們沒有看到這樣的基因相似性，可能只是缺乏嘗試，如果定序更多的基因，相似點或許就會出現了；也有可能是序列上的相似性已隨著時間流逝，抹殺了一切關於共同祖先的證據。這並非不可能，寄生菌和宿主之間從未停息的演化戰爭代表寄生菌基因是出了名的不穩定。此外，細菌的孔蛋白無法自行促成整套細胞凋亡反應，它們僅僅是銜接上宿主原有的死亡裝置。實際上，它們隨身攜帶了一個扳到「開」的開關，用來啟動宿主的設備。因此今天這些會造成細胞死亡的寄生菌，跟我們所推測的原始粒線體角色不能相比，因為後者身上應該是帶著整套的死亡裝置，並且會在宿主細胞身上貫徹這套設備，而不會在過程中殺死自己。（當然在今天粒線體是會和宿主細胞一起死亡的。）

根據現有的證據，是不可能區別這三種可能性的。儘管如此，法哈德和麥考利狄斯所描繪的寄生菌戰爭似乎至少是通順而言之成理的。或者真的是這樣嗎？這個故事裡還有一些比較棘手的問題。首先，粒線體已經不再是獨立複製的細胞了，不管是哪一種可能，粒線體都已經在基因開始轉移到宿主細胞核之後就失去了獨立性。一旦幾個關鍵的基因被細胞核扣押，粒線體就無法從殺死宿主這件事得到任何好處，因為它們已經不能在外面的世界獨立生存了。這不代表它們無法從操控宿主得到好處，但是真正地殺死它絕對是沒有好處的。相比之下，我們之前討論過的所有寄生菌，甚至包括微小的立克次體，全都不曾失去它們的獨立性。它們都仍徹底保留著自己細胞周期和資源的掌控權。它們能夠透過謀殺離開宿主，粒線體辦不到。

我們不知道確切來說粒線體是在何時喪失對自身未來的掌控權，但應該是在真核細胞演化過程中相當早的階段。且讓我們以ATP載體蛋白的演化為例，來考慮這個問題，它們是位在膜上，將ATP輸出粒線體的幫浦（見二〇九頁）。這項發明使得真核細胞第一次能夠從粒線體身上榨取ATP獲得能量（在那之前它甚至還稱不上是粒線體）。這是象徵性的一刻，共生菌不再能夠控制自己的能量資源——它們喪失了主權。對粒線體來說，這標示了它從一段共生關係轉為被俘虜的狀態。藉著比較各種真核生物的ATP載體蛋白基因，我們可以合理而準確地判定轉變發生的時間。而事實上，這個載體蛋白出現在真核生物的所有分類群中，包括植物、動物、真菌、藻類，以及原生動物，這暗示著它的演化早於這些分類的分支點，坐落在真核細胞歷史中非常早的時期。更不用說這遠早於多細胞生物的演化，化石證據告訴我們，那是數億年前的事情。

所以這裡出現了一段空白。看來粒線體失去自治權的時間點，很可能遠比真正的多細胞生物演化出來的時間來得早。在這段期間，粒線體殺掉宿主的話什麼都得不到，因為它們無法獨立生存。宿主被殺也得不到任何好處，因為此時它們還不是多細胞生物的一部分。所以細胞凋亡現下的優點，也就是在多細胞生物體內殘忍地維持著警備狀態，並不適用於當時。

這是個自相矛盾的狀況。這個死亡專門裝置的持續存在，不管對宿主或是粒線體一定都是極為不利的。我們或許會預期它應該在篩選中被拋棄，然而我們知道，它其實被保留下來了。我們也知道這個死亡裝置大多承襲自粒線體，而非宿主（或者可能是更近期才演化出來的）。而且更麻煩的是，我曾表明贊同氫假說，極力主張真核細胞是源自於兩種細胞間的代謝同盟，它們和平共居，傷害彼此對雙方來說都沒有任何好處。我的主張似乎把我們帶進了一個死胡同：一個參與合作的細胞，將一套不利於結盟雙方，發展完全的死亡裝置帶進了和平的同盟，力排萬難硬是將它保留了數億年，然後才碰巧發現了它的用途。這個瘋狂的腳本有可能解釋得通嗎？沒問題，但我們必須要準備好做出某種讓步——死亡裝置並不總是帶來死亡。很久很久以前，它帶來了性。

性，以及死亡的起源

且讓我們從氫假說提出的和平共處觀點來研究最初的真核生物吧。在第五部的前言部分，我們討論過天擇幾個不同的作用層級——整個個體，或構成個體的細胞，或是細胞內的粒線體，當然還有基因本身。當時我們發現，在研究像細菌一樣行無性生殖的細胞時，考慮作用在基因層級的篩選並沒有幫助。反之，天擇主要是作用在個別細胞的層級上，在這種情況下，它們才是真正的複製單位。現在證明，這個背景知識對我們極為寶貴，因為我們必須分別考慮粒線體和宿主在真核併吞初期的利益。而在彼時，粒線體和宿主細胞雙方都可以想成是獨立的細胞（而在接下來的幾個章節裡，我們將會發現，這樣想的話在很多方面都仍很有幫助）。

所以原始粒線體和宿主細胞的私人利益分別是什麼呢？既然它們的主權合併了，彼此之間又有不可動搖的依賴性，它們要怎麼為自身的權益行動？令人信服的答案出現在一九九九年，提出這個解答的是演化生化學界最多產的思想家，北伊利諾大學的布萊克史東，以及研究細胞凋亡中細胞色素c釋放的先驅者，任職於加州大學聖地牙哥分校（位於拉荷亞）的葛林。

就像所有的細胞一樣，粒線體也想要增殖。自從它們的未來被和宿主綁在一塊兒後，若想殺死宿主換一個，它們只會落得一無所獲，因為它們根本無法在野外活過中間的過渡時期。它們能在一個宿主細胞內增生到什麼程度也受到限制。宿主體內的粒線體「癌」會對細胞整體造成傷害，使其凋亡，連帶的粒線體也會有同樣的下場。所以粒線體要能成功增殖的唯一方法就是追隨宿主細胞的腳步。每當宿主細胞分裂，粒線體的族群就擴大為兩倍，一個子細胞拿一份。當然，宿主細胞也一樣，最喜歡的事情就是複製，因此宿主和粒線體的目的是一致的。若非如此，這樣的安排能否成為堅持兩億年的穩定關係就相當值得懷疑。它一定早早就被自己撕得四分五裂，而我們今天也就不會站在這裡，更不用說發現什麼問題了。

然而粒線體和宿主細胞的目的並不是永遠都相同。如果因為某些理由，宿主細胞拒絕分裂，那會發生什麼事？這樣一來顯然宿主細胞和粒線體都不能增殖了。（其實粒線體**可以**增殖，但只有在某種程度以內。如果它們持續增生，直到在細胞內形成粒線體「癌」，就會不利於宿主，因而也會不利於粒線體本身。）宿主細胞拒絕分裂的原因不同，後續的結果就有可能不同。最有可能的原因是缺乏食物。在第三部，我們注意到多數細菌大半輩子都處於停滯狀態，儘管它們進行複製的潛力無窮。同樣的情形一定也適用於早期的真核生物。如果是這樣，他們只能等到青黃不接的時期過去，一旦食物出現，再繼續開始增生。在這樣的案例中，粒線體和宿主細胞的利害關係也是共通的：如果粒線體強迫宿主在資源不足的情況下分裂，雙方都會滅亡。剩下的資源最好都拿來補強細胞，幫助細胞在資源匱乏的時期抵抗物理性的逆境，例如熱、冷，以及紫外線的照射。在這些情況下，許多細胞會形成具有抗性的孢子，在休眠狀態下度過等待的日子，直到環境富饒的時候再恢復生機。

另外一種可能妨礙宿主細胞分裂的理由便是受傷，特別是細胞核DNA的損傷。這時宿主和粒線體的利害關係開始分歧了。設想一下，儘管食物充足，但宿主細胞卻不能分裂。你幾乎可以在腦中描繪出受困的粒線體把臉擠在柵欄上，怒吼著「放我出去！這是不公正的監禁！」在此同時它們周圍的細胞正面帶微笑地分裂著，體內的粒線體也快樂地增生著。被困住的粒線體該怎麼辦？殺死宿主的話它們什麼也得不到，這麼做的話它們自己很快也會死去。可是，如果宿主細胞和其他細胞**融合**，並將自己的DNA和對方重組，它們就**會**從中得益。DNA的重組在細菌間很常見，同時也是真核生物有性生殖的重要基礎。融合後的細胞得到一份新的生命租約，也為粒線體贏得一座新的遊樂場。

儘管代價是兩倍（見二六五頁），真核生物還是演化出了性，這是**為什麼**呢？這個問題的答案目前仍然備受爭議，不過似乎有幾個不同的因素都有貢獻。性的存在容易將DNA的損傷隱藏起來，因為受損的基因很可能會和同基因的健全拷貝進行配對；而且，重組產生的多元性或許可以為細胞帶來優於寄生菌的競爭優勢（後者是漢彌爾敦所擁護的理論）。最近的數據暗示，如果分開來看，這兩個理由都沒有強到足以無懈可擊地解釋性的演化；但它們彼此不相衝突，而且性的益處似乎可能不只一種。而另一方面，它的起源是個謎。細菌會重組基因，但從不**融合**細胞。相較之下，大部分真核生物的有性生殖都涉及兩個細胞的融合，然後是細胞核的融合，最後是基因的重組，整體而言，這是個奉獻一切的行為。當初是什麼因素讓細胞融合起來的呢？擺脫了細菌那般累贅的細胞壁，無疑使得融合這件事在物理層面上更容易實行，但這還是沒有解釋推動融合發生的真正**迫切原因**。細胞並不是永遠都在融合，所以缺乏細胞壁這個狀態本身並不會推動融合的發生。早期的真核細胞，會不會是在粒線體的操控下而融合的呢？如果是這樣，粒線體的破壞行為是否可以解釋性融合的起源呢？卡瓦略史密斯（我們在第一部見過他）曾推論，在早期的真核生物身上，細胞融合是很普遍的。他主張，有性生殖中的細胞分裂（減數分裂），也就是染色體數目會先倍增然後減成一半的這種分裂形式，是被一種讓基因和核恢復原本數目的手段，透過幾個簡單的步驟演化出來的。在這個案例中，粒線體可能激發了隨後發生的事，也就是細胞融合。

粒線體是否可以操控宿主細胞？這是個嚴重的問題。今天它們是可以的：它們會造成細胞凋亡，這點我們也很清楚。不過在最早的真核細胞時期，它們辦得到嗎？布萊克史東提出了一種巧妙的操控方式，有可能是它們當初的做法，而且這個方法不只能說明融合的迫切原因，最終還能解釋細胞凋亡的演化。

自由基信號

請想想呼吸鏈。在第三部，我們討論過自由基從呼吸鏈滲漏的情形。矛盾的是，自由基滲漏的速率並不是像我們直覺認為的那樣，和呼吸作用的速率有關，而是取決於是否能獲得電子（終極來源是食物）以及氧氣。因為這些條件持續在變動，自由基的生成也會隨狀況而改變。自由基產量的爆發會影響細胞的行為。

如果一個細胞正在快速生長分裂，對燃料的需求很高（而且環境富足，可以滿足它的需求），那麼電子經由呼吸鏈抵達氧氣的流速就會很快。在這樣的情況下，相對不太會有自由基從呼吸鏈滲漏出來。這是因為它們比較可能會走阻力最小的路線，經由呼吸鏈上的電子接受者，一個傳一個，最後傳給氧氣。布萊克史東將這樣的情形描述為絕緣良好的電線，在其中電力可以透過電子的流動傳導。因此，快速生長加上充足的燃料，等於低自由基滲漏。

那挨餓的時候怎麼辦？這個時候燃料極度缺乏，幾乎沒有電子在呼吸鏈中流通。周圍的氧氣或許很多，但電子沒有多到會脫軌形成自由基。如果我們把呼吸鏈想成是一條小小的電線，飢餓狀態就等於是停電，而你不可能會在主電源失效的狀況下觸電。自由基滲漏的程度很低，因為根本沒有電子在流動。

不過現在請想想看，如果細胞受損，空有大量的燃料卻無法分裂，那會發生什麼事？粒線體被困在牢房裡。細胞不分裂，因此ＡＴＰ的需求很低，細胞內的ＡＴＰ儲量高居不下。電子流經呼吸鏈的速率取決於ＡＴＰ消耗的速率。如果ＡＴＰ消耗得很快，那麼電子也會跟著飛快流動，就像是被真空吸引力拉過來一樣；但如果沒有需求，無處可去的過剩電子就會塞滿呼吸鏈。這時候氧氣充沛，電子也很多，自由基的滲漏率就會相當高。呼吸鏈就像是一條絕緣不良的電線，很容易讓人觸電。所以如果宿主細胞空有充分的燃料，卻因為受傷而無法生長或分裂，它的粒線體就會從體內給它來個電擊，產生自由基的大爆發。＊

自由基的爆發往往會氧化粒線體膜上的脂質，解放細胞色素c，使之釋放到膜間隙內；於是這就**完全**阻斷了呼吸鏈的電子流，因為細胞色素c是呼吸鏈的一部分。把細胞色素c從呼吸鏈中拿走，就像是將一條電線從中箝住。呼吸鏈的前半塞滿電子，並且持續滲漏自由基，就像被箝牢的電線中還能通電的那一半依舊會讓人觸電。然而電子流的停滯最終會使膜上的電位消失（因為不能再靠質子幫浦平衡質子回流的情形），當逆境壓力升高，粒線體外膜上的孔洞就會打開，吐出各種凋亡蛋白（包括細胞色素c），使它們流進細胞的其他部分。換句話說，這樣的情形引發了細胞凋亡的幾個初始步驟。

這個故事告訴了我們什麼？它說明粒線體和宿主細胞的目的通常是一致的。如果兩者都增殖，那麼就諸事太平。細胞處於還原的狀態（和氧化相反），自由基只有最低限度的滲漏。相反的，如果資源貧乏，那麼它們雙方都無法增殖，細胞會盡其所能地增強抵抗力，以度過眼前的困境。此時細胞處於氧化狀態，而自由基還是只有最低的滲漏。可是當宿主細胞受傷時，儘管有大量的燃料卻不能分裂，那麼粒線體就會讓它們的怒氣隨著自由基的生成量爆發，傳達它們的不滿。這一點很重要，布萊克史東說，因為自由基會攻擊細胞核內的ＤＮＡ（而細胞質內出現細胞色素c就會提高此處的自由基含量）。在酵母菌及其他簡單真核生物身上，ＤＮＡ的損傷會構成有性重組的信號。更驚人的是，在原始的多細胞藻類，團藻——這種光輝美麗，空心的綠色小球身上，自由基生成量增為兩倍便會活化和性相關的基因，產生出新的性細胞（配子）。重點是，光是呼吸鏈堵塞便可引發這樣的結果。因此布萊克史東的理論也得到了一些具體的實例支持。總歸一句，細胞凋亡的最初幾個步驟曾經可能引發了性，而非死亡。

成為個體的第一步

這個觀點和氫假說完全不衝突，因為它暗示最初參與真核合併的兩種細胞是和平共存的，儘管如此，它們卻也都還保有各自的權益。粒線體權益的範圍可達操縱宿主交配，但並不包括殺死宿主，那只會兩敗俱傷。更重要的是，在這種溫和的操控關係中，雙方的權益大體上常常都是一致的，這說明了細胞凋亡的機制為什麼得以在單細胞生物身上持續存在長達數億年的時間——性對受損的宿主細胞還有粒線體都是有利的，因此不會受到天擇的懲罰。

但問題還沒有解決。性是怎麼轉變為死亡的？我們知道粒線體身上帶著接近整套的死亡裝置，而且今天它們確實會利用這套裝置，透過細胞凋亡殺死宿主。如果我們同意這套死亡裝置原本的宗旨不

＊正如我們在第四部說過，呼吸鏈阻塞時有個辦法可以避免大量的自由基生成，就是讓電子流和ATP生成解偶聯（亦可見第二部，一三九頁）。質子梯度以熱的形式消散，這降低了自由基的產量，而且可能為恆溫動物的演化立下了功勞。

是死亡，而是性，那是什麼使它的用途發生如此驚人的轉變？性的驅動力何時變得罪不可赦？原因又是什麼呢？

性和死亡是彼此交織的。在某種程度上，它們兩者都有一樣的目的。請想想看，酵母菌和團藻在DNA受損時為何要重組基因？透過基因重組，受損的基因或許可以靠同個基因的健全拷貝來取代它或是掩蓋它。同樣的，自由基也有助於細菌進行水平基因轉移（從其他細胞或是周遭環境取得基因），又一次，受損的基因會被取代或是被掩蓋。那麼計畫性細胞死亡呢？在多細胞生物體身上，細胞凋亡也是一種修復傷害的方式。與其投入大筆成本修理一個細胞，細胞凋亡採取的是相對經濟的手段：將它從身體中移除，騰出空間讓健康的細胞取代它（向我們「用過就丟」的現代文化邁進！）。所以，性有助於排除受損的基因，而細胞凋亡排除的是受損的細胞。從生物體的「上位」視角來看，性修復受損的細胞，而細胞凋亡修復受損的身體。

在布萊克史東的想法中，細胞凋亡的裝置原本是用來通知細胞融合，策動基因的重組並且修復損傷。後來到了多細胞生物的身上，這個裝置才轉而投身於死亡的工作。理論上，這只需要插入一個新步驟，就是半胱胺酸蛋白酶的級聯反應。先前我們曾提過，半胱胺酸蛋白酶承襲自α-變形菌（可能是透過真核併吞事件而來），但在細菌體內它們有不同的任務——它們會切開某些蛋白質，但不會造成細胞的死亡。從這個層面來看，不同分類的真核生物各自都將半胱胺酸蛋白酶納入計畫性細胞死亡中，便是一件很有趣的事。例如植物會運用一群與之相關的蛋白質，名為異半胱胺酸蛋白酶，靠它們來引發細胞死亡，而哺乳類用的則是常見的半胱胺酸蛋白酶級聯反應。然而兩者都是藉著讓粒線體釋放細胞色素c和其他蛋白質，進而觸發細胞死亡。這就表示，在相同的信號（自由基，還有受到逆境壓力的粒線體所釋出的蛋白質）以及相同的篩選壓力（必須將受損的細胞從多細胞生物體中移除）之下，真核細胞間曾不只一次獨立演化出細胞凋亡的死亡裝置。

如果細胞凋亡的存在其實是為了治理多細胞的狀態，和寄生菌戰爭無關，而且多細胞生物體獨立演化了不只一次（事實上也的確如此），那麼不同分類群的生物執行細胞凋亡的細節會不同，也就不令人意外了。看來，這其中竟有這麼多共通點反而更叫人驚訝——演化竟然不只一次借用了頗為相似的裝置。為什麼會這樣呢？

布萊克史東再度提出了解答。他花了很多年的時間研究一些最原始的動物，例如海中的水螅群體（細胞的群聚，可以行有性生殖，也可以透過斷裂的方式進行無性生殖）。他主張多細胞群落提供的各種好處遠勝於單一細胞，可是一旦群落內的細胞開始分化，有些細胞因此被迫要完成一些卑微的任務，例如划水（帶著群體移動），在此同時卻有其他細胞會形成子實體，得以將它們的基因傳遞下去，那就一定會醞釀出某種緊張的局勢。是什麼阻止了這些卑微的「奴隸」細胞造反呢？

雖然一個群落中的細胞在遺傳上完全相同（至少有一陣子會是），但它們的機會並非均等。它們發展出了某種「種姓」制度，有些細胞靠著其他細胞的付出而享有特權。布萊克史東主張，食物和氧氣的來源，會因為潮流、其他局部波動，以及細胞在群體中的位置（在表面或是被埋在其他細胞之下）而有所不同，而這在群落內部造成了氧化還原態的梯度。有些細胞擁有充足的氧氣和食物，而有些細胞不是缺這個就是少那個，因而他們的氧化還原態也有所不同。細胞的氧化還原態透過粒線體發出的信號控制著細胞的分化情形。例如我們已經提過，呼吸鏈在飢餓狀態下缺少電子時，會產生某種信號，通知細胞抵抗逆境。

使「性」自行發生的迫切因素（粒線體爆炸性地生成自由基）也是一種氧化還原信號。在群體當中，受損而試圖和其他細胞性交的細胞，極有可能危害整個群體的生存，因為隨之而來的必定是一場混亂。發送「性」的信號，就是招供細胞受損，也等於是在宣告，這個細胞已經不能執行它原本的任務了。當初，體細胞必定背負著很強的篩選壓力，才會將索求「性」的氧化還原信號，轉化為死亡的標誌。而假以時日，這種選擇性地移除受損細胞，以求完成大我的行為，終將鋪砌成一條演化之路，通往個體；而個體的共同目標，則由細胞凋亡來維護。因此，被囚禁的粒線體為了追求自由所發出的吶喊，一度曾催生了單細胞生物的性，在多細胞的身上，卻迎來了死亡——害死了它們自己，也害死了受損的宿主細胞。

這個答案提供了一個美妙的見解，幫助我們了解不同細胞關心的利益，以及它們隨著時間變化的情形。最後的結果會依細胞所處的環境而有所不同。在最初的真核細胞中，宿主細胞和其粒線體各有各的利益目的。大多數時候，它們的目的和利益是彼此相連的，但並非總是如此。特別是當宿主細胞的基因受損，無法進行分裂的時候，粒線體實質上等於被囚禁了，因為它們已經失去在宿主體外存活的自治能力了。它們逃脫的唯一法門就是有性融合，藉著這個方式，可以將它們直接送入另一個細胞。在簡單的單細胞生物身上有一種可以引發有性融合的信號，就是粒線體產生的自由基爆發，因此粒線體的確可以透過這種方法操控它們的宿主細胞。

然而當宿主細胞形成群落，就可謂是物換星移了。生活在原始的群體裡有很多好處，組成群體的細胞也不用放棄回歸自由的機會。但也因為這個理由，從群落走向真正多細胞個體的道路就顯得非常弔詭。所有多細胞個體都採用了細胞凋亡，此一事實暗示著它們體內的細胞只要跨雷池一步，就得接受死刑的制裁。不過為什麼會這樣？或許，是因為受損細胞被它們自身的粒線體給出賣了。從粒線體湧出的自由基信號，等於自己招認宿主細胞受損。在群體之中，這會威脅到其他細胞的前途，而移除受損的細胞對多數細胞是有益的。因此，戰場從粒線體和宿主之間，轉移到了群體中的細胞之間，最後還會落在我們更為熟悉的場景，也就是彼此競爭的多細胞個體身上。

這樣的劇本產生了一個問題：這個群落整體要怎麼繁殖呢？如果群體中任何一個「想要」性交的細胞都會被排除，那麼整個群體迫於壓力，必須找到一種共同的，約定的好方式來進行繁殖。今天，個體利用一群早在個體出生前就被獨立出來，被隔離的生殖細胞系，來製造專門的性細胞。這樣的隔離為什麼會開始，又是怎麼樣開始的，我們並不知道，但是如果性通常會受到死亡的懲罰，那破例一次絕對比破例很多次簡單許多。這必定構成很強的篩選壓力，使個體將生殖細胞系隔離出來。這樣的一個執行決策可能造成了很驚人的結果。一旦建立起隔離的生殖細胞系，多細胞個體就只能透過性的方式複製了。個體不會從一個世代留存到下一個世代；任何一個細胞，甚至是染色體也都不會。軀體就像雲煙一般，消散又重組，倏忽即逝，並且個個不同。這聽起來是不是很熟悉呢？我在重複第五部一開始時講過的話，而這些條件可以匯整成一個答案，就是自私基因。很諷刺吧，個別細胞之間這場造就了多細胞個體的漫長戰爭，到頭來贏家卻是別人。而這個從後門溜進來的勝利者，就是基因。

原始多細胞群落立於性和死亡的交界，在自私細胞以及自私基因的分隔點，如果更加了解它們的習性，將有助於揭露事實。而更深入地研究單細胞生物粒線體的性信號，同樣也會幫助我們看清事實。雖然從粒線體的角度來看，性似乎是個好主意，然而兩個細胞的融合又會導致另一種衝突，主角就是兩個細胞各自帶來的兩群粒線體。這兩群粒線體並不相同，所以會彼此競爭，對剛完成融合的宿主細胞造成危害。今天，有性生物體下了一番功夫去攔截來自雙親一方的粒線體。確實，在細胞的層級上，只從雙親中的一方繼承粒線體正是性別的一種定義屬性。粒線體或許一度推動了性的出現，卻將兩種性別永永遠遠地留給了我們。

第六部

性別戰爭

史前人類與性別的本質

雄性有精子，雌性有卵。它們雙方都會將細胞核內的基因傳給下一代，但在正常狀況下，只有卵會把粒線體傳下去——連同它們微小卻重要的基因體。粒線體基因的母系遺傳被用來追溯所有人類的祖先，找到了十七萬年前在非洲的「粒線體夏娃」。新近的數據挑戰了這個標準方法的可信度，但也帶來新的看法，指引我們看清為什麼傳承粒線體的通常是母親。這項新發現有助於解釋兩性演化根本上的必要性。

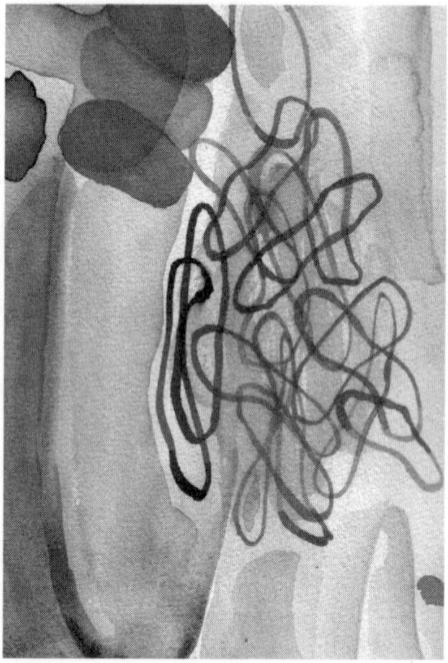

粒線體 DNA——粒線體內微小的環狀基因體，承襲自母親。

兩性之間最大的生物性差別是什麼？我想我們之中大部分的人會猜是Y染色體，但實際上並非如此。據稱Y染色體在我們的性發育上扮演關鍵的角色，但就算是對我們來說，它也稱不上是個絕對性的存在。目前已知，大約每六萬名女性就有一人攜帶有Y染色體，擁有典型的男性染色體組合XY，儘管如此她們卻是女人。一個倒楣的案例是西班牙籍的六十米跨欄賽冠軍帕蒂諾，一九八五年時她未能通過一項強制性的性別檢測，在那之後她被公開羞辱，贏得的獎牌也被撤銷，儘管實際上她很明顯地不是男人，也沒有用藥物作弊。實際上，她具有「雄性激素抗性」——她的身體無法對先天存在的睪固酮做出反應，因此便發育為預設的性別，也就是女性。她在荷爾蒙或肌肉方面並沒有「不正當」的優勢。經過了一場官司，國際業餘田徑總會在近三年後恢復了她的資格。一九九二年時，國際田總完全廢除了這些檢測，然後在二〇〇四年五月的雅典奧運，國際奧運委員會裁定即使是變性者也獲准參賽，因為他們並沒有在荷爾蒙方面占便宜。

有趣的是，每五百個女性奧運選手就有一個人攜帶有Y染色體，這個比例遠比一般人口來得高，暗示她們擁有某種身體優勢，儘管不是荷爾蒙方面的優勢。帶有一個Y染色體的模特兒和女藝人比例也相對較高。這似乎會促成某種高挑，雙腿修長的體型，諷刺的是，這樣的體態對異性戀男人特別有吸引力。另一方面，有些男人擁有兩個X染色體但卻沒有Y染色體；在這樣的狀況中，通常是其中的一個X染色體併入了一小段Y染色體，這一小段Y染色體上裝載著關鍵的性別決定基因，可以刺激身體發育成男性。但這並非絕對，在完全沒有Y染色體基因的狀況下發育為男性，也是有可能的。相較之下，XXY這個組合比較普遍（每五百名出生的男嬰中會有一個），這被稱為柯林菲特氏症候群。古怪的是，擁有這種組合的男性一度有資格參加奧運的女子競賽，因為他們能通過那個使帕蒂諾被取消資格的檢測——第二個X染色體的存在，使他們在組織學上被歸類為女性，即便他們其實並不是。其他各種罕見的組合也有可能出現，有些會造成雌雄同體，身體上同時具備兩性器官，比方說既有卵巢，也有睪丸。

如果我們跨足到其他物種，以更寬廣的角度來探討性別決定因素，Y染色體的渺小更是昭然若揭。基本上所有的哺乳類都是採用我們熟悉的X／Y染色體系統，不過還是有一些例外。就像電視上說的：Y染色體正逐漸式微。Y染色體之間沒有重組的可能（男性通常只有一份拷貝），若是發生突變將會難以修正，因為沒有「純淨」的拷貝可以拿來當模板，所以突變一代一代地累積，有可能還會導致突變性崩潰。在某些物種中Y染色體的確完全退化了，例如兩種亞洲的鼹形田鼠：坦氏鼹形田鼠和土黃鼹形田鼠。在坦氏鼹形田鼠的身上，兩性都擁有不成對的X染色體；在土黃鼹形田鼠身上，雌雄雙方都有兩個X染色體。牠們的性別究竟是怎麼決定的，仍然是個謎，不過，得知Y染色體的衰敗未必是男性滅亡的先兆，還是頗令人欣慰。

如果我們跨得更遠，XY染色體很快就會顯得很狹隘。例如，鳥類的性染色體包含一套和哺乳類染色體完全不同的基因，這暗示它們是獨立演化的。鳥類的性染色體被寫成W和Z。它們的遺傳模式和哺乳類相反：雄性攜帶兩個Z染色體，此一模式相當於哺乳類的雌性；而雌性則是攜帶一個W染色體和一個Z染色體。有趣的是，在鳥類和哺乳類的演化祖先——爬蟲類之中，兩種染色體系統還有一些其他變異都同時存在。最叫人驚訝的是，冷血爬蟲類決定性別時常常根本不用性染色體，而是靠孵卵的溫度決定。例如在短吻鱷中，孵育溫度高於約攝氏三十四度會孵化出雄性，而低於大約三十度則會孵化出雌性；如果溫度不上不下，孵化的個體就會有雌有雄。在其他爬蟲類身上關係可能是相反的；例如海龜，雌性就是從孵育溫度較高的卵發育出來的。

就算是爬蟲類也還沒把決定性別的花招用玩。在膜翅目昆蟲，例如螞蟻、黃蜂和蜜蜂之中，雄性通常是從未受精的卵發育而來，而雌性則是發育自受精卵。因此如果蜂后和雄蜂交配，牠們的女兒彼此相同的基因會占四分之三，而不是像X／Y或是W／Z系統那樣占一半。牠們在遺傳上如此相似，或許使得天擇的篩選傾向作用在群體而非個體的層級上，因而助長了真社會性結構的演化（在一群不具生殖能力的個體中，有個專門的階級負責繁殖）。

在一些甲殼動物中，性別並非固定，而是有彈性的；個體可能會經歷性別轉變。最奇特的案例可能來自節肢動物，一種名為沃爾巴克氏體的生殖細菌會感染許多節肢動物，將雄性轉變為雌性，以確保自己可以透過卵細胞傳播（它們不會透過精子傳播）。換句話說，性別是由感染決定的。另外還有一些性別可塑性的例證則和感染無關。比方說，很多熱帶魚會改變性別，特別是那些棲息在珊瑚礁、色彩繽紛的真骨魚類（它們是最常見的硬骨魚）——《海底總動員》若是將這一點列入考量，不知何年何月才會找到尼莫。事實上，大部分的岩礁魚類一生當中總會經歷改變性別的時刻，極少數不會這麼做的畏縮傢伙，則被不屑地貼上雌雄異體的標籤。其他的則是熱心的變性者：雄變雌，雌變雄；有些會變過來又變過去，還有一些會設法同時擁有兩種性別（雌雄同體）。

如果在七嘴八舌的性別世界中曾出現過什麼規律，那絕對不是Y染色體。從演化的角度來看，性彷彿是個萬花筒，充滿意外和變動。極少數屹立不搖的是，性別總是分成兩種。除了一些真菌（我們稍後會提到）之外，明確擁有兩種以上性別的例子幾乎不存在。然而更讓人好奇的是，為什麼不乾脆不要有性別？分成兩種性別，可以交配的對象就減少了一半。這讓我們不禁想問，只有一種性別

（也就等於是沒有任何性別）有什麼問題嗎？這可以讓每個人的伴侶選擇都增加為兩倍，而且也可以確實地讓同性戀和異性戀間的區別消弭於無形；大家都開心，這樣不行嗎？很不幸地，答案是不行。在第六部我們將會看見，不論是好是壞，我們注定要分成兩種性別。罪魁禍首——如果還需要我說的話——就是粒線體。

第十三章 性別不平等

性有兩個根本的層面：第一是需要有交配的對象，第二是需要有特化的交配型，也就是分成兩種性別，而不是像原本那樣，隨便一個對象都可以。需要交配對象這點我們在第五部曾略微提及。我們常說性是最最荒謬的存在，因為性得克服雙倍的代價，要有兩個親代才能產生一個子代，而無性生殖或是孤雌生殖的狀況（生物體產生和自己完全相同的複製品），只需要一個親代就可以產生兩個絲毫不差的複本。激進的女性主義者和演化學家都一致同意，雄性嚴重浪費了社會的成本。

演化學家多半都相信，性的好處在於可以重組不同來源的DNA，這可能有助於排除損壞的基因，還可以助長多樣性，讓生物體保持一步的領先，防範創意十足的寄生菌，或是快速變動的環境條件（雖然這都還沒有經過實驗證明）。重組當然需要有兩造雙方，是故至少要有兩個親代；但就算我們接受基因重組是必要的，因而交配也是必要的，那為什麼我們不能自由地和任何對象交配？我們為什麼需要特化的性別，為何不讓大家都是同一個性別？如果是考量到受精作用的機械性限制的話，為什麼不把兩性的功能合併在一具身體上，讓大家都是雌雄同體？

讓我們快速地檢視一下雌雄同體的生活型態，就可以回答這個問題。無論如何，雌雄同體都不容易。厭惡女人的德國哲學家叔本華曾經問，為什麼男人彼此之間的相處似乎相當和睦，女人之間則相對陰毒。他的答案是，因為所有女人全都投身於同樣一個工作——據推測，這項工作的內容就是贏得男人；而男人各有各的工作，所以彼此之間不用那樣毫不留情地競爭。這裡我要盡快澄清，我絕對不贊同這一點，不過他的說詞的確有助於解釋為什麼雌雄同體的物種如此稀少（植物不算），那是因為全員都得拿著同樣的工具在交易裡競爭。

貝德福德扁形蟲這種海扁蟲會在交配時投入精子戰爭，從牠們身上就可以看到狀況會有多棘手。牠們擁有兩條陰莖，並會利用它們來「鬥劍」，試圖將牠們的精子沾到彼此身上，同時避免讓自己受精。牠們射出的精子會將接受者的表皮燒穿一個洞，這個洞有時大到足以將失敗的接受者撕成兩半。問題在於，扁蟲都想要當雄性。按照定義，雌性必然會對後代付出較多的投資，這就表示如果個體能成功地讓其他個體受精，並避免讓自己受精，牠就能傳下較多的基因。這就等於自由地到處散播精子，但卻不必懷孕。佛洛伊德說的陽具羨妒不只是心理學而已。根據比利時演化學家米契爾斯所言，通常全體物種都會採用雄性的生殖策略，也就是散播精子，因此才會出現用陽具鬥劍的扁蟲這種怪異的交配衝突。區分出不同的性別便提供了一條活路，讓生物得以脫離這個陷阱。雌性和雄性對於何時交配，跟誰交配，都有自己的想法；雄性往往會比較積極，雌性則是比較挑剔。結局是一場演化的軍武競賽，而任一性別都會影響另一方的適應性改變，防制一些較荒誕的交配策略。根據經驗法則，如果找到交配對象的機會很小時，雌雄同體的生活方式就可以順利運作，例如在密度低，或是固著不動的族群裡（這解釋了為什麼許多植物都是雌雄同體），而兩性分立則會在高密度或是機動性強的族群裡發展起來。

這一切都很好，但卻掩蓋了一個更深沉的謎題，即雌雄角色不對等的根源。我剛才提到，雌性必然會在後代身上付出較多，這幾乎是定義。對某些人來說這番發言聽起來可能相當地大男人主義，好像在暗示做父親的大可撒手不管。我想說的不是這個意思。許多有性生殖的生物，其雙親所付出的照護幾乎沒有差別。舉例來說，兩生類和魚類產生的卵在體外受精之後，通常就是自行發育生長，不會得到雙親任何一方的關照；在某些甲殼類動物中，只有父親會守護年幼的子嗣。海馬爸爸會把受精卵放在牠的育兒袋裡撫育照顧，實質上就像是懷孕一樣，一胎產出高達一百五十個後代。儘管如此，兩性之間還是有項根本上的不平等，充分地顯示在性細胞，也就是配子的層級上。這項不平等在於精子和卵之間的差異。精子很小，而且是一次性使用的。男人以及雄性通常都會一口氣產生一大堆。相較之下，女人以及雌性產生的卵通常遠比精子來得少，尺寸也大多了。這樣的差別不像性染色體那樣靠不住，而是非常具有決定性的。雌性製造大而靜止的卵，而雄性製造小而可動的精子。

這樣的不對稱現象是基於什麼樣的道理呢？眾說紛紜。其中最有說服力的解釋是，這是質和量之間（少量的大型配子，和大量的小型配子）的拔河比賽。因為受精卵不只提供基因，還有新生命生長所需的所有養分和細胞質（包括所有的粒線體），於是後裔和親代的需求之間不可避免地會產生某種拉鋸。為了讓自己的一生有個好的開始，子代「想要」有奢侈的養分和細胞質供自己利用，而親代「想要」以最低限度的犧牲，完成最大限度的受精次數。如果親代的尺寸只有顯微等級的大小，就像約在十億年前，性演化初期那種狀況，親代的犧牲就更是耗本了。

如果受精卵的成功與否，至少有部分是取決於是否獲得良好的資源供應，你可能會天真地認為，天擇的篩選將會有利於雙親平均貢獻的模式，因為這樣個別親代付出的成本最低，而子代得到的利益則最大。用這個標準來看，精子除了基因之外幾乎沒有留任何東西給下一代，所以它「應該」要被淘汰。但實際上，它們就像寄生蟲一樣，沒有付出卻得到了一切。雖然寄生行為在很多案例裡都言之成理，但為什麼精子**永遠都是**寄生性的？兩生類和魚類的卵是自由懸浮的，因此以牠們的狀況來說，答案可能是因為數百萬微小的精子可以憑著它們「地毯式」的覆蓋率，讓更多的卵受精。不過，就連體內受精的狀況下，精子和卵的大小也維持著極端的差異，這就很奇怪了。此時數百萬個微小精子的目標都是輸卵管裡的一顆或兩顆卵，而不是汪洋大海中的上千顆卵。這只是因為它們來不及改變嗎？還是因為這不值得理會呢？或者，在這極端的大小差距背後，有著更根本的原因？這樣的原因確實存在。我們有強烈的論據支持這個答案。

單親遺傳

這趟探索兩性根本差異的旅程，帶我們回到了原始真核生物的身上，例如藻類和真菌。它們之中有些物種具有兩種性別，儘管它們的配子（性細胞）沒有明顯的差異。我們稱它們是**同形配子**型的生物，意思是它們性細胞的大小相同。實際上，這兩種性別在各方面似乎都一模一樣。而因為它們基本上都相同，所以用交配型這個字眼來稱呼它們會比性別來得更合理。然而它們之間的「沒有差別」，更加凸顯了它們依舊是兩種不同交配型的事實；個體受到限制，只能和族群中一半的對象進行交配。正如此一領域的先驅，赫斯特及漢彌爾頓所說，如果尋找伴侶會成問題，那麼選擇減半應該構成了嚴重的限制。想像一下，如果族群中出現了一種突變體，跟既有的兩種交配型都可以交配，這種第三交配型應該會火速蔓延開來，因為它們有兩倍的交配選擇。如果隨後又出現了和這三種交配型都可以交配的突變，那它也會有類似的優勢。如此一來交配型的數量應該會趨向無限；實際上，隨處可見的裂褶菌（俗稱雞毛菌）就有兩萬八千種交配型。除了無性別之外（大家都是同樣的性別），無限多種性別也很有道理。二分法是所有可能的世界中最差勁的一種。

所以，為什麼許多同形配子的物種依舊擁有兩種交配型呢？如果兩性之間真的存在一種深切的不對稱性，一切其他的不平等都由此而生，那藻類和真菌正是我們應該研究的對象。

研究得到的答案揭露了某種根本的不相容性，足以讓我們自身的性別戰爭看起來像是嬉皮的狂歡會。讓我們舉原始藻類石蓴為例，它也被叫做海萵苣，是種多細胞藻類，細胞成片狀排列，厚度只有兩層細胞，但長度可達一公尺，這讓它擁有葉片般的外觀。海萵苣會產生完全相同的兩種配子，也就是同形配子，其中包含葉綠體和粒線體。兩種配子（以及它們的細胞核）融合的方式完全正常，但融合之後它們的胞器便會殘暴地攻擊彼此。融合的數小時內，源自某個配子的葉綠體和粒線體就會被打成一團稀泥，而且之後很快就會完全解體。

雖然這是個極端的例子，但它傳達了某種普遍的趨勢。共同點是不能容忍雙親中的一方所傳下的胞器，不過執行消滅的方法則是大相逕庭。最具說明作用的例子大概是單胞藻，雖然它們乍看之下可能和這個趨勢恰恰相反。它們非但不會上演全武行消滅半數葉綠體，這些葉綠體還會和平地彼此融合。然而生化檢查顯示，這些藻類也沒有比它們的親戚更寬宏大量；它們只是用比較文雅的方式表現它們的狹隘，就像有教養的納粹份子一樣。用正確的，同時也頗令人心寒的措詞來說，單胞藻實行的是「選擇性基因靜默」：消除胞器內的DNA，而不是整個胞器，基礎結構都還完整地保留下來。來自親代雙方的胞器DNA各自用毀滅性的DNA分解酶攻擊對方。某些研究報導指出，百分之九十五的胞器DNA最後都會消失，不過其中一方遭受破壞的速度會比另一方稍微快一些。就定義而言，倖存DNA的來源就是「母系」親代。

結論是，細胞核融合沒有問題，但是胞器（葉綠體和粒線體）幾乎絕對只能來自親代中的一方。胞器並不是問題，問題出在它們的DNA身上。這些DNA具有某些因素讓它們注定被討厭。兩個細胞融合，然而只有一方會將胞器的DNA傳遞下去。

兩性間最深刻的差異便在這裡：雌性遺傳她們的胞器，雄性則否。造成的結果就是**單親遺傳**，意思是粒線體這類的胞器通常只會沿著母系遺傳，就像猶太民族一樣。直到頗為近代我們才發現子代只會繼承來自母親的粒線體：最早的紀錄是在一九七四年，身兼遺傳學家和爵士鋼琴家的哈奇森三世，以及他在北卡羅萊納大學的同事，研究馬驢雜交種所提出的報告。

這真的就是兩性之間最深切的差別嗎？若想實際驗證這一點，最好就是從明顯不符合這條規則的例外下手。例如我們提過，裂褶菌擁有兩萬八千種交配型。這些交配型是由不同染色體上的兩個「不親和性」基因所表現的，這兩個基因各自都有很多種可能的版本（等位基因）。其中一個基因是個體從三百多種可能的等位基因中繼承而來的，另外一條染色體上的基因則有九十多種可能的選擇，合計起來，共有兩萬八千種可能的組合。如果兩個細胞在這兩條染色體中的任何一條上擁有同樣的等位基因，它們就不能交配。這樣的情形很有可能出現在兄弟姐妹之間，因此這個機制可以鼓勵遠系交配。然而，如果雙方在這兩個基因座上都擁有互不相同的等位基因，配子就可以自由交配，而這等於是讓它們可以和族群之中百分之九十九以上的成員交配，不像我們其他生物，僅僅只有百分之五十。

不過性別這麼多，這種真菌到底要如何掌握胞器的動態呢？它們也能確保胞器只會從雙親中的一方遺傳下來嗎？如果可以，它們怎麼知道這兩萬八千種性別裡，誰才是「母親」？事實上，它們解決這個問題的方式是採取一種極端謹慎的性交形式，一種沒有感情的真菌式傳教士體位，而且積極地避免體液的交換。對裂褶菌而言，性只是把兩個細胞核放進同一個細胞裡，細胞質永遠不會在幸福的結合中交融，因為不會發生細胞融合。換句話說，這些真菌靠著逃避問題，徹底避開了性的麻煩。雖然可以說它們擁有兩萬八千種性別，毋寧說它們完全沒有性別：它們所擁有的其實是不親和型。

耐人尋味的是，不親和型和性別在個體身上可以同時存在，暗示著這兩種適應性結果其實各有功能。最好的例子來自開花植物，或稱被子植物。如我們先前所見，它們之中很多是雌雄同體的（個體同時是雄性也是雌性）。原則上，這表示植物可以讓自身，或者是關係最近的親屬受精——而在實踐上，因為固著的植物在傳播方面有困難，所以這樣的情節也是最有可能出現的。問題是原地受精有利於自交，如此一來就完全喪失了性的益處了。因此很多被子植物在兩種性別之外，同時也擁有不同的不相容型，藉以確保遠系交配的進行。

原則上，只要能保持單親遺傳，擁有兩種以上的性別並非不可能。原始真核生物中就有這樣的例子，具體來說就是黏菌，它們將細胞融合在一起形成一團基質，許多細胞核共用一個巨大的細胞。黏菌看起來跟真菌類似，生長在林地覆蓋層的表面或是草地上，沒有固定形狀；有些鮮黃色的黏菌會被比喻為狗的嘔吐物。從我們的角度來看，最重要的一點是，它們之中有些成員擁有兩種以上的性別，而且它們不是只有細胞核融合，而是整個配子都會融合在一起。最廣為人知的例子是多頭絨泡菌，它至少有十三種性別，由不同的等位基因表現，這些等位基因都屬於一個名為 *matA* 的基因。雖然看起來都一樣，但這些性別並不對等——它們的粒線體DNA由上而下排成某種高低次序。在配子融合時，上位品系的粒線體DNA會被保存下來，下位品系的則會被分解，並在數小時內完全消失；剩下的空殼，會在融合的三天之內被移除。所以儘管有很多種性別，它們還是維持著單親遺傳。此種次序可以高到什麼程度想必還是有極限；例如就很難想像會有階級可以容納裂褶菌總共兩萬八千種的性別。而在現實世界裡，超過兩種性別就很罕見了。

為了獲得一個普遍性的結論，我們可以說，**性**的行為包含細胞核的融合（而擁有不相容型可以確保遠系交配的執行），但只有在共享細胞質時，才能畫分出真正的**性別**。換句話說，**性別**是在細胞以及它們的核都發生融合的狀況下發展出來的。於是雌性將部分的胞器傳遞下去，而雄性得接受它們的胞器全部都會很早消失。就算有多種性別，粒線體的單親遺傳還是必然的規矩。

自私的競爭

單親遺傳為什麼會這麼重要？而既然可以拓展交配的機會，技術上也可行，那為什麼多性別會如此罕見？最廣為接受的理由，在一九八一年時由哈佛的珂絲米德和托比發展成為一套有力的假說。他們主張，兩個來自不同細胞的細胞質融合，會使不同的細胞質基因體產生彼此衝突的機會。細胞質基因體包括了粒線體和葉綠體的基因體，還有細胞質內的所有「過客」，如病毒、細菌，以及共生菌等等。如果這些過客在遺傳方面完全相同，它們之間或許就不會有衝突；可是只要它們有差別，就有競爭的空間，它們會彼此競爭，只求卡位進入配子。

試想，若有兩個不同族群的粒線體，其中的一群複製得比另一群快。如果一個族群的個體數量變多，它們就比較有機會進到配子裡。因此，另個族群除非加快自己複製的速度，否則就會被淘汰；而加快複製速度，幾乎就意味著它沒辦法完成它該做的工作，也就是盡可能有效地產生能量。這是因為加快複製速度最簡單的方法就是拋棄「不必要」的基因，就像我們在第三部所看到的；而粒線體複製時不必要的基因，當然就是為整個細胞生成能量時需要的那些基因。因此，粒線體基因體間的競爭就會造成演化上的軍武競賽，在這樣的競賽裡，私利優先於宿主的利益。

宿主細胞不可避免地會在粒線體基因體的競爭中受到傷害，這於是便對細胞核內的基因形成了強大的篩選壓力，教它們確保所有的粒線體都完全相同，這類的衝突就不會發生。像單胞藻那樣，對其中一群粒線體進行「選擇性靜默」，可以達到這個目的，不過普遍而言，事先就徹底預防它們的進入才是最安全的；這同時也防範了其他細胞質組成分之間的競爭，像是細菌和病毒。因此，在這自私的理論下，生物之所以會發展出兩種性別，是因為這是防止自私的細胞質基因體發生衝突最有效的方法。

雄性的粒線體並非任人宰割。凡有誰試圖排除它們，都會遭遇它們的頑強抵抗。被子植物以極有說服力的方式證實了粒線體的自私行為。在這些雌雄同體的開花植物中，粒線體盡一切力量避免自己被囚禁在植物的雄性部位，對它們來說這是條絕路，因為花粉不會將它們遺傳下去。為了避免自己的前途被斷送在花粉身上，它們會使雄性器官不孕，常用的方式是打斷花粉的發育。這在農業上是很重要的性狀（不令人意外），達爾文本人也詳細討論過這個特徵，並且給它取了一個令人生畏的名字：**細胞質雄不孕**。藉著使雄性器官不孕，粒線體將雌雄同體變成純雌性，以確保自身的傳播。然而這會干擾族群整體的性別平衡（族群變成由雌雄同體以及雌性組成），因此演化過程篩選出了各種細胞核基因來制衡粒線體的自私之舉，使生殖力恢復完整。這場戰役還持續在進行著。一系列自私的粒線體突變和核基因的抑制性突變，顯示轉變為雌性一事反覆發生過好幾次，只是每次都被抑制了下來。今天在歐洲，有百分之七．五的被子植物是「雌花兩性花異株」，這是達爾文所創的詞彙，這樣的族群由雌性和雌雄同體所構成。

雌雄同體特別容易成為雄不孕。雌性器官的存在，意味著同一個體內的粒線體還有機會透過別條路遺傳下去。但就算雄性和雌性分別位於不同的個體，也有跡象顯示粒線體會試圖傷害雄性，扭曲性別平衡。有一些疾病，具體而言像是萊氏遺傳性視神經病變，是粒線體DNA突變所導致的疾病，在男性間比女性更普遍。此一狀況類似沃爾巴克氏體在節肢動物身上的行為（這部分我們先前曾提過）。對甲殼動物來說，感染沃爾巴克氏體會使牠們由公變母，但在許多昆蟲身上，感染的效應甚至更激烈：它們乾脆把雄性殺掉。這種細菌只會通過卵，從一個世代傳到下一代，它們的「目標」是將整個族群都轉變成雌性，藉此提升它們傳播的機會。而粒線體也可以靠著排除雄性，確保它們能透過卵傳播。然而跟沃爾巴克氏體不同的是，它們成功的案例似乎極為有限。據推測是因為有更強的逆向篩選壓力，不利於自私的粒線體。功能完備的粒線體對於我們的生存和健康非常重要，而自私的突變體比較不容易在呼吸作用方面維持效率。因此它們很容易在沉重的壓力下被淘汰。相較之下，沃爾巴克氏體除了改變性別比例之外，不一定會造成什麼大傷害，因此它們承受的篩選壓力也比較低。

這些試圖顛覆性別比例的行為之所以會出現，是因為粒線體還有其他的細胞質成分（如葉綠體和沃爾巴克氏體）只會透過卵遺傳下去。我們幾乎可以肯定，這些小動作造成的壓力，更加劇了精子和卵之間既有的差異。例如自私粒線體所施加的壓力，就很可能對精子和卵之間極端的尺寸差異有所貢獻。要讓情勢不利於自私粒線體，最簡單的方法就是布下重重困局。人類的卵細胞內有數十萬個粒線體，但在精子內則少於一百個。就算雄性的粒線體進入了卵細胞（許多物種的雄性粒線體確實會，包括我們自己），它們也會被稀釋掉。但光是稀釋還是不夠。為了將雄性粒線體從受精卵中徹底排除，或確保少數闖關成功的雄性粒線體永遠靜默，各種招數紛紛演化出籠。例如在小鼠以及人類身上，雄性粒線體在卵中會被名為泛素的蛋白質做上標記，讓它們成為被摧毀的目標。大部分的狀況下，雄性的粒線體會在進入卵的數天之內被分解。在其他的物種中，雄性粒線體會被完全排除在卵之外，或甚至也不會出現在精子中，像在小龍蝦和一些植物中就是這樣的狀況。

最奇怪的一種排拒雄性粒線體的方式，或許是在某些種類的果蠅身上發現的巨大精蟲，它完全展開時比雄性總體長的十倍還長。製造這種特大號精子所需的睪丸就占了成體總重的百分之十，明顯妨礙了雄性個體的發育。它們的演化目的並不清楚。如此不尋常的精子送入卵內的細胞質遠比一般來得多。而且，精蟲的尾部會持續留在卵的內部，讓人不禁對它之後的命運感到困惑。紐約州雪城大學的皮特尼克以及芝加哥大學的卡爾分別都提出，這種精子在發育過程中，其粒線體融合在一起形成兩個巨型粒線體，長度延及整個尾部。這兩個大型粒線體占細胞總體積的百分之五十到百分之九十。它們在卵裡不會被分解，然而在整個胚胎發育的過程裡都會被隔離起來，最後落腳在中腸。幼蟲剛孵化時，中腸部位還可以觀察到原精蟲的尾部，之後很快就會被當作糞便排掉。儘管方式古怪迂迴，但依舊符合單親遺傳的精神。

排除雄性粒線體的方式這麼多，彼此又截然不同，這項事實暗示單性遺傳在同樣的篩選壓力之下重複演化了很多次。這更意味著，單性遺傳也消失過很多次，然後又靠著當時手邊最方便取得的伎倆恢復回來。我猜這表示失去單親遺傳會造成弱化，但絕少會致命，而實際上，一些粒線體混合，或稱**異質體**的實例也是確實存在的，特別是在真菌和被子植物的身上。舉例來說，在一宗囊括了兩百九十五種被子植物的大型研究中，所有受檢的物種裡，有將近百分之二十的物種展現出某種程度的雙親遺傳。有趣的是，蝙蝠也常常是異質性的。蝙蝠是種壽命長而且活力旺盛的哺乳類，因此讓人很好奇牠們為什麼不會受異質性所危害。我們對於相關的狀況和篩選壓力所知甚少，但有線索指出，牠們自身的飛行肌肉中，可能會針對適應力最強的粒線體進行某種篩選。

在某些輔助生殖的技術裡，我們也將異質性帶到了自己的身上，說明白一點就是卵質轉移。這種技術，是將健康捐贈者的卵子細胞質，連同其粒線體，注射到不孕症婦女的卵細胞，因此混合了兩個不同女人的粒線體。在引言的部分我們曾接觸過這個技術，它因報紙而成名，報導的標題是「兩女一男合產一子」。超過三十名外觀健康的嬰兒透過這個方式成功誕生，儘管有辛辣的批評說這「就像試圖靠著加入一杯新鮮牛奶，來改善一罐壞掉的牛奶」。大眾對於混合兩種粒線體族群（這是自然界極力避免的事情）感到嚴重的不安，加上發育異常造成的流產率高得可疑，因此美國已經停用了這項技術。即便如此，對於思想開放的懷疑論者來說，最讓他們驚訝的，恐怕是這個方法居然行得通。異質體確實令人憂心，或許還會造成弱化，然而並不是絕無可能。

如果兩性間最深刻的區別，就像我們所看到的那樣，和限制粒線體進入生殖細胞有關，那麼看來兩性間的壁壘竟是出奇地不堅固。我們在期刊或是書籍裡所讀到的往往是徹頭徹尾的衝突，以及像是「子代無法容忍身上有來自不只一個親代的胞器」的台詞。但在現實世界裡，迫使大自然分化出兩種性別，逼得我們只能和族群中半數成員交配的狀態，其實一直不斷地在崩毀又重建。在許多案例中，粒線體異質性似乎是可接受的，其不利影響少得驚人，幾乎沒有衝突的徵象。所以，雖然證據顯示粒線體對兩性的演化非常重要，但基因體的衝突可能不是唯一的因素。近期的研究指出，還有其他更精微，但也許更普遍且更根本的原因。

諷刺的是，催生這番新思維的，是一個全然不同的領域，這個領域的內容是透過追蹤人類粒線體基因，研究史前人類史及族群的遷徙。最引人注目的那些史前人類見解，例如我們和尼安德塔人之間的關係，都是來自這類的粒線體DNA研究。這些研究全都建立在粒線體DNA嚴守母系遺傳的假設之上，不容許有任何的混雜。最近，在這片出產研究的溫床上，有些受爭議的數據引發了一些問題，質疑這個假設在我們自己身上的正確性。儘管某些一度牢不可破的結論現在看起來沒有那麼穩固了，但它們還是提供了新的見解，不只讓我們洞悉兩性的起源，也幫助我們理解不孕症中一些未獲解釋的部分。在接下來的兩個章節中，我們將會看見它背後的原因。

第十四章　來自史前人類考古的性別啟示

一九八七年，柏克萊大學的凱茵、史東金和威爾森在《自然》期刊發表了一篇知名的論文，使我們對自身過往的理解全面革新。他們研究的不是化石證據，也不是細胞核中的基因，取而代之的是從一百四十七名活人身上採集的粒線體DNA，這些人分別來自五個不同的地理種群。這三名科學家的結論是，這些樣本全都關係密切，而且歸根究柢，都遺傳自一個二十萬年前生活在非洲的女人。之後她被稱做「非洲夏娃」或是「粒線體夏娃」，而據我們所知，今天地球上的每一個人都是她的後代。

這項結論的激進本質必須放對位置。長久以來，古人類學家中有兩派人士一直爭論不休，一派的人相信現代人類是在相當近期才從非洲發源出來，取代了較早的移民，如尼安德塔人以及直立人；另一派人士相信，除了非洲之外，人類也曾在亞洲出現，存在的時間至少長達一百萬年。如果後者的觀點正確，那麼，在舊世界的不同地方，必定平行地發生過從古人類轉變為解剖學上的現代人類的演化事件。

這兩個觀點背負著強大的政治意涵。如果現代人類全都是在二十萬年之內從非洲遷徙而來的，那麼在這層皮膚之下，我們都是一樣的。在演化的意義上，我們幾乎沒有時間走向分歧，不過我們可能得對我們的近親（例如尼安德塔人）的絕種負責。這個理論被稱為「走出非洲」假說。另一方面，如果人類的種族是平行演化而來的，那麼我們之間的差別就不僅僅是一層皮膚而已，我們獨有的種族和文化特性，就有了穩固的生物學基礎，挑戰著我們對平等的理想。這兩個腳本都可能因為雜交而產生了未知程度的偏差。以尼安德塔人的命運為例，就可以說明這種困局。他們是走上絕路的獨立亞種？抑或他們與四萬年前抵達歐洲，解剖學上屬現代人的克羅馬儂人雜交了？說穿了我們犯下的過錯到底是種族屠殺，還是沒有必要的性行為？令人不安的是，今天我們似乎兩者都做得到，有時還是同時進行的。

拼拼湊湊的化石證據至今尚無定論，一個族群是演變為另一個族群？或是滅絕了？或是被來自不同地理區域的族群取代了？兩個族群實際上有沒有雜交？要從少量散落的化石（年代差距還非常大）分辨這些差別是極端困難的。在上個世紀我們發現了大量化石，包括一連串失落的環節，這些化石呈現了人類演化的可能草圖——從類人猿祖先，到我們所有的人（不信這一套的堅定創造論者則不包括在內）。舉例來說，腦部的尺寸在過去這四百萬年間的一系列原始人類化石中，逐步擴大了三倍。但是，從三百萬年前的南方古猿（例如露西）經過直立人到最後的智人，這之間的實際演化路線，則充滿了未解決的課題。我們要如何分辨出土的化石是否能代表我們的祖先，或者只是某個已經滅絕的平行物種？露西真的是我們的直系祖先嗎？或者只是個兩腳站立的，垂著手的絕種人猿？我們能肯定的只是有大量形態介於猿和人類之間的骸骨存在，儘管我們很難將它們指派到族譜裡的特定位置。單靠古人的骸骨形態來製作史前人類的圖譜，頂多也只是件無從肯定的嘗試而已。

講到我們更近期的祖先，化石紀錄同樣也是所言無幾。我們是否曾和尼安德塔人混血過呢？如果有，我們可能會期待有一天能發現一具混血兒的骨骸，展現出混雜的特性，介於強壯的尼安德塔人，以及纖細的智人之間。這樣的聲明偶爾會出現，但沒有哪一次能讓這個領域心服。以下是溫和的塔特索爾評論其中一個案例時所說的話：「這項分析……是個勇敢而具有想像力的詮釋，但要讓大部分的古人類學家認為這個案例已獲證實，是不太可能的。」

古人類學有個最大的問題，就是極度依賴形態特徵。這是不可避免的，因為除了形態之外也沒有什麼可以依賴的了。如果能分離出DNA的話幫助會很大，但大多數的時候這是不可能的。幾乎所有化石遺骸上的DNA都慢慢地在氧化，絕少DNA能殘留超過六萬年。就算是比較近期的骸骨，能萃取到的細胞核DNA都太少，以至於無法取得可靠的定序結果。因此目前看來，想要單靠化石證據解開我們的身世之謎，幾乎是不可能的。

幸運的是我們不需如此。理論上，我們可以從自己的身上解讀我們的過往。所有的基因都會隨著時間累積突變，而它們的「字母」序列也會隨著突變的發生逐漸分歧。兩群生物分歧的時間愈久，它們基因序列上累積的差異也就愈多。因此，如果我們將一群人的DNA序列進行比對，就可以粗略地計算出他們之間的親緣關係有多近或多遠（至少可以知道彼此的相對關係）。序列差異少的人關係比較近，序列差異很大的人關係比較遠。到了七〇年代，遺傳學家已經開始參與人類族群的研究，檢視不同族群在基因上的差別。研究的結果暗示，不同族群間的差異比想像中來得少——根據經驗，族群內的變異比族群之間更多，這意味著我們擁有一個相對晚近的共同祖先。更重要的是，最深的分歧出現在撒哈拉以南的非洲，這暗示所有人類族群的最後共同祖先確實出身非洲，並且生活在相對晚近的年代，推測距今還不到一百萬年。

不幸的是，這個方法有許多的缺陷。數百萬年來，細胞核內的基因累積突變的速度非常慢，而事實上我們仍有百分之九十五至九十九的DNA序列和黑猩猩是一樣的（端看我們是否將序列中的非編碼DNA納入比對）。如果基因序列連分辨人類和黑猩猩都幾乎辦不到，那要區別人類的種族顯然需要更靈敏的方法。基因序列還有一個問題，就是天擇扮演的角色。基因擁有多大程度的自由，可以持續而穩定的走向分歧（中性的推動演化的遺傳漂變）？篩選什麼時候會選擇留下特定的序列，繼而限制改變的速度？問題的答案不僅僅取決於基因，還關係到基因彼此之間的交互作用，以及氣候變遷、飲食、感染和遷徙等環境因子的影響。這樣的問題很少會有簡單的答案。

但來自細胞核的基因最大的問題就是性——又來了。性會將不同來源的基因進行重組，因此我們每個人在遺傳上都是獨一無二的（同卵雙胞胎和複製人除外）。於是，確定我們的譜系就成了一件非常困難的工作。在人類社會，想知道我們是不是征服者威廉、諾亞，或成吉思汗的後代，唯一的方法就是持續而詳盡的紀錄。姓氏可以提供一些傳承的象徵，但大部分的基因對姓氏一無所知。它們可能來自四面八方，任兩個不同的基因幾乎絕對不會來自同樣的祖先。我們又回到了在第五部討論《自私的基因》時的問題——在有性生殖的物種中，個體只是過眼雲煙，倏忽即逝；只有基因永留傳。因此我們可以算出基因的歷史，還有族群基因頻率的歷史，但很難找到它們歸屬於哪個祖先，更遑論要精確定年。

沿母系遺傳

這就是二十年前，凱茵、史東金和威爾森進行粒線體DNA研究時的切入點。他們指出，粒線體遺傳的奇特模式解決了許多細胞核基因的連帶問題。兩者之間的差異不僅使我們有機會追蹤人類譜系，還能提供嘗試性的年代預測。

粒線體DNA和細胞核DNA間的第一個關鍵差異是突變的速度。平均而言，粒線體DNA的突變率將近是細胞核DNA的二十倍，實際速率會依取樣的基因而有所不同。這樣快速的突變相當於快速的演化（但我們得小心不能永遠在這兩者之間畫上等號，原因容後再論）。演化速率快，是因為粒線體DNA和細胞呼吸所產生的自由基離得很近。其效果便是放大種族間的差異。雖然細胞核DNA幾乎無法區分黑猩猩和人類，但粒線體的時鐘走得夠快，可以披露數萬年間累積的差異，正好適合用來窺看人類史前考古史。

第二項不同之處，據凱茵、史東金和威爾森所說，在於人類的粒線體DNA只來自我們的母親，透過無性生殖的方式傳給下一代。而因為我們的粒線體DNA全都來自同樣的一顆卵，在胚胎發育時以複製的方式得來，並且沿用一生，所以（理論上）它們全都會是一模一樣的。意思就是，如果從我們的肝臟採集一份粒線體DNA的樣本，應該會和取自骨頭的樣本一模一樣，而這兩份樣本，應該也都會和取自我們母親身上的隨機樣本完全相同——然後她的樣本又會和她自己的母親一樣，依此一路回推，直到時間迷霧的深處。換句話說，粒線體DNA的作用就像母系的姓氏，穿越時間的長廊，串連起一系列的個體。粒線體基因不像細胞核基因，每一代都會重新洗牌發牌，它們讓我們得以追蹤個體以及其後代的命運。

柏克萊團隊利用的第三個要點，是粒線體穩定的演化速率：演化速率快歸快，但以數千或數百萬年來看大致還保持穩定。這點要歸因於中性演化的假設，也就是說粒線體基因幾乎沒有任何篩選壓力，它們只被用在有限的卑下用途上（這是他們的論點）。零散的突變一代一代地隨機發生，在平均之下以穩定而規律的速度累積，使夏娃的女兒逐步走上彼此分歧的道路。這個假設或許還有問題，之後的改良已將這項技術的行使對象聚焦在特定的「控制區」（由一千個不表現蛋白質的DNA字母串所構成），因此據稱不會受到天擇篩選（之後我們會再回來討論這個假設）。*

所以粒線體的時鐘走得有多快呢？根據相對晚近而且大致已知的拓殖年代（新幾內亞最少是三萬年，澳洲是四萬年，美洲是一萬兩千年）進行計算，威爾森與其同僚得出，其分化速率大約是每百萬年產生百分之二到四的變異。以黑猩猩的分化為根據（分歧約從六百萬年前開始），估算出的數字也與此相符。

如果調校得出的速度是正確的，那麼，凱茵等人就可以從那一百四十七個粒線體DNA樣本間實際測得的差異，算出其最後共同祖先的年代：大約是在二十萬年以前。此外，這個結果和細胞核DNA的研究一樣，指出最深的分歧是在非洲族群中發現的，這暗示我們的最後共同祖先確實是非洲人。一九八七年的這篇論文中的第三個重要結論，則和遷徙模式有關。非洲之外的大部分族群都有「多重起源」，換句話說，生活在同一個地方的人會擁有不同的粒線體DNA序列，這暗示許多區域曾被反覆拓殖。總而言之，威爾森團隊的結論是，粒線體夏娃生活在相當晚近的非洲，而世上其他的地方，則是被一波波從這塊大陸出走的移民潮，一次次地占據。這也支持了「走出非洲」的假說。

---

*賽克斯在《夏娃的七個女兒》中說：「控制區的突變不會被精確地排除，因為控制區不具特定的功能。它們是中性的。看起來，這段DNA存在的意義是讓粒線體可以適當地分裂，序列內容為何沒有那麼重要。」

這項前所未有的發現不意外地催生了一個活躍的新領域，在九〇年代的遺傳系譜學界獨領風騷。由骨骸形態、語言學、文化研究、人類學，和族群遺傳所提出的那些未能解決的疑問，終於在「硬」科學的客觀事實下獲得解答。這個領域引進了許多技術的改良，年代的標定也經過修正（現在粒線體夏娃的定年約是在十七萬年以前），但是這整座殿堂的基石還是威爾森和他的同事所提出的基本原理。遺憾的是，威爾森本人，這位啟發人心的人物，在一九九一年，正值他事業高峰時因白血病而去世，得年五十六歲。

威爾森協助建立的領域能有如此成就，他地下有知一定相當驕傲。粒線體DNA已經回答了許多一度看似永無定論的問題。其中之一，就是波里尼西亞這個偏遠太平洋群島上的居民的身分。根據知名的挪威探險家海爾達爾所言，波里尼西亞群島上的人移居自南美洲。為了證明這件事，他在一九七四年建造了康奇基號，一艘傳統的巴沙木筏，他和五名同伴乘坐這艘木筏自祕魯啟航，並在一百零一天後抵達八千公里遠的土阿莫土群島。不過當然，證明這項壯舉可行並不能證明它確實曾發生過。粒線體DNA序列告訴我們的則是另一個故事，可以佐證早先的語言學研究。這些結果指出波里尼西亞人來自西方，先民在至少三波的遷徙中移居至此。百分之九十四的受試者擁有和印尼人以及台灣人相似的DNA序列；百分之三．五似乎來自萬那杜和巴布亞新幾內亞；還有百分之〇．六來自菲律賓。有趣的是，有百分之〇．三的人的粒線體DNA和南美一些印地安部落相匹配，所以要說兩地之間有史前的聯繫，也還有一絲渺茫的機會。

另一個看似解決的棘手問題是尼安德塔人的身分。從尼安德塔人的木乃伊（一八五六年在杜賽爾多夫附近被發現）身上取得的粒線體DNA，顯示其序列和現代人類不同，而且智人身上完全找不到尼安德塔人序列的痕跡。這暗示尼安德塔人是獨立的亞種，不曾和人類雜交就滅絕了。實際上，尼安德塔人和人類的最後共同祖先大概生活在五十到六十萬年前。

以上的研究結果，只是粒線體DNA研究為人類史前考古帶來的眾多迷人見解中的兩則。但是有光就有影。過分簡化的粒線體觀點已經成了某種一再重複的經文，愈念愈簡短，愈念愈誤導人；講著講著就漏掉了但書。我們聽到的是，粒線體DNA完全只經由母系遺傳。不會有重組。天擇在粒線體DNA上的作用很少，因為它只會表現一小撮卑下的基因。突變率大致都穩定。粒線體的基因能表現個人和民族真正的譜系關係，因為它們反映了個體的遺傳，而非基因的萬花筒。

這樣的經文從一開始就讓某些人感到不安，但直到最近這些疑慮才終於有了實證。具體來說，現在我們有證據可以證明母系和父系的粒線體間有基因重組的現象，粒線體「時鐘」走的速度有快有慢，而且有些粒線體基因承受著強大的篩選壓力（包括據稱「中性」的控制區）。這些例外，雖然對我們對過去的推論提出了一些質疑，但也使我們對粒線體遺傳的觀念變得更清楚，並有助於我們掌握兩性之間真正的差別。

粒線體重組

如果粒線體完全只會經由母系遺傳，那麼似乎就不太可能發生重組。有性重組指的是兩條對等的染色體彼此隨機地交換DNA，製造出兩條新的染色體，兩條都會是擁有兩種基因來源的混合體。顯然，要有兩條不同來源的DNA（分別來自雙親），重組才有可能發生，或說才有意義。兩條一模一樣的染色體互換基因沒有什麼意義，除非其中有一條染色體受損；而這的確值得擔心，之後我們將會看到。不過普遍而言，在有性生殖時，細胞核內成對的染色體會重組，產生新的基因組合，將來自父母親或祖父母的基因混在一起，但粒線體DNA不會出現這樣的情形，因為所有的粒線體基因都源自母親。所以根據正統觀念，粒線體DNA不會重組，我們不會看到父親和母親的粒線體DNA混雜在一起。

儘管如此，十年前我們就已經知道，有一些原始的真核生物，如酵母菌，會融合它們的粒線體並且重組粒線體DNA。當然酵母菌是無法和人類比擬的，每個人類學家都會這樣告訴你，而這對現有的正統觀念也不會造成傷害。還有一些奇特的生物也有證據顯示它們的粒線體會重組，像是貽貝，但這也輕易地被駁為「和人類演化無關」。所以明尼蘇達大學的塔亞蓋拉揚和他的同事，在一九九六年展示老鼠也會重組粒線體的DNA時，無異於投下了一枚震撼彈。老鼠，身為我們的哺乳類夥伴，這關係近到讓人有點不舒服。不僅如此，還有更糟糕的事：在二〇〇一年，學者發現人類的心肌也會發生粒線體DNA的重組。

即使是這些研究，也沒有讓這艘船產生太劇烈的動盪，因為它們的規模有限。大多數粒線體的染色體有五到十個拷貝，它們的作用就像是保險單，用來防範自由基造成的傷害；一個基因的所有拷貝不太可能會全部損壞，因此還是可以製造出正常的蛋白質。但是靠囤積備用的拷貝來應付基因損傷是個沒效率的方法，因為受損的染色體會混雜地製造正常和不正常的蛋白質。最好是能修復損傷，就像標準的細菌作風那樣，與染色體上無傷的片段進行重組，以便再度產生純淨而有功能的拷貝。像這樣發生在同一粒線體的對等染色體之間的重組行為，被稱為「同源」重組，這無損單親遺傳的原則——

這單純只是用來修復單一個體內發生的損傷的一種方法，就像我們看到的一樣。所以就算當粒線體彼此融合，並且讓不同染色體拷貝上的DNA進行重組，它們所有的DNA還是只遺傳自母親。

儘管如此，但假使父系的粒線體成功地在卵中存活下來，那麼父系和母系的粒線體DNA就有可能重組（至少原則上是）。我們知道，人類的父系粒線體確實會進入卵細胞，而總是有可能會有一部分存活下來。但這是否會實際發生呢？在缺乏直接證據的狀況下，各個研究團隊試圖尋找粒線體重組的證據，最後確實找到了。最早的證據出現在一九九九年，是蘇塞克斯大學的艾沃克、史密斯以及梅納德史密斯所發現的。他們的結論基本上是統計性的。他們主張，如果粒線體DNA真的是純系的，那在不同的族群中，粒線體的序列應該會持續累積新的突變，繼續分化。但實際狀況並非總是如此：有時一些「返祖性」的序列會重新出現，它們和祖先型有不尋常的相似性。會發生這樣的狀況只有兩種可能：要不是它們隨機地「反」突變回原本的序列（本質上聽起來就不太可能），不然就是與剛好保有原本序列的對象進行了重組。像這樣，序列意想不到地投胎轉世，被稱為**異源趨同**，艾沃克和他的同事發現了很多這樣的案例——數量遠超過標準，我們實在無法將之歸咎於機率。他們將這些案例當做重組發生的證據。

這篇論文立刻掀起了一陣風暴，並遭到領導集團人士的批評。這些人發現取樣的DNA序列有錯誤，但統計方法沒有問題。他們排除這些錯誤後，就找不出重組的證據了。麥考雷與他的牛津同僚對此的回應是「不需驚慌」，整個領域都鬆了一口氣，這座雄偉的殿堂仍屹立不搖。不過艾沃克和他的同事雖然承認取樣方面的確有錯誤，但還是堅守己見。他們說，就算不看那些錯誤的部分，數據仍暗示重組的確發生過，這「可能不會造成某些人的驚慌，但他們應當要，因為我們一直以來所抱持的假設極有可能是錯的。」

同樣在一九九九年（其實根本是在同一期的《英國皇家學會期刊》上），曾在牛津團隊門下的海潔貝格與她的同僚提出了他們的異議。他們的論點建構在一個特定的奇異現象上：在萬那杜群島的恩古納島，一個罕見的突變重複出現在好幾群居民身上，然而他們之間別無關聯。他們的粒線體DNA明顯遺傳自不同的祖先，但同樣的突變卻重複出現，因此它要不是在不同的狀況下獨立發生了好幾次（似乎不太可能），就是只出現過一次，只是之後又被散播到其他的族群，而這種情況只有透過重組才有可能發生。不過仔細的檢查再次挽救了這座殿堂。這一次的錯誤出在定序機器的身上，不知何故偏移了十個字母。修正之後謎團便消失了。海潔貝格和她的同僚被迫發表撤回聲明，今天，她本人將這件倒楣事稱做她的一次「不名譽的錯誤」。

二〇〇一年之前，重組的證據顯得有些黯淡（說得好聽點的話）。兩項主要的研究都不被信任，雖然兩篇論文的作者都堅持他們剩下的數據仍足以提出質疑，但這也是意料中的事，他們當然得捍衛自己岌岌可危的聲譽。從公正第三者的角度來看，重組的說法似乎已經被駁倒了。

接著在二〇〇二年出現了新的質疑聲音。哥本哈根大學附設醫院的舒娃茨以及威辛提出了報告，指出一名患有粒線體疾病的二十八歲男性病患，確實從他的父親處繼承了一些粒線體DNA，因此他既有母系的也有父系的DNA——也就是恐怖的異質體。這種混雜體是以鑲嵌的樣貌出現，他肌肉中的粒線體DNA有百分之九十是父系的，只有百分之十是母系的，然而在他的血球細胞，將近百分之百都是母系的。這是父系粒線體DNA在人類身上的遺傳首度明確獲得證實。少量父系DNA「滲」進卵細胞當然是有可能的，在這個案例裡它會被抓出來，是因為它造成了疾病。不過這個研究提出了最主要的問題：當一個人身上同時有來自父母親的兩群粒線體，它們會發生重組嗎？

答案是：「會」。二〇〇四年，哈佛的克拉伯寇團隊在《科學》期刊提出報告，指出在這名病患的肌肉中，的確有百分之〇．七的相異粒線體DNA發生過重組。所以，如果有機會，人類的粒線體DNA真的會重組。但這並不代表重組體會傳播下去——不管在肌肉會不會形成重組DNA，只有發生在受精卵的重組才會對後人有影響；唯有如此，重組型才有可能遺傳下去。目前為止還沒有這樣的證據，雖然這至少有一部分是因為沒有什麼族群被實際檢查過。總的來說，來自族群研究的統計證據暗示，重組是極為罕見的。當然，若非這些難得的重組事件，就無法解釋基因組成上那些神祕的偏差，即使這些難得的事件不太可能顛覆整座殿堂。

但我想表達的重點是，從演化的角度來看，某種程度的重組真的可能會發生。這只是僥倖，是個不常發生的意外？或者還有更深的意涵呢？之後我們將再回來討論這個問題，但現在且讓我們先思考一下這段經文的其他例外，因為它們同樣和這個問題有關。

校準時鐘

粒線體DNA不只可以用來重建史前考古史，也可以用在鑑識方面，特別是用來鑑定無名屍的身分。這類的鑑識研究也立基在完全相同的假設上，也就是每個人都只會從母親那方，繼承單獨的一種粒線體DNA。最廣為人知的鑑識案件中，有一宗便是俄羅斯的末代沙皇尼古拉二世，他和他的家人在一九一八年被一支行刑隊給射殺了。一九九一年時，俄羅斯人挖開一座西伯利亞的墓穴，內部有九具遺骸，其中有一具被認為是尼古拉二世本人。

麻煩的是有兩具屍體失蹤了；如果不是發生了什麼異事，那就是這並不是正確的墓穴。於是遺骸的粒線體DNA上場救援，但它和沙皇在世的親屬並不十分相符。奇怪的是，推定屬於沙皇的那具遺骸，其粒線體DNA是異質性的——他擁有混合體，因此他的真實身分還有待懷疑。等到沙皇的胞弟，喬治大公也被挖掘出來之後，一切問題才水落石出。喬治大公在一八九九年時死於肺結核，而他的墓址是確定的。因為雙方應該都從他們的母親身上繼承了完全相同的粒線體DNA，所以如果兩者完全匹配，就能毫無疑問地確立沙皇的身分。而比對的結果的確很完美：大公也是異質體。

在證明粒線體DNA分析有效的同時，這個插曲也喚起了一些尷尬的實際問題——具體來說就是，異質體到底有多普遍？粒線體的異質性並非永遠是因為父系粒線體「滲」進卵細胞，也有可能是因為粒線體的突變。如果一個粒線體內的DNA發生突變，那兩種類型的粒線體DNA都有可能在胚胎發育時被複製，導致成體成為混雜體。這樣的混雜體只有在引起疾病時才會曝光，因此它們的發生率是未知的；如果它們不會引起疾病，它們很可能會被輕易地忽略。但它們在鑑識方面的應用意義很重要，足以吸引數個團隊進行研究；而他們的發現（不同團隊之間是彼此相符的）令人吃驚。至少有百分之十，或甚至百分之二十的人類是異質性的。許多人身上的混雜似乎是來自新的突變，而不是父系的滲漏。

這些發現有兩個重要意義。第一，異質體比我們之前想像的更普遍，而這項事實一定減低了以「自私」粒線體為基礎的性別模型之重要性：如果我們身上有兩種互相競爭的粒線體族群，卻也能開開心心地生存（大部分的案例都沒有明顯的疾病），那麼顯然粒線體之間的衝突某種程度上是被誇大了。第二，粒線體突變的速率遠比預期中來得快。當我們試圖利用家族遠親之間的序列比對來校準速率時，得出的結論形形色色，但大量證據顯示，每四十至六十代會出現一個突變（等於是每八百到一千兩百年）。相比之下，如果我們按照已知的拓殖年代以及化石證據來校正分化速率，算出來的速率大約是每六千到一萬兩千年出現一個突變。這是相當大的差別。如果用比較快的那個時鐘來計算我們最後共同祖先的年代，我們將被迫推斷她活在大約六千年前。這個年代比較符合聖經上的夏娃，而不是據信活在十七萬年前的非洲夏娃。比較晚近的這個年代，很明顯是不正確的，但我們要如何解釋如此巨大的出入呢？

在澳洲西南部發現的一件化石或許可以為這個答案提供一些線索。這具化石是個解剖學意義上的現代人類，並且因為攜帶了世界上最古老的粒線體DNA而聞名。它於一九六九年在蒙哥湖附近被發現，之後它的年代暫時被定為六萬年。二〇〇一年時，一個澳洲的團隊發表了他的粒線體DNA序列，並讓眾人大為吃驚——這段序列和現存的人類完全沒有相似之處。這支血脈已經滅絕了。*這挑起了幾個意義深遠的問題。特別是，稍早時我們將尼安德塔人畫歸為已滅絕的獨立亞種，立論根據是他們的粒線體序列已不復存在；但現在有個解剖學上的現代人類也因同樣的理由被下了這樣的判斷。按照同樣的規則，我們必須說這個人類也代表了一個已經滅絕的獨立亞種，儘管看解剖外觀就知道我

---

*實際上現代人的細胞核DNA上有類似的序列——一個在很久前被從粒線體轉移到細胞核的**核內粒線體序列**（見一九二頁）。這段序列等同於一份DNA化石，因為細胞核內的突變率比粒線體慢上約二十倍，因此它相對沒有什麼改變。

們一定擁有相同的核基因。這兩個族群間想必會有某種遺傳上的連續性。化解這番落差的最簡單方法，就是斷定粒線體序列並不是一成不變地記錄著某個族群的歷史。但是，這樣的結論就讓我們不得不去質疑，我們單憑粒線體的序列而對過去所做的詮釋，可能是有問題的。

之前可能發生過什麼事呢？請想像有一群解剖學上的現代人類居住在澳洲。就假設他們是在距今不到十萬年前從非洲遷徙過來的好了。之後，一個新的遷徙族群抵達了這裡，兩個族群間發生了規模有限的雜交。如果一位新移民母親和一位本土的父親交配，產下了一名健康的女兒，那麼女兒的粒線體ＤＮＡ會百分之百屬於新移民（假設沒有發生重組），但她的細胞核基因會有一半是本土的。如果其他所有人都沒有留下連續的女性血脈，而我們的混血兒卻是膝下自成一個新的群體，那麼本地人的粒線體ＤＮＡ便會滅絕，而本地人的核基因則至少會留下一些。換句話說，異血緣交配和粒線體ＤＮＡ的滅絕完全不衝突，如果我們只靠粒線體ＤＮＡ就想重建歷史，可能會輕易地被誤導。同樣的解釋也適用於尼安德塔人，所以，單看他們的粒線體基因，我們不能論斷他們消失得無影無蹤（道金斯在《先祖的傳說》裡也透過不同的思辨過程得到同樣的結論）。不過這樣的情節真的有可能發生嗎？或者只是一種技術上的可能性？它暗示只有一支女性血脈留存了下來；本土血脈真的會這麼簡單就全部滅絕嗎？

有可能。我曾提過粒線體基因的作用方式就像姓氏——而姓氏很容易就會滅亡。一八六九年時，維多利亞時代的通才高爾頓，在他的著作《遺傳的天才》中率先提出了這個概念。一個姓氏的「壽命」平均大約只有兩百年。在英國，大約有三百個家庭宣稱他們是征服者威廉的後代，但沒有任何一家族可以證明其男性血脈不曾中斷。一〇八六年的《末日審判書》裡記載的五千支封建爵位，現在全都已經滅亡了，而中世紀的世襲稱號平均則可以維持三代。一九一二年，澳洲的人口普查顯示，半數的小孩是由族群中九分之一的男人和七分之一的女人生出來的。澳洲的生育專家柯明斯強調，要點在於，生殖成效在族群中的分配極度不均。大部分的血脈都滅絕了。而同樣的狀況也適用於粒線體。

這只是中性的漂變嗎？或者天擇也有參與作用呢？又一次，蒙哥湖的化石提供了線索。鮑勒，一九六九年的化石發現者之一，和他的同事在二〇〇三年證明了六萬年這個化石定年是不正確的。他們進行了更加完整的地層學分析，並在這樣的基礎上重新確立了這具遺骸的年代，大約是在四萬年前。這項新的定年結果相當有趣，因為它正好吻合氣候變遷的年代，當時湖泊和河流都乾枯了，澳洲西南大半都變成乾燥的沙漠。換句話說，蒙哥這一支粒線體DNA是在天擇壓力轉變之際滅絕的。

這讓人開始懷疑天擇可能會作用在粒線體基因上，儘管根據正統觀念，這是不會發生的。如果數千年來序列的變化慢慢地累積，那麼靠著比對現存人類的基因體，就可以追蹤這些變化的完整軌跡。這中間不可能有任何一個改變會被天擇移除，全部一連串的變化必定都是隨機而中性的突變。可是這無法解釋高突變率和低分化速率（也就是低演化速率）之間的落差。而天擇可以。如果天擇淘汰了演化最快的分支（也就是分歧最大的分支），那倖存者的演化變異一定比較少。稍早我曾提過，我們不該視高突變率等同於高演化速率，這正是個絕佳的例子。突變率很高但演化速率比較慢，這是因為一部分的突變會造成負面後果，所以便被天擇淘汰了。兩邊的落差被天擇拉平了。

在蒙哥湖化石的案例中，粒線體DNA的滅絕可能要歸因於天擇篩選，但這是違背經文的。天擇有可能是解答嗎？實際上，現在有很好的證據可以證明天擇會作用在粒線體基因上。

粒線體篩選

二〇〇四年，粒線體遺傳學的權威華勒斯，與他在加州爾灣大學的團隊發表了一些有趣的證據，證明天擇的確會作用在粒線體基因上。在任職於亞特蘭大艾默理大學的二十年裡，華勒斯本人率先開始分類人類各族群的粒線體，而且他在八〇年代前期的研究成果，撐起了凱茵、史東金和威爾森於一九八七年發表的那篇著名的《自然》論文（在本章的一開始我們曾研究過）。他那範圍遍及全世界的基因演化樹確立了數支粒線體譜系，他使用的術語是**單倍群**，之後又被稱做夏娃的女兒。他替這些單倍群依序編上字母代號，這就是俗稱的艾默理分類系統。後來，牛津的賽克斯在他的暢銷作品《夏娃的七個女兒》中，就是以這些字母為基礎替書中的人物命名；不過這本書只有提到歐洲的譜系。

華勒斯（奇怪的是賽克斯的書並沒有提及他）不只是粒線體族群遺傳的大師，他也是粒線體疾病的權威。粒線體的疾病百百種，和它稀少的基因不成比例。這些疾病通常是粒線體序列上的微小變異造成的。華勒斯的研究主題是這類變異在健康方面造成的嚴重後果，無怪乎他長久以來一直懷疑粒線體基因可能會受到天擇的篩選。顯然，要是它們引起的疾病會使身體嚴重傷殘，它們很可能就會被天擇所淘汰。

最初，華勒斯和他的同事注意到，統計的證據呈現出了「淨化篩選」發生的跡象，那是九〇年代前期的事情。接下來的十年，華勒斯把這些發現擱在心上。在許多粒線體遺傳的研究當中，他一再看到，人類族群中，粒線體基因的地理分布，並不像中性漂變的理論所預測的那樣隨機發生；特定的基因會在特定的地方興盛起來——這通常是天擇作用的徵象。例如，在非洲的諸多粒線體譜系中，只有一小部分離開了這片黑暗大陸；大部分仍是固守非洲。世界上其他地方的粒線體DNA，都是從少部分被挑選出來的群體開枝散葉，成為今日多元的樣貌。同樣的，亞洲各式各樣的粒線體當中，只有幾種曾成功在西伯利亞落腳，之後並遷徙到了美洲。華勒斯不禁要問，會不會有些粒線體基因就是可以適應特別的氣候，在別處過得比較好，而其他粒線體基因一離開家就要遭殃了？

二〇〇二年，華勒斯和他的同事開始更認真地研究這個問題，並透過一些深思熟慮的討論性論文傳達他們的意見，不過一直到二〇〇四年他們才終於找到證據。這個想法簡單得令人吃驚，但卻包含了對人類健康及演化上的重要意義。他們說，粒線體有兩個主要作用：產生能量和產生熱。產能和產熱之間的平衡可能不同，而實際的平衡狀況對我們的健康可能是很關鍵的。以下就是原因。

我們體內的熱是靠著虛擲粒線體膜上的質子梯度而產生的（見二五七頁）。既然質子梯度可以用來產生ATP或產生熱，我們面臨的狀況就是二選一，被浪費在產熱上的質子梯度，就不能用來製造ATP。（在第二部我們曾看見，質子梯度還有其他重要的功能，但若我們假設這些功能恆常不變，它們就不會影響我們的論點。）如果百分之三十的質子梯度被用來產生熱，那麼用來產生ATP的質子梯度就不會超過百分之七十。華勒斯和同僚察覺，兩者間的平衡關係很有可能會依不同的氣候而出現改變。生活在熱帶非洲的人，可以將質子和ATP的生成緊緊連結，在炎熱的氣候裡產生較少的體熱，這對他們是有好處的；而對因紐特人來說，在他們那酷寒的環境中生成較多體熱是比較有利的，所以他們產生的ATP必定相對地少。為了彌補他們相對較低的ATP生成量，他們就得多吃一點。

華勒斯開始搜索，試圖尋找任何一個可能影響產熱以及生成ATP之間平衡的粒線體基因，並且找到了幾個很有可能會影響熱能生成（靠著使電子流和質子幫浦解偶聯）的變異。產熱最多的變異在極地特別占優勢，而產熱最少的則出現在非洲。

雖然這乍看之下不過是常識，但其意涵中所隱藏的曲折可以抵得上一樁謀殺詭計。請回想一下第四部（二五六頁），自由基形成的速率並不是取決於呼吸作用的速度，而是要看呼吸鏈上的電子塞得滿不滿。如果因為能量需求過低，電子的流動非常遲緩，電子就會在呼吸鏈上累積，並有可能脫離呼吸鏈形成自由基。在第四部我們看到，如果讓呼吸鏈上的電子保持流動，就可以減緩自由基的快速生成——而這點可以藉著消耗質子梯度來產熱而實現。我們將這種情況比擬為河流上的水力發電水壩，溢流渠道的存在可以防止氾濫。消耗質子梯度的迫切需求，使它的浪費變得微不足道（就像防止氾濫的需求優先於洩洪對水資源的浪費），因而導致了恆溫動物的誕生。總而言之，提高體溫會減少靜止時的自由基生成，而降低體熱的生成則會增加靜止時產生自由基的風險。

現在請想想看，在非洲人和（暫定）因紐特人身上會發生什麼事。因為非洲人產生的體熱比因紐特人少，所以他們自由基的生成量應該比較高，尤其是當他們吃得太多的時候。根據華勒斯的研究，非洲人無法像因紐特人那麼有效率地將多餘的食物轉換為熱，所以要是他們吃得太多，就會產生更多的自由基。這意味著他們應該會更容易受到與自由基的破壞有關的疾病侵擾，例如心臟病和糖尿病，而事實的確如此。美國的非裔人口擁有美式的飲食習慣，他們便以易罹患糖尿病之類的疾病而聞名。相反的，因紐特人理當會燃燒多餘的食物來產生熱量，因此應該遠比非洲人不易患上心臟病和糖尿病，而這也證明無誤。當然其中還有別的原因（例如攝取富含油脂的魚類等等），所以這些結論必定只是個嘗試性的推論。然而，如果這些想法裡確有幾分真實性，那麼邏輯上，還有一個引申意涵也應該是真的（而且也有線索顯示確實如此）：適應於極地氣候的民族應該更容易發生雄性不孕。

推理的過程完全相同。極地的住民將較少的食物用於產生能量，較多用來產生熱。這種做法在大多數的狀況中或許都沒有關係（他們只要多吃點就好了），但在某個方面會構成問題，那就是精子活動力。精子靠它們的粒線體推動它們游向卵，而因為每個精細胞內的粒線體不到一百個，所以精子特別倚重這些殘餘粒線體的「效率」，因此也特別容易受能量衰竭所害。如果這些粒線體把能量浪費在產熱上，就會比較容易造成精子功能失常，並使男性受**弱精症**所苦。這意味著我們會看到，男性的生育能力模式並非取決於雄性的基因，而是沿母系遺傳的粒線體基因。換句話說，男性的生育能力至少有部分是遺傳自母親，而且應該會依據所屬的粒線體單倍群而有所不同。最近一個研究確認了歐洲的情形確實是如此：弱精症在T單倍群的人身上（普遍分布在瑞典北部）比在J單倍群的人身上（在南歐比較普遍）常見。我不知道這是否適用於因紐特人；很遺憾地，我找不到任何因紐特人弱精症發生率的數據。

總之，這些曲折的關係顯示粒線體基因確實會受到天擇的篩選。*它確切的比重取決於很多因素，包括能量效率、體熱的生成還有自由基的滲漏，這全部都會影響我們的整體健康與生育能力，以

---

*篩選的範圍也包括理應是中性的控制區。如果不會發生重組，那麼整個粒線體基因體就是一個單位，而控制區的序列被排除的方式可能不是隨機的，因為它們連接著**會**受篩選的區域。而且實際上，如果控制區不會直接受篩選才叫人驚訝，因為它會和負責轉錄粒線體蛋白質的因子結合——這項任務就跟蛋白質本身一樣重要，因為要是在需要的時候蛋白質沒有轉錄，那就等同於不存在。二〇〇四年，華勒斯和他的同事證明，某些控制區的突變可能的確會帶來負面的影響，其中有些和阿茲海默症有關。

及我們適應各種氣候與環境的能力。

綜合我們在這一章討論過的其他發現，正統觀念的地位看似黯淡無光。粒線體基因可能遺傳自父母雙方，儘管不常見；它們會重組，雖然非常少見；它們的突變率會依情況而有所不同，挑戰著年代估算的準確性；而且它們無疑會受到天擇的篩選。如果這些預期之外的發現無法顛覆人類史前考古史的殿堂，它們是不是起碼能讓我們對粒線體遺傳有更完整的認識呢？更確切地說，這些發現是否能解釋為什麼我們會有兩種性別呢？

第十五章 為什麼會有兩種性別

我們在第十三章看到，兩性之間最深刻的差別和粒線體的遺傳有關。雌性特化出大而不會移動的卵細胞，提供粒線體（以人類來說約有十萬個），雄性則特化出小而可動的精細胞，並將粒線體從中排除。我們探索了這個奇異行為背後的原因，並且發現，這似乎可歸因於遺傳相異的粒線體族群彼此之間的衝突。為了杜絕衝突發生的機會，個體通常只會繼承來自雙親中一方的粒線體。但我們也遇到了許多和不符合這條單純規則的例外，像是真菌、樹木、蝙蝠，甚至包括我們自己。在第十四章，我們細細地探究我們自身，想從大量的人類數據看看它們是否支持衝突論點。這些數據引發爭議，並喚起激情，因為它們與我們本身的史前考古史息息相關。不過，從這些爭論中慢慢成形的連貫故事，對兩性差異更深一層的原因提供了迷人的見解。在這一章中，我們會試著將這些見解集合起來，研究出一個更令人滿意的答案，回答兩性之謎。

衝突論點的要點在於，互不相像的粒線體族群可能會為了傳承而彼此競爭，阻止這種衝突的唯一方法，就是確保卵所接收的粒線體在遺傳意義上都完全相同。唯一能保證它們全部相同的方法，就是確保它們都來自同一個來源，即同一個親代。混雜被認為是致命的。絕不容許粒線體混雜（異質體）的信念，支撐起人類粒線體族群遺傳學的句句經文。根據這經文，雄性粒線體很快會被從卵中移除，不會傳給下一個世代。這意味著，粒線體只會沿著母系，透過無性複製遺傳。因此，粒線體ＤＮＡ基本上會維持不變，因為它們沒有重組的機會。即便如此，不同族群、不同人種的粒線體DNA序列之間，還是漸漸地出現分歧，因為數千數萬年來，它們也會累積一些偶發的中性突變。據推論，這些累積起來的突變應該會忠實地留在基因體中，因為天擇據稱是不會作用在粒線體基因上的，或起碼不會作用在沒有編寫蛋白質密碼的「控制區」。既然不會發生淨化篩選，這些突變就不會被踢出基因體，因而得以一直留在原地，沉默地見證歷史的流轉。

來自人類演化的啟示，將這些信條全都抹上了泥巴，並暗示還有更深層的機制在作用。這不是說基因體衝突是錯的，但它只占了一部分，並非全貌。讓我們撥開這些泥巴仔細瞧瞧。我們已經知道，粒線體重組的確會發生，或許在人類身上非常罕見，但在其他物種則比較普遍，例如酵母菌和貽貝。它不像我們過去所認為的那般，是個禁忌。另外，重組發生的條件，也就是異質體（互不相同的粒線體混雜在一起），遠比自私衝突模型所暗示的更為普遍。有百分之十到二十的人身上都可以看到某種程度的異質性，在其他物種也很常見。然後，我們也知道粒線體基因變異的速度有某種落差。從家族成員之粒線體DNA的突變率推算，每八百年至一千兩百年會出現一個突變；而從人種長期的分化看來，速率是每六千年到一萬兩千年一個突變。如果說是因為很多變異都被天擇淘汰了，就可以解釋這樣的出入。雖然這和經文內容有所牴觸，但現在有很好的證據顯示，天擇的確會作用在粒線體基因上，方式微妙，而且無孔不入。

所以為什麼會有兩種性別呢？想想粒線體。它們不是獨立的存在，而是細胞這個更大系統的一部分。粒線體包含了兩種不同基因體所表現的蛋白質。其中大部分是細胞核的基因所編寫的，約有八百個；只有剩下的十三個是由粒線體基因表現，它們全都是呼吸鏈的大型蛋白質複合體上的重要次單元。粒線體所編寫的蛋白質對呼吸作用相當重要。粒線體和細胞核這兩個基因體之間**必要**的交互作用，正說明了為什麼要有兩種性別。我們來看看原因為何。

粒線體的功能，極度仰賴細胞核與粒線體兩者所表現的蛋白質之間的交互作用。這個雙重控制系統可不只是個碰巧固定下來的偶然：它是演化成為現在這個樣子的，而且還在持續地優化，因為這是滿足細胞需求最有效率的方式。如同我們在第三部所見，粒線體保留一小部分的基因是為了正向的原因：粒線體**需要**一個反應快速的單位來維持有效的呼吸作用。相形之下，可以被成功轉移到細胞核內的基因，多半都已經送進去了；它們待在那裡有很多好處，其中一項是可以壓制粒線體這個麻煩房客的獨立性。

只要細胞核和粒線體表現的蛋白質之間有一丁點的不匹配，都可能會造成毀滅性的後果。粒線體功能的精微控制不只影響能量的供應，也會影響其他和生命及死亡有關的議題，像是細胞凋亡、生育能力、性、恆溫性、疾病，以及老化。不過，雙重基因體控制的成果怎麼樣呢？嬰兒是大自然的瑰寶，他們證明了大自然所能達成的奇妙和諧，近乎奇蹟，但完美是要付出代價的。不孕症相當普遍，許多夫妻努力多年只為能擁有小孩。就算是具有生育能力的夫妻，早產（通常沒有臨床症狀）也是規則而非例外：約有百分之七十到八十的胚胎在妊娠第一周便自發性流產了，準父母本身可能毫不知情。許多這類的早產事件發生的原因至今依舊不明。

通常問題可能和兩個基因體之間的交互作用有關——核基因的產物需要和粒線體基因的產物通力合作。在哺乳類，粒線體的突變率很高，平均比核基因高上二十倍，有幾處甚至高達五十倍，這是因為粒線體DNA臨近呼吸鏈所產生的自由基，而自由基容易致癌。不只是這樣。有性生殖每一代都會讓細胞核基因重新洗牌。表現粒線體蛋白質的基因分別坐落在不同的染色體上，因此每過一代它們就會拿到一手不同的牌。這樣的結果造成了嚴重的混和搭配問題。呼吸鏈上的蛋白質是以奈米等級的精確度彼此銜接的。試舉一個例子，細胞色素c（由核表現）必須結合在細胞色素氧化酶的一個重要次單元上（由粒線體表現），才能傳遞它們的電子。如果沒有精確結合，電子就無法傳遞，呼吸作用就會陷入停頓。當電子沒有在呼吸鏈上流動，它們就會形成自由基。這些自由基會氧化膜上的脂質，釋放細胞色素c，引發細胞凋亡。從這個角度來看，細胞色素c在細胞凋亡時那意料之外的角色，就顯得沒有那麼奇怪，反而是理所當然了。如果細胞因為核基因和粒線體基因不相配而無法進行呼吸作用，這便會快速地將它們終結。

由於兩者必須配合得天衣無縫，因此粒線體和細胞核的基因彼此同步地**共同適應**是很重要的，否則呼吸作用便無法進行。原則上，共同適應的失敗會直接導致細胞凋亡造成的早夭。共同適應的直接證據正逐漸在增加當中。如果用一段大鼠的粒線體DNA置換小鼠的粒線體DNA，蛋白質會正常進行轉錄，但呼吸作用會停止，因為，大鼠的粒線體蛋白質，無法和小鼠細胞核表現的蛋白質適切地互動。換句話說，呼吸作用的調控非常嚴苛，不只是控制DNA轉錄和蛋白質轉譯而已。同物種內的差異比較細微，但粒線體和細胞核基因之間只要稍有不合，就會影響呼吸作用的速度和效率。有一點很重要的是，在演化的整個過程中，細胞色素c和細胞色素氧化酶的演化速率完全同步，儘管兩者應有的變異速率相差超過二十倍。想必，會使呼吸作用效率降低的新變種都被天擇淘汰了。天擇篩選過必留下痕跡；粒線體的序列上所保留的變化多半是所謂的**中性置換**（不會改變蛋白質的序列），從這件事上我們就可以看出端倪。在粒線體基因上，中性置換相對於「有意義」置換的比例遠遠高出一般，這暗示改變序列意義的突變都被天擇淘汰了。還有其他跡象顯示，這些基因的意義是生命體不惜一切代價也要保存下來的。有些原生動物如錐蟲，竟然會罔顧DNA序列的改變，修改其RNA序列，只求保留原始的意義。而且粒線體有一些不符合通用基因密碼的例外，這同樣可以解釋為：儘管其DNA序列出現了變化，它們仍企圖維持基因的原始意義。

考慮這一切，我們可以說，之所以要有兩種性別，是因為雙基因體系統需要粒線體和細胞核基因的密切配合。如果配合得不好，就會妨害呼吸作用，而且細胞凋亡和發育異常的風險也會大幅增加。有兩項因素持續地在扯著配對精確度的後腿：一是粒線體DNA遠高過一般的突變率，二是細胞核基因每一代都會被性打散重組。為了確保每一代的配對盡可能的完美，讓**一組**粒線體基因和**一組**細胞核基因進行配合測試是必要的。這說明了為什麼粒線體基因必須只來自親代中的一方。如果它們來自雙親，那就會有兩組粒線體基因和一組細胞核基因配對。這就像是讓兩個體格不同的女人搭配同一個男人，三個人一起跳交際舞。不管他們的個人表現多有水準，這亂舞的三人組很容易就會摔得十二腳朝天。要跳出真正的代謝華爾滋只需要兩個舞伴——一種粒線體，以及一套核基因。

這個答案有兩個重要的意涵。首先，它輕易地納入了既有的模型，同時也解釋了先前在人類演化研究時注意到的明顯異數。要讓一組粒線體基因體和一組細胞核基因體配對，粒線體基因體（普遍來說）必須遺傳自單一親代，單親遺傳的傾向就是這樣出現的。如果雙親都會遺傳粒線體，那就很容易妨害呼吸作用的效率，因為這兩個粒線體族群被迫和同一個細胞核共舞。如果不同的粒線體基因彼此競爭，情況還會更惡化，就像自私衝突理論所說的那樣。然而請注意，某種程度的異質性和重組還是合理的，因為有時這反而可能提供最好的基因體配對。這可以解釋人類演化研究的意外發現（異質體、重組還有天擇篩選）。最重要的面向不是粒線體族群的「純粹」，而是粒線體基因在細胞核背景上的作用效率如何。

第二，雙重控制假說給了天擇一個正面的依據。自私衝突理論的一個問題是，篩選只能用來淘汰基因體衝突的負面結果。然而我們發現，在很多狀況下，異質體的存在也不會使兩個基因體有明顯的競爭——例如被子植物、某些真菌，還有蝙蝠。如果基因體競爭的負面影響有限，那為什麼天擇**通常**會偏好單親遺傳？假如單親遺傳大多數的時候都主動帶來益處，而不僅僅是偶爾可以減輕壞處，就會造就這樣的現象。雙重控制理論提供了一個很好的理由，說明現狀為什麼會是如此：最適個體的粒線體DNA通常只遺傳自母親，因為這麼做能使細胞核和粒線體的基因體完成最好的配對。而如果子代中的最適者往往只從雙親中的一方繼承粒線體基因，我們就已完成了兩性的條件：雌性供應粒線體，雄性通常則不會。

所以，篩選是在何處作用，又是如何作用，才能確保細胞核和粒線體基因之間的和諧呢？可能的答案是：發生在雌性胚胎的發育過程中，那時絕大多數的卵細胞，或是卵母細胞，都會死於細胞凋亡。最適細胞顯然通過了一個篩選粒線體功能的瓶頸。雖然我們對於這個瓶頸的運作方式幾乎一無所知，瓶頸的存在本身也還有爭議，但其概要完全符合雙重控制假說的預測。篩選卵母細胞的標準，似乎是它們的粒線體在細胞核背景上的運作狀況。

粒線體的瓶頸

受精卵（合子）內含有大約十萬個粒線體，其中百分之九九．九九都來自母親。在胚胎發育的最初兩周，合子會分裂數次，形成胚胎。每一次分裂，粒線體都會被分配到子細胞中，但它們本身不會積極地分裂，而是維持著靜止的狀態。因此在妊娠的初期，發育中的胚胎只能拿承襲自合子的十萬個粒線體湊合著使用。在粒線體終於開始分裂之前，大部分細胞內的粒線體數目都已經減為數百個。如果它們的效能不足以支撐發育所需，胚胎便會死亡。能量衰竭造成的早產比例有多少？這點不得而知，但能量不足，的確造成了許多粒線體在細胞分裂時無法順利分開，導致染色體的數目異常，例如三染色體症（同種染色體有三條，而非一對）。這些異常胚胎幾乎都無法發育足月；實際上只有二十一號三染色體症（二十一號染色體有三條）症狀比較輕微，能夠產下活胎；即便如此，帶著這種異常出生的嬰兒會患有唐氏症。

在雌性的胚胎中，可辨識的卵細胞（原始卵母細胞）最早出現在發育的第二到第三周。這些細胞究竟含有多少粒線體，答案眾說紛紜，估計的範圍從十個以下到兩百個以上。最具權威性的研究來自澳洲的生殖專家詹森，他的答案接近這個範圍的下限。不論如何，這便是粒線體瓶頸的起點，最好的粒線體會通過這個過程脫穎而出。如果我們依舊堅持遺傳自母親的粒線體彼此完全相同，這個步驟就會顯得莫名其妙，然而，取自同一個卵巢的不同卵母細胞，其粒線體序列其實擁有驚人的多元性。貝瑞特以及他在紐澤西州聖巴拿巴醫療中心的同事，在他們的研究中證明，在一名正常女性的身上，半數的未成熟卵母細胞都含有變異的粒線體ＤＮＡ。這些變異大部分是遺傳得來的，因此，早在發育中雌性胚胎的未成熟卵巢中，它們一定就已經存在了。更重要的是，這種程度的多樣性是篩選後留下的結果，那麼在發育中的雌性胚胎，也就是篩選進行的地方，粒線體序列想必更是五花八門。

篩選是怎麼運作的呢？瓶頸意味著每個細胞只會有幾個粒線體，這樣它們比較可能都擁有同樣的粒線體序列。不只粒線體的數目變少，而且每個粒線體只會有一套染色體，不像平常那樣有五到六份拷貝。這樣的限制排除了濫竽充數的可能，有效地將粒線體的所有缺陷赤裸裸地展示出來，把它們的不足之處放大，讓這些缺陷可以被偵測出來，然後將它們移除。然後下一步是增殖，迅速擺脫瓶頸的限制。在建立起單一純系粒線體和核基因之間的配對後，有必要測試一下它們合作的狀況。測試的時候，細胞和它們的粒線體都必須分裂，而這就得仰賴粒線體和細胞核雙方的基因。在電子顯微鏡的觀察下，粒線體的行為相當引人注目，它們圍繞著細胞核，就像一條珠鍊。這種不尋常的配置結構，一定表示粒線體與細胞核之間進行著某種對話，但目前我們對此幾乎一無所知。

在妊娠的前半，胚胎內的卵母細胞經過複製，從第三周時的一百個進展到五個月時的七百萬個（增加約2^{18}倍）。每個細胞內的粒線體數目攀升至約一萬個，所有生殖細胞內加起來約有三百五十億個粒線體（提升為2^{29}倍），大規模地增加了粒線體的基因體。接著便是篩選。篩選如何運作我們並不清楚，但到了出生時卵母細胞的數量已從七百萬降為兩百萬，整整耗損了五百萬個卵母細胞（多麼驚人！），接近總數的四分之三。損耗的速度在出生之後減緩，不過等到初經來潮的時候也只剩下三十萬個卵母細胞了；到了四十歲，也就是卵母細胞的生育能力急遽下降時，只剩下兩萬五千個。在此之後，數量以指數曲線下滑，直到停經。胚胎的數百萬個卵母細胞之中，總共只有大約兩百個會在女性的育齡期間通過排卵排出。我們很難不去相信這其中有某種形式的競爭存在；只有最好的那些細胞會勝出，成為成熟的卵母細胞。

的確有些現象暗示淨化篩選正在進行。剛剛提過，正常女性卵巢裡半數的未成熟卵子，其粒線體序列都有錯誤。這些未成熟的卵只有一小部分會順利成熟，而成熟的卵中又只有一部分會成功受精發育為胚胎。我們不知道什麼在篩選最好的卵，不過我們知道，在早期胚胎中，粒線體的錯誤會一路下降，最後剩下大約百分之二十五。有一半的故障已被排除，這暗示其間確實發生過某種篩選。當然，大部分的胚胎也無法發育成熟（絕大多數在妊娠的最初幾周就會死亡），原因為何我們依舊是不知道。儘管如此，我們知道新生兒粒線體的突變發生率，相比於早期胚胎是非常低的，這暗示著肅清故障粒線體的行動確實曾發生過。此外還有其他間接證據顯示了粒線體篩選的存在。舉例來說，如果卵母細胞的篩選代理了作用在成體身上的天擇，以防白白浪費製造成體所需的龐大投資，那麼，估計那些在少數後代身上投下最多資源的物種，應該會有最好的「過濾網」，用來篩選最高品質的卵母細胞——因為要是出了差錯，它們的損失會最慘重。事實似乎確實是這樣。子嗣最少的物種，它們的粒線體瓶頸也最嚴苛（每個成熟卵母細胞中的粒線體數目最少），在發育過程中被淘汰的卵母細胞也是最多的。

雖然不知道這番篩選如何作用，但我們很清楚，失敗的卵母細胞會死於細胞凋亡，而細胞凋亡當然會牽涉到粒線體。注定要死的卵母細胞，可能可以靠著注入更多的粒線體而保留下來，而這正是卵質轉移的基礎，我們在三三〇頁曾提過這個技術。這個粗糙的伎倆確實可以避免細胞凋亡，這暗示卵母細胞的命運的確取決於能量的可得性，而且是否能發育足月的確和ATP的含量普遍有關聯性。如果能量水平不足，細胞色素c就會被從粒線體釋放，而卵母細胞便會執行細胞凋亡。

總而言之，有很多勾人的線索顯示，在卵母細胞內會發生針對粒線體和核基因的雙重控制系統所進行的篩選，雖然目前幾乎沒有直接證據。這是貨真價實的二十一世紀科學。可是，如果能證明卵母細胞是測試粒線體運作效能的場所，會被用來測試它們與核基因的配合狀況，那這就會是個很好的證據，可證明兩性的存在是為了確保細胞核和粒線體是否能配合得天衣無縫。現在，我們已經根據粒線體的性能選出了一個卵母細胞，最不想要的就是有大量的精子粒線體加進來搗亂，因為它們適應的是不一樣的細胞核背景，會擾亂既有的特別關係。*

關於卵母細胞的粒線體和細胞核基因之間的關係，還有很多是我們所不知道的，但若主角是另外一些比較老的細胞，我們則對這層關係知之甚詳。在老化的細胞中，粒線體基因累積了許多突變，雙基因體控制便會開始崩壞。呼吸的效能下滑，自由基的滲漏增加，而粒線體開始引發細胞凋亡。這些細微的變化隨著我們的老化而愈演愈烈。我們的能量減少了，我們愈來愈容易罹患各式病症，我們的器官縮小枯萎。在第七部，我們將會看見，粒線體不只對我們生命的誕生至關重要，對其尾聲亦然。

*精明的讀者可能會在這裡發現一個問題，而加州大學聖塔芭芭拉分校的羅斯也曾就這個部分做出了解釋。粒線體適應的是**未受精**卵母細胞的細胞核背景，但在受精之後，父親的基因混合進來，核背景便會改變。如果不想失去粒線體對核基因的適應關係，就應該讓母系基因支配父系基因——透過一種被稱為基因銘印的作用。有許多基因都會被銘上母系印記，但表現粒線體蛋白質的基因是否包含在內則不清楚。羅斯的預測是肯定的，而他正以真菌為材料對銘印效應進行著研究。

第七部

生命之鐘

為何粒線體終將殺死我們

代謝率快的動物往往老化得很快，並且會屈服於癌症之類的退化性疾病。鳥類是個例外，牠們的代謝率快，同時也很長壽，不易患病。牠們能達到這個境界，是因為牠們粒線體滲漏的自由基較少。然而，有些退化性疾病看起來和粒線體沒有關係，那為什麼自由基滲漏會影響我們罹患這些疾病的風險？一種活躍的新觀點正在崛起。在這全新的故事中，受損粒線體與細胞核之間的訊息交流，在細胞的命運，以及我們自身的命運之中，都扮演了重要的角色。

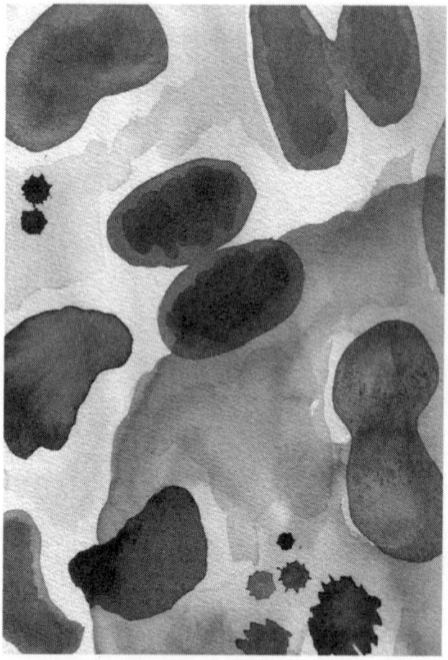

老化及死亡——粒線體的分裂或死亡，取決於它們和細胞核的交互作用。

在托爾金的不朽史詩中，那些永生的精靈跟他們身旁的人類一樣是會死的。他們在戰場上大批大批地死去。**不會**發生在他們身上的事情是老化，至少老得不多。在《魔戒》中，瑞文戴爾的愛隆王已經幾千歲了，這般年歲甚至讓聖經都相形見絀。托爾金將他的面容描述為「看不出年齡，既不老也不年輕，雖然這張臉孔蘊含了他對許多事物的回憶，苦樂參半。他的髮色濃暗，有如夕暮下的黑影……」

這只是想像力豐富的作者異想天開嗎？那可不一定。雖然老化和伴隨老化而來的退化性疾病是西方世界的災難，但它們在自然界並非普遍趨勢。例如，許多參天巨木的樹齡可高達數千年。誠然，樹木和我們的關係很遠，而且任何一棵樹木身上都有一大部分是無生命的支持性結構。再舉一個比較好的例子是各種鳥類，牠們離我們近多了。鸚鵡能活過一百歲，信天翁可以超過一百五十歲。許多鷗類可以活到七八十歲，而且身上也看不出什麼明顯的老化徵象。有一組著名的相片，主題是蘇格蘭動物學家杜納特，以及一隻在奧克尼被捉到並且戴上腳環的管鼻海燕。第一張照片，是年輕英俊的杜納特教授和一隻年輕英俊的鳥兒，攝於一九五二年。第二張照片攝於一九八二年，地點仍是奧克尼，畫面中是杜納特教授，以及三十年後意外又被抓到的，同一隻戴著腳環的管鼻海燕。此時杜納特的形貌洩漏他已飽經歲月的風霜，但那隻鳥兒完全沒有變老，至少肉眼看不出來。第三張照片我始終未能見得，似乎是描繪杜納特和同一隻管鼻海燕在一九九二年的樣貌，而僅僅數年之後，照片的主角之一便在多年疾病纏身之後辭世了。願你安息，杜納特教授。

有些讀者可能會想：可是我們也有可能活到或是活過一百歲呀！就算一隻鳥能做到這點又有什麼特別？答案在於，以鳥類的代謝率來看，牠們活得遠比「應有」的歲數更長。在相對於本身的代謝率條件下，如果我們能跟一隻低等的鴿子一樣長壽，那麼我們應該會快快樂樂，無病無痛地活上或許數百年。那為什麼我們沒有？為什麼事實不是這樣！如果有政治決心要解決這個問題的倫理困境，那麼生物學上似乎也沒有理由不行。自我們從人猿裡分支出來以後，超過六百萬年的演化時間裡，我們的最長壽命已經延長了五到六倍，從二、三十年變為一百二十年。*從彎腰垂手的人猿到直立的智人，在這條大家所熟悉的演化歷程裡，我們的身高長高，體重變重，而代謝率也降低了。這些改變是天擇的結果，它竄改了我們的基因；而如果將這個做法應用在我們自己的身上，就叫做基因改造。但就算我們不想為

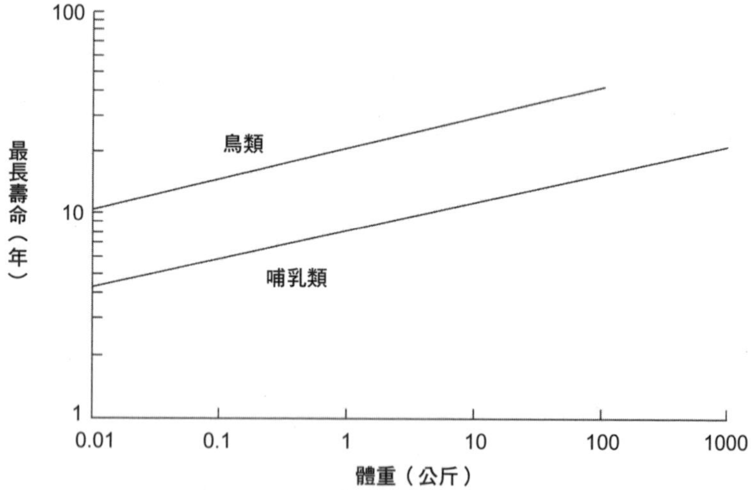

圖 14　鳥類及哺乳類的壽命對體重關係圖。大型動物代謝率較慢，而壽命較長。這在鳥類和哺乳類身上都適用，兩者在雙對數座標圖上所描出的直線斜率也非常相似。然而這兩群生物之間有段差距：跟擁有類似的體重及靜止代謝率的哺乳類相比，鳥類的壽命是牠們的三倍或四倍。

了虛榮的永生而擺弄我們的基因，要對抗年老所帶來的殘酷退化性疾病（因此而衰弱的人口比例正日益增長），最好的方法還是師法演化，以合乎倫理的方式，應用我們學到的一切。

我說的是「相對於代謝率」。請回想第四部，在哺乳類和鳥類中，體重和代謝率之間是有關聯的：普遍而言，物種的體型愈大，代謝率就愈慢。舉例來說，老鼠細胞的代謝率就是我們的七倍。而老鼠的壽命也比我們短了好幾倍，這並不是巧合。在果蠅之類的昆蟲身上，可以更清楚地感受到代謝率和壽命之間的關係。在牠們的案例，代謝率取決於環境溫度，環境溫度每上升大約攝氏十度代謝率就會加倍；在此同時，果蠅的壽命也從超過一個月降為不到兩周。

在相對不受天氣變化影響的溫血哺乳類身上，體重、代謝率，和壽命之間大致上有所關聯——動物體型愈大，代謝率便愈慢，而壽命也愈長。如果我們描繪出一份鳥類的關係圖，就會發現同樣的情形也適用於鳥類，但有趣的是，這兩條關係線之間有段差距（**圖14**）。如果我們將**靜止**代謝率相似——或許可以說是**生活步調**類似的哺乳類和鳥類兩兩相比，那麼平均來說，鳥類的壽命會是哺乳類的三到四倍。在某些案例中，差距甚至還要更大。所以雖然鴿子和老鼠的靜止代謝率相當，但是鴿子

＊人類最長壽命的紀錄保持人是雅娜．卡爾芒，她逝世於一九九七年，享年一百二十二歲。在一九六五年，她九十歲的時候，因為沒有繼承人，便和她的律師簽下一份協議，律師同意每年固定為她的公寓支付一筆押金直到她過世，到時候便由他來繼承這間公寓。這間公寓的總價等於十年的押金。不幸的是，等到一九九五年，這名律師在繳了三十年的押金後，自己先撒手人寰，在他死後他的妻子還得繼續支付這筆款項。

可以活三十五年，而老鼠勉強只能活上三到四年，雙方差了一個數量級。如果將我們的壽命，相對於代謝率，描繪在圖表上，我們也活得比「該有」的年歲長——就像許多鳥類（其實還有蝙蝠），我們的壽命，是其他靜止代謝率相近的哺乳類的三到四倍。當我說我們的壽命也許可以延長至數百年時，是在拿我們自身和鴿子比擬；牠們的壽命，相對於其代謝率，是我們的二或三倍。換句話說，鴿子的壽命遠比老鼠長，並不是因為牠們放慢了生活步調；鴿子維持著和老鼠完全相同的生活步調，然而壽命卻是老鼠的十倍。這顯然是沒有任何附帶條件的。

重要的是，老化通常伴隨著疾病，不過也並非絕對。老鼠也會得到和我們相同的老年疾病。牠們會變得過胖、罹患糖尿病、癌症、心臟病、視力衰退、得到類風濕性關節炎、中風還有失智症等等，不勝枚舉；不過他們會在兩三年的時間內發展出這些疾病，而不是數十年。許多鳥類也會受到相同的疾病所苦，不過永遠是發生在接近牠們生命尾聲的時候。老化和退化性疾病之間無疑是有關聯的，然而是什麼樣的關聯仍屬臆測，並且受到爭議。不過有幾件事是我們可以肯定的。其中一件就是，這不是一種照表操課的關聯性。它不是取決於流逝的時間有多少，而是相對於這個生物體的生命總長。重點是多老，而不是幾歲。而普遍來說，各個物種的老化速率多半是固定的。雖然也有不少的偏差落在平均值的外圍，但我們仍然大致不脫聖經所說：「我們一生的年日是七十歲。」我們的內在決定了這一生的年日——我們的基因藉由某種方式控制著這件事，不過靠飲食和健康習慣也可以造成某種程度的改變。曾有人問霍爾登，什麼樣的發現會讓他質疑他對演化的信念，他回答：「一隻前寒武紀的兔子。」同樣的，如果有一天讓我見到一隻百歲鼠瑞，我就會把我對老化的見解全部從窗戶丟出去。或許有一天，老鼠的壽命會演化成一百歲，不過牠得要更動很多很多的基因才有機會。而那時候，牠也已經不能算是老鼠了。

老化和疾病的關聯性還有第二項重點，更貼近我們自身的苦難，那就是，退化性疾病不是老化必然的一部分。例如有些海鳥似乎完全避開了高齡的那些退化性疾病，不像我們那樣老得「病痛纏身」。牠們似乎就像精靈一樣，活得很久，而且很健康，不知怎麼地避開了許多年老的折磨。牠們最後的**死因**為何並不清楚，不過牠們摔落地面的機率似乎會隨著年齡提高；推測牠們雖然不會敗給退化性疾病，但會漸漸失去肌肉的力量和協調性。也有線索顯示，人類之中百歲以上的人瑞也比較不容易罹患退化性疾病，他們往往是因為肌肉逐漸無力而死亡，而非特定的疾病。

至今有上百種理論被用來說明我們為什麼會老化。在《氧：構成世界的分子》一書中，我就宏觀的演化觀點討論過其中的一些。在這裡我只想說，許多人在歸結老化的原因時，都落入了倒因為果以及循環論證的陷阱。例如有些人說，老化是因為某種荷爾蒙（例如生長激素）的流通量降低了。或許吧，但**為什麼**這種荷爾蒙的含量會開始下降？同樣的，有些人主張老化是源自於免疫系統的機能衰退。當然這也是一個因素，可是**為什麼**我們的免疫系統會開始衰退？一個可能的答案是因為經年使用，自然累積了許多磨損之處。這個答案雖然很受歡迎，不過卻是解釋不通的。為什麼老鼠和人類自然磨損的速率會差這麼多？要是老鼠能躲過殘酷命運的一切明槍暗箭，有可能活到一百歲嗎？當然不可能！牠的老化速率是從內在決定好的。我們每個人的身上都有一座滴答作響的時鐘，而時鐘運轉的速率由我們的基因決定。用專業術語來說就是，老化是內生性，並且是累進的——源自內部，而且每況愈下。關於老化的任何解釋，都必須能說明它的這兩項特徵。

眾人所提出的時鐘大多走得不太準。比如說端粒——染色體末端的「蓋子」，在我們的一生當中會以穩定的速率逐漸磨損。它們在不同物種間呈現出極為不同的模式，因此不太可能是老化的根本原因。另外我曾談過代謝率做為時鐘的可能性。然而這點通常也會被駁回，因為代謝率和老化之間的關係有可能會被嚴重地扭曲，就像鴿子，有很長的壽命，可是代謝率也很快。然而跟端粒不同的是，這樣的扭曲可以提供深刻的洞見，幫助我們看穿老化表面下的本質。代謝率沒有那麼精確，它只是個代理人，隱身在它背後的是粒線體呼吸鏈的自由基滲漏。有時候自由基滲漏的速率和代謝率成正比，就像在許多哺乳類身上看到的那樣，可是兩者之間的關係並非永遠都是這樣，代謝率和自由基滲漏不相符合的例子也很多。這些違例的情形可能可以解釋鳥類的長壽，或許還能解釋運動悖論——運動員的耗氧量遠高過阿宅，但並不會老得比較快，實際上，他們通常老得慢一些。

粒線體的自由基滲漏是否真能解釋老化，這件事一再受到質疑，若要使人信服，它還必須克服一些明顯自相矛盾的現象。而它確實做到了。自粒線體老化理論在三十多年前初次問世以來，它已徹底改頭換面。它的最新風貌不只解釋了老化的大致樣貌，還有許多具體細節，諸如肌肉的耗損、持續的發炎，以及退化性疾病。在最後這幾個章節裡，我們將會看到，粒線體不只是老化的主要原因，只要想想本書所討論過的特性，你就會發現，這是它們必然造成的結果。我們也將看見，該怎麼做才有機會老得像精靈那般優雅。

第十六章　粒線體老化理論

在生物學領域中首開自由基研究的先驅哈曼，在一九七二年率先提出了粒線體老化理論。哈曼的中心思想很單純：粒線體是體內含氧自由基的主要來源。這種自由基具有破壞性，會攻擊細胞內的各種組成要件，包括DNA、蛋白質、脂質膜，以及醣類。這些損傷大多都可以靠著細胞元件的正常更替獲得修補或替換。但若是容易受傷的熱點，尤其是粒線體本身，光靠飲食攝取的抗氧化物是很難保護它們的。於是哈曼表示，老化的速率以及退化性疾病發病的時間，應該是由自由基自粒線體滲漏的速率，以及細胞固有的保護及修復能力共同決定的。

哈曼的論點奠基在哺乳類代謝率與壽命之間的關聯性上。他明確地將粒線體稱為「生物時鐘」。他說，本質上代謝率愈快，耗氧量就愈大，而自由基的生成量因而也會愈多。我們會發現這條關係式通常是對的，**但不是絕對**。這項但書看起來或許微不足道，但卻害得整個領域迷惑了一個世代。哈曼提出了一個完全合理的假設，但現在已被證明是錯誤的。不幸的是，在一般人眼中，他的假設已和這個理論難分難解了。推翻這個假設並不會駁倒哈曼的理論，但確實會推翻他最重要也最廣為人知的一項預測：抗氧化物可以延長壽命。

哈曼這項有理但卻造成混淆的假設是，粒線體呼吸鏈的自由基滲漏**比率**是固定的。他推測，流經呼吸鏈的電子以及所需的氧氣，是細胞呼吸作用的兩大要件，而基本上，滲漏是這個機制中一項不受控制，無法避免的副作用。據理論所述，有一部分的電子一定會漏出來，和氧直接作用，形成具破壞性的自由基。如果自由基滲漏的比率是固定的（就假設是總流通量的百分之一好了），那麼總滲漏量就會取決於耗氧量。代謝率愈高，電子和氧氣的流通愈快，而自由基的滲漏也會愈快，儘管實際滲漏的自由基比率都沒有變過。因此代謝率快的動物產生自由基的速度也快，而且壽命比較短；而代謝率慢的動物自由基產生得慢，而且可以活得很久。

在第四部，我們發現一個物種的代謝率和其體重的三分之二成正比，體重愈重，個別細胞的代謝率就愈慢。這項關係大致上和基因無關，而是由生物學的冪次定律所決定的。現在，如果自由基的滲漏**完全**取決於代謝率，那麼可以推測，**相對於物種的代謝速率**延長其壽命的唯一方法，就是增強抗氧化物（或是抗逆境）的保護力。因此，原始的粒線體老化理論隱含了一項暗示性的預測，即壽命較長的生物一定天生就有比較強的抗氧化保護力。因此，長命的鳥類體內積蓄的抗氧化物一定比較多。所以如果我們想要活得更久，就得為自身尋求更強的抗氧化保護力。哈曼推測，目前（這裡指的是一九七二年）我們之所以還無法靠著抗氧化物療法延長壽命，只是因為要將抗氧化物直接送達粒線體很困難。儘管此後又經歷了三十多年的努力及失敗，但今天還是有很多人認同這項主張。

依我看來，這些觀念很頑強但卻是錯誤的。它們緊緊黏著粒線體老化理論，一如附骨之疽。尤其，價值數十億美元的健康食品產業，就奠基在抗氧化物或許能讓我們延長壽命的概念上，但缺乏實質的證據來支持其主張；而不知為何，這個產業卻不同於聖經所述的蓋在沙土上的房子，至今仍然屹立不搖。超過三十年來，醫學研究人員和老年醫學家（包括我自己）不斷將抗氧化物投入各種衰退的生物系統裡，然後發現這就是不管用。它們或許可以糾正飲食中的營養缺乏，或許也可以預防某些疾病，但是完全不會影響生物的最長壽命。

要詮釋負面證據總是很困難。有句俏皮話就提醒我們：「沒有證據不是『沒有』的證據。」抗氧化物無用的這項事實（如果是事實的話），始終有可能和運送方面的困難有關：可能是劑量不對，抗氧化物不對，分布不對，或時機不對。要到什麼時候我們才有資格轉身離開，說一句：「不是藥理學的問題，抗氧化物真的沒有用。」這答案因人而異，有一些出色的學者至今尚未掉頭離去。但在九〇年代時，這個領域整體而言已經轉身離開了。正如兩位著名的自由基權威，哥特里奇和哈立維爾數年前所說的：「到了九〇年代，我們已經很清楚抗氧化物不是老化和疾病的萬靈丹，只剩下替代醫學還在兜售這項概念。」

我們還有更強大的理由去質疑抗氧化物的地位，這些理由來自於比較研究。之前我提過一項預測，是說長壽的動物抗氧化物的含量應該會比較高。這項預測一時之間看起來沒有問題，但只有在數據經過一些無傷大雅的統計小手段處理過後，預測才會成立。八〇年代時，美國巴爾的摩國家老化研究中心的克特勒，發表過一篇稍有誤導之嫌的報告，說長壽動物身上的抗氧化物比短命的動物更多。問題是，他是用抗氧化物相對於該動物代謝率的形式來呈現他的數據。然而這樣卻會讓人忽略，其實代謝率和壽命之間的關聯性遠比這項關聯更強。換句話說，**只有**在拿代謝率當分母時，老鼠的抗氧化物含量才會顯得比人類少，而老鼠的代謝率是人類的七倍，怪不得可憐的老鼠會顯得那麼缺乏幫助！這樣的花招掩蓋了抗氧化物含量和壽命之間的真正關係，老鼠細胞內的抗氧化物其實遠比人類來得多。在那之後，超過十個獨立研究都確認了抗氧化物含量和壽命其實是呈**負相關**；也就是說，抗氧化物濃度愈高的動物，壽命愈短。

在這意料外的關係中最有趣的一點，或許是抗氧化物含量竟然緊緊追著代謝率。如果代謝率高，那麼抗氧化物含量也會很高，推測這是為了防範細胞的氧化；不過這樣的生物壽命還是很短。相反的，如果代謝率低，那抗氧化物含量也會低，想必是因為細胞氧化的風險沒有那麼大；然而這樣的生物壽命還是很長。身體似乎不會浪費任何時間精力來製造必要之外的抗氧化物，只會單純地用它們來維持細胞內氧化還原狀態的平衡（意指使氧化分子和還原分子的動態平衡維持在最適合細胞運作的狀態）。*短命和長壽的動物，都靠著平衡抗氧化物濃度和自由基的生成速率，讓細胞維持著相似而有彈性的氧化還原態，而壽命長短完全不受抗氧化物濃度所影響。於是我們被迫作出以下結論：抗氧化物幾乎和老化無關。

這些想法在鳥類身上獲得證實。以鳥類的代謝率來說，牠們的壽命很長。根據原始版本的粒線體老化理論，鳥類身上的抗氧化物含量應該會比較高才對，但這一次它又錯了。這兩者之間沒有一致的關係，不過普遍而言，鳥類的抗氧化物含量比哺乳類低，和預測正好相反。還有一個判例是卡路里限制。卡路里限制是目前唯一被證明能延長哺乳類（如大鼠和小鼠）壽命的機制。它的實際運作方式為何目前還沒有定論，但它和抗氧化物含量之間的關係，在不同物種身上狀況似乎也會不同。抗氧化物濃度有時會上升，有時則會下降，但沒有明顯一致的關聯性。好不容易，九〇年代初出現了一項振奮人心的研究，指出經基因改造而表現較多抗氧化酶的果蠅會活得比較久，然而這到頭來卻成了絕響，至少原本的這群學者再也沒有得到類似的結果了（他們將長壽和短命的果蠅品系區分開來，而提高抗氧化物的含量，可以使短命品種的果蠅壽命延長，換句話說，此舉可能矯正了某種遺傳缺陷）。若從上述的一切可以推衍出任何結論，那絕對不會是「高含量的抗氧化物能讓營養狀況良好的健康動物延長壽命。」

讓我們受困於抗氧化物陷阱的理由很簡單：從呼吸鏈漏出來的自由基**不是**固定比例的，哈曼原始的假設是錯的。雖然自由基的滲漏量通常確實會反映出耗氧量，但也有可能被調高或調低。換句話說，自由基的滲漏率絕非呼吸作用不受控制、無法避免的副產品，它是受到控制的，而且大體上是可以避免的。根據馬德里大學的巴爾哈與他同事的開創性研究，鳥類之所以會長壽，是因為牠們的呼吸鏈滲出的自由基本來就比較少。因此，雖然牠們會消耗大量的氧氣，卻不需要擁有這麼多抗氧化物。請注意，卡路里限制似乎也可能是以類似的方式作用。雖然牠們有很多種遺傳變異，但其中最重要的就是能在耗氧量相同的狀況下，限制粒線體自由基滲漏的變異。也就是說，長壽的鳥類和哺乳類，都會**降低**呼吸鏈自由基滲漏的比例。

這個答案看起來相當無害，但實際上它非常麻煩，還在原本的主流老化演化理論上鑽了一個洞。問題是這樣的。長命的動物之所以活得長，是因為牠們限制了自己的粒線體自由基滲漏。既然老化的速率是由基因控制，那麼鳥類應該針對低自由基滲漏進行過篩選（人類想必也是，只是程度不如鳥類）。很好。但如果自由基只有壞處，為什麼老鼠不也限制一下牠們的自由基，讓自己過得好一點呢？這麼做似乎不用付出什麼代價，甚至是恰好相反，老鼠也不用繼續製造額外的抗氧化物避免自己

---

*當下的狀態也和組織的氧濃度有關。在第四部，我們曾看到整個動物界的組織氧含量都維持在三千或四千帕左右。這意味著在細胞內，氧和抗氧化物兩者的含量會彼此相抵，使氧化還原態大致維持一定。稍後我們將會說明原因。

被氧化。而且這為牠帶來的好處一定很多，因為長命的老鼠就有比較多的時間，可以留下更多的後代。所以，只要限制自由基的滲漏，老鼠（人類也是一樣）就可以活得更久，**完全免費**。

那牠們為什麼不要呢？是因為有什麼潛在的代價嗎？或是我們對老化的想法需要徹底修正？一般認為，長壽的代價是一定程度的性衰退。根據紐卡索大學的柯克伍德最先提出的「拋棄式體細胞理論」，壽命會和繁殖力彼此制衡：長壽的物種一胎的數目往往比短命的物種少，生養後代的頻率也比較低。這無疑是正確的，至少大部分已知的案例都是如此。但背後的原因則沒有那麼明確。柯克伍德暗示，這可能和個別細胞以及組織中資源利用的平衡有關，把資源用來達到生殖成熟，以及提高一胎的數目時，就會瓜分掉用來確保細胞壽命（例如ＤＮＡ修補、抗氧化酶，還有逆境抗性）所需的資源，畢竟，分配有限資源的方法就只有那幾種。然而巴爾哈的數據挑戰這個想法。限制自由基滲漏應該無需付出繁殖力做為代價，因為防制細胞受傷害並不需要提升逆境抗性；柯克伍德所說的代價，在這裡被排除了。所以，如果拋棄式體細胞理論是正確的，那限制自由基滲漏應該有某種潛在的代價；在最後一章，我們將會發現，潛在代價確實存在，而且它對我們追求長壽的探索，有著重要的意涵。

若想了解箇中原因，我們必須思考來自哈曼粒線體理論的另一個預測（這個預測同樣也造成了一些麻煩）。這項預測是說，自由基不一定會大肆破壞整個細胞構造（因為它們會被抗氧化物清除掉），但是粒線體一定會受到傷害，尤其是粒線體ＤＮＡ。實際上哈曼只是順便提了一下粒線體ＤＮＡ，但是這後來卻變成了這項理論的信條。且讓我們來看看原因為何。理想預測和大煞風景的現實之間的落差，最能告訴我們事實的真相。

粒線體突變

哈曼主張，既然自由基的活性這麼強，那麼從呼吸鏈滲漏出來的自由基主要的影響對象應該會是粒線體本身，因為它們外洩後就當場產生作用了，對其他較遠的部位傷害不大。接著他相當敏銳地問道，粒線體隨著年齡增長逐漸衰退，會不會「有部分是因為粒線體ＤＮＡ的功能發生了改變而造成的呢？」這一串效應是這樣的：自由基從呼吸鏈漏了出來，襲擊附近的粒線體ＤＮＡ，造成了一些影響粒線體功能的突變。隨著粒線體的衰退，細胞整體的效能也會下降，導致出現了老化的特徵。

數年之後，西班牙亞立坎提的米克爾及其同事，以更精確的方式表述了哈曼那敏銳的問句。他們在一九八〇年的那番陳述，至今仍是粒線體老化理論最為人熟悉的一個版本，儘管其中有很多地方其實與數據不符，這部分我們之後就會看到。陳述的內容大致如下：蛋白質、醣類還有脂質等等所受的傷害是可以修復的，除非受傷速率壓倒性地快（例如像是輻射中毒之後），否則這些損傷並不危險。ＤＮＡ則不同。雖然ＤＮＡ受到的傷害也可以修復，但有時某些損傷會打亂原本的序列，因而產生突變。突變是ＤＮＡ序列上可遺傳的變異。除非靠隨機的反突變回復原本的序列，或是和另一條未突變的ＤＮＡ進行重組，否則就不可能恢復原本的序列了。不是所有的突變都會影響蛋白質的結構和功能，但是其中一些確實會。一般狀況下，突變愈多，愈有機會產生負面的影響。

理論上，粒線體的突變會隨著年紀累積。當它們逐漸累積，整個系統的效能便慢慢開始崩毀。遵照一套不完美的指示是不可能塑造出完美的蛋白質的，因此開始有一定程度的低效因子被組裝到這些蛋白質裡。更糟的是，如果突變會影響粒線體中的呼吸鏈，那自由基的滲漏率就會上升，形成愈演愈烈的惡性循環。這樣的正向回饋最終會演變成一起「誤差災變」，細胞的一切功能都失去控制。等到組織內大部分的細胞都敗給了這樣的命運，就會造成器官衰竭，剩下的器官也因而必須承受更大的負擔。無可避免地導致老化及死亡。

那麼，突變影響呼吸鏈蛋白質的機會大不大呢？壓倒性地大。我們已經看過，有十三個核心呼吸蛋白是由粒線體DNA表現的，這些DNA就固定在呼吸鏈旁的膜上。所有外漏的自由基幾乎都注定會和這些DNA發生反應，突變只是遲早的事。而我們也已經知道，粒線體表現的蛋白質和細胞核表現的蛋白質之間有親密的交互作用。任何一方發生改變都可能削弱這樣的親密性，並且影響整個呼吸鏈的功能。

如果你覺得這聽起來很可怕，接下來的還要更糟。一系列嚇人的發現，使得這整套裝置看起來像是個邪惡的生化大神搞出來的惡劣玩笑。我們被告知，粒線體DNA不只是被放在焚化爐裡，而且還被剝奪了正常的護具——它沒有被包裹在保護性組蛋白上；它幾乎沒有能力修復氧化性傷害；而且它的基因全都緊緊擠在一起，沒有「垃圾」DNA做緩衝，任何部位的突變都很有可能引發浩劫。這樣的安排似乎沒有意義，如此恐怖的場景大可不必出現——明明大部分的粒線體基因都已被轉移到細胞核，剩下的那一小部分似乎擺錯了地方。格雷，這位領域中最具原創性、最活躍的思想家甚至提出，把剩下的粒線體基因轉移至細胞核，或許就能治療老化造成的摧殘。這點我不同意（原因我們之後就會看到）不過我很能理解他為什麼會提出這樣的論點。

如此愚蠢的系統為什麼會演化出來？答案會因每個人對演化的觀點而有所不同。古爾德就曾抱怨，生物學界中有種他所謂的「適應主義綱領」，讓他很灰心。這個假設認為一切都是適應的結果，換句話說，萬事萬物的背後都有原因，不管乍看有多麼無用，也都是由天擇打造出來的。即使是今天，生物學家也可以分成兩類，一類拒絕相信自然界有任何事是沒有目的的，另一類則相信有些事就是不在直接控制的範圍之內。「垃圾」DNA真的是垃圾嗎？還是有什麼我們所不知道的目的呢？這點我們不能肯定，而且問不同人會得到不同的答案。同樣的，老化的「意義」也眾說紛紜。最廣為接受的觀點是，變老後我們繁殖的可能性比較低，所以會在晚年構成傷害的基因變異比較不容易被天擇淘汰。而粒線體DNA上的突變是晚年才會累積起來，因此天擇無法提出有效的機制移除它們。只有在預期壽命變長時，篩選才能在這段延伸的時光中發揮作用。例如某些動物，被隔絕在沒有天敵的島上；或是像鳥類，可以飛離原地；或像人類，有大容量的腦和社會結構可以利用。如果我們同意這項觀點，那麼，上述的徹底愚行（將防護措施不全的粒線體基因存放在焚化爐）就是這樣的狀況，是演化歷史上的一宗意外。

這項虛無主義的見解正確嗎？我不這麼認為。問題在於它的推理一板一眼，太化學了，沒有考慮到生物學的機動變化特性。稍後我們將看到其中的差別。儘管如此，這仍是個大膽的理論，它還有個優點：它做出了幾項明確而且可驗證的預測。我們將會深入探討其中的兩項。第一，這個理論預測粒線體突變的侵蝕性足以造成老化的整條悲慘軌跡。我們將會發現這可能是真的。但第二項預測很有可能是錯的，至少它原本提出的那套恐怖觀念——也就是粒線體突變會隨年齡累積的部分是錯的。如果突變會累積，最終應該會導致一場「誤差災變」。而沒有什麼有力的證據能證明這樣的情況會發生。且讓我們來看看箇中奧祕。

粒線體疾病

第一宗粒線體疾病的報告出現在一九五九年，比粒線體DNA的發現略早幾年。病患是一名二十七歲的瑞士女性，她的代謝率是人類有紀錄以來最高的，但她荷爾蒙分泌完全正常。原來問題是出在她的粒線體控制有缺失，就算不需要ATP，她的粒線體也以全速進行呼吸作用。因此，她吃個不停卻總是很瘦，就算在冬天也是滿身大汗。遺憾的是，她的醫生對此束手無策，十年後她便自殺身亡了。

接下來的二十年間陸續有病患被診斷為罹患粒線體疾病，診斷的依據通常是臨床紀錄以及各種專門檢驗。比方說，在很多粒線體功能不正常的病例中，即使在靜止不動的狀態，病患的血液中也會有乳酸堆積（無氧呼吸的一種產物）。肌肉的活體組織切片往往會顯示有些肌纖維嚴重受損（通常不是全部），它們在病理組織切片中會被染成紅色，被稱為「破碎紅纖維」。生化檢驗會發現這些纖維缺乏呼吸鏈的最後一個酶，也就是細胞色素氧化酶，這使得它們無法行呼吸作用。

從臨床角度來看，這些報告只不過是零星的科學軼聞。不過在一九八一年之後，整個風向開始轉變。那時，兩度獲頒諾貝爾獎的桑格，與他的劍橋團隊發表了人類粒線體基因體的完整序列。經過八〇和九〇年代，定序技術有了長足進步，我們已經可以靠著粒線體基因的定序，對許多疑似患有粒線體疾病的病人進行診斷。結果相當驚人，它不只顯示出粒線體疾病多麼普遍（每五千個新生兒中就有一人患有粒線體疾病），也顯示了它們有多麼古怪。粒線體疾病藐視正常的遺傳學法則。它們的遺傳模式異乎尋常，通常不遵守孟德爾遺傳定律。*不同病患發病的時間可能相差數十年，在某些「理應」遺傳到病症的個體身上，這種疾病偶爾甚至會完全消失。普遍而言，粒線體疾病會隨著年齡增長愈演愈烈，若說某種疾病在二十歲時會造成患者些微的不便，在四十歲可能會使他大傷元氣。除此之外，幾乎歸納不出共通點。攜帶同種突變的不同個體，受侵襲的組織也可能大不相同，然而不同的突變卻很有可能會侵襲同樣的組織。如果你想保持神智清楚，就不要去讀粒線體疾病的教科書。

雖然要分類粒線體疾病非常困難，但還是有些一般原則有助於提綱挈領地解釋事情背後的推力。同樣的原則也和老化息息相關。請回憶一下第六部，粒線體通常遺傳自母親，儘管如此，卵細胞內的粒線體DNA變異性還是高得驚人。我們曾看到，一位具有生育能力的一般女性，其同個卵巢內就有半數的卵細胞有某種程度的異質性（遺傳上互不相同的粒線體混雜在一起）。如果這些變異對粒線體的性能影響不大，在胚胎發育的過程中便不會被移除。

不過為何缺陷可以**不**影響胚胎的發育呢？可能性有很多。其中一種可能是繼承到的缺陷粒線體數目不多。所有的粒線體疾病都是異質性的，也就是說病患同時有正常和不正常的粒線體。如果卵所承襲的十萬個粒線體中，只有百分之十五不正常，那麼它們的缺點或許可以靠其他多數的健康粒線體遮掩。還有一種可能是，突變的傷害性比較小（不過含突變的粒線體所占的比例較大，或許可達百分

＊孟德爾遺傳定律支配著「正常」細胞核基因的遺傳模式，在此種模式下，遺傳性狀或是疾病的發生率是可以計算的。因為，個體會從雙親身上各自隨機繼承同基因的一個拷貝，讓每個人的每個基因都獲得兩個拷貝，根據其機率，便可算出某個性狀或是疾病的發生率。實際上，有些粒線體疾病的遺傳會符合孟德爾定律，因為造成這些疾病的是表現粒線體蛋白質的細胞核基因。

之六十）。在這樣的情形下，雖然有大量的突變，胚胎還是可以正常發育。此外還有分配的問題。當一顆細胞發生分裂，其粒線體會隨機地被分配到兩個子細胞內。一個細胞有可能會繼承所有的突變粒線體，同時另一個細胞內全都是正常的粒線體，其他任何比較不極端的組合方式也都有可能。在發育期間的胚胎內，各個細胞因未來所處的組織不同，對粒線體提出的代謝需求也各自不同。如果一個細胞將來會發育成壽命長，代謝旺盛的組織（像是肌肉、心臟，或是腦），而它剛好遺傳到大量有缺陷的粒線體，可能會導致全盤皆輸；但如果有缺失的粒線體落腳在壽命短，或代謝比較不活躍的細胞中（例如表皮細胞或是白血球），那麼胚胎還是很有可能正常發育。因為門檻的不同，所以較嚴重的粒線體疾病影響的都是壽命長、耗能高的組織，特別是肌肉和腦部。

老化也有類似的狀況。在我們身上，有缺陷的粒線體並非全部承襲自卵細胞，有些是在成年後才累積起來的，罪魁禍首是正常代謝所產生的自由基。受影響的細胞內產生了混雜的粒線體族群。而接下來會發生什麼事呢？這會依細胞的種類而有所不同。細胞如果是成體幹細胞（負責更新組織），結果可能會是帶有同樣缺陷的粒線體大幅複製擴張。這樣的現象會發生在某些肌纖維上，產生粒線體疾病特有的「破碎紅纖維」，不過這同時也是「正常」的老化現象。相反的，如果突變影響的是不再分裂的長命細胞，像是心肌細胞或是神經元，那麼突變就會困在單一細胞內，不會擴散。因此我們會預期在每個細胞裡看到不同的突變，不同效能的粒線體混雜在一起，形成某種鑲嵌的樣貌。

粒線體疾病的另一個層面也和正常老化有關——它們有隨著年齡發展的趨勢（愈來愈令人衰弱）。其中的原因關係到組織及器官的代謝效能。之前有看到，每種器官發揮正常效能要求的性能門檻不同。而只有在器官的效能下滑到低於自己的門檻時，症狀才會發作。打個比方，就像我們如果完全失去一邊的腎臟可能還可以正常活動，但要是第二顆腎臟也開始衰竭，除非接受洗腎或器官移植，否則我們就會死亡。身體的所有工作都需要能量，因此一個器官的門檻就取決於其代謝需求。如果粒線體疾病侵襲的剛好是代謝需求比較低的組織，例如皮膚，影響會比較輕微，但如果受影響的是肌肉那樣活躍的細胞，就會比較嚴重。類似的過程也發生在細胞老化的組織中。一個青春年華的肌肉細胞，裡頭有百分之八十五的粒線體都是「正常」的，在年輕的歲月中，它所背負的一切能量需求它都應付得來；但當它內部的粒線體隨著年齡減少，餘下的粒線體所背負的能量需求便增加了。我們愈來愈逼近代謝門檻。因此，隨著我們愈來愈老，突變族群造成的損傷就愈來愈無法濫竽充數。

不過，粒線體突變的破壞性是否強到足以引發老化的整條悲慘軌跡呢？有些突變確實可以。有種極端駭人的疾病，會讓一些外觀正常的嬰兒在出生後旋即喪失粒線體DNA，迅速地導致肝臟和腎臟的衰竭。這種疾病嚴重的時候，損失的粒線體DNA會高達百分之九十五，受難的小嬰兒在數周或數個月之內就會死亡，儘管他們在出生的時候看起來很正常。其他更常見的疾病包括凱塞症候群和皮爾森氏症候群，它們會在稍晚的時期造成嚴重的殘疾，並導致早夭。其典型症狀類似於代謝毒素（如氰化物）引起的慢性中毒，包括運動失調（動作失去協調性）、癲癇、動作障礙、失明、失聰、類似中風的症狀，以及肌肉退化。有種粒線體突變牽涉到的狀況甚至類似X症候群——一種結合了高血壓，糖尿病，以及高膽固醇和高三酸甘油脂的恐怖症候群，據聞有四千七百萬名美國人患有此疾。顯然，粒線體基因上的突變**有可能**造成非常嚴重的結果，這樣的破壞力想必足以導致老化。但其他的粒線體疾病遠遠沒有這麼嚴重，而問題就出在這裡。

粒線體疾病的嚴重程度，除了要看出現突變的粒線體以及組織占多少比例，還會取決於突變的類型，也就是要看基因體是哪一個部分受到了影響。如果突變襲擊的是編寫特定蛋白質的某個基因，那它可能會造成毀滅性的結果，但也可能不會；實際上，它還有可能會帶來好處。另一方面，如果突變影響的是編寫RNA的基因，後果通常會很嚴重。這樣的突變，依照RNA種類的不同，可能會造成所有粒線體蛋白質，或是所有包含某一胺基酸的蛋白質，在合成上發生改變。控制區的突變也可能會導致嚴重的後果，因為，粒線體在因應需求變化而進行複製或合成蛋白質時的整個動態，都可能會因此而改變。

突變也有可能發生在那些表現粒線體蛋白質的核基因上，並且也會造成類似的影響（不過這些突變會像典型的孟德爾遺傳模式那樣，從雙親處各繼承一個基因拷貝；見三八一頁注解）。如果細胞核內的突變影響的是某個粒線體轉錄因子，其功能是控制粒線體蛋白質的合成，那麼理論上，它的效應會遍及全身的所有粒線體。但是，有些粒線體轉錄因子似乎只有在特定的組織才會有活性，或是對特定的荷爾蒙有反應。發生在這些基因上的突變往往就會造成組織特異性的影響。

總而言之，這些考量可以解釋粒線體疾病的極度多相性。一個突變影響的可能是一種蛋白質，或是包含某種胺基酸的所有蛋白質，或是一口氣影響粒線體的所有蛋白質，或是需求改變時的蛋白質合成速率。突變可能具有組織特異性，也可能一視同仁地侵襲整個身體。如果突變發生在細胞核基因，它們會依傳統的孟德爾模式遺傳；如果發生在粒線體基因上，就只會從母親身上遺傳。如果是後者，其效應取決於突變粒線體所占的比例，還有胚胎發育期間它們在細胞分裂時的分配方式，以及所屬器官的代謝門檻。

列舉了上述這種程度的多相性，我們會發現，那異常寬廣的疾病光譜存在著一個問題。雖然每個人往往會死於不同組合的退化性疾病，但所有人老化的基本過程卻都大致相同。這樣的基本相似性怎麼會出現在我們身上？不只在人跟人之間，還出現在其他老化速率完全不同的動物身上。如果粒線體突變會在老化過程中隨機地累積，那為什麼大家不會以截然不同的方式和速度變老，就像粒線體疾病那樣，隨機又多樣？答案我們可以想像，或許是因為只有某類突變可以累積下來。但這又直接導致了第二個問題：**會累積的突變**，其強度和種類似乎不足以引起老化。所以究竟是發生了什麼事呢？

老化的粒線體突變矛盾

研究老化的基因突變，已被證明是件令人沮喪的工作。有個頗被看好的理論，主張累積了一輩子的核基因突變，便是老化背後的罪魁禍首。雖然核基因對老化有所貢獻這點毫無爭議（特別是對癌症這類的疾病而言），但壽命長短和細胞核突變的累積完全沒有關係，因此這不可能是老化的根本原因。

關於老化的演化，大家普遍接受的理論是由霍爾登和梅達沃率先提出的。它是突變這項主題的變奏：如果突變不是一輩子累積下來的，那或許是好幾輩子累積下來的。天擇沒有能力移除那些在生命後期才會出現負面影響的基因。亨丁頓舞蹈症便是個經典的例子，它在性成熟之後很久才會發作，因此基因可以在這之前傳給子代，如此天擇便無法將它淘汰。亨丁頓舞蹈症是特別可怕的一種情形，而在此同時，還有多少基因也是在生命後期才會出現影響的呢？霍爾登認為，老化就像是個蒐集遲發性基因突變的垃圾桶，它們無法被天擇淘汰，因此一代傳一代，便累積了成千上百個這樣的突變。這個想法必定是有幾分真實性的，但我認為，它仍舊不符合我們在自然界所觀察到的狀況：老化是有可塑性的。將近二十年的遺傳研究顯示，在關鍵的基因上，單單一個點突變就可以戲劇性地延長壽命，就連在哺乳類身上也是這樣。如果老化真的是被寫進了數百或數千個基因的實體**序列**裡，上述的狀況就一定不可能發生。就算有某個關鍵的基因控制著其他眾多基因的活性，這些附屬的基因依舊是突變過的——出問題的是它們的序列，不是它們的活性。如果要修正這些序列，得要產生數千個突變，而且它們還必須發生在正確的基因上，才開始會對壽命長短產生影響，而這一定至少得花上好幾代。事實上，不論出於什麼原因，壽命長短是受到管制的，放眼整個動物界都是如此，而其控制的嚴密程度令人吃驚。

粒線體的突變也有自己的故事，而這個故事同樣很難和現實達成和解。不過乍看之下，粒線體基因似乎比較有機會將老化和疾病解釋清楚。這有兩個原因。第一，正如我們在上一章所見，粒線體突變在世代之間累積的速率遠比細胞核來得快。因此，粒線體突變比較有可能在單單一輩子的時間內累積起來，所以理論上可能會比較符合老化的衰退速率。第二，這些突變**確實**有能力侵蝕生命：它們絕對不是次要的小配角。粒線體疾病已經強調了這些突變可能會有多大的毀滅性。

所以粒線體突變的累積速度到底有多快呢？這點很難肯定，因為世代間的變化速率會受到天擇的約束。大部分粒線體基因的演化速率約是核基因的十幾二十倍，控制區的部分則可高達五十倍。因為只有不會造成毀滅性傷害的突變才會被「固定」下來（否則會被天擇淘汰），所以變化發生的速率實際上一定還要更快。一九八九年，澳洲蒙納許大學的里南以及他於日本名古屋大學的合作者，在《刺胳針》發表了一篇論文，他們以酵母菌做為材料進行研究，試圖掌握實際發生變化的速度。酵母菌可以告訴我們很多事。任何一名釀酒師都知道，它可以不仰賴氧氣。酵母菌也可以行發酵作用，產生酒精和二氧化碳。發酵作用是在粒線體外進行的，所以酵母菌對粒線體傷害的容忍度很高，就算粒線體嚴重受損，它們也可以存活。這類的損傷，最初是在四〇年代發現「小型菌落」品系的酵母菌時被注意到的，這種酵母菌的成長很遲緩。原來，小菌落突變體有一大段粒線體DNA不見了，發生缺失的突變體因此無法進行呼吸作用。重點是，小菌落突變體會在細胞培養的狀況下自發性地出現，速率約是每一千個細胞會出現一個到十個，視酵母菌品系而異。相形之下，細胞核突變的發生速率慢到讓人幾乎感受不到它的存在。核基因的突變率在酵母菌或是動物之類的高等真核生物都一樣，大約每一億個細胞會出現一個突變。以酵母菌的經驗來判斷，粒線體突變累積的速率至少是細胞核的十萬倍。如果動物的突變率也是這麼高的話，那麼這絕對足以解釋老化；事實上，我們為什麼不會馬上倒斃還比較難解釋呢！

於是大家開始研究粒線體突變在動物和人類組織裡的累積速度。我必須說這個領域很有爭議，而共識也才剛剛開始萌芽。有一部分的問題是出在檢測突變的技術上：定序DNA字母所使用的技術有時會放大突變的序列，犧牲「正常」的序列，使我們很難估量DNA受損的程度。後果就是，不同實驗室得到的結果極為不同，差距幅度有時會高達一萬倍。期望找到粒線體突變的人往往會找到突變，而不相信的人總是什麼都沒看到；各行各業都常發生類似的情形。我幾乎可以肯定，這不是研究人員故意捏造數據，而是因為他們的著眼點和觀察方法不同：他們雙方可能都沒有錯。

在這樣的背景之下，試圖提出明確的主張或許失之輕率，不過我還是會試試看。這幅逐漸清晰的圖像確實暗示雙方都是對的。突變粒線體的命運，似乎會依突變的位置而有所不同——端看它們是坐落在粒線體基因體的控制區，還是在編碼區域。

如果突變發生在控制區（負責複製粒線體DNA的蛋白質因子會與之結合），它們便有可能繁盛起來，甚至可以透過複製占領整個組織。這些突變不一定會造成多大的功能缺陷。阿特帝（定序粒線體DNA的先驅）和他在加州理工學院的同事，於一九九九年時在《科學》發表了一篇開創性的論文，這篇論文指出，控制區的許多突變會累積在老人的身體組織中，超過半數的粒線體DNA上，但它們大多不會出現在年輕人的身上。我們可以接受某些種類的突變的確會隨著年齡大量累積，但我們不能肯定這些突變是否有害，因為它們沒有影響到編寫蛋白質的基因。它們當然不是全都有害。阿特帝團隊在二〇〇三年發表的另一篇重要論文便證明，某個控制區上的突變，反而和一個義大利族群的長壽有關。這個突變是種單一字母的變異，它在百歲以上的族群裡出現的頻率是一般人口的五倍，這暗示它或許提供了某種生存優勢。

相較之下，如果突變出現在編寫功能蛋白或是RNA的區域，它們的累積含量很少會超過百分之一，遠不足以造成能量短缺。有趣的是，功能性的粒線體突變（如細胞色素氧化酶的缺陷），會在特定的細胞內複製增殖，於是突變就會占領整個細胞。這種狀況會發生在某些神經元、心肌細胞，甚至是老化肌肉的破碎紅纖維。然而，這類突變在整個組織內所占的比重也很少超過百分之一。可能的解釋有兩種。一種是，不同細胞可能會累積不同的突變，因此特定的某種突變只是諸多突變的冰山一角。另一種解釋是，大部分粒線體突變單純就是不會在老化組織裡大量累積。事實的真相可能會令你大吃一驚，因為它似乎比較接近第二種解釋。許多研究已證實，老化組織內大部分的粒線體都擁有大致正常的DNA，只有控制區或許會有些許變異；此外，它們行呼吸作用的能力也幾乎完全正常。已知在粒線體疾病的案例中，突變粒線體的數目要高達百分之六十才會減弱細胞的效能，那麼區區百分之幾的突變負擔，似乎不足以解釋老化，至少就原始粒線體理論的教條來看是不夠的。

所以這到底是怎麼一回事？我發覺我在問一個蠢問題：我們和酵母菌真的差那麼多嗎？我懷疑會有多少讀者因為這個問題而夜不成眠。然而這的確值得深思！酵母菌的粒線體突變累積得很快，我們的則是大部分的區域都不會。從能量的角度來看，我們的運作方式和酵母菌相差無幾，唯一的差別是我們仰賴我們的粒線體，酵母菌則否。此間的差別或許洩漏了天機——答案就是必要性。姑且說，我們會在控制區的區域累積突變，單純是因為它們不會構成大問題：它們對功能的影響不大（正如第六部的人類遺傳研究所暗示的那般），而大部分的功能性突變**不會**累積是因為它們**會**造成問題。這聽起來很合理，不過這就暗示了組織內會進行某種篩選，挑出最好的粒線體（即使是由長命的細胞所構成的組織，例如心臟和腦）。因此，我們眼前有兩種可能性。要不是粒線體老化理論完全錯誤，就是粒線體的突變率確實和酵母菌相似，只不過組織內的篩選會移除突變體，留下最好的粒線體。如果是這樣，那麼粒線體的功能一定遠比原始粒線體老化理論的設定更為靈活。哪個才是正確的呢？

第十七章　自動校正機的死亡

要是你在讀完前一章後，認為粒線體老化理論不過是胡說八道，我也不會怪你。畢竟，它大部分的預測看起來都完全不對。其中一項預測是抗氧化物應該會延長壽命的最高年限，但似乎是沒有這回事。另外一項是粒線體DNA的突變應該會隨著老化而累積，但實際上只有最不重要的區域會這樣。還有一項是呼吸鏈的自由基滲漏程度是固定的，因此壽命長短會隨代謝率改變；然而，雖然大體上是這樣沒錯，但它無法解釋例外的存在，像是蝙蝠、鳥類、人類，以及運動悖論（運動員一生中的耗氧量較大，但他們不會老得比阿宅更快）。事實上，原始理論中唯一看似正確的預測，只有粒線體是細胞內自由基的主要來源這一點而已。這實在稱不上是一個有力而健康的理論該有的樣子。

現在時候到了，我們應該回頭看看上一章被我們擱置在一旁的想法：呼吸鏈的自由基滲漏**不是**比例固定的，**不是**不可避免的，而是天擇篩選出來的。經過漫長的演化，自由基的滲漏量已經固定在最適合個別物種的水平上。於是，長壽的動物代謝率高而漏出的自由基相對較少，而短命的動物通常同時具備高代謝率、易滲漏的粒線體和大量的抗氧化物。當時我們提出了一個問題：擁有涓滴不漏的粒線體要付出什麼代價？如果一隻老鼠把粒線體封緊一些，並減少牠在抗氧化物上的投資，為什麼**不會**為牠帶來好處？牠到底會失去什麼？

讓我們一路回到第三部，更精確地說，是艾倫對於粒線體DNA的存在本身提出解釋的部分（見二〇四至二〇八頁）。你可能會回想起，他說，**每個**靠氧氣行呼吸作用的物種，都有一些核心基因留下來，而這絕非僥倖。他認為這是為了讓呼吸作用的各種條件維持平衡，因為要是呼吸鏈的組成分子彼此失衡，可能會使呼吸作用無法進行，並導致自由基滲漏。當時我們看到，保留一小隊的基因駐守當地，才能針對特定粒線體的需求給予支援，而不是不管三七二十一，就一口氣補強所有的粒線體。如果控制權被把持在細胞核基因官僚的聯邦政府手上，就會產生後者的狀況。艾倫所說的重點在於，粒線體基因會生存下來，是因為留下它們的好處大於壞處。

一個特定的粒線體要怎麼傳達其需求，說它需要製造更多的呼吸鏈組成分子？現在我們正進入二十一世紀科學的領域，最好承認我們目前所知無幾。我們在第三部看到，艾倫認為粒線體是靠著調節呼吸鏈產生自由基的速率來傳達訊息：自由基本身就是信號，可以通知細胞開始建造更多呼吸鏈複合體。這直接說明了限制自由基滲漏為什麼會讓老鼠蒙受損失——信號的強度會降低，因此也會需要更精細的偵測系統。待會，我們將會看到鳥類可能是用什麼方法解決了這個問題，而這種方法為什麼不值得老鼠跟進。

如果某個特定粒線體內的細胞色素氧化酶不夠，可能會發生什麼事？這是我們在第八章思考過的情境。呼吸作用的一部分被阻斷，電子在呼吸鏈上回堵，活性變得更強。氧氣的含量上升，因為呼吸作用對氧氣的消耗變少了。高含量的氧氣和緩慢的電子流，兩者相加便意味著自由基生成量的上升。根據艾倫的說法，這正是「製造更多複合體來修補缺失」的信號。我們不清楚粒線體是怎麼偵測到自由基滲漏量的增加，不過很多可能性都言之成理。例如，自由基可能會活化粒線體轉錄因子（它們會啟動蛋白質的合成）；或者自由基可能會影響RNA的穩定性。兩者都有實際的例子，不過尚未有人證明它們會發生在粒線體內。不論是透過什麼方法，總之，自由基滲漏量的上升，會使粒線體DNA製造出更多呼吸作用核心蛋白。這些蛋白質會安插到粒線體的內膜上，而一旦它們被嵌到了膜上，它們就成了燈標，指引其他核基因所表現的蛋白在此集合組裝。整個複合體組裝起來之後，呼吸作用的堵塞便被糾正過來了。自由基的滲漏量再次下降，整套系統也因此關閉。整體而言，這套系統的作用就像一台恆溫器，室溫下降本身就是啟動鍋爐的信號；然後升高的溫度又會使鍋爐關閉，因此室溫得以調節在固定的兩點之間。不過要是室溫不會上下波動，這套系統當然就完全無法作用了。同樣的，要是呼吸鏈的自由基滲漏率不會波動，粒線體就無法自我修正，維持適當數量的呼吸複合體了。

如果自由基的信號沒有用，那會發生什麼事？粒線體基因新合成的呼吸蛋白若是無法阻止自由基外漏，內膜上的脂質（如心磷脂）就會被氧化。在第五部，我們曾說過心磷脂結合著細胞色素氧化酶，因此心磷脂若是被氧化了，細胞色素氧化酶就會掙脫枷鎖而被釋放。於是呼吸鏈上的電子流就整個被截斷了，呼吸作用也因此陷於停頓。沒有了固定的電子流，膜電位便無法維持而瓦解崩潰，凋亡蛋白也流進細胞內。如果這一系列事件只發生在一個粒線體身上，細胞並不一定會執行細胞凋亡，事情要發生似乎有一定的門檻。如果在同一時間，細胞只有少數粒線體失效，那麼細胞凋亡的信號還不會強到足以導致細胞死亡，但是粒線體本身會損壞。相形之下，要是有大量的粒線體同時洩出它們的內容物，那麼細胞就會收到訊息，開始執行細胞凋亡。

這套靈活的信號系統和原始粒線體老化理論的精神相去甚遠。原始的理論認定自由基只有害處；粒線體DNA會繼續存在是演化上一個殘忍的僥倖；自由基的傷害會每況愈下，造成老化時的退化和痛苦。現在我們意識到，自由基**不**純然是有害的，它們扮演著重要的傳訊角色。粒線體DNA的奇異存在並非僥倖，它對細胞和身體的健康來說是不可或缺的。此外在對抗自由基傷害方面，粒線體受到的保護比我們過去所設想的更為周全。粒線體的DNA有很多份拷貝（通常每個粒線體內有五到十份拷貝），除此之外，最近也有研究顯示，粒線體在修復基因損傷方面也頗有一套，而且（如第六部所述）它們也可以靠著重組來修正基因損傷。

那麼粒線體老化理論在這之後要何去何從呢？你或許會很驚訝，它並沒有就此蓋棺了結，只是徹頭徹尾地轉變了。一個新的理論像浴火鳳凰般，從灰燼中誕生，然而依舊很重視粒線體所產生的自由基。這項新理論並不歸屬於任何特定人士，而是由許多相關領域學者的研究成果，一點一滴凝聚而成的。這個理論除了符合實際數據，還帶來一項難以估量的好處：它提供了深刻的洞見，幫助我們了解老年疾病的本質，以及現代醫學該如何著手治療它們。嚴格說來，解決它們的最佳方法不是針對個別疾病下手（就像醫學研究目前所做的那樣），而是同時瞄準所有的目標。

逆向反應

我們已經知道，粒線體操控著一套靈敏的反饋系統，滲漏的自由基本身，就是調校其性能的信號。不過，雖然自由基是粒線體功能不可分割的一部分，但這不表示它們沒有毒性。它們很明顯是有毒的，雖然沒有像健康雜誌說的那麼毒。壽命長短**確實**和呼吸鏈的自由基滲漏速率有關。雖然良好的關聯性不一定代表因果關係，但是沒有關聯就更談不上因果關係。如果有兩個變因，兩者之間從各種角度看都沒有關係，那就很難說其中一個變因「導致」了另一個變因；而引人注意的是，除了自由基滲漏，幾乎沒有其他變因和壽命之間有像這樣普遍的關聯性，從酵母菌、線蟲、昆蟲、爬蟲類、鳥類，到哺乳類，橫跨各種完全不同的族群。為了方便討論，我們且先假設自由基**確實**會導致老化。我們要怎樣做，才能讓自由基的信號角色和它們在傳統看法中的毒性獲得協調，並且又能符合現有的證據呢？

酵母菌會累積粒線體突變，其速度約是細胞核突變的十萬倍。人類也會隨著年齡累積特定種類的粒線體突變，尤其是在「控制區」的部分。有一點很重要的是，控制區突變常常會占領整個組織，所以同樣的突變會出現在幾乎所有細胞中。相形之下，在粒線體基因體之編碼區出現的突變，雖然會在特定的細胞內複製，但僅有極少數突變的比率可以達到整個組織的百分之一。我曾暗示我嗅到組織中有篩選作用的可疑味道。或許，我們可以將自由基的傳信角色和剷除有害粒線體突變的行為連在一起？我們的確可以這麼做，而這正是「新」粒線體老化理論的關鍵所在。

如果在校正粒線體功能的同時，粒線體的ＤＮＡ上也發生了突變，那可能會發生什麼事？我們一步一步地來考慮。如果突變發生在控制區，它不會影響基因的序列，但可能會影響轉錄因子或是複製因子與ＤＮＡ的結合。如果這影響不是完全中性的，那麼突變粒線體在面對同樣的刺激時，複製基因的頻率往往會因此而變高或變低。後果是什麼呢？如果突變使粒線體在職務中「睡著」，對複製的信號反應遲緩，那麼突變的粒線體可能就會乾脆地從族群中消失。面對分裂的信號，「正常」的粒線體會分裂，但突變的粒線體則繼續沉睡。相對於正常的粒線體，它們的族群會愈變愈小，最終在細胞組成分的正常汰換中被徹底取代。

相較之下，如果突變使粒線體對同等信號的反應變得**更敏捷**，我們就會預期看到它的ＤＮＡ開疆拓土。每次出現分裂的信號，突變的粒線體便會火速行動，因此最終會取代族群中的「正常」粒線體。突變若是發生在幹細胞（它們生成的細胞會用來替換組織），就更容易透過幹細胞的分裂散播出去，最後可能會接管整個組織。值得注意的是，只要突變本身對粒線體功能沒有特別大的壞處，這樣的突變多半會占領組織。這是非常有可能的，因為呼吸複合體本身沒有問題。就算和需求有一點點不同步，能量還是可以繼續正常生成；況且我們先前也看過（三八八頁），阿特帝的團隊已證明有個發生在控制區的突變其實是有益的。

那麼如果突變發生在基因的編碼區會發生什麼事呢？為什麼這樣的突變會接管個別細胞，卻不會占領整個組織呢？這一次，粒線體的功能比較有可能會被更改。請想像這個突變在某種程度上影響了細胞色素氧化酶。考慮到不同次單元間的互動需要有奈米等級的精準度，呼吸作用很可能會因此失效，電子也會塞滿呼吸鏈。自由基的滲漏量增加，送出信號要求合成新的呼吸鏈元件。然而這一次，建造新的複合體並不會改變能量不足的情形，因為新造出來的複合體同樣也是不正常的（不過如果虧損不嚴重，這還是會有點幫助）。接下來呢？結果並不會像原版的粒線體老化理論所說的那樣，造成誤差災變，而是會產生更多的信號；有缺陷的粒線體會透過一種名為「逆向反應」的反饋途徑，向細胞核通報它的缺失，讓細胞得以彌補它的不足。

逆向反應最初是在酵母菌身上被發現的，它會得到這個名稱，是因為它似乎逆轉了細胞正常的指揮路線，不是由細胞核來指揮細胞的其他部分，而是由粒線體命令細胞核改變其行為——工作事項由粒線體決定，而非細胞核。自從在酵母菌身上發現了逆向反應，我們更發現，包括人類在內，許多較高等的真核生物身上也有一些相同的生化途徑。雖然它們確切的信號在細節和含意方面幾乎肯定是不同的，但整體而言，它們的意圖似乎都一樣：修正代謝上的不足。逆向訊息傳遞會使產能的方式轉向無氧呼吸（例如發酵作用），長期而言還會刺激產生更多的粒線體。它也會強化細胞抵抗逆境的能力，使細胞在之後更難熬的時刻更有機會存活。事實上，不靠粒線體就能存活的酵母菌在逆向反應被活化時比較長命。然而我們必須仰賴粒線體，因此同樣的效益不太可能套用在我們身上；對我們來說，逆向反應的好處在於修正粒線體效能不足的狀況。不過我想，說它讓我們長命也是沒有問題的，因為要是沒有這項機制，我們一定會比較「短命」。

矛盾的是，長久以來，細胞修正能量短缺的唯一方法，就是製造更多的粒線體。如果粒線體有缺陷，細胞試圖修正問題，便會製造更多粒線體——所以才會出現不健全的粒線體「占領」細胞的趨勢。在長達數年的時間裡，細胞可以優先複製受損最少的粒線體。整個粒線體的族群是持續流動的，大約數周更替一次。粒線體可能會分裂（如果它們的缺陷比較不嚴重的話），不然就是會死亡。死亡的粒線體會被分解，它們的成分會被細胞回收利用。這表示族群持續地在移除受損最嚴重的粒線體。透過這種方式，細胞可以持續地修正虧損，並幾乎無止盡地延長它的壽命。舉例來說，我們神經元的年紀通常和我們的歲數相同：它們絕少（如果有的話）會被替換，但是它們的功能並不會失控惡化而導致誤差災變，相反的，它們的衰退微不可察。儘管如此，重返青春之泉是絕對不可能的。雖然那些最具破壞性的粒線體突變會被從細胞中移除，但要讓它們恢復成最原始的功能是不可能的，除非完全不要使用粒線體（卵細胞會重設它的時鐘，靠的就是這種方式，某種程度上幹細胞也是）。

細胞愈是依賴有缺陷的粒線體，細胞內的環境就會變得愈「氧化」（氧化意味著偷電子的傾向）。然而當我說它「氧化」時，我的意思不是說細胞無法控制它的內部環境。細胞可以藉由改變習性的方式，建立一個新的穩定現狀，讓一切維持在掌控下。大部分的蛋白質、脂質、醣類和ＤＮＡ都不會被這項改變所影響。原始的粒線體假說預言，細胞內會出現氧化狀況逐步加劇的證據，而這次它的預測還是和事實不符。試圖尋找這類證據的研究，多半都無法在年輕和老化的組織之間發現什麼重大的差異。實際**會**受影響的，是運作中的基因的光譜，有大量的證據都支持這項變化。運作中的基因之所以會更動，關鍵在於轉錄因子的活性——而有些重要的轉錄因子其活性是取決於它們的氧化還原態（看它們是被氧化還是被還原，得到電子或是失去電子）。很多轉錄因子會被自由基氧化，然後專門的酶又會將它們還原；兩種狀態間的動態平衡決定了它們的活性。

此處的原理，就像把金絲雀降到礦井裡測試空氣是否有毒一樣。如果把籠子拉上來時發現金絲雀已經死了，那麼礦工就可以採取適當的預防措施，例如先戴上防毒面具才涉險。對氧化還原狀態敏感的轉錄因子，作用就像是金絲雀，警告細胞危險將至，讓它可以採取迴避的措施。不用等到整個細胞的結構都被氧化（這跟**死**也沒有分別），「金絲雀」轉錄因子會先被氧化。它們的氧化會啟動必要的改變，防止更進一步的氧化。例如 NRF-1 和 NRF-2（即 Nuclear Respiratory Factors，細胞核呼吸因子）這兩個轉錄因子，它們負責協調新粒線體生成時所需的基因之表現。這兩個因子對氧化還原狀態都很敏感，這決定了它們和ＤＮＡ的結合強度。如果細胞內的環境變得比較偏向氧化，NRF-1 就會刺激產生新的粒線體，以便恢復平衡，此外它還會誘發其他一系列基因的表現，幫助細胞在過渡期間抵抗逆境。而 NRF-2 的情形似乎相反，會在環境變「還原」時活化，並在氧化時失去活性。

當細胞內部的狀態變得比較氧化，一群對氧還狀態敏感的轉錄因子就會去變更核基因的運作光譜，換一套基因上來。這番更動使光譜遠離了標準的常務性基因，轉而偏向保護細胞抵抗逆境所需的基因，包括一些會召喚免疫系統的幫助，並引起細胞發炎的中介者。在《氧：建構世界的分子》中我曾主張，這些中介物的活化，有助於解釋許多因慢性、輕微的發炎反應而造成的高齡疾病，像是關節炎和動脈粥狀硬化。雖然實際的運作基因光譜會因組織而異，而且也會隨逆境的強度而有所不同，但組織普遍會建立起新的「穩定態」平衡。在新的平衡中，被分配用來進行保養的資源變得比較多，而奉獻給細胞原有任務的資源則會變少。這樣的情況很有可能穩定地維持數十年。我們可能會注意到我們的精力不如從前，生病時需要花比較長的時間才會康復等等，但這還稱不上是末期衰退的狀態。

所以總而言之，事情是這樣發生的。如果某個粒線體的環境條件變得偏向氧化，粒線體的某些基因就會被活化轉錄，好製造更多的呼吸複合體。如果這樣可以解決問題，那就天下太平。然而，要是這**無法**化解目前的情勢，那麼整個細胞的環境都會變得更加氧化，而這會活化 NRF-1 這類的轉錄因子。它們的活化會改變細胞核基因的運作光譜，繼而刺激生成更多的粒線體，並保護細胞抵抗逆境。這番新安排使得細胞再次穩定了下來，儘管在它所處的新一現況下它很容易受發炎性疾病侵擾。不過細胞和組織的結構幾乎都沒有被氧化，而且因為通常只有受損最少的粒線體會增殖，所以也幾乎沒有粒線體突變或受損的明顯徵象。換句話說，我們之所以不會像原始粒線體理論的預測那樣，看到逐步惡化的毀滅性破壞，就是因為粒線體利用自由基來傳達危險的信號。而這繼而也解釋了細胞為什麼不會累積太多抗氧化物——它只需要剛剛好的量，這樣才能敏銳地察覺轉錄因子的氧化還原態是否有變化。這就是為什麼之前我說生物學「不只」是自由基的化學，而是不斷變動的；此處發生的事情幾乎完全沒有偶然的成分，相反的，這是因應細胞的代謝暗流所做出的一連串適應性改變。

所以粒線體最後是怎麼殺死我們的呢？遲早有天會有些細胞耗盡了正常的粒線體。這時如果它再次收到徵召，必須生成更多的粒線體，細胞沒有選擇，只好複製那些不健全的粒線體，這就是為什麼特定的一些細胞會被不健全的粒線體品系完全占領。但就算是老年人，組織裡同時也只會有部分的細胞攜帶不健全的粒線體，這是為什麼呢？因為現在，另一個層級的信號也參與其中。當細胞讓自己走到這步田地時，它們就會連同它們故障的粒線體一起被細胞凋亡給移除，這就是為什麼我們不會在老化的組織上檢測到高含量的粒線體突變。但這樣的淨化得付出很高的代價——組織會逐漸地喪失功能，隨之而來的便是老化和死亡。

疾病與死亡

細胞最終的命運為何，取決於它是否有能力滿足正常的能量需求，不同組織的代謝需求不同，所以這個部分也會因組織而異。就像粒線體疾病的狀況一樣，如果這個細胞平常很活躍，那麼它一旦出現顯著的粒線體缺陷，很快就會遭細胞凋亡處決。細胞凋亡信號的實際組成為何，我們並不清楚，而且這同樣會因組織而異，但有兩個粒線體變因很可能參與其中：受損粒線體所占的比例，以及整個細胞的ATP含量。當然，這兩者是互相關聯的。故障粒線體的複製與拓展，無可避免地會導致ATP產量不敷使用的狀況更為普遍。在大部分細胞中，只要ATP的含量水平低於某個門檻，細胞便會無情地執行自身的細胞凋亡。因為帶有故障粒線體的細胞會自行消滅，所以就算是在年長者的組織裡，也很少觀察到細胞背負著大量的粒線體突變。

組織的命運以及整個器官的功能，取決於組成它們的細胞種類。如果這些細胞可以替換，保有無瑕粒線體族群的幹細胞可以分裂並取而代之，那麼細胞凋亡所造成的細胞流失就不一定會干擾現況，只要細胞的數量仍維持著動態的平衡就好了。但如果被賜死的細胞基本上是無可取代的，比方像神經元或是心肌細胞，那麼組織內有作用的細胞便會逐漸耗損，倖存的細胞就得承擔更大的壓力，將它們逼向極限，也就是屬於它們的代謝門檻。此時，任何其他會迫使細胞逼近極限的因素，都可能會立刻引發某種特定的疾病。換句話說，當細胞隨著年齡增長，逐漸逼近它們的極限時，就比較容易被各種隨機變因推下細胞凋亡的深淵。這樣的變因可能包括環境上的打擊（例如吸菸或是感染）以及生理上的創傷（例如心臟病發），除此之外，一切和疾病有關的基因也都有所影響。

代謝門檻和疾病的關係相當關鍵。它說明了粒線體如何會造成這所有的疾病，儘管它們乍看之下完全沒有關係。這個單純的見解說明了老鼠為什麼在數年之內就會敗給老年疾病，而人類卻會花上數十年。甚至，它也有助於解釋鳥類為什麼不會老得這麼「病痛纏身」，以及我們要怎麼做才能一舉治癒我們身上的多種疾病。簡而言之，它說明了我們怎樣才會變得更像精靈。

我已經列舉了好幾項原始粒線體老化假說的失敗之處。現在又有一個：這個假說很難把老化的基本過程與老化相關疾病的發生連在一起。誠然，自由基的生成量與疾病發作時間之間有某種假設的關聯性，但如果將以上這句話照字面上的意思來解釋，這個理論將被迫預測所有老年疾病都是自由基造成的。這顯然是不對的。醫學研究已證實，大部分老年疾病的基因和環境因素彼此交織，複雜程度令人大吃一驚；而且它們多半都和自由基及粒線體無關，至少沒有直接關係。粒線體理論的支持者花了好幾年的時間，設法要找出基因和自由基生成量之間的關係，但卻沒有什麼收穫。某些基因上的突變**的確**和自由基的產量有關，不過這並非通則。已知會造成視網膜退化的基因缺陷有一百多個，會影響自由基生成量的只有不到十個。

萊特和他的愛丁堡同事在一篇優美的論文中提出了問題的解答，這篇文章發表於二〇〇四年的《自然遺傳》期刊上。我個人長久以來一直認為這是世上最重要的數篇論文之一，因為它替我們對老年疾病的看法提供了一個嶄新而統一的架構，而這應當會取代現行的標準範式——後者在我眼中既不合理又帶來反效果。

今天大多數的醫學研究的基本範式是以基因為中心的。這種方式是先找出某個基因，接著查明它會做些什麼、如何作用，然後憑空想像出某種解決問題的藥理學方案，最後是實際應用這項藥理學方案。我認為這個範式並不合理，因為它所憑依的老化觀點現在看來是不正確的。在這個觀點中，老化只是個堆滿遲發性基因突變的垃圾桶，而且這些突變的影響大致上是獨立的，所以必須各個擊破。你可能會回想起，這正是赫爾登和梅達沃的假說，之前我曾批評過這個假說，因為近代遺傳學研究已證明老化遠比他們所想的更有彈性。只要能延長壽命，則**所有的**老年疾病都會相應地向後推遲（雖然不是無限期延後）。在線蟲、果蠅，和小鼠身上共發現了四十多種可以延長壽命的不同突變，它們基本上都會延緩退化性疾病的發作。換句話說，老年疾病和老化的基礎過程密不可分，而後者是有幾分彈性。因此解決老化疾病的最佳方式，就是去解決老化本身的基本過程。

萊特和他的同事研究的主題，是一些已知會提高某種退化性疾病風險的特定突變。它們不問這些基因會做些什麼，而是想知道**同個突變**出現在壽命長短不同的生物身上時，會發生什麼事。當然，他們**確實**常常發現同樣的突變，而這並非湊巧。動物模型在醫學研究中是很重要的，而疾病的基因模型又立於現代研究的中心。所以，萊特和他的同事需要做的，只是找出那些因為同個突變，而引起了同樣的神經退化性疾病的動物模型，然後追查牠們的數據便可。其他沒有什麼特別。他們找到了十個突變，這些突變在五種壽命長度各異的物種身上（小鼠、老鼠、狗、豬，和人類）都可搜刮到充足的數據。這十個突變所引起的疾病各自不同，不過同個突變在不同物種身上都會造成同樣的疾病。主要的差異在於時機。以小鼠來說，突變會在一兩年內造成疾病；如果是人類，可能得花上一百倍的時間才會造成完全相同的疾病。

有一點必須理解的是，這十個突變都是細胞核ＤＮＡ遺傳下來的基因突變。它們全部都和粒線體或是自由基產量沒有直接關係。萊特和其同事研究了亨丁頓舞蹈症的ＨＤ基因；遺傳性帕金森氏症的ＳＮＣＡ基因；家族性阿茲海默症的ＡＰＰ基因，還有一些會引起視網膜退化疾病，造成眼盲的基因。以上的每個案例中，製藥產業都投入了數十億美元進行研究，因為任何有效的治療方式都可以讓他們每年賺回數百億美元。這些年來，流向這些研究的創造人才比火箭科學還要多。然而，沒有一個案例出現過真正重大的臨床突破——我指的是可以真正地治癒疾病，或是使症狀的發作時間延遲一個月以上，甚至延後幾年的那種突破。正如萊特與他的同事所說（他們說的相當含蓄）：「沒有什麼狀況能使神經退化的速率，發生足以和不同物種間之差異（如此處所示）相提並論的改變。」換句話說，透過醫學的介入，我們也不可能使疾病進程減緩的幅度變得和物種之間的天然差異一樣大。

萊特和他的同事將不同動物的發病時間以及疾病的進程，從症狀輕微到重症狀況，一一描繪出來。他們發現，疾病的進程和粒線體生成自由基的速率有密切的關聯性。換句話說，在自由基生產速率很快的物種身上，疾病發作的時間就比較早，而且進展也比較快（儘管這些和自由基的產量沒有直接的關係）。相反的，自由基滲漏緩慢的動物，疾病發作的時間晚了好幾倍，進展得也比較慢。這層關係不太可能是巧合，因為它們的關聯性太密切了；疾病的發作，很明顯是以某種方式和調控壽命長短的生理因素綁在一起的。這層關係也不能歸因於基因本身的差別，因為在每個案例中，不同物種的基因缺陷都是完全對等的，生化途徑也都是具有保守性的。整體上這也無法歸因於自由基，因為這些基因大部分都不會直接改變自由基的產量。而且這也無法連結到代謝率的其他層面，因為在許多案例中代謝率和壽命長短並無關聯，包括鳥類和蝙蝠，還有在此處很關鍵的人類。

據萊特所說，這種關聯性的成因最有可能是，這些退化性疾病全都因為細胞凋亡而造成了細胞流失——而自由基的生成量會影響細胞凋亡的門檻。每個遺傳缺陷都造成了細胞的逆境，使得因細胞凋亡而造成的細胞流失量達到高峰。細胞凋亡的發生機率取決於整體的逆境程度，以及細胞達成代謝需求的能力。如果它失敗了，無法滿足細胞的需求，細胞凋亡就會被啟動。而它失敗的可能性又取決於細胞整體的代謝狀態，而正如我們所知，代謝狀態會根據粒線體自由基的滲漏而進行校正。細胞何時會啟動逆向反應，並大量複製有缺陷的粒線體而造成ＡＴＰ的短缺？這取決於它自由基滲漏的基本速率。自由基滲漏得很快的物種離門檻較近，也因此比較容易因為細胞凋亡而失去細胞。

這一切都當然是有關聯的，只是很難證明它們之間的關係是因果關係。不過一項於二〇〇四年發表在《自然》期刊上的研究顯示，這其中確實有一組因果關係。這項研究替它的幾位資深作者，包括在斯德哥爾摩的卡洛林斯卡研究所的賈伯斯和拉爾森，贏得了歐盟笛卡兒獎的生命科學研究獎殊榮。這個團隊將一個基因的突變版本放入小鼠體內，這樣的小鼠被稱為**基因植入**小鼠，因為牠們身上被植入了一個基因（也就是說某個有功能的基因被加進了牠的基因體，而不是像較常見的做法那樣，將某個原有的基因剔除）。在這個案例中，被植入的基因表現的是一個已知具有校對功能的酶。校對酶就像一名編輯，ＤＮＡ複製時所輸入的任何錯誤都會被它改過來。然而，在他們的研究當中，研究人員植入的基因表現的是故障的酶，在校對時反而很容易出錯。易於出錯的校對酶就像差勁的編輯，沒挑出的錯誤比平常還多。這項研究植入的基因所表現的校對酶專門在粒線體作用，所以它留下的錯誤都在粒線體的ＤＮＡ上，而不是細胞核。成功地將這個粗心編輯送上崗位後，研究人員的確也得到了比平常多上好幾倍的粒線體錯誤，或說突變。這項研究有兩個有趣的發現。其中登上標題的發現是，受影響的小鼠壽命縮短了，而且許多和年齡有關的毛病發作的時間也提早了；這些毛病包括體重減輕、毛髮脫落、骨質疏鬆、脊柱後彎（駝背）、生殖力下降，還有心臟衰竭。然而這項研究最有趣的發現可能是突變的數量**不會隨年齡增加**。隨著小鼠逐漸變老，身體組織內的粒線體突變仍然維持相對穩定。就像人類一樣，突變的承載量在老化期間也不會有很大的改變。

儘管我們還不確定這其中的原因，但我想應該是因為只要細胞背負的突變多到使它無法運作，它就會乾脆地被細胞凋亡給消滅掉，使人產生粒線體突變不會隨年齡累積的印象。總之，這項研究確定了粒線體突變在老化上的重要性，不過並不符合原始粒線體老化假說的預測，沒有大量的粒線體突變累積而導致「錯誤災變」。不過這些發現確實支持修訂版的粒線體假說，在這個版本裡，自由基信號和細胞凋亡一直在緩解突變的重擔。

從這個想法中誕生了幾個關鍵的重要結論。首先，粒線體的突變似乎真的會影響老化和疾病的進展，儘管我們有可能看不到這些突變——它們會連同宿主細胞一同被細胞凋亡消滅。第二，其他和個別疾病有關的基因會使細胞整體的逆境再加劇，讓細胞更容易死於細胞凋亡。從萊特的研究中我們看到，不管基因的產物為何，突變是什麼樣的突變，都無關緊要；如果考慮物種間的差異，就會發現細胞死亡的時機及模式和基因本身幾乎完全無關，而是取決於細胞離細胞凋亡的門檻有多近。這就表示，試圖針對個別的基因或是突變進行臨床研究，是沒有意義的；而這又意味著整個醫學研究的隊伍都走錯了方向。第三，意圖阻止細胞凋亡的研究策略多半也會失敗。因為，細胞凋亡只不過是一種處置破損細胞的好方法，乾乾淨淨，不留血跡。既然細胞已經無法履行其任務了，那就算阻止細胞凋亡，也無法解決這個根本的問題；它們還是難逃一死，只是從細胞凋亡改為壞死，留下一地斑斑血跡，這只會讓事情變得更糟而已。最後是至關重要的一點，只要自由基的滲漏變慢，**所有**老年的退化性疾病，都可以延緩個幾百幾千幾萬倍，甚至還有可能完全消失。如果可以將奉獻於醫學研究的數十億美元撥一部分來研究自由基的滲漏，我們有可能會一舉治癒所有的老年疾病。就算以保守的眼光來看，也能說這是自抗生素以來最偉大的醫療革命。所以，這是否可行呢？

第十八章　治療老化

老化和老化相關的疾病可以歸咎於粒線體的自由基滲漏。但不幸的，或該說幸運的是，身體在處理粒線體的自由基滲漏方面，遠比粒線體理論的早期陳述告訴我們的還要複雜。自由基不是只會造成損傷和破壞，它們還扮演著其他重要的角色——配合需求微調呼吸作用，並將呼吸作用不敷需求的信號傳達給細胞核。如果粒線體的自由基滲漏程度不會波動，就不可能靠這種方式傳遞訊息。高含量的自由基是呼吸作用有所不足的信號，而這個問題可以靠著改變某些粒線體基因的活性來彌補修正。如果短缺的狀況無法逆轉，粒線體基因也無法重新掌控呼吸作用，那麼過量的自由基就會使膜脂質氧化，最終造成膜電位瓦解。失去膜電位的粒線體實質上就等同於「死亡」，很快就會被消滅分解，因此自由基過載會促使細胞排除受損的粒線體。其他受損較少的粒線體會進行複製，並取而代之。

如果沒有這精細的自我修復機制，粒線體以及整個細胞的性能都會嚴重受損。粒線體DNA上的突變會節節上升，細胞的功能也會陷入「誤差災變」的失控漩渦。相形之下，自由基所扮演的信號角色，能讓長命的細胞數十年來都保持著最佳呼吸機能。受損的粒線體會被移除，健全的粒線體複製並取而代之。儘管如此，健全粒線體的供應源最後還是會有耗盡的一天（至少在長命的細胞是如此），這時另一個層級的信號就會出來接手掌控全局。

如果同時有太多的粒線體出現呼吸功能短缺的情形，那麼細胞中的自由基負載量就會上升，而這會對細胞核傳達整體呼吸衰竭的信號。這種氧化的狀態會改變細胞核基因活性的萬花筒，以求進行彌補——此一改變被稱為逆向反應，因為是由粒線體控制細胞核基因的活性。細胞進入了一種抗逆境的狀態，而且可能會這樣生存好幾年。它產能的能力有限，但只要不承受太大的壓力也還過得去。然而，任何會帶來壓力的事件都有可能破壞這樣的細胞，並導致一定程度的器官衰竭。這樣的衰竭很可能會助長慢性的發炎反應，而慢性發炎反應正是許多老年疾病的基礎。

在老化組織中，被細胞凋亡移除的細胞愈多，呼吸作用的效能也會隨之下滑。當細胞內的ATP含量低於一定的門檻時，細胞就會執行細胞凋亡，讓自己從世界上消失。像這樣地移除受損的細胞，會導致器官隨著年齡而縮小，但同時也清除了故障的細胞，因此剩下的細胞是為了最好的機能而被篩選出來的。沒有突然的崩潰，也沒有急遽的誤差災變；如果自由基扮演的角色只有破壞的話就一定會產生這樣的情形。類似的是，細胞以凋亡的方式安靜地被消滅，而不是以壞死的方式血淋淋地結束，這使得發炎反應不會殃及整個組織，並因此延長了個體的壽命。

所以，當某個細胞無法達成代謝需求時，它就會執行細胞凋亡。因此組織的代謝需求也會影響細胞消失的可能性。代謝旺盛的組織，例如腦、心臟以及骨骼肌，最容易因細胞凋亡而失去細胞。細胞死亡的確切時間取決於整體的逆境程度。正如我們於第五部所見，粒線體會負責整合並判定逆境的強度；而判定所牽涉到的一個重要因素便是自由基的累積暴露值。所以，長壽的動物很晚才會受到老化相關疾病的折磨，而短命的動物很早就會被打敗。其他因素也可能會提高細胞整體的逆境程度，例如先天或後天的某些基因突變，還有一些生理創傷事件，像是跌倒、心臟病發作、疾病，或是長期吸入二手菸等等。我們從這裡歸納出了一個極為重要的結論：如果所有會造成老年疾病的遺傳和環境因素都是由粒線體負責統整判定，那我們應該可以一次治癒所有的老年疾病，或是將它們全部延後才是。相形之下，想要逐一解決它們（就像我們現在所做的一樣）是注定會失敗的。我們只需要降低一生中的自由基滲漏量就夠了。

這其中有個問題。在細胞一生中的每個階段裡，其粒線體生理和細胞運作都要**仰賴**自由基的信號。單純想靠高劑量的抗氧化劑平息自由基的生成（如果真的平息得了的話），很可能會讓情勢更加惡化。在《氧：建構世界的分子》一書中，我曾提出一個想法（名為「雙面間諜」理論），認為身體對高劑量的抗氧化物不會有反應，因為我們會排除體內多餘的抗氧化物，它們對靈敏的自由基信號來說可能會是一場浩劫。或許我略嫌太過貶低抗氧化物的可能功效了，然而這也只是為了要糾正大家對它的過度吹捧；它對我們可能有各式各樣的好處，但坦白說，我懷疑它們除了能補足膳食的缺乏外還會有多大的用處。而且我認為，既然有信號傳遞的問題存在，那麼如果我們想要健康地延長壽命，就必須將自己從抗氧化物的誘惑中抽離，重新開始思考。

所以我們還能做什麼呢？相對於哺乳動物，鳥類的自由基滲漏速率比較慢。藉由研究兩者之間的不同，我們或許可以得到一些想法，幫助我們了解如何最有效地治療老化以及伴隨而來的疾病；不是個案，而是每一個人。所以我們有可能讓自己變得更像鳥類嗎？我們得先來看看牠們是怎麼做的。

根據馬德里的巴爾哈所提出的開創性研究，滲漏的自由基大多都是從呼吸鏈的複合體I漏出來的。巴爾哈及其同事利用呼吸鏈的抑制劑進行了一系列單純而巧妙的實驗，並從複合體I上的四十幾個次單元中找出了滲漏的位置；其他人也以不同的方法證實了他們的結果。這個複合體的立體配置意味著滲漏的自由基會直接流到粒線體的基質，也就是緊鄰粒線體DNA的位置。顯然，如果試圖阻止滲漏，就必須無比精準地瞄準這個複合體——怪不得抗氧化劑療法會失敗！且不論它們有可能會造成信號傳遞的浩劫，要將劑量足夠的抗氧化物送到這麼小的空間，幾乎是不可能的。畢竟，單單一個粒線體就有數萬個複合體，每個細胞平均又有數百個粒線體。而人體當然就會有大約五十兆個複合體。所幸，從鳥類身上我們已經發現這不是解決的方式；牠們體內的抗氧化物含量相當低。所以，牠們是怎麼降低自由基的滲漏的呢？

答案是什麼我們無法肯定，不過有幾種可能性。也許鳥類每種可能性都有採用一部分。一種可能性是，差異寫在牠們某幾個粒線體基因的序列上。支持這個可能性的最佳證據，反而是來自人類粒線體DNA的研究，其中最有啟發作用的出自日本的田中雅嗣團隊。一九九八年，田中團隊在《刺胳針》上提出報告，指出日本三分之二的百歲人瑞，都在某個粒線體基因上有著同樣的變異——在他們複合體I某個次單元的密碼上，有一個字母是不一樣的；相較之下，這種變異在總人口中只占百分之四十五。換言之，如果你擁有這個字母變異，你活過一百歲的可能性就比一般人多百分之五十。好處還不只如此。你在醫院裡度過後半輩子的機率也只有一般人的**一半**：你比較不容易罹患**任何**和年齡相關的疾病。田中和他的同事證實，這個字母變異很有可能會使自由基滲漏的速率略為下降。這樣的好處一時半刻看來微不足道，但一輩子累積下來，不知不覺就成了可觀的差異。一個簡單的機制就可以瞄準所有和年齡相關的疾病，這就是最好的證據。另一方面它還是有缺點的。日本人的這個字母變異在日本以外的地方幾乎不曾被發現，雖然它在當地的普遍性可能有助於解釋日本人不尋常的長壽，可是這對我們其他人沒有多大的幫助。這個消息不意外地掀起了全球性的基因搜索風潮，而且似乎也有其他的粒線體字母變異具有類似的功效。然而它們還是都有一樣的問題——對我們沒有幫助。除非，我們對自己進行基因改造，更改基因的序列。考慮到它優厚的報酬，這件事或許值得一試，但是它和一個倫理所不能容忍的水域只有一步之遙，也就是在胚胎上挑選人類的性狀。所以目前，除非社會對人類基因改造（Genetic Modification，簡稱ＧＭ）的態度出現一百八十度的大改變，否則我們頂多只能說它在科學層面上是極為有趣的。

不過人類基因改造不是唯一的一條路。鳥類降低自由基滲漏率的另一種可能方法，是使牠們的呼吸鏈解偶聯。解偶聯一詞，指的是解開電子流和ＡＴＰ生成之間的連結，所以呼吸作用的能量便會以熱的形式消耗掉。就像卸下腳踏車的車鏈，「踩踏板」和「車子前進」之間的關聯就會被解開，而能量則消耗在你汗濕的額頭上。呼吸鏈脫節的龐大利益在於電子可以繼續流動（就像是騎腳踏車的人雙腳持續踩著踏板），而這麼做可以降低自由基的滲漏（我認為落鏈的腳踏車也有同樣的優點，讓我們燃燒多餘的能量，以熱的形式消耗掉；如今我們將這樣的腳踏車稱為室內腳踏車）。既然高速的自由基滲漏和老化與疾病都有關聯，而解偶聯又會降低自由基的滲漏，那麼解偶聯當然有延長壽命的潛力。而且就像腳踏車鏈一樣，呼吸作用也可以只進行部分的解偶聯（在腳踏車上我們稱之為換檔），這樣細胞還是可以繼續合成一些ＡＴＰ，不過會有一部分的能量以熱的形式被浪費掉（就像我們一面咻地滑下斜坡時還是可以一面踩踏板，但車鏈並不會咬著齒輪）。總而言之，解偶聯可以保持電子在呼吸鏈上流動，進而限制自由基的滲漏。

在第四部（二五七頁）我們看到，呼吸鏈解偶聯的小鼠代謝率比較快，而且確實活得比牠們保持偶聯的弟兄們更久。在第六部，我們同樣也注意到，非洲人和因紐特人易罹患的疾病不同，可能也和解偶聯程度的差別有關。依循同樣的脈絡來看，鳥類的解偶聯程度很有可能比與同量級的哺乳類大，而這有可能就是牠們比較長命的原因。解偶聯會產生熱，就像我們剛剛看到的那樣，所以要是鳥類的解偶聯程度真的比較大，那麼，相較於同個量級的哺乳類，它們產生的熱也應該會比較多。而這個想法也有事實做根據，鳥類的體溫確實比較高，大約是攝氏三十九度，而不是三十七度，這有可能是解偶聯使牠們產生了較多的熱而導致的結果。然而，直接測量的結果暗示事實或許並非如此。鳥類和哺乳類呼吸鏈的偶聯程度看來十分相似，因此體溫的差異大概要歸結於牠們散熱和絕緣方面的差異。羽毛比皮毛要來得保暖。

不過這並不代表解偶聯幫不了我們。理論上，它不但可以降低自由基滲漏，進而使我們的壽命延長，還可以讓我們燃燒更多的熱，減輕體重。我們可以一口氣治好肥胖和所有的老化疾病！遺憾的是，目前為止所有減重藥物的經驗都不是很好。例如二硝基酚，它是一種呼吸鏈解偶聯劑，曾被試著拿來用做減肥藥。後來它被證明是有毒的，至少在高劑量使用時是。還有一種解偶聯劑是很受歡迎的消遣性毒品，搖頭丸，它也充分展現了潛在的危險性：解偶聯會產生熱，因此許多狂歡者一邊跳舞時都會一面不斷喝水；儘管如此，還是有一些人死於熱休克。顯然這個方法在使用上還需要有更多的技巧分寸。有趣的是，阿斯匹靈也是一種輕微的呼吸鏈解偶聯劑；我很好奇它那些不可思議的好處有多少是和這項特質有關的。

巴爾哈自己的團隊則指出，鳥類從複合體I漏出的自由基之所以會減少，是因為牠們降低了複合體I的總體還原程度。請回想一下，一個分子得到電子就是被「還原」，失去電子就是被「氧化」。因此，還原態低的意思就是，每一個當下經過鳥類複合體I的電子量相對地比較少。我們曾說過（一一八頁），每個粒線體上有數萬個呼吸鏈，而每個呼吸鏈上都有個易漏的複合體I。如果這些複合體的還原態很低，那它們之中只有一小部分會持有呼吸鏈的電子，其他則像單身漢的冰箱一樣，空空如也。如果流動其上的電子相對較少，它們也就比較沒有機會脫離呼吸鏈形成自由基。巴爾哈主張，目前唯一證實可以延長哺乳類壽命的方式，卡路里限制，也是基於類似的機制；卡路里限制所造成的變化中最為統一的就是還原態的降低，儘管耗氧量並不會有什麼改變。甚至，這樣的思維也可以解釋我先前提過的運動悖論：運動員的耗氧量比我們其他人都大，卻不會老得比較快。運動會加快電子流的速率，繼而降低了複合體I的還原態（電子來得快但去得也快），而這會使複合體的反應性變得比較低。這解釋了為什麼規律的運動不一定會提高自由基滲漏的速度，實際上，在訓練有素的運動員身上，自由基的滲漏還可能因此變慢。

上述所有案例的公約數，是低還原態。我們可以把它想成一個半空的冰箱，或者想成工廠生產線上的生產餘力可能會更有幫助。不過重要的是，鳥類體內的閒置生產力，和運動以及解偶聯（虛擲能量）的狀態是不同的。在後面兩個情況中，自由基的滲漏之所以有限，是因為電子不斷流過呼吸鏈，而當它們從一個複合體身上離開，複合體就可以接受下一個電子，因而就空出了一些生產餘力。所以，電子比較不會漏出來形成自由基。然而在鳥類的案例中，牠們在休息時就常備著生產餘力，這點和擁有同等代謝率，解偶聯程度也相當的哺乳類動物大不相同。換句話說，當其他條件全部相同時，鳥類的生產餘力要比哺乳類來得高，漏出的自由基也因而較少。而又因為它們漏出的自由基較少，所以牠們的壽命也會比較長。

如果巴爾哈是對的（有一些學者不同意他的解釋），那麼長壽的關鍵就在於生產餘力。所以鳥類是如何，應該說為什麼會保有生產餘力的呢？想知道答案的話，請想想看，一座工廠若要配合起伏不定的工作量，會需要多少員工？假設管理部門有兩種可能的策略（實際上當然還有很多種，不過我們把重點先放在其中的兩種就好了）：他們可以維持少量的員工，當有額外的工作進來時就強迫他們更努力地工作；或者，他們可以聘僱大批員工，這些員工可以輕鬆完成需求最大時的工作量，不過這些員工整年中大部分的時間都在發呆中混了過去。現在我們來思考一下員工的風氣。以員工少的工廠來說，他們被迫長時間工作的時候就會徹底造反，在反叛精神的鼓動下蓄意地破壞設備。另一方面，他們非常健忘，他們的怨氣在幾杯黃湯下肚後便消失無蹤，第二天又能繼續好好地工作。管理階層計算後認為犧牲一些設備來節省人工開銷還是划算。那麼，擁有大量員工的工廠，風氣又如何呢？就算廠內進了大批額外的工作，這個大團隊也能毫無困難地完成任務，此時他們的士氣也很高昂。可是當然，一年中大多數的時間他們都無所事事，因此感到無聊。他們的怨氣不強（雖然得忍受一點無聊但有工作還是比較好），儘管如此還是有風險，員工可能會跑去找一個比較不無聊的工作，等到需要人力的時候勞動人員卻已分崩離析。

所以這一切和鳥類以及呼吸鏈有什麼關係呢？鳥類採取的是大量員工的策略。管理部門寧可承擔高額的人工開銷以及人員減損的風險，但是他們珍惜設備，不願見它被蓄意破壞。而且他們的企圖心很大，預估會接到很大筆的訂單，所以配置了大量的人力。翻譯成生物詞彙的話，如下所述：鳥類依賴大批的粒線體，而且每個粒線體中有大量的呼吸鏈。牠們有龐大的勞動力，而且大部分時候也有很多的生產餘力。在分子層面上，牠們複合體I的還原態低：進入呼吸鏈的電子有很充裕的空間。相形之下，哺乳類採用的就是另外一種政策：牠們喜歡僱用較少的員工。這意味著牠們只保有數量剛好夠用的粒線體，粒線體上的呼吸鏈也是。就算工作量不大，呼吸鏈上也密密麻麻地裝滿了電子。員工變得暴亂，毀壞設備，就像自由基在破壞細胞的構造。損壞到這種程度，工廠關門也是遲早的事。

還有一件事也值得順道一提，員工的反叛程度（也就是設備的損傷程度）取決於員工感到壓力，過勞到發飆的時間比例。這點是由他們的工作量決定的，用生物術語來說就等於是代謝率。靜止代謝率高的動物（如老鼠），其工作量會比代謝率緩慢的哺乳類（例如大象）來得大，生產餘力也比較少。因此牠們的自由基滲漏速率很快（牠們的員工大部分的時間都在發飆），並且蒙受損傷快速累積的苦果，老得很快，死得也快。同樣的關係也可以套用在鳥類身上，不過所有鳥類都比同量級的哺乳類擁有更多的空間餘裕；小型的鳥類會活得比同等的哺乳類久，但比大型鳥類短命。

發飆員工的概念也有助於解釋卡路里限制的好處，以及許多線蟲和果蠅身上的「長壽」基因。這些變化並不會影響到員工的數量，但它們可能會降低工作量（降低代謝率，因而提供生產餘力）；或者它們或許能安撫工人，讓他們不要那麼叛逆，儘管處理的工作還是一樣多（生產餘力不變）。在這層意義上，它們的效果有點像是宗教，馬克斯稱之為群眾的鴉片。繼續沿用這個比喻的話，壓制員工施暴的管理政策大概就是提供免費鴉片。不管是用哪一種方法，都要付出一些代價——工作能力變低的代價，或是麻醉員工的代價。以生物學來說，長壽基因的代價通常反映在性的縮減上。改變資源的分配使牠們得以維持同樣的代謝率，而長壽的代價就是繁殖力的下降。

鳥類在粒線體上擁有生產餘力，卻沒有上述的任何缺點。牠們不用犧牲生殖力，工作能力也很強。那牠們怎麼能保留這麼多生產餘力呢？我想答案在於，催動飛行所需要的有氧代謝能力，比運動能力最發達的哺乳動物所能做到的一切可能行為都還要更大。為了要飛上天空，牠們需要更多的粒線體和更多的呼吸鏈。如果牠們失去了這些粒線體，牠們同時也就失去了飛行的能力，或者是無法再飛得那麼嫻熟了。從管理策略的角度來說，這工廠的工作**非得**要有大量的員工才有可能完成，所以這其實沒得選擇，需求低時也不能裁員，管理部門冒不起這個險。所以鳥類在休息時，牠們的代謝率閒置下來，就會擁有很大的生產餘力。技術上，複合體I的還原程度就會比較低。這個論證同樣也適用於蝙蝠，牠們也得為了飛行而維持很高的有氧代謝能力。

為了避免淪為空談，以下提出一項事實。鳥類以及蝙蝠的心肌和飛行肌擁有的粒線體**確實**比哺乳類多，呼吸鏈的密度也比較高。不過牠們其他的臟器也是如此嗎？畢竟，就像我們在第四部看到的，靜止代謝率大部分是由臟器所貢獻的，而不是飛行肌。令人驚訝的是，我們對於鳥類和蝙蝠臟器中的粒線體數目幾乎一無所知，不過牠們擁有的粒線體極有可能比地上的哺乳動物更多，那是很合理的，因為鳥類和蝙蝠的整體生理就是為了得到最大的有氧性能而存在。舉一個例子，蜂鳥腸壁上的葡萄糖轉運蛋白數量遠比哺乳類來得多，因為牠們必須很快地吸收葡萄糖，以供應牠們進行高度消耗性的定點飛行。多出來的轉運蛋白就要靠額外的粒線體供應能量。所以，雖然內臟的有氧代謝能力乍看之下和飛行無關，但大概也是很高的——遠比靜止代謝所需的微小要求高上許多。

一般都說，鳥類和蝙蝠會活得比較久是因為飛行能幫助他們躲開掠食者。這當然有幾分真實性，然而有很多小型鳥類在野外的死亡率很高，卻還是相對長壽。我剛才提出的答案則和飛行的高度能量需求直接相關。能量開銷大就要有高密度的粒線體，不只是飛行肌和心肌需要，其他臟器也有補償性的需求。這樣的補償效應類似於有氧代謝能力假說所推測的溫血動物起源（見第四部），但比那個更強，因為催動飛行的最大需氧量比全力奔跑還要大。既然粒線體密度比較高，休息時的生產餘力也會較高，而這便降低了複合體I的還原態。自由基滲漏量的降低是必然的，而這就相當於拉長了壽命。

所以蝙蝠以外的哺乳類是怎麼一回事？牠們為什麼不多保有一些粒線體，好維持大量的生產餘力？一個可能的原因是，大部分的哺乳類不會因為擁有更多的粒線體、更大的有氧能力，而得到什麼好處。如果牠們受到捕食者的威脅，最好的策略就是藏進最近的洞穴裡。事物的本質本來就是不用則廢。老鼠非常有可能將粒線體當作代價沉重的負擔而將之拋棄，不過這就直接將牠們帶回了原本的問題：牠們的複合體數量比較少，複合體I的還原態比較高。牠們溢漏的自由基比較多，壽命短，死得早。然而真的是這樣嗎？

如果對老鼠來說，囤積更多粒線體在有氧代謝能力方面好處不大，那牠們應該會擁有另一個有利條件：要是有隻老鼠**就是**囤了比較多粒線體，牠就會擁有比較高的生產餘力，並會因此而比較長命。既然滲漏的自由基比較少，牠就不需要儲備較多的抗氧化物和抵抗逆境的酶，也不該會因拋棄式體細胞理論的條款而受罰（三七六頁）。實際上，牠們的狀況這麼好（配備了這些粒線體，這樣的有氧代謝能力）應該是一表「鼠」才，深具性吸引力，是生物學上的「適者」，在交配的爭奪戰中占有優勢。壽命長加上生物適應性強，意味著牠們的長壽基因應該會散播出去。但這樣的事情完全不曾發生。老鼠還是老鼠，牠們還是死得很早。這其中還有什麼問題嗎？我認為有，而且對我們來說極為重要，因為，假如我們想要利用基因工程，讓自己既長壽又有魅力，那我們應該了解這其中的弊病。

問題是這樣的。自由基滲漏速率低，就表示要有更敏感的偵測系統才有辦法維護呼吸效率。畢竟，這就是我們把基因留在粒線體內的原因（見二〇四頁）。演化改良所要付出的成本，就可以說明為什麼老鼠不要限制它們的自由基滲漏了。維持大量的生產餘力需要成本，精心打造一套敏銳的偵測系統也需要成本。兩者相加，這代價對老鼠想必是太大了。然而在鳥類的案例中，演化出一套敏銳的偵測系統所需的高昂成本，會被提升飛行能力在天擇上帶來的強大優勢給抵銷掉。飛行雖然成本高昂，但獲利也很大，所以鳥類在身體組織裡多裝一點粒線體是**會**受益的，而且牠們也會因此而在休息時擁有更多的生產餘力，保有大量員工可以使牠們獲益，甚至還可以拿一部分的利潤來投資最新的設備。牠們的生產餘力意味著休息時的自由基滲漏量較少，壽命較長，但是偵測系統靈敏度的**需求**較高。不過在牠們的案例中，飛行的優勢確實大過於生存和生殖方面所付出的成本。

所以如果我們想活得更久，並且擺脫老年疾病，我們就要有更多的粒線體，或許還要一套更精細的自由基偵測系統。這可能會構成問題，而且無疑會很考驗醫學研究人員的創造力。不過，我們的壽命長度已經比同等的哺乳類多了好幾倍。如果我的推論正確，我們現有的粒線體，應該已經比那些靜止代謝率和我們類似的哺乳類要來得多；我們應該擁有比較大的生產餘力，以及比較敏感的自由基偵測系統。以我們自身的例子來說，值得我們付出成本進行修改的原因大概和鳥類不一樣——不是有氧代謝能力，而是延長壽命這件事情本身，因為長壽會為親屬群體帶來社會凝聚力，這是有利的。部落中的長者將知識和經驗教導給下一代，這會為部落帶來競爭優勢；這樣的交易條件很可能誘使我們付出了上述的成本。而這樣的事情是否真的在我們的身上發生過呢？我不知道，不過這是個有趣的假說，而且很容易驗證。我們只要找出和我們代謝率相當的哺乳類，測量牠們臟器中的粒線體密度，還有牠們自由基信號系統的靈敏度（這部分稍微比較困難）就好了。

有個迷人的線索暗示，我們或許可以用這種方式改造出較長的壽命。稍早在第十七章，我曾提過粒線體控制區上有個單字母的變異，在人瑞身上出現的頻率是一般人口的五倍。這個突變似乎會使粒線體在回應信號而生成的時候多複製一些。所以今天若是傳來一個信號，說「**分裂吧，粒線體！**」，一般人可能只會製造出一百個粒線體，而帶有突變的人或許能產生一百一十個。它所帶來的可能後果是讓我們變得比較像鳥類，在休息時變得更有餘力。原則上，利用藥物也有可能達到類似的效果，完全不用進行基因改造，只要將每個信號都增幅一點點就好。所以，每當出現通知粒線體分裂的信號，我們都可以試著將它放大，假設放大百分之十好了。在上述這兩種狀況裡，同樣的工作分攤給較多的粒線體，每個粒線體的負擔就變得比較少。複合體的還原態會下降，從它們身上漏出的自由基也會變少。只要我們還可以順利偵測到它們（這是項非常精巧的平衡，但那些百歲人瑞想必是做到了），那我們就很有機會能活得更長也更有品質，在遲暮之年少受疾病的侵擾。

結語

十幾年前，我整天泡在實驗室裡，試著保存移植要用的腎臟。這項挑戰無關乎排斥（那是研究中比較性感的部分），而是一個更迫切的問題：腎臟或其他的器官一旦離開體內，在幾天之內就會變得腐敗而不堪使用。對於其他器官，像是心、肺，還有肝臟等等來說，時間甚至更加緊迫，在它們廢棄之前，頂多只能儲存一天。排斥的恐怖可能性更加劇了這個問題。確認捐贈者器官以及受贈者的免疫資料能夠配對，名副其實是件生死攸關的大事，這可以讓你不至於眼睜睜看著嚴重的排斥反應在手術台上發生。而這通常意味著我們必須將器官送到好幾百英里外，交給合適的受贈者。器官始終是短缺的，因此任何的浪費都是罪過。如果保存的部分有所進步，就可以有更多的時間尋找最適合的受贈者、運送器官、動員當地的移植團隊，而減少器官的浪費。反過來說，如果我們可以弄清楚器官到底在哪個時間點變得不堪使用，那麼我們就能救回一些被誤判為損傷已經無可挽回的器官，比方說，從心跳停止的捐贈者身上取下的器官。

光用眼睛看，不可能判斷儲存的器官在移植後還能不能運作。就算我們取下組織切片，用顯微鏡細看，也是沒有辦法。當器官被取出身體後，會被用仔細配製的溶液洗去血液，然後將之保存在冰上。看起來一切都很好，但表象可能會騙人。一個看上去很正常的器官，在移植後可能會受到無法逆轉的傷害。矛盾的是，這樣的傷害被認為是氧氣的重返所造成的。因為經過了保存的階段，使得器官在移植時會被粒線體呼吸鏈漏出的含氧自由基所傷，導致發生淒慘的功能衰竭。

某一天，在一場移植手術當中，我人在手術室裡，正在給腎臟安置一些探測器，希望能在不採樣的前提下弄清楚內部發生的事情。我們所使用的機器很巧妙，是一台近紅外光譜儀，它會發射出一束紅外光（紅外光可以穿透數公分厚的生物組織），並測量有多少光從另外一側射出來。接著，便可以透過複雜的演算法，算出這條路徑上有多少光線被吸收或是反射，還剩下多少穿透了過去。關鍵在於選對正確的射線波長，因為不同的分子會吸收不同的波長。只要小心選對波長，就可以聚焦在血色素化合物（含有名為血色素基這種化學成分的蛋白質，例如血紅素），或是深埋在粒線體當中的細胞色素氧化酶（呼吸鏈的最後一個酶）。這樣一來，我們不只可以推算出血紅素的濃度（含氧的和缺氧的都可以），還可以計算細胞色素氧化酶的氧化還原態，也就是說，我們可以推估細胞色素分子氧化與還原的比例為何（也就是在那當下，持有呼吸鏈電子的細胞色素分子比例有多少）。我們將這個技術和另一種形式相近的光譜儀搭配，後者可以讓我們了解ＮＡＤＨ的氧化還原態（ＮＡＤＨ這種化合物會負責提供電子給呼吸鏈）。我們結合了這兩項技術，希望能在不用切開腎臟的前提下，得到呼吸鏈運作的即時動態概念——在大型手術中這顯然是項難以估量的大好處。

這一切聽起來或許設計得很精巧，實際詮釋起來卻是一場噩夢。血紅素的數量極龐大，而細胞色素氧化酶卻幾乎測量不到。更糟的是，不同的血色素化合物它們的紅外光吸收波長彼此重疊，極難分辨哪些訊號來自哪種化合物。就連機器都會弄錯。它測到細胞色素氧化酶的氧化還原態發生變化，但那其實應該是在血紅素上發生的。我們不再期待能靠這玩意兒蒐集到什麼有用的資料。ＮＡＤＨ的含量也沒有多大的幫助。移植之前它多半都有個漂亮的訊號波峰（代表機器測出它的濃度很高）而在器官移植後便消失得無影無蹤，就是這麼一回事。紙上談兵時聽起來都很好，但實際操作起來卻無法解釋，研究時常就是這樣。

然後靈光一閃的時刻出現了，那是我第一次模糊地意識到粒線體統治著這個世界。當時所使用的一種麻醉劑剛好是戊巴比妥鈉。這種麻醉劑在血液中的濃度會上下波動，我們發現在某些狀況下，當它波動時，我們的機器可以捕捉到這些變化。含氧紅血球和缺氧紅血球的含量都沒有改變，但是，我們記錄到呼吸鏈的動態出現變化。NADH的波峰恢復了一部分（變得比較還原），同時細胞色素氧化酶變得比較氧化。我們測量到的似乎是「真實」的現象，而不是平常那些令人喪氣的雜訊，因為血紅素的含量並未改變。那是發生了什麼事？

原來戊巴比妥鈉是呼吸鏈複合體I的抑制劑。當它在血中的含量上升時，就會阻斷電子流經呼吸鏈的一部分通道。呼吸鏈的前半部分，包括NADH，會變得較為還原（得電子），而後半的部分，包括細胞色素氧化酶，則會將它們的電子交給氧氣，並且變得氧化（失電子）。但為什麼這樣的美妙反應不會每次都發生呢？我們很快發現，這取決於器官的品質好壞。如果器官很新鮮，可以順利運作，我們很容易就可以接收到那些波動；但若它嚴重受損，那幾乎就不可能進行測量。我們會像平常一樣看到所有的波峰消失，千喚不一回。唯一可能的解釋就是：這些粒線體漏得像漏勺一樣，進入呼吸鏈的少數幾個電子沒有幾個能走完全程。幾乎全部變成自由基逸散掉了。

沒有切下樣本進行詳盡的生化測試，我們不能斷然肯定這些粒線體的內部發生了什麼事，不過有一件事我們可以確定：受損器官的粒線體在移植的數分鐘之內，就會失去控制，而對此我們完全束手無策。我們試過各式各樣的抗氧化劑，想要藉此改善粒線體的功能，但全都無濟於事。粒線體在最初幾分鐘的運作狀況就大致預告了數周後的結果。如果粒線體在最初的幾分鐘失效了，腎臟便會不可避免地走向衰竭；如果粒線體還有一線生機，腎臟就很有機會挺過這一關，順利運轉。我意識到，粒線體就是腎臟生死的主宰，而且極為頑強，不受我們的擺弄。

自此之後，我參酌了各個領域的研究，並逐漸發現那些年來我努力測量的呼吸鏈動態，正是演化的關鍵動力，它不只決定腎臟的存活，更打造出整條生命的軌跡。位於其核心的是一種單純的關係，是所有細胞實際仰賴的奇特能量來源，也就是米歇爾口中的化學滲透力，或是質子驅動力；它可能早在生命的起源就隨之一起誕生了。在本書的各個章節，我們檢視了化學滲透力的諸多成果，不過每一章都著重於它在各個層面上更廣大的意義。在最後的這幾頁，我想試著將它們全部結合在一起，向各位展示，這寥寥數個單純的法則，是如何以深刻的方式指引著演化的道路，從生命的起源、複雜細胞和多細胞個體的誕生、到性、性別、老化，以及死亡。

化學滲透力是生命的基本特質，或許比DNA、RNA還有蛋白質都還更古老。自然界最早的化學滲透細胞，可能來自鐵硫礦物形成的微小泡泡，它們是在混合水域（也就是地殼深處滲出的液體以及上方的海洋混合的區域）融合而成的。這樣的礦物細胞和今天的活細胞有一些共通的性質，而形成這樣的細胞需要的只不過是太陽的氧化力，在DNA複製遺傳的能力誕生之前，都不需用到任何複雜的演化革新。電子可以穿透化學滲透細胞的表層，產生的電流會將質子吸引到膜的附近，使膜上產生電荷，形成一個包圍著細胞的力場。這樣的膜電荷使細胞的空間維度與生命的紋理連結在一起。所有的生命，從最簡單的細胞到人類，都仍靠著泵送質子穿過膜所形成的梯度來產生能量，用來移動、生成ATP、產生熱，以及吸收必要的分子。極少數的一些例外只是更加證明了這項通則。

現代的細胞，是利用呼吸鏈上的專門蛋白質來傳導電子，並靠著產生的電流將質子泵送到膜的另一側。這些來自食物的電子，流過呼吸鏈，和氧氣或者其他相同用途的分子發生反應。所有的生物都必須控制通過呼吸鏈的電子流。流速太快能量就會白白浪費，太慢則無法滿足需求。呼吸鏈就像一根微有裂痕的水管，水流通暢時沒有什麼問題，但只要出現堵塞，不管是在出水口還是中段的哪個部分，水就很容易會從裂縫噴出來。如果呼吸鏈被阻斷，電子就會漏出來，並且反應形成自由基。電子流受阻的可能原因就是那幾個，使其恢復流通的方式也只有幾種，然而，能量生產和自由基形成這兩件事之間的平衡（我在處理腎臟時面對的正是這樣的問題），寫下了生物學中一些或許沒沒無名，但卻是最為重要的法則。

電子流受阻的首要原因是呼吸鏈的物理完整性受損。呼吸鏈由大量的蛋白質次單元組合而成，它們結合在一起，形成具有功能的大型複合體。在真核細胞，大部分的次單元是細胞核基因所表現的，還有一小部分是由粒線體基因表現。任何細胞只要具備粒線體，其粒線體都還持續地保有基因，這實在是件怪事，因為，讓它們全部轉移到核內的好理由很多，也沒有明顯的物理因素阻止它們這麼做，至少在某些物種身上是如此。它們之所以持續存在，最可能的原因就是留下它們有篩選上的優勢；而這項優勢，似乎和能量的生成有關。舉例來說，要是呼吸鏈中段的複合體數量不足，電子流就會受阻，造成電子回堵到前段部分，並導致自由基的滲漏。原則上，粒線體可以偵測自由基的滲漏，並以信號通知基因製造更多呼吸鏈中段的複合體，好補足短缺，修正這個問題。

基因所在的位置會決定此一處理方式的結果。如果基因位在細胞核內，細胞沒有辦法區分出哪些粒線體需要新的複合體，哪些粒線體不缺：不論是哪一種粒線體，細胞核這種一視同仁的官僚處置都滿足不了它們。細胞會蒙受嚴重的惡果，在能量生成方面失去控制。除非在每個粒線體內都保留一小組基因，負責表現呼吸鏈的核心次單元蛋白，才有辦法同時控制大量粒線體的產能工作。其他由核編寫的次單元，則將粒線體的核心次單元當作燈標和鷹架，圍繞著它們安置自己，構築起新的複合體。

這個系統帶來了深遠的結果。細菌泵送質子穿過它們的表層細胞膜，因此它們的大小會受到幾何上的限制：能量的生成會隨著表面積對體積比的降低而走下坡。相較之下，真核生物將產能工作內化到粒線體上，這讓它們得以擺脫細菌面臨的束縛。此一差別解釋了細菌為什麼一直還是形態簡單的細胞，而真核生物可以長成它們的數萬倍大，累積數千倍多的DNA，並發展出真正的多細胞複雜性——這無疑是生物界最大的一座分水嶺。但為什麼細菌使終沒能成功地內化它們的產能任務呢？因為，只有內共生這種一方生活在另一方體內，穩定而互利的合作關係，能夠在對的地方留下該留下的那群基因；而內共生在細菌之間並不普遍。打造出真核細胞的那一連串恰如其分的環境事件，在地球的生命歷史上，似乎就只發生過那麼一次。

粒線體顛覆了細菌統治的世界。細胞一旦有能力大面積地控制內膜上的能量生成，那麼只要不超過配送網的範圍限制，它們想長多大就長多大。它們不只是有能力變大，也有很好的理由這麼做，因為能量效率會隨著細胞或是多細胞生物的體型增大而上升，就像在人類社會，規模經濟的效應也會造成同樣的情形。體型大會帶來即時的好處：降低淨生產成本。這個單純的事實就能解釋真核細胞為何有變大變複雜的傾向。尺寸和複雜性之間的關係則是出乎意料的。大型細胞幾乎總是擁有較大的細胞核，這確保它們可以透過細胞周期均衡地生長。而大型細胞核裝有更多的DNA，這就帶來了更多的基因素材，因此也帶來了更高的複雜性。真核生物不像細菌那樣，被迫維持著小體型，而且一有機會就會捨棄多餘的基因，它們就像是一艘艘的戰艦──細胞巨大而複雜，裝載著大量的DNA和基因，以及充足的能量（而且也不再需要細胞壁）。這些特徵讓它們可以採取一種新的生活方式──掠食。它們可以吞下獵物並在體內將其消化，這是細菌從來沒有採取過的手段。要是沒有粒線體，大自然就永遠不會有鮮血染紅的爪牙。

如果複雜的真核細胞只能靠內共生形成，那麼兩個細胞互相依存的影響也同樣意義重大。代謝方面的和諧或許是常態，然而還是有一些重要的例外。這些例外也可以歸因於呼吸鏈的動態。電子流受阻的第二個原因是缺少需求。如果不消耗ATP，電子流就會停止。細胞和DNA的複製以及蛋白質與脂質的合成都需要ATP──其實，大部分的常務性任務都需要。不過細胞分裂時的ATP需求是最高的。整個細胞的構造都必須複製。每個活細胞都夢想變成兩個細胞，這不只適用於真核併吞事件的宿主，同樣也可以套用在曾經自由生活的粒線體身上。如果宿主細胞的基因受到了傷害而無法分裂，那麼粒線體就會被困在殘廢宿主的體內，因為它們已經無法獨立生存了。如果宿主細胞無法分裂，就用不太到ATP。於是電子流速減慢，呼吸鏈堵塞並漏出自由基。這一次，建造新的呼吸複合體也沒辦法解決問題，因此粒線體會以爆發的自由基從內部電擊宿主。

這個單純的場景是生命兩項重要發展的基礎，一項是性，一項是多細胞個體的起源。在多細胞個體身上，體內的所有細胞都擁有共同的目標，隨著同樣的曲調起舞。

性是一個謎。曾有人提出各式各樣的解釋，但沒有一種說法可以解釋真核細胞有什麼苦衷，為什麼會不顧成本和風險地互相融合，就像精子和卵那樣。細菌不會以這樣的方式互相融合，雖然他們常常靠著水平基因轉移進行基因重組（這和性行為的目的很明顯是類似的）。細菌和簡單的真核生物經常會受到各種物理性逆境的刺激而進行基因重組，這些逆境都牽涉到自由基的生成。一場自由基的爆發可能足以引發最初步的性，而在像團藻這樣的生物體身上，性的自由基信號可能來自於呼吸鏈。在早期真核細胞中，粒線體可能會在宿主細胞基因受損、無法自行分裂的時候，操縱宿主彼此融合，並進行基因重組。宿主細胞可以得利於此，因為基因的重組可以修復或者掩蓋掉基因的損傷，而粒線體也可以在不殺死原有宿主的狀況下（這對它們通路的平安是必要的），為它們自己掙來一座新的牧場。

在單細胞生物身上，性可能會讓粒線體和宿主雙方都受益，但在多細胞個體就不是這樣了。當細胞屬於一個有組織的身體，所有組成細胞都擁有同樣的目標，此時不必要的細胞融合反而是種負擔。相同的自由基信號原本傳達的是對性的需求，此時卻洩漏了宿主細胞的基因有所損傷，讓它付出死亡的代價。此一機制似乎是細胞凋亡，或計畫性細胞自殺的基礎，為了維護多細胞個體的完善健全這是不可或缺的。如果造反的細胞不會被處死，多細胞群體永遠也不可能發展出專屬於真正多細胞個體的統一性目的——在那之前它們就會被自私的癌撕扯得四分五裂。今天，細胞凋亡是由粒線體所控制，使用的信號以及裝置，就是它們一度用來索取「性」的那一套。絕大部分的裝置是當初由粒線體帶進真核併吞關係中的。而今天，細胞凋亡的調控當然已經遠比當時複雜了，不過在其中心部分，關鍵的信號依舊是從堵塞的呼吸鏈爆發出來的自由基，它會造成粒線體內膜的去極化，並使得細胞色素c和其他「死亡」蛋白質被釋放到細胞之中。即使是今天，它需要的依舊不比這更多：將受損的粒線體注射到健康的細胞中，就足以讓這細胞殺死它自己。

有幾種方法可以調整流經呼吸鏈的電子流，因此，有時候電子流只是暫時停頓，這樣的極刑是不會發生的。這些方法中最重要的是使呼吸鏈**解偶聯**（如此一來電子的流通就不會和ATP的形成綁在一塊）。解偶聯通常是靠提高膜對質子的通透性，這樣它們就可以流回膜的另一側，而不一定要通過ATP酶（這種酶是負責產生ATP的「馬達」）。其效用類似於水力發電水壩的溢流渠道，可以防止水壩在需求低迷時氾濫。質子的不斷循環，讓電子可以持續地通過呼吸鏈，不管有沒有「必要」，這樣的做法可以防止電子在呼吸鏈上堆積，進而約束自由基的滲漏。但是浪費質子梯度勢必會產生熱，而演化也善用了這一點。在大部分的粒線體中，約有四分之一的質子驅動力被轉化成熱能而浪費掉。當有足夠的粒線體聚集在一起時（像是在哺乳類和鳥類的組織），它們產生的熱便足以無視外界的溫度而維持體內的高溫。鳥類以及哺乳類的恆溫特性（或說真正的溫血性），可以歸功於質子梯度的這種浪費。這個特性使牠們有機會移居到溫帶以及寒帶地區，而且能擁有活躍的夜生活。它將我們的祖先從環境的宰制中解放了。

產熱以及製造ATP之間的平衡關係，還以驚人的方式影響著我們的健康。在熱帶區域，呼吸鏈的解偶聯是受到限制的，因為在炎熱的環境，體內產生太多熱是有害的：我們可能很容易過熱並且死亡。然而這意味著「溢流渠道」被封閉了一部分，因此休息時產生的自由基變得比較多，特別是在攝取高脂肪飲食的狀況下。因此那些食用油膩西方食物的非裔人士，比較容易罹患和自由基傷害有關的疾病，例如心臟病和糖尿病。相較之下，生活在冰封北地的因紐特人較少出現這類疾病；他們消耗質子梯度，額外生成更多體熱。因此，他們休息時的自由基滲漏量相對較少，而且比較不容易罹患退化性疾病。但另一方面，將能量虛擲為熱會在精子身上產生不良後果，因為它們只能仰賴一小群粒線體的能量效率來支持它們游動。這使得極地住民有較高的風險發生雄性不孕。

在這所有的狀況中，自由基都是「改變」的信號。呼吸鏈就像是一台恆溫器：如果自由基的滲漏量提高，就會有某種機制介入（固定幾種機制中的一種）使其再次降低，然後它就會自行關閉。就像是上上下下的溫度會讓恆溫器的鍋爐開開關關。以呼吸鏈來說，偵測自由基時幾乎一定會搭配其他和細胞整體「健康狀況」有關的指標（例如ATP含量）。所以，如果一個粒線體內的自由基滲漏上升，而ATP的含量下降，傳達的信號就是建造新的呼吸鏈複合體；如果ATP的含量很高，自由基傳達的信號就是提高解偶聯的程度，或在單細胞真核生物身上的話或許就是性的信號；若自由基的滲漏持續上升而無法糾正，但細胞內ATP的含量卻下降，這在多細胞生物體內便是死亡的信號。在以上的每種情況，自由基滲漏量的波動之於反饋迴圈，就像溫度的波動之於恆溫器一樣，是不可或缺的；自由基對於生命是至為重要的，想用抗氧化物之類的方式擺脫它們，是件很愚蠢的事情。這個簡單的事實逼出了另外兩項生命的重要革新：兩性的起源，以及生物體的衰亡（老化及死亡）。

自由基的活性很強，會造成傷害以及突變，尤其容易損傷鄰近的粒線體DNA。在低等的真核生物，例如酵母菌的身上，粒線體DNA獲得突變的速率約比核基因快十萬倍。酵母菌能承受這麼高的突變率，是因為它們不仰賴粒線體生成能量。高等真核生物，像是人類的突變率就遠低於此，因為我們得依靠我們的粒線體。粒線體DNA上的突變可能造成很嚴重的疾病，容易會被天擇淘汰。就算是這樣，粒線體基因的長期演化速率（以數千年或數百萬年來說）還是高達核基因的十到二十倍。而且，細胞核基因每過一代就會洗牌一次。兩者之間截然不同的模式造成了嚴重的緊張情勢。呼吸鏈的次單元，是由細胞核基因和粒線體基因各自表現一部分，而它們必須配合得絲絲入扣才能順利運作。基因序列上的任何變化都可能會改變次單元的結構或是功能，有可能會因而阻斷電子流。保障產能效率的唯一方法，是讓單一套粒線體基因與單一套核基因在細胞裡進行配對，測試兩者搭配的運作情形。如果失敗了，這個組合就會被淘汰；如果運行順利，這樣的細胞就會被挑選出來，當做可用的生殖細胞繁衍下一代。不過細胞要怎麼樣才能單獨挑出一套粒線體DNA，配合一套核基因進行測試呢？很簡單，它只從雙親中的一方繼承粒線體。於是，雙親中的一方特化出大型的卵，專門提供粒線體，另一方則特化成不提供粒線體——這就是為什麼精子總是這麼的小，而且它們為數不多的粒線體通常都會被摧毀。因此，兩性之間最大的生物差異，和粒線體在世代之間的傳遞方式有關。實際上，這也是為什麼要有兩性，而不是無限種性別或是沒有性別的主要原因。

成體的生命中也會出現類似的問題。老化，以及時常讓我們的暮年蒙上陰影的一切退化性疾病，都建立在這個基礎上。粒線體會在經年使用下累積突變，在活躍的組織中更是如此，而這些突變會逐漸減弱組織的代謝能力。最終，細胞只能靠著製造更多的粒線體來提振逐漸短缺的能源供應。而當新鮮粒線體的來源愈來愈少，細胞就被迫拿基因受損的粒線體來進行複製。細胞若是大量複製嚴重受損的粒線體，就會面臨能源危機，然後下台一鞠躬——執行細胞凋亡。因為受損的細胞會被移除，所以粒線體的突變不會在老化的細胞裡累積，然而組織本身的質量和功能會逐漸流失，於是，剩下的健康細胞為了滿足需求，承受的壓力就變得更大。如果再有任何的壓力，例如細胞核基因的突變、抽菸，還有感染等等，就更容易將細胞推過臨界點，發生細胞凋亡。

粒線體負責衡量細胞凋亡的整體風險，而這風險是會隨年齡而上升的。一項遺傳缺陷在年輕的細胞上帶來的壓力或許很輕微，但對年老細胞可能遠不只如此。這是因為年老的細胞比較逼近其細胞凋亡門檻。年齡並不是以歲數來衡量，而是自由基的滲漏程度。自由基滲漏快的物種，像是老鼠，牠們的壽命只有短短數年，而且期間也很快會敗給老化相關的疾病。自由基滲漏緩慢的物種，例如鳥類，牠們的壽命可能是老鼠的十倍，而且在這個年限之內都還不會罹患退化性疾病，牠們常常在此之前就死於其他的原因（例如降落失敗）。重要的是，鳥類（以及蝙蝠）要活得長久，不需犧牲牠們的「生活步調」——牠們的代謝率和那些壽命只有牠們十分之一的哺乳類是類似的。同樣的核基因突變會在不同的物種身上引起同樣的老化相關疾病，不過疾病進展的速度可能會差到幾百幾千倍——並且會和物種潛在的自由基滲漏速率相符。因此，治療（或至少延緩）老年疾病的最佳方式，就是限制呼吸鏈的自由基滲漏。這個策略有機會一舉治癒**所有**的老化疾病，而不是像我們至今嘗試的那樣，各個擊破——這個方針至今仍未帶來任何有意義的醫療突破，或許也注定是永遠不會有的。

總而言之，粒線體以令人難以置信的方式打造了我們的生命，以及我們所居住的世界。這一切的演化創造都來自於少數幾條引導電子流過呼吸鏈的規則。值得注意的是，它已經過二十億年詳細的適應化修改，但今天我們仍能看清這一切。這是因為，儘管粒線體有所改變，但仍保留著彰顯其出身的獨特印記。這些線索讓我們得以勾勒本書所敘述的故事之輪廓。這個故事比之前的任何學者所能猜想的都還要更宏偉巨大。它的主題並不是一宗不尋常的共生行為，也不是生物力量的故事，關於生命的工業革命。不，這個故事訴說的就是生命本身，不限於在地球上，也包括了宇宙中任何其他的地方。因為這個故事的啟示，和主宰所有複雜生命形式之演化的作業系統有關。

人類總是仰望星空，猜想著我們為什麼會在這裡，我們是不是孤獨地存在於宇宙中。我們想知道為什麼我們的世界生意盎然，充滿植物和動物？當初什麼樣的機運曾阻擋它變成這樣？我們來自哪裡？祖先是誰？等在前方的命運是什麼？生命、宇宙以及萬事萬物的終極解答，並不是「四十二」

（亞當斯在《銀河便車指南》一書中是這麼說的），不過幾乎同樣神祕而簡短：答案是**粒線體**。因為粒線體告訴了我們，在這個星球上，分子如何迸發出生命，而細菌又為何會稱霸地球這麼長的一段時間。它們讓我們知道，為什麼整個寂寞宇宙演化的極限大概只會到細菌為止。它們告訴我們，第一個真正的複雜細胞如何誕生，以及為什麼自此之後，地球上的生命一路爬上複雜性的斜坡，成為我們所見的繁榮模樣：這條存在的巨鏈。它們讓我們看到燃燒能量的溫血動物為什麼會崛起，衝破環境的束縛；為什麼我們有性行為、有兩種性別、有孩子，為什麼會戀愛。它們還告訴我們為什麼我們在天地之間的時日有限，終究會老會死。它們也告訴我們，我們該怎麼做才能改善我們的晚年生活，避開身為人類的詛咒，老化的苦難。就算它們沒有指引我們生命的意義，也至少，可以稍微解釋生命為什麼是這般模樣。而如果連生命都解釋不通，那這世界上還有什麼是有意義的呢？

名詞解釋

ADP：腺苷二磷酸，ATP的前驅物。

ATP：腺苷三磷酸；生物的通用能量貨幣，由ADP（腺苷二磷酸）和磷酸根所形成；打斷ATP可以釋放出能量，用來推動各式各樣的生化任務，從肌肉收縮到蛋白質合成都包括在內。

ATP酶：粒線體內的一種酶，就像馬達一樣，利用質子的流動，將ADP及磷酸根合成ATP。也被稱做ATP合成酶。

DNA：去氧核糖核酸，負責遺傳的分子；由雙股螺旋組成，它們的核苷酸序列互補，可以做為彼此的模板，各自重建出一個和原本一模一樣的完整分子；核苷酸的字母序列編寫著其產物蛋白質的胺基酸序列。

DNA序列：DNA上核苷酸字母的排列順序，它們拼出的內容可能是蛋白質的胺基酸序列，或是轉錄因子的結合序列，也可能什麼都不是。

NADH：菸鹼醯胺腺嘌呤二核苷酸；一種分子，將來自葡萄糖的電子及質子攜帶至呼吸鏈的複合體I，以供呼吸作用所需。

RNA：核醣核酸；有幾種不同的形式，包括傳訊RNA（單一基因DNA序列的照抄複本，可以移動到細胞質中）；核糖體RNA（構成在細胞質內製造蛋白質的工廠，也就是核糖體）；還有轉送RNA（負責將特定胺基酸接上核苷酸密碼的轉接器）。

內共生：一種互利共生關係；其中的一種細胞生活在另一種較大細胞體內。

內共生體：生活在其他細胞體內，與之互利共生的細胞。

化學滲透：在無法通透的膜兩側建立起質子梯度；通過特殊的通道（ＡＴＰ酶複合體）而回流的質子會被用來推動ＡＴＰ的生成。

化學滲透偶聯：將呼吸作用以及ＡＴＰ的合成透過膜兩側的質子梯度連結在一起；用氧化釋放出的能量泵送質子穿過膜，而質子通過ＡＴＰ酶傳動軸的回流力量被用來推動ＡＴＰ的合成。

天擇：族群中的不同個體在生物適性方面的遺傳性差異，造成它們存活和生殖的狀況有所不同。

水平基因轉移：基因的片段隨機地從一個細胞轉移到另一個細胞。相對於由母傳子的垂直遺傳。

代謝率：能量消耗的速率，以細胞及生物體內的葡萄糖氧化或是耗氧量做為衡量基準。

古原蟲：一群特異的單細胞真核生物，不具粒線體；原本有人認為它們之中至少有一些物種從未擁有過粒線體，不過現在所有的成員都被認為是曾經擁有過粒線體，只是後來又失去了。

古細菌：生物界的三域之一，另外兩域分別是真核生物和細菌；在顯微鏡下看來，古細菌的外觀和細菌很像，但在分子層級上，它們和複雜的真核細胞也有不少共同點。

共生：兩個不同物種之間的互利關係。

有性生殖：靠兩個性細胞（或是配子）融合進行的生殖方式。親代隨機分配一半的基因給配子，而配子的融合使得胚胎從雙親身上各得到相同數量的基因。

自由基：帶有一個未配對電子的原子或分子，它不穩定的物理狀態往往會為它帶來化學活性。

自由基滲漏：電子攜帶者直接和氧氣反應，使得少量的自由基持續地從粒線體的呼吸鏈產生出來。

卵母細胞：卵細胞；雌性性細胞，染色體的數量是體細胞的一半。

吞噬作用：細胞靠著改變形狀，伸出偽足，實際吞入某些顆粒；這些顆粒會在細胞內部的食泡中被消化掉。

抗氧化物：任何可以預防生物性氧化的化合物，作用方式可能是直接自我犧牲，替代保護對象被氧化，或是間接地催化生物性氧化劑的分解。

呼吸作用：氧化糧食，產生做為能量的ATP。

呼吸鏈：由多個次單元蛋白組合而成，鑲在細菌及粒線體膜上的一系列複合體，它們會一個傳一個，接力將來自葡萄糖的電子傳遞下去，最後在複合體Ⅳ上和氧反應。電子在傳遞中釋放出的能量，會被用來把質子泵送到膜的另一側。

非編碼（垃圾）DNA：沒有編寫RNA或蛋白質密碼的DNA序列。

指數：用來表示某個數字自行相乘次數的數字，標示在右上角。

染色體：長段的DNA分子，通常被組蛋白之類的蛋白質所包裹著；可能是環狀的，像細菌或粒線體的那樣，也有可能是線性的，像真核細胞核的那樣。

突變：DNA序列上的遺傳變異，對功能的影響可能是負面的、正面的，也可能是中性的；天擇對DNA突變的差別待遇，慢慢打造出蛋白質在特殊任務上的功能。

突變率：單位時間內DNA上出現的突變數目，這個時間單位通常是一段涵蓋數個世代的有限時間。亦可參照演化速率。

胞器：細胞內專門負責特定任務的微小器官，例如粒線體和葉綠體。

重組：兩個不同來源的同義基因之間出現實體上的交叉互換；發生在有性生殖、水平基因轉移，以及參考備用拷貝以便修復受損染色體的時候。

原核細胞：泛指一群不具細胞核的單細胞生物，包括細菌和古細菌。

氧化：（原子或分子）失去電子。

氧化還原反應：一種化學反應，反應中一種分子會被氧化，代價是另一種分子則會相對應地被還原。

氧化還原信號途徑：轉錄因子的活性因氧化或還原而改變，通常是受到自由基的影響；活化的轉錄因子控制基因的表現，產生新的蛋白質。

真核生物：由真核細胞組成的生物，可能是單細胞也可能是多細胞生物。

真核細胞：具備真正的「核」的細胞；據悉它們全都擁有粒線體，或是曾經擁有過粒線體。

脂質：一種長鏈的脂肪酸分子，可見於生物膜上，也被當作儲存的燃料。

配子：專門的性細胞，例如精子或卵。

基因：一段ＤＮＡ，其核苷酸字母序列上編寫著單一蛋白質的資訊。

基因密碼：ＤＮＡ字母，負責編寫蛋白質的胺基酸序列；特殊組合的字母對應特定的胺基酸，或是對應到其他的涵義，例如讀取的「開始」或是「結束」。

基因體：一個生物的完整基因庫；使用這個詞彙時也包括了非編碼（非基因）的ＤＮＡ片段。

控制區：粒線體基因體上的非編碼ＤＮＡ片段，會和負責控制粒線體基因表現的蛋白質因子結合。

氫化酶體：在某些無氧真核細胞身上發現的胞器，會發酵有機燃料釋出氫氣以產生能量；現在被認為和粒線體擁有共同的祖先。

氫假說：一種理論，主張真核細胞起源是由兩種具有代謝共生關係、極為不同的原核細胞鑲嵌而成。

異質體：兩種不同來源的粒線體（或其他胞器）混雜的情形，例如可能分別來自父親和母親。

粒線體：細胞內的胞器，負責生成ＡＴＰ，以及控制細胞死亡；源自內共生的α-變形菌，但到底是哪一種細菌仍沒有定論。

粒線體DNA：粒線體內的染色體，通常有五到十套拷貝，多半成環狀，且具有細菌性的特質。

粒線體突變：粒線體DNA序列上的遺傳變異。

粒線體夏娃：粒線體DNA經母系以無性方式遺傳，分歧速度緩慢，根據這項論點而找出的現存所有人類的最後一個共同女性祖先，就是粒線體夏娃。

粒線體疾病：病因是突變或缺失發生在粒線體DNA或是蛋白質產物應送至粒線體的核基因的疾病。

粒線體基因：由粒線體DNA所編寫的一群基因；在人類身上包括十三個表現蛋白質的基因，還有一些基因則負責編寫在粒線體內製造蛋白質所需的RNA。

細胞：有能力透過複製以及代謝的方式獨力維持生命的最小生物單位。

細胞色素c：接送電子在呼吸鏈的複合體Ⅲ和複合體Ⅳ之間往來的粒線體蛋白質；當它被從粒線體釋放出來時，便化身為啟動細胞凋亡（或計畫性細胞死亡）的關鍵角色。

細胞色素氧化酶：呼吸鏈複合體Ⅳ的功能性名稱。是由許多次單元組成的酶，接收來自細胞色素c的電子，並且利用它們執行細胞呼吸作用的最後一步，將氧氣還原成水。

細胞凋亡：計畫性細胞死亡，又稱為細胞自殺；是一種精心策畫並受到嚴密控制的機制，用來淘汰多細胞生物體中受損或是不被需要的細胞。

細胞核：真核細胞中，由膜所包裹的圓形「控制中心」，其中含有DNA和蛋白質所組成的染色體。

細胞骨架：細胞內的蛋白質纖維網，為細胞提供結構性的支持；其結構具有動態性，讓一些細胞得以改變形狀或是四處移動。

細胞質：被囊括在細胞膜內的細胞物質，細胞核除外。

細胞質液：細胞質的液態部分，不包括粒線體以及膜系之類的胞器。

細胞壁：細菌、古細菌以及一些真核細胞身上所具備的，堅固但有通透性的「外殼」；可以罔顧物理條件的改變，維持細胞的形狀以及完整性。

組蛋白：一種蛋白質，會結合DNA形成獨特的結構。只有在真核細胞和少數的古細菌（例如甲烷菌）的身上才看得到。

蛋白質：由胺基酸串起的長鏈，由此可以構成幾乎無數種可能的形狀和功能。生物的所有設備幾乎都是由蛋白質構成的，包括酶、支持性纖維、轉錄因子、DNA結合蛋白、荷爾蒙、受器，以及抗體。

單親遺傳：只繼承來自雙親中的一方的粒線體（或葉綠體）的遺傳方式，特別是母親。

無性生殖：複製細胞或是生物體，製造出和親代一模一樣的複製品。

無性複製：無性生殖的別稱。

發酵作用：將糖類進行化學分解製造酒精（或是其他的物質），並未發生淨還原或是淨氧化；其所釋放的能量足以合成ATP。

葉綠體：植物細胞的胞器，負責行光合作用；源自於內共生的藍綠菌。

解偶聯：解開呼吸作用和ATP生成之間的連結關係；質子梯度不會通過ATP酶合成ATP，相反的，質子會透過膜上的小孔回滲，使質子梯度化為熱消散；使呼吸鏈解偶聯等同於解開腳踏車的絞鏈，會使踏腳的動作和前進兩件事分開來。

解偶聯蛋白：膜上的蛋白質通道，可使質子穿透膜，讓質子梯度化為熱耗散掉。

解偶聯劑：接送質子往來膜兩側的化學物質，藉此使呼吸作用和ATP生成脫節，耗散質子梯度。

電子：微小、帶負電的波動粒子，繞著帶正電的原子核運行。

演化速率：DNA的序列一代一代改變的速度。這個速率等於突變率配上天擇的清除效果，因為後者會淘汰有害的突變，所以演化速率會慢於突變率。

酶：一種蛋白質催化劑，會使生化反應加快好幾個數量級，具有很高的專一性。

膜：包裹著細胞的脂肪（脂質）薄層，同時在真核細胞內也會形成複雜的系統。

質子：氫原子的核，帶一個正電。

質子梯度：膜兩側的質子濃度差異。

質子滲漏：少量的質子穿過對質子幾無通透性的膜，回流到膜的另一側。

質子幫浦：將質子從膜的一側轉移到另一側的物質運輸。

質子驅動力：儲存在膜兩側的質子梯度中的潛在能量；結合了電位差和pH值（質子濃度）的差異。

總體還原程度：一群分子中處於還原狀態者（相對於氧化狀態）所占的整體比率；如果複合體I的還原態是百分之七十，那就是有百分之七十的複合體持有呼吸鏈的電子（處於還原狀態），而有百分之三十是氧化的。

還原：（原子或分子）得到電子。

轉錄因子：一種蛋白質，會和特定的DNA序列結合，傳遞信號使基因轉錄成RNA複本，是蛋白質合成的第一步。

延伸閱讀

引言

一般書目

Fruton, J. *Proteins, Enzymes, Genes: The Interplay of Chemistry and Biology*. Yale University Press, New Haven, USA, 1999.

Margulis, Lynn. *Origin of Eukaryotic Cells*. Yale University Press, Yale, USA, 1970.

——Gaia is a tough bitch. In John Brockman (ed.), *The Third Culture: Beyond the Scientific Revolution*. Simon & Schuster, New York, USA, 1995.

Sapp, Jan. *Evolution by Association: A History of Symbiosis*. Oxford University Press, Oxford, UK, 1994.

Wallin, Ivan. *Symbionticism and the Origin of Species*. Bailliere, Tindall and Cox, London, UK, 1927.

粒線體的性質

Attardi, G. The elucidation of the human mitochondrial genome: A historical perspective. *Bioessays* 5: 34–39; 1986.

Baldauf, S. L. The deep roots of eukaryotes. *Science* 300: 1703–1706; 2003.

Cooper, C. The return of the mitochondrion. *The Biochemist* 27(3): 5–6; 2005.

Dyall, S. D., Brown, M. T., and Johnson, P. J. Ancient invasions: From endosymbionts to organelles. *Science* 304: 253–257; 2004.

Griparic, L., and van der Bliek, A. M. The many shapes of mitochondrial membranes. *Traffic* 2: 235–244; 2001.

Kiberstis, P. A. Mitochondria make a comeback. *Science* 283: 1475; 1999.

Sagan, L. On the origin of mitosing cells. *Journal of Theoretical Biology* 14: 225–274; 1967.

Schatz, G. The tragic matter. *FEBS (Federation of European Biochemical Societies) Letters* 536: 1–2; 2003.

Scheffler, I. E. A century of mitochondrial research: achievements and perspectives. *Mitochondrion* 1: 3–31; 2000.

第一部

一般書目

Dawkins, Richard. *The Ancestor's Tale: A Pilgrimage to the Dawn of Life*. Weidenfeld & Nicolson, London, UK, 2004.

de Duve, Christian. *Life Evolving: Molecules, Mind, and Meaning*. Oxford University Press, New York, USA, 2002.

Gould, Stephen Jay. *Wonderful Life. The Burgess Shale and the Nature of History*. Penguin, London, UK, 1989.

Knoll, Andrew H. *Life on a Young Planet: The First Three Billion Years of Evolution on Earth*. Princeton University Press, Princeton, USA, 2003.

Lane, Nick. *Oxygen: The Molecule that Made the World*. Oxford University Press, Oxford, UK, 2002.

Margulis, Lynn. *Origin of Eukaryotic Cells*. Yale University Press, Yale, USA, 1970.

Mayr, Ernst . *What Evolution Is*. Weidenfeld & Nicolson, London, UK, 2002.

Morris, Simon Conway. *Life's Solution: Inevitable Humans in a Lonely Universe*. Cambridge University Press, Cambridge, UK, 2003.

真核細胞的起源

Martin, W., Hoffmeister, M., Rotte, C., and Henze, K. An overview of endosymbiotic models for the origins of eukaryotes, their ATP-producing organelles (mitochondria and hydrogenosomes) and their heterotrophic lifestyle. *Biological Chemistry* 382: 1521–1539; 2001.

Sagan, L. On the origin of mitosing cells. *Journal of Theoretical Biology* 14: 255–274; 1967.

Vellai, T., and Vida, G. The origin of eukaryotes: The difference between prokaryotic and eukaryotic cells. *Proceedings of the Royal Society of London B: Biological Sciences* 266: 1571–1577; 1999.

細胞壁的消失

Cavalier-Smith, T. The phagotrophic origin of eukaryotes and phylogenetic classification of Protozoa. *International Journal of Systematic and Evolutionary Microbiology* 52: 297–354; 2002.

Maynard-Smith, John, and Szathmary, Eors. *The Origins of Life*, Chapter 6: The Origin of Eukaryotic Cells. Oxford University Press, Oxford, UK, 1999.

細菌的細胞骨架

van den Ent, F., Amos, L. A., and Lowe, J. Prokaryotic origin of the actin cytoskeleton. *Nature* 413: 39–44; 2001.

Jones, L. J., Carballido-Lopez, R., and Errington, J. Control of cell shape in bacteria: Helical, actin-like filaments in *Bacillus subtilis*. *Cell* 104: 913–922; 2001.

古細菌的發現

Keeling, P. J., and Doolittle, W. F. Archaea: Narrowing the gap between prokaryotes and eukaryotes. *Proceedings of the National Academy of Sciences of the USA* 92: 5761–5764; 1995.

Woese, C. R., and Fox, G. E. Phylogenetic structure of the prokaryotic domain: The primary kingdoms.

Proceedings of the National Academy of Sciences of the USA 74: 5088–5090; 1977.

古原蟲

Cavalier-Smith, T. A 6-kingdom classification and a unified phylogeny. In H. E. A. Schenk and W. Schwemmler (eds.), *Endocytobiology II*, pp. 1027–1034. Walter de Gruyter, Berlin, Germany, 1983.

——Eukaryotes with no mitochondria. *Nature* 326: 332–333; 1987.

——Archaebacteria and Archezoa. *Nature* 339: 100–101; 1989.

粒線體的祖先——立克次體

Andersson, J. O., and Andersson, S. G. A century of typhus, lice and *Rickettsia*. *Research in Microbiology* 151: 143–150; 2000.

Andersson, S. G., Zomorodipour, A., Andersson J. O. , Sicheritz-Ponten, T., Alsmark U. C., Podowski, R. M., Naslund, A. K., Eriksson, A. S., Winkler, H. H., Kurland, C. G. The genome sequence of *Rickettsia prowazekii* and the origin of mitochondria. *Nature* 396: 133–140; 1998.

Andersson, S. G. E., Karlberg, O., Canback, B., and Kurland, C. G. On the origin of mitochondria: A genomics perspective. *Philosophical Transactions of the Royal Society of London B: Biological Sciences* 358: 165–179; 2003.

古原蟲的失敗

Clark, C. G., and Roger, A. J. Direct evidence for secondary loss of mitochondria in *Entamoeba hitolytica*. *Proceedings of the National Academy of Sciences of the USA* 92: 6518–6521; 1995.

Keeling, P. J. A kingdom's progress: Archezoa and the origin of eukaryotes. *Bioessays* 20: 87–95; 1998.

作為宿主細胞的甲烷菌

Martin, W., and Embley, T. M. Early evolution comes full circle. *Nature* 431: 134–136; 2004.

Pereira, S. L., Grayling, R. A., Lurz, R., and Reeve, J. N. Archaeal nucleosomes. *Proceedings of the National Academy of Sciences of the USA* 94: 12633–12637; 1997.

Rivera, M., Jain, R., Moore, J. E., and Lake, J. A. Genomic evidence for two functionally distinct gene classes. *Proceedings of the National Academy of Sciences of the USA* 95: 6239–6244; 1998.

Rivera, M. C., and Lake, J. A. The ring of life provides evidence for a genome fusion origin of eukaryotes. *Nature* 431: 152; 2004.

氫假說

Akhmanova, A., Voncken, F., van Alen, T., van Hoek, A., Boxma, B., Vogels, G., Veenhuis, M., and Hackstein, J. H. A hydrogenosome with a genome. *Nature* 396: 527–528; 1998.

Boxma, B., de Graat, R. M., and van der Staay, G. W., et al. An anaerobic mitochondrion that produces hydrogen. *Nature* 434: 74–79; 2005.

Embley, T. M., and Martin, W. A hydrogen-producing mitochondrion. *Nature* 396: 517–519; 1998.

Gray, M. W. Evolutionary biology: The hydrogenosome's murky past. *Nature* 434: 29–31; 2005.

Martin, W., and Muller, M. The hydrogen hypothesis for the first eukaryote. *Nature* 392: 37–41; 1998.

——Russell, M. J. On the origins of cells: A hypothesis for the evolutionary transitions from abiotic geochemistry to chemoautotrophic prokaryotes, and from prokaryotes to nucleated cells. *Philosophical Transactions of the Royal Society of London B* 358: 59–85; 2003.

Muller, M., and Martin, W. The genome of *Rickettsia prowazekii* and some thoughts on the origin of mitochondria and hydrogenosomes. *Bioessays* 21: 377–381; 1999.

無氧粒線體

Horner, D. S., Heil, B., Happe, T., and Embley, T. M. Iron hydrogenases—ancient enzymes in modern eukaryotes. *Trends in Biochemical Sciences* 27: 148–153; 2002.

Sutak, R., Dolezal, P., Fiumera, H. L., Hardy, I., Dancis, A., Delgadillo-Correa, M., Johnson, P. J., Mujller, M., and Tachezy, J. Mitochondrial-type assembly of FeS centers in the hydrogenosomes of the amitochondriate eukaryote *Trichomonas vaginalis*. *Proceedings of the National Academy of Sciences of the USA* 101: 10368–10373; 2004.

Theissen, U., Hoffmeister, M., Grieshaber, M., and Martin, W. Single eubacterial origin of eukaryotic sulfide: Quinone oxidoreductase, a mitochondrial enzyme conserved from the early evolution of eukaryotes during anoxic and sulfidic times. *Molecular Biology and Evolution* 20(9): 1564–1574; 2003.

Tielens, A. G., Rotte, C., van Hellemond, J. J., and Martin, W. Mitochondria as we don't know them. *Trends in Biochemical Sciences* 27: 564–572; 2002.

Van der Giezen, M., Slotboom, D. J., Horner, D. S., Dyal, P. L., Harding, M., Xue, G. P., Embley, T. M., and Kunji, E. R. Conserved properties of hydrogenosomal and mitochondrial ADP/ATP carriers: A common origin for both organelles. *EMBO (European Molecular Biology Organization) Journal* 21: 572–579; 2002.

海洋化學

Anbar, A. D., and Knoll, A. H. Proterozoic ocean chemistry and evolution: A bioinorganic bridge? *Science* 297: 1137–1142; 2002.

Canfield, D. E. A new model of Proterozoic ocean chemistry. *Nature* 396: 450–452; 1998.

——Habicht K. S., and Thamdrup B. The Archean sulfur cycle and the early history of atmospheric oxygen. *Science* 288: 658–661; 2000.

第二部

一般書目

de Duve, Christian. *Life Evolving: Molecules, Mind, and Meaning*. Oxford University Press, New York, USA, 2002.

Harold, Franklin M. *The Way of the Cell. Molecules, Organisms, and the Order of Life*. Oxford University Press, New York, USA, 2001.

——*The Vital Force: A Study of Bioenergetics*. W. H. Freeman and Co., New York, USA, 1986.

Lane, Nick. *Oxygen: The Molecule that Made the World*. Oxford University Press, Oxford, UK, 2002.

Nicholls, David, and Ferguson, Stuart J. *Bioenergetics* 3. Academic Press, Oxford, UK, 2002.

Prebble, John, and Weber, Bruce. *Wandering in the Gardens of the Mind—Peter Mitchell and the Making of Glynn*. Oxford University Press, Oxford, UK, 2003.

Wolpert, Lewis and Richards, Alison. *Passionate Minds: The Inner World of Scientists*. Oxford University Press, Oxford, UK, 1997.

能量生產與太陽

Schatz, G. The tragic matter. *FEBS (Federation of European Biochemical Societies) Letters* 536: 1–2; 2003.

拉瓦錫與呼吸的發現

Jaffe, Bernard. *Crucibles*. Newton Publishing Co., New York, USA, 1932.

Lavoisier, A. *Elements of Chemistry*. Dover Publications Inc., New York, USA, 1965.

Morris, R. *The Last Sorcerers: The Path from Alchemy to the Periodic Table*. Joseph Henry Press, Washington DC, USA, 2003.

呼吸鏈的發現

Gest, H. Landmark discoveries in the trail from chemistry to cellular biochemistry, with particular reference to mileposts in research on bioenergetics. *Biochemistry and Molecular Biology Education* 30: 9–13; 2002.

Keilin, D. *The History of Cell Respiration and Cytochrome*. Cambridge University Press, Cambridge, UK, 1966.

——Cytochrome and respiratory enzymes. *Proceedings of the Royal Society of London B: Biological Sciences* 104: 206–252; 1929.

Lahiri, S. Historical perspectives of cellular oxygen sensing and responses to hypoxia. *Journal of Applied Physiology* 88: 1467–1473; 2000.

Warburg, O. *The Oxygen-Transferring Ferment of Respiration*. In *Nobel Lectures, Physiology or Medicine* 1922–1941, Nobel Lecture, 1931. Elsevier Publishing Company, Amsterdam, Holland, 1965 (and available online at the Nobel e-Museum).

發酵作用

Buchner, E. *Cell-Free Fermentation*. In *Nobel Lectures, Chemistry* 1901–1921, Nobel Lecture, 1907. Elsevier Publishing Company, Amsterdam, Holland, 1966 (and available online at the Nobel e-Museum).

ATP的發現

Engelhardt, W. A. Life and Science. Autobiography. *Annual Review of Biochemistry* 51: 1–19; 1982.

Fruton, J. *Proteins, Enzymes, Genes: The Interplay of Chemistry and Biology*. Yale University Press, New Haven, USA, 1999.

Gest, H. Landmark discoveries in the trail from chemistry to cellular biochemistry, with particular reference to mileposts in research on bioenergetics. *Biochemistry and Molecular Biology Education* 30: 9–13; 2002.

ＡＴＰ的產生率

Rich, P. The cost of living. *Nature* 421: 583; 2003.

捉摸不定的波形符號

Gest, H. Landmark discoveries in the trail from chemistry to cellular biochemistry, with particular reference to mileposts in research on bioenergetics. *Biochemistry and Molecular Biology Education* 30: 9–13; 2002.

Harold, F. M. The 1978 Nobel Prize in Chemistry. *Science* 202: 1174–1176; 1978.

米歇爾與化學滲透學

Chappell, J. B. Nobel Prize: Chemistry. *Trends in Biochemical Sciences* 4: N3–N4; 1979.

Harold, F. M. The 1978 Nobel Prize in Chemistry. *Science* 202: 1174–1176; 1978.

Matzke, M. A, and Matzke, A. J. M. Kuhnian revolutions in biology: Peter Mitchell and the chemiosmotic theory. *Bioessays* 19: 91–93; 1997.

Mitchell, P. *David Keilin's Respiratory Chain Concept and its Chemiosmotic Consequences*. In *Nobel Lectures in Chemistry* 1971–1980, Nobel Lecture, 1978, Sture Forsen (ed.), World Scientific Publishing Company, Singapore, 1993 (and available online at the Nobel e-Museum).

——Coupling of phosphorylation to electron and hydrogen transfer by a chemi-osmotic type of mechanism. *Nature* 191: 144–148; 1961.

Orgel, L. E. Are you serious, Dr Mitchell? *Nature* 402: 17; 1999.

Prebble, J. Peter Mitchell and the ox phos wars. *Trends in Biochemical Sciences* 27: 209–212; 2002.

Schatz, G. *Efraim Racker*. In *Biographical Memoirs*, vol. 70. National Academies Press, Washington DC, USA, 1996.

雅根朵夫—烏里維實驗

Jagendorf, A. T., and Uribe, E. ATP formation caused by acid-base transition of spinach chloroplasts. *Proceedings of the National Academy of Sciences USA* 55: 170–177; 1966.

——Chance, luck and photosynthesis research: An inside story. *Photosynthesis Research* 57: 215–229; 1998.

ATP酶的結構

Walker, J. E. *ATP Synthesis by Rotary Catalysis*. In *Nobel Lectures in Chemistry* 1996–2000, Nobel Lecture, 1997, Ingmar Grenthe (ed.), World Scientific Publishing Company, Singapore, 2003 (and available online at the Nobel e-Museum).

質子流的廣泛功能

Harold, Franklin M. *The Way of the Cell. Molecules, Organisms, and the Order of Life*. Oxford University Press, New York, USA, 2001.

—— Gleanings of a chemiosmotic eye. *Bioessays* 23: 848–855; 2001.

生命的起源

Martin, W., and Russell, M. J. On the origins of cells: A hypothesis for the evolutionary transitions from abiotic geochemistry to chemoautotrophic prokaryotes, and from prokaryotes to nucleated cells. *Philosophical Transactions of the Royal Society of London B: Biological Sciences* 358: 59–85; 2003.

Russell, M. J., and Hall, A. J. The emergence of life from iron monosulphide bubbles at a submarine hydrothermal redox and pH front. *Journal of the Geological Society of London* 154: 377–402; 1997.

——Cairns-Smith, A. G., and Braterman, P. S. Submarine hot springs and the origin of life. *Nature* 336: 117; 1988.

Wachtershauser, G. Groundworks for an evolutionary biochemistry: The iron-sulphur world. *Progress in Biophysics and Molecular Biology* 58: 85–201; 1992.

第三部

一般書目

Dennett, Daniel. *Darwin's Dangerous Idea*. Penguin, London, UK, 1995.

Maynard Smith, John, and Szathmary, Eors. *The Origins of Life*. Oxford University Press, Oxford, UK, 1999.

Monod, Jacques. *Chance and Necessity*. Penguin, London, UK, 1997 (first published in English 1971).

Prescott, L. M., Harley, J. P., and Klein, D. A. *Microbiology* (5th edition). McGraw-Hill Education, Maidenhead, UK, 2001.

Ridley, Mark. *Mendel's Demon*. Weidenfeld & Nicolson, London, UK, 2000.

細菌繁殖的速度

Jensen, P. R., Loman, L., Petra, B., van der Weijden, C., and Westerhoff, H. V. Energy buffering of DNA structure fails when *Escherichia coli* runs out of substrate. *Journal of Bacteriology* 177: 3420–3426; 1995.

Koedoed, S., Otten, M. F., Koebmann, B. J., Bruggeman, F. J., Bakker, B. M., Snoep, J. L., Krab, K., van Spanning, R. J. M., van Verseveld, H. W., Jensen, P. R., Koster, J. G., and Westerhoff, H. V. A turbo engine with automatic transmission? How to marry chemicomotion to the subtleties and robustness of life. *Biochimica et Biophysica Acta* 1555: 75–82; 2002.

O'Farrell, P. H. Cell cycle control: Many ways to skin a cat. *Trends in Cell Biology* 2: 159–163; 1992.

土壤細菌的基因體大小

Konstantinidis, K. T., and Tiedje, J. M. Trends between gene content and genome size in prokaryotic species with larger genomes. *Proceedings of the National Academy of Sciences USA* 101: 3160–3165; 2004.

立克次體的基因體

Andersson, J. O., and Andersson, S. G. A century of typhus, lice and *Rickettsia*. *Research in Microbiology* 151: 143–150; 2000.

Andersson, S. G., Zomorodipour, A., Andersson, J. O., Sicheritz-Ponten, T., Alsmark, U. C., Podowski, R. M., Naslund, A. K., Eriksson, A. S., Winkler, H. H., and Kurland, C. G. The genome sequence of *Rickettsia prowazekii* and the origin of mitochondria. *Nature* 396: 133–140; 1998.

Gross, L. How Charles Nicolle of the Pasteur Institute discovered that epidemic typhus is transmitted by lice: Reminiscences from my years at the Pasteur Institute in Paris. *Proceedings of the National Academy of Sciences USA* 93: 10539–10540; 1996.

基因流失與水平基因轉移

Frank, A. C., Amiri, H., and Andersson, S. G. E. Genome deterioration: Loss of repeated sequences and accumulation of junk DNA. *Genetica* 115: 1–12; 2002.

Vellai, T., Takacs, K., and Vida, G. A new aspect to the origin and evolution of eukaryotes. *Journal of Molecular Evolution* 46: 499–507; 1998.

——Vida, G. The origin of eukaryotes: The difference between prokaryotic and eukaryotic cells. *Proceedings of the Royal Society of London B: Biological Sciences* 266: 1571–1577; 1999.

鑑定細菌品系的困難

Doolittle, W. F., Boucher, Y., Nesbo, C. L, Douady, C. J., Andersson, J. O., and Roger, A. J. How big is the iceberg of which organellar genes in nuclear genomes are but the tip? *Philosophical Transactions of the Royal Society of London B: Biological Sciences* 358: 39–58; 2003.

Martin, W. Woe is the Tree of Life. In J. Sapp (ed.), *Microbial Phylogeny and Evolution: Concepts and*

Controversies. Oxford University Press, New York, USA, 2005.

Maynard Smith, J., Feil, E. J., and Smith, N. H. Population structure and evolutionary dynamics of pathogenic bacteria. *Bioessays* 22: 1115–1122; 2000.

Spratt, B. G., Hanage, W. P., and Feil, E. J. The relative contributions of recombination and point mutation to the diversification of bacterial clones. *Current Opinion in Microbiology* 4: 602–606; 2001.

呼吸效率與基因體大小

Konstantinidis, K., and Tiedje, J. M. Trends between gene content and genome size in prokaryotic species with larger genomes. *Proceedings of the National Academy of Sciences USA* 101: 3160–3165; 2004.

Vellai, T., Takacs, K., and Vida, G. A new aspect to the origin and evolution of eukaryotes. *Journal of Molecular Evolution* 46: 499–507; 1998.

巨型細菌

Schulz, H. N., Brinkhoff, T., Ferdelman, T. G., Hernandez Marine, M., Teske, A., and Jorgensen, B. B. Dense populations of a giant sulfur bacterium in Namibian shelf sediments. *Science* 284: 493–495; 1999.

沒有細胞壁的細菌

Ruepp, A., Graml, W., Santos-Martinez, M. L., Koretke, K. K., Volker, C., Mewes, H. W., Frishman, D., Stocker, S., Lupas, A. N., and Baumeister, W. The genome sequence of the thermoacidophilic scavenger *Thermoplasma acidophilum*. *Nature* 407: 508–513; 2000.

Taylor-Robinson, D. *Mycoplasma genitalium*—an update. *International Journal of STD and AIDS* 13: 145–151; 2002.

基因轉移到細胞核

Bensasson, D., Feldman, M. W., and Petrov, D. A. Rates of DNA duplication and mitochondrial DNA insertion in the human genome. *Journal of Molecular Evolution* 57: 343–354; 2003.

Huang, C. Y., Ayliffe, M. A., and Timmis, J. N. Direct measurement of the transfer rate of chloroplast DNA into the nucleus. *Nature* 422: 72–76; 2003.

Martin, W. Gene transfer from organelles to the nucleus: Frequent and in big chunks. *Proceedings of the National Academy of Sciences USA* 100: 8612–8614; 2003.

Turner, C., Killoran, C., Thomas, N. S., Rosenberg, M., Chuzhanova, N. A., Johnston, J., Kemel, Y., Cooper, D. N., and Biesecker, L. G. Human genetic disease caused by de novo mitochondrial-nuclear DNA transfer. *Human Genetics* 112: 303–309; 2003.

細胞核的起源

Martin, W. A. briefly argued case that mitochondria and plastids are descendents of endosymbionts but that the nuclear compartment is not. *Proceedings of the Royal Society of London B: Biological Sciences* 266: 1387–1395; 1999.

Berry, S. Endosymbiosis and the design of eukaryotic electron transport. *Biochimica et Biophysica Acta* 1606: 57–72; 2003.

最早的真核生物——真菌

Martin, W., Rotte, C., Hoffmeister, M., Theissen, U., Gelius-Dietrich, G., Ahr, S., and Henze, K. Early cell evolution, eukaryotes, anoxia, sulfide, oxygen, fungi first (?), and a tree of genomes revisited. *IUBMB (International Union of Biochemistry and Molecular Biology) Life* 55: 193–204; 2003.

為什麼粒線體基因仍存在

Allen, J. F. Control of gene expression by redox potential and the requirement for chloroplast and mitochondrial genes. *Journal of Theoretical Biology* 165: 609–631; 1993.

——The function of genomes in bioenergetic organelles. *Philosophical Transactions of the Royal Society of London B: Biological Sciences* 358: 19–38; 2003.

——Raven, J. A. Free-radical-induced mutation vs redox regulation: Costs and benefits of genes in organelles. *Journal of Molecular Evolution* 42: 482–492; 1996.

Chomyn, A. Mitochondrial genetic control of assembly and function of complex I in mammalian cells. *Journal of Bioenergetics and Biomembranes* 33: 251–257; 2001.

Race, H. L., Herrmann, R. G., and Martin, W. Why have organelles retained genomes? *Trends in Genetics* 15: 364–370; 1999.

ATP輸出蛋白的譜系

Andersson, S. G. E., Karlberg, O., Canback, B., and Kurland, C. G. On the origin of mitochondria: A genomics perspective. *Philosophical Transactions of the Royal Society of London B: Biological Sciences* 358: 165–179; 2003.

Loytynoja, A., and Milinkovitch, M. C. Molecular phylogenetic analyses of the mitochondrial ADP-ATP carriers: The plantae/fungi/metazoa trichotomy revisited. *Proceedings of the National Academy of Sciences USA* 98: 10202–10207; 2001.

為什麼細菌依舊是細菌

Lane, N. Mitochondria: Key to complexity. In W. Martin (ed.), *Origins of Mitochondria and Hydrogenosomes*. Springer, Heidelberg, Germany, 2006.

第四部

一般書目

Ball, Philip. *The Self-Made Tapestry*. Oxford University Press, Oxford, UK, 1999.

Gould, Stephen Jay. *Full House*. Random House, New York, USA, 1997.

Haldane, J. B. S. *On Being the Right Size,* ed. John Maynard-Smith. Oxford University Press, Oxford, UK, 1985.

Mandelbrot, Benoit. *The Fractal Geometry of Nature*. W. H. Freeman, New York, 1977.

Ridley, Mark. *Mendel's Demon*. Weidenfeld & Nicolson, London, UK, 2000.

生物學的冪次定律

Bennett, A. F. Structural and functional determinates of metabolic rate. *American Zoologist* 28: 699–708; 1988.

Heusner, A. Size and power in mammals. *Journal of Experimental Biology* 160: 25–54; 1991.

Kleiber, M. *The Fire of Life*. Wiley, New York, USA, 1961.

碎形幾何與尺度

Banavar, J., Damuth, J., Maritan, A., and Rinaldo, A. Supply-demand balance and metabolic scaling. *Proceedings of the National Academy of Sciences USA* 99: 10506–10509; 2002.

West, G. B., Brown J. H., and Enquist B. J. A general model for the origin of allometric scaling in biology. *Science* 276: 122–126; 1997.

——The fourth dimension of life: Fractal geometry and allometric scaling of organisms. *Science* 284: 1677–1679; 1999.

——Woodruff, W. H., and Brown, J. H. Allometric scaling of metabolic rate from molecules and mitochondria to cells and mammals. *Proceedings of the National Academy of Sciences USA* 99: 2473–2478; 2002.

通用常數?

Dodds, P. S., Rothman, D. H., and Weitz, J. S. Re-examination of the '3/4–law' of metabolism. *Journal of Theoretical Biology* 209: 9–27; 2001.

White, C. R., and Seymour, R. S. Mammalian basal metabolic rate is proportional to body mass2/3. *Proceedings of the National Academy of Sciences USA* 100: 4046–4049; 2003.

靜止和最大代謝率

Bishop, C. M. The maximum oxygen consumption and aerobic scope of birds and mammals: Getting to the heart of the matter. *Proceedings of the Royal Society of London B: Biological Sciences* 266: 2275–2281; 1999.

水生無脊椎動物和哺乳動物的組織內氧含量

Massabuau, J. C. Primitive and protective, our cellular oxygenation status? *Mechanisms of Ageing and Development* 124: 857–863; 2003.

哺乳動物的代謝率

Porter, R. K. Allometry of mammalian cellular oxygen consumption. *Cellular and Molecular Life Sciences* 58: 815–822; 2001.

Rolfe, D. F. S., and Brown, G. C. Cellular energy utilization and molecular origin of standard metabolic rate in mammals. *Physiological Reviews* 77: 731–758; 1997.

代謝率換算

Darveau, C. A., Suarez, R. K., Andrews, R. D., and Hochachka, P. W. Allometric cascade as a unifying principle of body mass effects on metabolism. *Nature* 417: 166–170; 2002.

Hochachka, P. W., Darveau, C. A., Andrews, R. D., and Suarez, R. K. Allometric cascade: A model for resolving body mass effects on metabolism. *Comparative Biochemistry and Physiology A: Molecular and Integrative Physiology* 134: 675–691; 2003.

Storey, K. B. Peter Hochachka and oxygen. In R. C. Roach et al. (eds.), *Hypoxia: Through the Lifecycle*. Kluwer Academic/Plenum Publishers, New York, USA, 2003.

Weibel, E. R. The pitfalls of power laws. *Nature* 417: 131–132; 2002.

恆溫動物的演化

Bennett, A. F., and Ruben, J. A. Endothermy and activity in vertebrates. *Science* 206: 649–653; 1979.

——Hicks, J. W., and Cullum, A. J. An experimental test for the thermoregulatory hypothesis for the evolution of endothermy. *Evolution* 54: 1768–1773; 2000.

Hayes, J. P., and Garland, T., Jr. The evolution of endothermy: Testing the aerobic capacity hypothesis. *Evolution* 49: 836–847; 1995.

Ruben, J. The evolution of endothermy in mammals and birds: From physiology to fossils. *Annual Review of Physiology* 57: 69–85; 1995.

蜥蜴與哺乳動物的肌肉、器官中的粒線體

Else, P. L., and Hulbert, A. J. An allometric comparison of the mitochondria of mammalian and reptilian tissues: The implications for the evolution of endothermy. *Journal of Comparative Physiology B: Biochemical, Systemic, and Environmental Physiology* 156: 3–11; 1985.

Hulbert, A. J., and Else, P. L. Evolution of mammalian endothermic metabolism: Mitochondrial activity and cell composition. *American Journal of Physiology* 256: R63–R69; 1989.

質子滲漏

Brand, M. D., Couture, P., Else, P. L., Withers, K. W., and Hulbert, A. J. Evolution of energy metabolism: Proton permeability of the inner membrane of liver mitochondria is greater in a mammal than in a reptile. *Biochemical Journal* 275: 81–86; 1991.

Brookes, P. S., Buckingham, J. A., Tenreiro, A. M., Hulbert, A. J., and Brand, M. D. The proton permeability of the inner membrane of liver mitochondria from ectothermic and endothermic vertebrates and from obese rats: Correlations with standard metabolic rate and phospholipid fatty acid composition. *Comparative Biochemistry and Physiology* 119B: 325–334; 1998.

Speakman, J. R., Talbot, D. A., Selman, C., Snart, S., McLaren, J. S., Redman, P., Krol, E., Jackson, D. M., Johnson, M. S., and Brand, M. D. Uncoupled and surviving: Individual mice with high metabolism have greater mitochondrial uncoupling and live longer. *Aging Cell* 3: 87–95; 2004.

袋鼠的彈性應變

Bennett, M. B., and Taylor, G. C. Scaling of elastic strain energy in kangaroos and the benefits of being big. *Nature* 378: 56–59; 1995.

細胞體積、核體積與ＤＮＡ含量

Cavalier-Smith, T. Economy, speed and size matter: Evolutionary forces driving nuclear genome miniaturization and expansion. *Annals of Botany* 95: 147–175; 2005.

第五部

一般書目

Buss, Leo. *The Evolution of the Individual*. Princeton University Press, New Jersey, USA, 1987.

Dawkins, Richard. *The Selfish Gene*. Oxford University Press, Oxford, UK, 1976.
Dawkins, Richard *The Extended Phenotype*. Oxford University Press, Oxford, UK, 1984.
——*The Ancestor's Tale: A Pilgrimage to the Dawn of Life*. Weidenfeld & Nicolson, London, UK, 2004.
Harold, Franklin. *The Vital Force: A Study of Bioenergetics*. W. H. Freeman and Co., New York, USA, 1986.
Klarsfeld, Andre, and Revah, Frederic. *The Biology of Death: Origins of Mortality.* Cornell University Press, Ithaca, USA, 2004.
Margulis, Lynn. Gaia is a tough bitch. In John Brockman (ed.), *The Third Culture: Beyond the Scientific Revolution*. Simon & Schuster, New York, USA, 1995.
Maynard-Smith, John, and Szathmary, Eors. *The Major Transitions of Evolution*. W. H. Freeman, San Francisco, USA, 1995.

天擇的層級

Blackstone, N. W. A units-of-evolution perspective on the endosymbiont theory of the origin of the mitochondrion. *Evolution* 49: 785–796; 1995.
Maynard-Smith, J. The units of selection. *Novartis Foundation Symposium* 213: 203–211; 1998.
Mayr, E. The objects of selection. *Proceedings of the National Academy of Sciences USA* 94: 2091–2094; 1997.

細胞凋亡與多細胞的演化

Huettenbrenner, S., Maier, S., Leisser, C., Polgar, D., Strasser, S., Grusch, M., and Krupitza, G. The evolution of cell death programs as prerequisites of multicellularity. *Mutation Research* 543: 235–249; 2003.
Michod, R. E., and Roze, D. Cooperation and conflict in the evolution of multicellularity. *Heredity* 86: 1–7; 2001.

細胞凋亡的發現

Featherstone, C. Andrew Wyllie: From left field to centre stage. *The Lancet* 351: 192; 1998.

Kerr, J. F. History of the events leading to the formulation of the apoptosis concept. *Toxicology* 181–182: 471–474; 2002.

——Wyllie A. H., and Currie A. R. Apoptosis: A basic biological phenomenon with wideranging implications in tissue kinetics. *British Journal of Cancer* 26: 239–257; 1972.

半胱胺酸蛋白酶

Barinaga, M. Cell suicide: By ICE, not fire. *Science* 263: 754–756; 1994.

Horvitz, H. R. Nobel lecture: Worms, life and death. *Bioscience Reports* 23: 239–303; 2003.

——Sulston, J. E. Joy of the worm. *Genetics* 126: 287–292; 1990.

Wiens, M., Krasko, A., Perovic, S., and Muller, W. E. G. Caspase-mediated apoptosis in sponges: cloning and function of the phylogenetic oldest apoptotic proteases from Metazoa. *Biochimica et Biophysica Acta* 1593: 179–189; 2003.

參與細胞凋亡的粒線體

Brown, G. C. Mitochondria and cell death. *The Biochemist* 27(3): 15–18; 2005.

Zamzami, N., Marchetti, P., Castedo, M., Zanin, C., Vayssiere, J. L., Petit P. X., and Kroemer G. Reduction in mitochondrial potential constitutes an early irreversible step of programmed lymphocyte death in vivo. *Journal of Experimental Medicine* 181: 1661–1672; 1995.

——Decaudin, D., Macho, A., Hirsch, T., Susin, S. A., Petit, P. X., Mignotte, B., and Kroemer, G. Sequential reduction of mitochondrial transmembrane potential and generation of reactive oxygen species in early programmed cell death. *Journal of Experimental Medicine* 182: 367–377; 1995.

——Susin, S. A., Marchetti, P., Hirsch, T., Gomez-Monterret, I., Castedo, M., and Kroemer, G. Mitochondrial control of nuclear apoptosis. *Journal of Experimental Medicine* 183: 1533–1544; 1996.

細胞色素 c 的釋放

Balk, J., and Leaver, C. J. The PET-1–CMS mitochondrial mutation in sunflower is associated with premature programmed cell death and cytochrome c release. *The Plant Cell* 13: 1803–1818; 2001.

Kluck, R. M., Bossy-Wetzel, E., Green, D. R., and Newmeyer, D. D. The release of cytochrome c from mitochondria: A primary site for Bcl-2 regulation of apoptosis. *Science* 275: 1132–1136; 1997.

Liu, X., Kim, C. N., Yang, J., Jemmerson, R., and Wang, X. Induction of apoptotic program in cell-free extracts: Requirement for dATP and cytochrome c. *Cell* 86: 147–157; 1996.

Ott, M., Robertson, J. D., Gogvadze, V., Zhitotovsky, B., and Orrenius, S. Cytochrome c release from mitochondria proceeds by a two-step process. *Proceedings of the National Academy of Sciences USA* 99: 1259–1263; 2002.

Yang, J., Liu, X., Bhalla, K., Kim, C. N., Ibrado, A. M., Cai, J., Peng, T. I., Jones, D. P., and Wang, X. Prevention of apoptosis by Bcl-2: Release of cytochrome c from mitochondria blocked. *Science* 275: 1129–1132; 1997.

其他粒線體凋亡蛋白

Cande, C., Cecconi, F., Dessen, P., and Kroemer, G. Apoptosis-inducing factor (AIF) pathway: Key to the conserved caspase-independent pathways of cell death? *Journal of Cell Science* 115: 4727–4734; 2002.

van Gurp, M., Festjens, N., van Loo, G., Saelens, X., and Vandenabeele, P. Mitochondrial intermembrane proteins in cell death. *Biochemical and Biophysical Research Communications* 304: 487–497; 2003.

Bcl-2 家族

Adams, J. M., and Cory, S. Life-or-death decisions by the Bcl-2 protein family. *Trends in Biochemical Sciences* 26: 61–66; 2001.

Orrenius, S. Mitochondrial regulation of apoptotic cell death. *Toxicology Letters* 149: 19–23; 2004.

Zamzami, N., and Kroemer, G. Apoptosis: Mitochondrial membrane permeabilization—the (w)hole story? *Current Biology* 13: R71–R73; 2003.

細胞凋亡的內部和外部途徑間的關聯

Sprick, M. R., and Walczak, H. The interplay between the Bcl-2 family and death receptormediated apoptosis. *Biochemica et Biophysica Acta* 1644: 125–132; 2004.

細胞凋亡基因的細菌起源

Ameisen, J. C. On the origin, evolution, and nature of programmed cell death: A timeline of four billion years. *Cell Death and Differentiation* 9: 367–393; 2002.

Koonin, E. V., and Aravind, L. Origin and evolution of eukaryotic apoptosis: The bacterial connection. *Cell Death and Differentiation* 9: 394–404; 2002.

細胞凋亡演化過程中的宿主共生關係

Blackstone, N. W., and Green, D. R. The evolution of a mechanism of cell suicide. *Bioessays* 21: 84–88; 1999.

——Kirkwood, T. B. L. Mitochondria and programmed cell death: 'Slave revolt' or community homeostasis? In P. Hammerstein (ed.), *Genetic and Cultural Evolution of Cooperation.* MIT Press, Cambridge MA, USA 2003.

Frade, J. M., and Michaelidis, T. M. Origin of eukaryotic programmed cell death: A consequence of aerobic metabolism? *Bioessays* 19: 827–832; 1997.

Muller, A., Gunther, D., Dux, F., Naumann, M., Meyer T. F., and Rudel, T. Neisserial porin (PorB) causes rapid calcium influx in target cells and induces apoptosis by the activation of cysteine proteases. *EMBO (European Molecular Biology Organization) Journal* 18: 339–352; 1999.

Naumann, M., Rudel, T., and Meyer, T. Host cell interactions and signalling with *Neisseria gonorrhoeae*. *Current Opinion in Microbiology* 2: 62–70; 1999.

自由基與基因重組

Brennan, R. J., and Schiestl, R. H. Chloroform and carbon tetrachloride induce intrachromosomal recombination and oxidative free radicals in *Saccharomyces cerevisiae*. *Mutation Research* 397: 271–278; 1998.

Filkowski, J., Yeoman, A., Kovalchuk, O., and Kovalchuk, I. Systemic plant signal triggers genome instability. *Plant Journal* 38: 1–11; 2004.

Nedelcu, A. M., Marcu, O., and Michod, R. E. Sex as a response to oxidative stress: A twofold increase in cellular reactive oxygen species activates sex genes. *Proceedings of the Royal Society of London B: Biological Sciences* 271: 1591–1592; 2004.

性別與死亡的起源

Blackstone, N. W., and Green, D. R. The evolution of a mechanism of cell suicide. *Bioessays* 21: 84–88; 1999.

——Redox control and the evolution of multicellularity. *Bioessays* 22: 947–953; 2000.

第六部

一般書目

Ridley, Mark. *Mendel's Demon: Gene Justice and the Complexity of Life*. Phoenix, London, UK, 2001.

Sykes, Bryan. *The Seven Daughters of Eve*. Corgi, London, UK, 2001.

兩性的演化

Charlesworth, B. The evolution of chromosomal sex determination. *Novartis Foundation Symposium* 244: 207–224; 2002.

Whitfield, J. Everything you always wanted to know about sexes. *PLoS (Public Library of Science) Biology* 2: 0718– 0721; 2004.

單親遺傳

Birky, C. W., Jr. Uniparental inheritance of mitochondrial and chloroplast genes: Mechanisms and evolution. *Proceedings of the National Academy of Sciences USA* 92: 11331–11338; 1995.

Hoekstra, R. E. Evolutionary origin and consequences of uniparental mitochondrial inheritance. *Human Reproduction* 15 (suppl. 2): 102–111; 2000.

自私衝突

Cosmides, L. M., and Tooby, J. Cytoplasmic inheritance and intragenomic conflict. *Journal of Theoretical Biology* 89: 83–129; 1981.

Hurst, L., and Hamilton, W. D. Cytoplasmic fusion and the nature of sexes. *Proceedings of the Royal Society of London B: Biological Sciences* 247: 189–194; 1992.

Partridge, L., and Hurst, L. D. Sex and conflict. *Science* 281: 2003–2008; 1998.

植物的雄不孕

Budar, F., Touzet, P., and de Paepe, R. The nucleo-mitochondrial conflict in cytoplasmic male sterilities revisited. *Genetica* 117: 3–16; 2003.

Sabar, M., Gagliardi, D., Balk, J., and Leaver, C. J. ORFB is a subunit of F1F(O)-ATP synthase: Insight into the basis of cytoplasmic male sterility in sunflower. *EMBO (European Molecular Biology Organization) Reports* 4: 381–386; 2003.

果蠅的巨大精子

Pitnick, S., and Karr, T. L. Paternal products and by-products in Drosophila development. *Proceedings of the Royal Society of London B: Biological Sciences* 265: 821–826; 1998.

被子植物的異質體

Zhang, Q., Liu, Y., and Sodmergen. Examination of the cytoplasmic DNA in male reproductive cells to determine the potential for cytoplasmic inheritance in 295 angiosperm species. *Plant Cell Physiology* 44: 941–951; 2003.

卵質轉移

Barritt, J. A., Brenner, C. A., Malter, H. E., and Cohen, J. Mitochondria in human offspring derived from ooplasmic transplantation. *Human Reproduction* 16: 513–516; 2001.

St John, J. C. Ooplasm donation in humans: The need to investigate the transmission of mitochondrial DNA following cytoplasmic transfer. *Human Reproduction* 17: 1954–1958; 2002.

粒線體DNA與人類演化

Ankel-Simons, F., and Cummins, J. M. Misconceptions about mitochondria and mammalian fertilisation: Implications for theories on human evolution. *Proceedings of the National Academy of Sciences USA* 93: 13859–13863; 1996.

Cann, R. L., Stoneking, M., and Wilson, A. C. Mitochondrial DNA and human evolution. *Nature* 325: 31–36; 1987.

Krings, M., Stone, A., Schmitz, R. W., Krainitzki, H., Stoneking, M., and Paabo, S. Neanderthal DNA sequences and the origin of modern humans. *Cell* 90: 19–30; 1997.

粒線體重組

Eyre-Walker, A., Smith, N. H., and Smith, J. M. How clonal are human mitochondria? *Proceedings of the Royal Society of London B* 266: 477–483; 1999.

Hagelberg, E. Recombination or mutation rate heterogeneity? Implications for Mitochondrial Eve. *Trends in Genetics* 19: 84–90; 2003.

Kraytsberg, Y., Schwartz, M., Brown, T. A., Ebralidse, K., Kunz, W. S., Clayton, D. A., Vissing, J., and Khrapko, K. Recombination of human mitochondrial DNA. *Science* 304: 981; 2004.

校準粒線體時鐘

Gibbons, A. Calibrating the mitochondrial clock. *Science* 279: 28–29; 1998.

Cummins, J. Mitochondria DNA and the Y chromosome: Parallels and paradoxes. *Reproduction, Fertility and Development* 13: 533–542; 2001.

蒙哥湖化石

Adcock, G. J., Dennis, E. S., Easteal, S., Huttley, G. A., Jermiin, L. S., Peacock, W. J., and Thorne, A. Mitochondrial DNA sequences in ancient Australians: Implications for modern human origins. *Proceedings of the National Academy of Sciences USA* 98: 537–542; 2001.

Bowler, J. M., Johnston, H., Olley, J. M., Prescott, J. R., Roberts, R. G., Shawcross, W., and Spooner, N. A. New ages for human occupation and climatic change at Lake Mungo, Australia. *Nature* 421: 837–840; 2003.

粒線體篩選

Coskun, P. E., Ruiz-Pesini, E., and Wallace, D. C. Control region mtDNA variants: Longevity, climatic adaptation, and a forensic conundrum. *Proceedings of the National Academy of Sciences USA* 100: 2174–2176; 2003.

——Beal, M. F., and Wallace, D. C. Alzheimer's brains harbor somatic mtDNA controlregion mutations that suppress mitochondrial transcription and replication. *Proceedings of the National Academy of Sciences USA* 101: 10726–10731; 2004.

Ruiz-Pesini, E., Mishmar, D., Brandon, M., Procaccio, V., and Wallace, D. C. Effects of purifying and adaptive selection on regional variation in human mtDNA. *Science* 303: 223–226; 2004.

——Lapena, A. C., Diez-Sanchez, C., Perez-Martos, A., Montoya, J., Alvarez, E., Diaz, M., Urries, A., Montoro, L., Lopez-Perez, M. J., and Enriquez J. A. Human mtDNA haplogroups associated with high or reduced spermatozoa motility. *American Journal of Human Genetics* 67: 682–696; 2000.

雙基因體控制系統（共同適應）

Ballard, J. W. O., and Whitlock, M. C. The incomplete natural history of mitochondria. *Molecular Ecology* 13: 729–744; 2004.

Blier, P. U., Dufresne, F., and Burton, R. S. Natural selection and the evolution of mtDNAencoded peptides: Evidence for intergenomic co-adaptation. *Trends in Genetics* 17: 400–406; 2001.

Ross, I. K. Mitochondria, sex and mortality. *Annals of the New York Academy of Sciences* 1019: 581–584; 2004.

粒線體的瓶頸

Barritt, J. A., Brenner, C. A., Cohen, J., and Matt, D. W. Mitochondrial DNA rearrangements in human oocytes and embryos. *Molecular Human Reproduction* 5: 927–933; 1999.

Cummins, J. M. The role of mitochondria in the establishment of oocyte functional competence. *European Journal of Obstetrics and Gynecology and Reproductive Biology* 115S: S23–S29; 2004.

Jansen, R. P. S. Germline passage of mitochondria: Quantitative considerations and possible embryological sequelae. *Human Reproduction* 15 (suppl. 2): 112–128; 2000.

Krakauer, D. C., and Mira, A. Mitochondria and germ-cell death. *Nature* 400: 125–126; 1999.
Perez, G. I., Trbovich, A. M., Gosden, R. G., and Tilly, J. L. Mitochondria and the death of oocytes. *Nature* 403: 500–501; 2000.

第七部

一般書目

Halliwell, B., and Gutteridge, J. *Free Radicals in Biology and Medicine*. Oxford University Press, Oxford, UK, 1999.
Holliday, Robin. *Understanding Ageing*. Cambridge University Press, Cambridge, UK, 1995.
Lane, Nick. *Oxygen: The Molecule that Made the World*. Oxford University Press, Oxford, UK, 2002.

壽命與代謝率

Barja, G. Mitochondrial free-radical production and aging in mammals and birds. *Annals of the New York Academy Sciences* 854: 224–238; 1998.
Brunet-Rossinni, A. K., and Austad, S. N. Ageing studies on bats: A review. *Biogerontology* 5: 211–222; 2004.
Skulachev, V. P. Mitochondria, reactive oxygen species and longevity: Some lessons from the Barja group. *Ageing Cell* 3: 17–19; 2004.
Speakman, J. R., Selman, C., McLaren, J. S., and Harper, E. J. Living fast, dying when? The link between ageing and energetics. *Journal of Nutrition* 132 (suppl. 2): 1583S–1597S; 2002.

粒線體老化理論

Harman, D. The biologic clock: The mitochondria? *Journal of the American Geriatrics Society* 20: 145–147; 1972.
Miquel, J., Economos, A. C., Fleming, J., and Johnson, J. E., Jr. Mitochondrial role in cell ageing. *Experimental Gerontology* 15: 575–591; 1980.

抗氧化劑的失敗

Barja, G. Free radicals and aging. *Trends in Neurosciences* 27: 595–600; 2004.

Cutler, R. G. Antioxidants and longevity of mammalian species. *Basic Life Sciences* 35: 15–73; 1985.

Orr, W. C., Mockett, R. J., Benes J. J., and Sohal, R. S. Effects of overexpression of copperzinc and manganese superoxide dismutases, catalase, and thioredoxin reductase genes on longevity in *Drosophila melanogaster*. *Journal of Biological Chemistry* 278: 26418– 26422; 2003.

粒線體疾病

Chinnery, P. F., DiMauro, S., Shanske, S., et al. Risk of developing a mitochondrial DNA deletion disorder. *Lancet* 364: 591–596; 2004.

Fernandez-Moreno, M., Bornstein, B., Petit, N., and Garesse, R. The pathophysiology of mitochondrial biogenesis: Towards four decades of mitochondrial DNA research. *Molecular Genetics and Metabolism* 71: 481–495; 2000.

Marx, J. Metabolic defects tied to mitochondria gene. *Science* 306: 592–593; 2004.

Schapira, A. Mitochondrial DNA and disease. *The Biochemist* 27(3): 24–27; 2005.

Wallace, D. C. Mitochondrial diseases in man and mouse. *Science* 283: 1482–1488; 1999.

老化的粒線體突變

Coskun, P. E., Ruiz-Pesini, E., and Wallace, D. C. Control region mtDNA variants: Longevity, climatic adaptation, and a forensic conundrum. *Proceedings of the National Academy of Sciences USA* 100: 2174–2176; 2003.

Lightowlers, R. N., Jacobs, H. T., and Kajander, O. A. Mitochondrial DNA—all things bad? *Trends in Genetics* 15: 91–93; 1999.

Linnane, A. W., Marzuki, S., Ozawa, T., and Tanaka, M. Mitochondria DNA mutations as an important contributor to ageing and degenerative diseases. *Lancet* 1 (8639): 642–645; 1989.

Michikawa, Y., Mazzucchelli, F., Bresolin, N., Scarlato, G., and Attardi, G. Aging-dependent large accumulation of point mutations in the human mtDNA control region for replication. *Science* 286: 774–779; 1999.

Zhang, J., Asin-Cayuela, J., Fish, J., Michikawa, Y., Bonafe, M., Olivieri, F., Passarino, G., De Benedictis, G., Franceschi, C., and Attardi, G. Strikingly higher frequency in centenarians and twins of mtDNA mutation causing remodeling of replication origin in leukocytes. *Proceedings of the National Academy of Sciences USA* 100: 1116–1121; 2003.

粒線體的氧化還原信號

Allen, J. F. Control of gene expression by redox potential and the requirement for chloroplast and mitochondrial genes. *Journal of Theoretical Biology* 165: 609–631; 1993.

——The function of genomes in bioenergetic organelles. *Philosophical Transactions of the Royal Society of London B: Biological Sciences* 358: 19–38; 2003.

Landar, A. L., Zmijewski, J. W., Oh, J. Y., and Darley Usmar, V. M. Message from the cell's powerhouse. *The Biochemist* 27(3): 9–14; 2005.

逆向反應

Butow, R. A., and Avadhani, N. G. Mitochondrial signaling: The Retrograde response. *Molecular Cell* 14: 1–15; 2004.

De Benedictis, G., Carrieri, G., Garastro, S., Rose, G., Varcasia, O., Bonafe, M., Franceschi, C., and Jazwinski, S. M. Does a retrograde response in human aging and longevity exist? *Experimental Gerontology* 35: 795–801; 2000.

細胞凋亡與神經退化性疾病

Coskun, P. E., Ruiz-Pesini, E., and Wallace, D. C. Control region mtDNA variants: Longevity, climatic adaptation, and a forensic conundrum. *Proceedings of the National Academy of Sciences USA* 100: 2174–2176; 2003.

Wright, A. F., Jacobson, S. G., Cideciyan, A. V., Roman, A. J., Shu, X., Vlachantoni, D, McInnes, R. R., and Riemersma, R. A. Lifespan and mitochondrial control of neurodegeneration. *Nature Genetics* 36: 1153–1158; 2004.

小鼠的校對酶實驗

Balaban, R. S., Nemoto, S., and Finkel, T. Mitochondria, oxidants, and aging. *Cell* 120: 483–495; 2005.

Trifunovic, A., Wredenberg, A., Falkenberg, M., Spelbrink, J. N., Rovio, A. T., Bruder, C. E., Bohlooly-Y, M., Gidlof, S., Oldfors, A., Wibom, R., Tornell, J., Jacobs, H. T., and Larsson, N. G. Premature ageing in mice expressing defective mitochondrial polymerase. *Nature* 429: 417–423; 2004.

複合體 I 的滲漏位置

Herrero, A., and Barja, G. Localization of the site of oxygen radical generation inside complex I of heart and nonsynaptic brain mammalian mitochondria. *Journal of Bioenergetics and Biomembranes* 32: 609–615; 2000.

Kushnareva, Y., Murphy, A. N., and Andreyev, A. Complex I-mediated reactive oxygen species generation: Modulation by cytochrome c and NAD(P)_ oxidation state. *Biochemical Journal* 368: 545–553; 2002.

日本百歲人瑞

Tanaka, M., Gong, J. S., Zhang, J., Yoneda, M., and Yagi, K. Mitochondrial genotype associated with longevity. *Lancet* 351: 185–186; 1998.

——Yamada, Y., Borgeld, H. J., and Yagi, K. Mitochondrial genotype associated with longevity and its inhibitory effect on mutagenesis. *Mechanisms of Ageing and Development* 116: 65–76; 2000.

解偶聯、老化和肥胖

Ruiz-Pesini, E., Mishmar, D., Brandon, M., Procaccio, V., and Wallace, D. C. Effects of purifying and adaptive selection on regional variation in human mtDNA. *Science* 303: 223–226; 2004.

Speakman, J. R., Talbot, D. A., Selman, C., Snart, S., McLaren, J. S., Redman, P., Krol, E., Jackson, D. M., Johnson, M. S., and Brand, M. D. Uncoupled and surviving: Individual mice with high metabolism have greater mitochondrial uncoupling and live longer. *Aging Cell* 3: 87–95; 2004.

運動悖論

Herrero, A., and Barja, G. ADP-regulation of mitochondrial free-radical production is different with complex I- or complex II-linked substrates: Implications for the exercise paradox and brain hypermetabolism. *Journal of Bioenergetics and Biomembranes* 29: 241–249; 1997.

卡路里限制與自由基滲漏

Gredilla, R., Barja, G., and Lopez-Torres, M. Effect of short-term caloric restriction on H_2O_2 production and oxidative DNA damage in rat liver mitochondria and location of the free radical source. *Journal of Bioenergetics and Biomembranes* 33: 279–287; 2001.

性與生存

Kirkwood, T. B., and Rose, M. R. Evolution of senescence: Late survival sacrificed for reproduction. *Philosophical Transactions of the Royal Society of London B: Biological Sciences* 332: 15–24; 1991.

鳥類的有氧代謝

Maina, J. N. What it takes to fly: The structural and functional respiratory refinements in birds and bats. *Journal of Experimental Biology* 203: 3045–3064; 2000.

附圖列表

Chapter heading illustrations © Ina Schuppe Koistenen

中英對照表

文獻和媒體

《EMBO報導》 *EMBO Report*

三至五畫

《大眾科學》 *Popular Science*
《天路歷程》 *Pilgrim's Progress*
《尺寸剛剛好》 *On Being the Right Size*
《比較生化及生理學》 *Comparative Biochemistry and Physiology*
《牛津英文辭典》 Oxford English Dictionary
《末日審判書》 Domesday Book
《生命的解答》 *Life's solution*
《生命的起源》 *The Origin of Life*

六畫

《先祖的傳說》 *The Ancestor's Tale*
《共生體》 *Les Symbiotes*
《合作演化》 *Evolution by association*
《自私的基因》 *The Selfish Gene*
《自然遺傳》 *Nature Genetics*
《自然》 *Nature*

七至八畫

《狂沙十萬里》 *Once upon the time in the west*
《兩種新科學的對話》 *Dialogues Concerning Two New Sciences*
《刺胳針》 *Lancet*
《取得基因體：關於物種起源的理論》 *Acquiring Genomes: A Theory of the Origins of Species*
《奇妙的生命》 *Wonderful life*
《孟德爾的惡魔》 *Mendel's Devil*
《延伸的表現型》 *The Extended Phenotype*

九畫

《查爾斯頓信使郵報》 *Charleston Post and Courier*
《科學》 *Science*
《美國國家科學院院刊》 *Proceedings of the National Academy of Sciences*
《英國的海岸線有多長？》 *How Long is the Coast of Britain?*
《英國癌症期刊》 *British Journal of Cancer*
《英國皇家學會期刊》 *Proceedings of the Royal Society*

十畫

《夏娃的七個女兒》 *The Seven Daughters of Eve*
《展望雜誌》 *Prospect Magazine*
《氧：建構世界的分子》 *Oxygen: the Molecule that made the World*
《海底總動員》 *Finding Nemo*
《真核生物的起源》 *The Origin of Eukaryotic Cell*
《紐約科學院新知雜誌》 *Update Magazine, New York Academy of Sciences*

十一畫

《偶然與必然》 *Chance and Necessity*
《動物的分布與社會行為之關係》 *Animal Dispersion in Relation to Social Behaviour*
《理論生物學期刊》 *Journal of Theoretical Biology*
《粒線體生理學協會評論誌》 *Mitochondrial Physiology Society Review*
《細胞與自然》 *Cell and Nature*

十三至十四畫

《微生物雜誌》 *Microbe Magazine* (*American Society of Microbiology*)
《達爾文的危險想法》 *Darwin's Dangerous Idea*
《實驗醫學期刊》 *Journal of Experimental Medicine*
《演化中的生命》 *Life Evolving*
《福格特先生》 *Herr Vogt*

十五畫以上

《衛報》 *The Guardian*
《遺傳的天才》 *Hereditary Genius*
《臨床研究期刊》 *Journal of Clinical Investigation*
《雙螺旋》 *The Double Helix*

人名

二至四畫

丁尼生 Tennyson
丹尼特 Daniel Dennett
丹涅利 James Danielli
孔多塞 Condorcet
尤里 Harold Urey
巴斯 Leo Buss
巴斯德 Pasteur
巴爾哈 Gustavo Barja
戈弗雷 Godfrey Mitchell
王曉東 Xiaodong Wang

五畫

卡瓦略史密斯 Tom Cavalier-Smith
卡特 Mike Carter
卡爾 Timothy Karr
卡爾文勛爵 William Thompson
古爾德 Stephen Jay Gould
史東金 Mark Stoneking
史密斯 Noel Smith
尼柯爾 Charles Nicolle
布洛迪 Samuel Brody
布萊克史東 Neil Blackstone
布赫納 Eduard Buchner
布蘭特 Martin Brand
本達 Carl Benda
瓦士 Carl Woese
瓦林 Ivan Wallin
甘迺迪 Eugene Kennedy
田中雅嗣 Masashi Tanaka
皮特尼克 Scott Pitnick
立克次 Howard Ricketts

六畫

伍德洛夫 William Woodruff
休斯納 Alfred Heusner
伏爾泰 Voltaire
多利安 Dorion Sagan
安布里 Martin Embley
安布羅斯 Ian Ambrose
安珀 Ariel Anbar
安娜 Ana
安斯禮 John Emsley
安德笙 Siv Andersson
托比 John Tooby
米克爾 Jaime Miquel
米契爾斯 Nico Michiels
米勒 Stanley Miller
米歇爾 Peter Mitchell
艾弗里 Oswald Avery
艾沃克 Adam Eyre-Walker
艾倫 John Ellen
艾納可 Eneko
艾瑟 Paul Else
西摩 Roger Seymour

七畫

亨利方達 Henry Fonda

佛克斯 George Fox
伯朗 James Brown
克里克 Crick
克拉伯寇 Konstantin Khrapko
克拉克 Graham Clark
克特勒 Richard Cutler
克勒默 Guido Kroemer
克雷布斯爵士 Sir Hans Krebs
克雷柏 Max Kleiber
克爾卡 Herman Kalckar
希波克拉底 Hippocrates
李沃 Chris Leaver
李普曼 Fritz Lipmann
杜納特 George Dunnet
杜維 Christian de Duve
沃克 John Walker
沃柏格 Otto Warburg
狄米斯 Jeremy Timmis
貝瑞特 Jason Barritt
里南 Anthony Linnane
里薇拉 Maria Rivera

八畫

亞斯伯瑞 Paul Asbury
亞當斯 Douglas Adams
帕拉賽爾蘇斯 Paracelsus
帕蒂諾 Maria Patino
拉瓦錫 Lavoisier
拉爾森 Nils-Göran Larsson
波耶 Paul Boyer
波提耶 Paul Portier
法哈德 José Frade
金伯利 B.F.Kingsbury
阿特帝 Giuseppe Attardi
阿爾特曼 Richaard Altmann
芮斯 Martin Rees

九畫

哈立維爾 Barry Halliwell
哈奇森三世 Clyde Hutchison III
哈洛 Franklin Harold
哈曼 Denham Harman
哈登爵士 Sir Arthur Harden
威辛 John Vissing
威廉斯 George C. Williams
威達 Gábor Vida
威爾森 Allan Wilson
威爾遜 E.B.Wilson
施雷特 Bill Slater
柯克伍德 Tom Kirkwood
柯里 Alastair Currie
柯明斯 Jim Cummins
查林傑教授 Professor Challenger
洛曼 Karl Lohman
珍 Jean
茉伊兒 Jennifer Moyle
英蓋爾哈特 Vladimir Engelhardt
韋立 Andrew Wyllie
韋茲 Joshua Weitz
珂絲米德 Leda Cosmides

十畫

修普蔻絲南 Ina Schippe-Koistinen
哥特里奇 John Gutteridge
夏洛克 Shylock
夏茨 Gottfried Schatz
恩奎斯特 Brian Enquist
桑格 Fred Sanger
格雷 Aubrey de Gray
海珊 Saddam Hussein
海爾達爾 Thor Heyerdahl
海潔貝格 Erika Hagelberg
烏里維 Ernest Uribe
特爾尼 Jon Turney
班奈特 Albert Bennett

班納瓦 Jayanth Banavar
班揚 Bunyan
馬丁 Bill Martin
高施密特 Richard Goldschmidt
高爾頓 Francis Galton

十一畫

偉斯曼 August Weismann
勒夫拉克 James Lovelock
曼儂 Lathe Menon
曼德博 Benoit Mandelbrot
基林 David Keilin
寇馬克 James Cormack
寇許坦尼狄斯 Konstantinos Konstantinidis
康威墨里斯 Simon Conway Morris
梅列日科夫斯基 Konstantine Merezhkovskii
梅納德史密斯 John Maynard Smith
梅達沃 Peter Medawar
梅爾霍夫 Otto Meyerhof
畢夏普 Charles Bishop
莫諾 Jacques Monod
透納 Clesson Turner
陶德斯 Peter Dodds
麥考利狄斯 Theologos Michaelidis
麥考雷 Vincent Macauley
麥斯 Max
麥爾 Ernst Mayr

十二畫

凱茵 Rebecca Cann
凱爾 John Kerr
喬治 Georgij Romanov
提亞傑 James Tiedje
提倫司 Aloysius Tielens
斯皮克曼 John Speakman
普夫路格 Eduard Pflüger
普羅瓦茨 Stanislaus von Prowazek
湯姆 Tom Lane
焦耳 James Prescott Joule
舒娃茨 Marianne Schwartz
華生 Watson
華勒斯 Douglas Wallace
萊特 Alan Wright
萊德利 Mark Ridley
費南德薩姆斯托 Felipe Fernandez-Armesto
費曼 Richard Feynman
賀克斯坦 Johannes Hackstein
雅娜・卡爾芒 Jeanne Calment
雅根朵夫 André Jagendorf
馮丹安娣 Fusinita von den Ent
馮亥姆霍茲 Hermann von Helmholtz
馮奧伊勒 Hans von Euler

十三畫

塞普 Jan Sapp
塔卡珂絲 Krisztina Takács
塔亞蓋拉揚 Bhaskar Thyagarajan
塔特索爾 Ian Tattersall
奧喬亞 Severo Ochoa
瑞克 Efraim Racker
瑞甫 John Reeve
葛林 Douglas Green
詹森 Robert Jansen
賈伯斯 Howard Jacobs
賈克柏 François Jacob
賈菲 Bernard Jaffe
道金斯 Richard Dawkins
達沃 Charles-Antoine Darveau
雷寧傑 Albert Lehninger

十四畫

漢考克 John Hancock
漢彌爾敦 Bill Hamilton

漢彌爾頓　William Hamilton
瑪格利斯　Lynn Margulis
福格特　Karl Vogt
福勒　Barry Fuller
維勒伊　Tibor Vellai
維賴　Tibor Vellai
蓋倫　Galen
赫伯特　Tony Hulbert
赫明森　A. M. Hemmingsen
赫胥黎爵士　Sir Julian Huxley
赫斯特　Laurence Hurst

十五至十六畫

歐倫涅斯　Sten Orrenius
歐爾格　Leslie Orgel
魯伯納　Max Rubner
盧本　John Ruben
穆勒　Miklós Müller
諾爾　Andrew Knoll
霍夏卡　Peter Hochachka
霍爾　Alan Hall
霍爾登　J. B. S. Haldane
霍維茨　Bob Horvitz
鮑勒　James Bowler

十七至十八畫

薛弗勒　Immo Scheffler
賽克斯　Bryan Sykes
邁克曼　Charles MacMunn
薩姆薩米　Naoufal Zamzami
薩根　Carl Sagan
薩斯馬力　Eörs Szathmáry
魏特豪瑟　Gunter Wächtershäuser
魏斯特　Geoffrey West

十九畫以上

懷特　Craig White
懷納德沃茲　Vero Wynne-Edwards
瓊斯　Allyson Jones
瓊絲　Laura Jones
羅素　Mike Russell
羅傑　Andrew Roger
羅傑斯　Michael Rodgers
羅斯　Ian Ross
羅斯曼　Dan Rothman

地名、機構組織名

CRC出版社　CRC Press
MRC人類遺傳所　MRC Human Genetic Unit
MRC鄧恩人類營養學部　MRC Dunn Human Nutrition Unit

三至四畫

土阿莫土　Tuamotus
巴斯德研究所　Pasteur Institute
巴塞爾大學　University of Basel
牛津大學出版社　Oxford University Press

五畫

加州大學聖塔芭芭拉分校　UC Santa Barbara
加州大學戴維斯分校　UC Davis
加州州立大學洛杉磯分校　University of California, Los Angeles,
加州理工學院　Caltech
加州爾灣大學　University of California, Irvine
北卡羅萊納大學　University of North Carolina
北伊利諾大學　Northern Illinois University
卡洛林斯卡研究所　Karolinska Institutet

六至七畫

自然歷史博物館　Natural History Museum
艾默理大學　Emory University

西英格蘭大學　University of West England
佛萊堡大學　Fribourg University
杜塞朵夫　Dusseldorf
杜賽爾多夫　Düsseldorf
里德陸軍醫療中心　Walter Reed Army Medical Center

八畫

亞立坎提　Alicante
奈梅亨大學　University of Nijmegen
拉荷亞　La Jolla
明尼蘇達大學　University of Minnesota
波里尼西亞　Polynesia
法國皇家學院　French Royal Academy
法國國家科學研究中心　Centre National de la Recherche Scientifique
臥龍崗大學　University of Wollongong
芝加哥大學　University of Chicago
阿布奎基　Albuquerque
阿伯丁大學　colleagues in Aberdeen
阿德萊德大學　University of Adelaide

九畫

哈佛大學　Havard
威爾士班格爾大學　University of Wales in Bangor
洛克斐勒大學　Rockefeller University
洛斯阿拉莫斯國家實驗室　Los Alamos National Laboratory
科羅拉多州立大學　Colorado State University
紅酒河　Rio Tinto
美國太空總署　NASA
美國國家衛生研究院　National Institute of Health
耶魯大學出版社　Yale University Press
英屬哥倫比亞大學　University of British Columbia

十畫

倫敦大學學院　University College London
倫敦帝國理工學院　Imperial College London
倫敦皇家學會　Royal Society of London
哥本哈根大學附設醫院　Copenhagen University Hospital
恩古納　Nguna
格拉斯哥大學　University of Glasgow
格林研究所　Glynn Institute
泰納　Tynagh
海恩里希海涅大學　Heinrich Heine University
烏特勒支大學　University of Utrecht
烏普薩拉大學　University of Uppsala
索邦大學　Sorbonne
紐卡索大學　University of Newcastle
馬丁雷德　Martinsried
馬克斯普朗克研究所　Max Planck Instutute
馬德里大學　Complutense University Madrid

十一畫

國家老化研究中心　National Institute of Ageing
國際田總　IAAF
國際奧運委員會　International Olympic Committee
國際業餘田徑總會　International Amateur Athletics Federation
密西根州立大學　Michigan State University

康沃爾 Cornwall
梅鐸大學 Murdoch University
雪城大學 Syracuse University

十二至十三畫

博德明 Bodmin
隆德大學 University of Lund
奧克尼 Orkney
奧勒岡州立大學 Oregon State University
愛丁堡大學 Edinburgh University
新墨西哥大學 University of New Mexico
溫佩建設 Wimpey construction
萬那杜 Vanuatu
聖巴拿巴醫療中心 St Barnabus Medical Center
聖塔菲研究所 Santa Fe Institute
達爾豪西大學 Dalhousie University

十四畫

瑪麗皇后學院 Queen Mary College
維勒瑞夫 Villejuif
蒙哥湖 Lake Mungo
蒙納許大學 Monash University
賓州大學 University of Pennsylvania

十六畫以上

學院出版社 Academic Press
羅切斯特大學 University of Rochester
羅蘭大學 Eötvös Loránd University
蘇塞克斯大學 University of Sussex

其他

ATP 載體蛋白 ATP carrier
ATP 酶 ATPase
DNA 結合蛋白 DNA-binding protein
X 症候群 Syndrome X
α-變形菌綱 α-proteobacteria
β-變形菌綱 β-proteobacteria
γ-變形菌綱 γ-proteobacteria

三畫

三染色體症 Trisomy
叉角羚羊 pronghorn antelope
土黃鼴形田鼠 *Ellobius lutescens*
大腸桿菌 *E. coli*
大變形蟲 proteus
子實體 fruitung body
小菌落突變體 petite mutant
小囊泡 vesicle

四畫

不親和性 incompatibility
中心法則 central dogma
中心粒 centriole
中性突變 neutral mutation
中性置換 neutral substitutions
互聯網階級霸權 network hierarchy hegemony
內共生菌 endosymbiont
內質網 Endoplasmic Reticulum
分子時鐘 molecular clock
分化速率 divergence rate
化學傳訊因子 chemical messenger
化學滲透學 chemiosmotics
尺度不變性 scale invariance
心磷脂 cardiolipin
水平基因轉移 lateral gene transfer

五畫

丙酮酸—鐵氧還原蛋白—氧化還原酶 pyruvate: ferredoxin oxidoreductase
半胱胺酸仰賴型天冬胺酸專一性蛋白酶 cysteine-dependent aspartate-specific proteases
半胱胺酸蛋白酶 caspase

半胱胺酸蛋白酶級聯反應 caspase cascade
卡路里限制 calorie restriction
古原蟲 archezoa
古細菌 Archaea
古變形蟲下門 archamoebae
四分之一冪次換算律 quarter-power scaling
尼安德塔人 Neanderthal man
巨型突變 macro-mutation
戊巴比妥鈉 sodium pentobarbitone
生物能學 bioenergetics
生物圈 biosphere
生長因子 growth factor
生產準備成本 set-up cost
生殖成效 reproductive success
生殖細胞系 germ-cell line
生殖道黴漿菌 *Mycoplasma genitalium*
生態區位 niche
生質量 biomass
甲烷生成 methanogenesis
甲烷菌 methanogen
白細胞介素 1-β 轉化酶 interleukin-1 betaconverting enzyme
白喉 diphetheria
皮爾森氏症候群 Pearson's syndrome
目的論 teleology
石炭紀 Carboniferous period
石蓴 *Ulva*

六畫

先決條件 *sine qua non*
全球冰河化 global glaciation
共生生物 symbiont
共同適應 co-adapt
同形配子 isogamous
同型基因組合 homozygous
同源重組 homologous recombination
合子 *zygote*
因紐特人 Inuit
地理種群 geographical population
多型基因 polymorphic
多頭絨泡菌 *Physarum polycephalum*
成體幹細胞 adult stem cell
有氧代謝能力 aerobic capacity
有氧性能 aerobic performance
次細胞結構 subcellular
次單元 subunit
自交 in-breeding
血色素基 haem group
血管內皮生長因子 vascular endothelial growth factor
血竇 blood sinus

七畫

亨丁頓舞蹈症 Huntington's Disease
克式循環 Kreb cycle
克耐黴素 kanamycin
克羅馬儂人 Cro-Magnon
卵母細胞 oocyte
卵質轉移 ooplasmic transfer
吞噬作用 phagocytosis
吸收後期 post-absorptive state
序列性內共生 serial endosymbiosis theory
抑癌基因 tumour-suppressor gene
沃爾巴克氏體 *Wolbachia*
貝德福德扁形蟲 *Pseudobiceros bedfordi*

八畫

亞硝化球菌屬 *Nitrosococcus*
亞硝化單胞菌屬 *Nitrosomonas*
兔腦炎微孢子菌 *Encephalitozoon cuniculi*
兒茶酚胺激素 catecholamine
受器 receptor

呼吸酶 respiratory ferment
固氮菌屬 *Azotobacter*
坦氏鼴形田鼠 *Ellobius tancrei*
岩礁魚類 reef fish
帕霍症候群 Pallister-Hall syndrome
性的雙倍代價 the twofold cost of sex
披衣菌 *Chlamydia*
拓殖 colonization
拋棄式體細胞理論 disposable soma theory
放線菌 *Streptomyces avermitilis*
泛素 ubiquitin
泛醌 ubiquinone
直立人 *Homo erectus*
近紅外光譜儀 near infra-red spectrometer
青綠藻 *Ostreococcus tauri*
非編碼DNA non-coding DNA
孢子菌屬 *Nosema*

九畫

促凋亡蛋白 pro-apoptosis protein
南方古猿 Australopithecine
後期重轟炸 heavy bombardment
柯林菲特氏症候群 Klinefelter's syndrome
柯普法則 Cope's Rule
紅皇后效應 red queen effect
紅桿菌 *Rhodobacter*
胞器 organelle
致癌基因 oncogene
食泡 Food vacuole

十畫

倍增係數 multiplication factor
凋亡小體 apoptosome; apoptotic body
凋亡誘導因子 apoptosis-inducing factor
剔除 knock out
原生動物 protozoa
原生粒 bioblast
原生湯 primordial soup
原始卵母細胞 primordial oocyte
原始粒線體 proto-mitichondria
原核生物 prokaryote
家族性阿茲海默症 familial Alzheimer's disease
弱精症 asthenozoospermia
核內粒線體序列 nuclear-mitochondrial sequences (numt)
核酸內切酶 endonuclease
核糖體 ribosome
核糖體RNA ribosomal RNA
核酶 ribozyme
氧化磷酸化論戰 Ox Phos war
氧化還原反應 redox reaction
氧毒假說 Ox-Tox hypothesis
氧還均衡 redox poise
海底熱泉 hydrothermal vent
真社會性 eusocial
真核超微藻類 *pico-prokaryote*
真骨魚類 teleost
破碎紅纖維 ragged red fibres
神經元 neuron
粉介殼蟲 mealybug
納米比亞嗜硫珠菌 *Thiomargarita namibiensis*
逆向反應 retrograde response
迷地原蟲 Midichlorian
高基式體 Golgi apparatus

十一畫

偽足 pseudopodia

偶聯 couple
副基體門 parabasalia
動物模型 animal model
域 domain
基因池 gene pool
基因空隙 genetic gap
基因流失 Gene loss
基因重複 duplication
基因座 locus
基因組成 gene content
基因演化樹 gene tree
基因銘印 imprinting
基因靜默 gene silencing
基因體 genome
常務性基因 housekeeping gene
康奇基號 *Kon-Tiki*
控制區 control region
教皇與異教徒 Pope and Pagan
斜口蟲 *Plagiopyla frontata*
族群動態 population dynamics
桿菌 *bacilli*
氫化酶體 hydrogenosome
淋病雙球菌 *Neisseria gonorrhoeae*
淨化篩選 purifying selection
球菌 *cocci*
產婆蟾蜍 midwife toad
異半胱胺酸蛋白酶 meta-caspase
異戊二烯 isoprene
異型基因組合 heterozygous
異源趨同 homoplasy
異質體 heteroplasmy
硫酸鹽還原菌 sulfate reducing bacteria
粒線體老化理論 Mitochondrial theory of ageing
粒線體通透性轉換孔 permeability transition pore
粒線體殘跡 mitosome
粒線體螢光染劑 MitoTracker
細胞色素 cytochrom
細胞色素氧化酶 cytochrome oxidase
細胞周質 periplasm
細胞凋亡 apoptosis
細胞核 nucleus
細胞骨架 Cytoskeleton
細胞質 cytoplasm
細胞質雄不孕 male cytoplasmic sterility
細胞質遺傳 cytoplasmic heredity
細胞學 cytology
細菌接合作用 bacterial conjugation
組蛋白 histone
脫偶聯 uncouple
荷爾蒙 hormone
蛋白質定向輸送 protein targeting
蛋白質家族 protein family
通用常數 universal constant
陰道滴蟲 *Trichomonas vaginalis*
雪球地球 snow ball earth

十二畫

最後共同祖先 Last Universal Common Ancestor
凱塞症候群 Kearns Sayre syndrome
單胞藻 *Chlamydomonas rheinhardtii*
單倍群 haplogroup
單親遺傳 uniparental inheritance
寒武紀大爆發 Cambrian explosion
斑疹傷寒 typhus
普氏立克次體 *Rickettsia prowazekii*
智人 *Homo sapiens*
棕色脂肪 brown fat
氯高鐵血紅素 haemin
氯黴素 chlorophenicol
減蛾多形微孢子菌 *V. necatrix*
無恆變形蟲 *Amoeba dubia*

無氧呼吸 anaerobic respiration
痢疾性阿米巴原蟲 *Entamoeba histolytica*
發生學 embryology
等位基因 allele
結合位置 binding site
紫色細菌 purplr bacterium
紫質 porphyrin
菸草 *Nicotiana tabacum*
菸鹼醯胺腺嘌呤二核苷酸 nicotinamide adenine dinucleotide
萊氏遺傳性視神經病變 Leigh's hereditary optic neuropathy
萜類 terpenoid
蛭弧菌 *Bdellovibrio*
裂褶菌 *Schizophyllum commune*
超嗜熱生物 hyperthermophiles
雄性激素抗性 androgen resistant
黑煙硫鐵礦 mackinawite

十三畫

傳訊RNA messenger RNA
嗜硫細菌 sulfur bacterium
嗜極端性 extremophile
嗜酸熱原體 *Thermoplasma acidophilum*
微血管床 capillary beds
微孢子菌 microsporidium
微管 microtubule
微縮生態系 microcosm
新達爾文主義 neo-Darwinism
極端達爾文主義 ultra-Darwinism
畸胎發生 teratogenesis
睪固酮 testosterone
腫瘤壞死因子 tumour necrosis factor
腺苷三磷酸 adenosine triphosphate (ATP)
資訊型基因 informational gene
賈第鞭毛蟲 *Giardia*
運動失調 ataxia
運動悖論 exercise paradox
達謨克利斯之劍 sword of Damocles
電子載體 electron carrier
電化學 electrochemical
酯 ester

十四畫

團藻 *Volvox*
瘧原蟲 Plasmodium
端粒 telomere
管鼻海燕 fulmar petrel
蓋亞 Gaia
誤差災變 error catastrophe
輔酶 coenzyme
遠系交配 out-breeding
雌花兩性花異株 gynodioecious

十五畫

廣義適應性 inclusive fitness
熱原體屬 *Thermoplasma*
線蟲 *Caenorhabditis elegans*
膜翅目 *Hymenoptera*
膜間隙 inter-membrane space
膜隔間 compartment
複製子 replicator
質子流 proticity
質子電流 proton electricity
質子驅動力 proton-motive force

十六畫

操縱型基因 operational gene
操縱組 *operon*
興登堡號 Hindenburg
輸出蛋白 exporter
遺傳系譜學 genealogy

遺傳性帕金森氏症　familial Parkinson's disease
錐蟲　Trypanosoma
靜止代謝率　resting metabolic rate

十七畫

癌轉移　metastasis
總體生命演化樹　universal tree of life
翼手龍　pterpdactyl
翼龍　pterosaur
螺旋體　*Spirochaetes*
隱耳鬣蜥　earless lizard
醚　ether

十八畫

簡併　degeneracy
藍氏賈第鞭毛蟲　*Giardia lamblia*
藍綠菌　cyanobacteria
轉染　transfect
轉送RNA　transfer RNA
轉運蛋白　transpoter
轉錄　transcribe
轉錄因子　Transcription factor
轉譯　translate
雙面間諜理論　double-agent theory
雙對數座標圖　log-log plot
鞭毛蟲門　metamonads

十九畫

穩定態　steady-state
譜系關係　phylogeny
鏈黴素　streptomycin
類半胱胺酸蛋白酶　para-caspase
類異戊二烯　isoprenoid

二十一畫以上

鐮刀型貧血症　sickle cell anaemia
纖毛蟲　ciliate
體細胞　somatic cell
黴漿菌　*Mycoplasma*

請沿虛線剪下對摺，填妥寄回即可，免貼郵票

你喜歡貓頭鷹出版的書嗎？

請填好下邊的讀者服務卡寄回，
你就可以成爲我們的貴賓讀者，
優先享受各種優惠禮遇。

貓頭鷹讀者服務卡

謝謝您購買：______________________________(請填書名)

為提供更多資訊與服務，請您詳填本卡、直接投郵（免貼郵票），我們將不定期傳達最新訊息給您，並將您的建議做為修正與進步的動力！

姓名：________________ □先生 □小姐　民國______年生　□單身 □已婚

郵件地址：□□□ ________ 縣市 ________ 鄉鎮市區 ________________

聯絡電話：公(0　)__________　宅(0　)__________　手機__________

■您的E-mail address：______________________________

■您對本書或本社的意見：

您可以直接上貓頭鷹知識網（http://www.owls.tw）瀏覽貓頭鷹全書目，加入成為讀者並可查詢豐富的補充資料。
歡迎訂閱電子報，可以收到最新書訊與有趣實用的內容。大量團購請洽專線 (02) 2500-7696轉2729。
歡迎投稿！請註明貓頭鷹編輯部收。

廣　告　回　信
台灣北區郵政管理局登記證
台北廣字第000791號
免　貼　郵　票

104

台北市民生東路二段141號5樓

英屬蓋曼群島商家庭傳媒（股）城邦分公司

貓頭鷹出版社　　收